西安交通大学少年班规划教材

Visual Studio 2012 程序设计

主编　崔舒宁　顾刚　常舒

西安交通大学出版社
XI'AN JIAOTONG UNIVERSITY PRESS

图书在版编目(CIP)数据

Visual Studio 2012 程序设计/崔舒宁,顾刚,常舒主编.
—西安:西安交通大学出版社,2014.8(2019.12 重印)
ISBN 978-7-5605-6643-6

Ⅰ.①V… Ⅱ.①崔…②顾…③常… Ⅲ.①程序语
言-程序设计 Ⅳ.①TP312

中国版本图书馆 CIP 数据核字(2014)第 194535 号

书　　名	Visual Studio 2012 程序设计
主　　编	崔舒宁　顾　刚　常　舒
责任编辑	王　欣

出版发行	西安交通大学出版社
	(西安市兴庆南路 1 号　邮政编码 710048)
网　　址	http://www.xjtupress.com
电　　话	(029)82668357　82667874(发行中心)
	(029)82668315(总编办)
传　　真	(029)82668280
印　　刷	西安日报社印务中心

开　　本	787mm×1 092mm　1/16　印张　26.5　字数　636 千字
版次印次	2014 年 9 月第 1 版　2019 年 12 月第 6 次印刷
书　　号	ISBN 978-7-5605-6643-6
定　　价	55.00 元

"西安交通大学少年班规划教材"编写委员会

主　任：杨　森

委　员（以姓氏笔画为序）：

总 序

为进行创新与素质教育改革试点,以探索新形势下高校与中学合作培养拔尖创新人才的新途径,经教育部批准,西安交通大学从 1985 年开始在全国范围内招收少年班大学生,目的在于不拘一格选拔智力超常的少年,进行专门培养,促使他们尽早成才。在教育部的支持下,西安交大历经 30 年的实践与探索,逐步形成了选拔、培养和后续培养的少年大学生培养体系,取得了明显的效果,一批又一批少年大学生脱颖而出,众多毕业生已在祖国各条战线上为国家建设做出突出贡献。

目前,西安交大少年班实行"预科(两年)—本科(四年)—硕士(两年)"八年制贯通培养模式:其中,预科阶段分别在中学(预科一)和大学(预科二)进行,为期两年。在预科学习中,少年班大学生既要学完高中三年的全部知识,又要先修部分大学基础知识,完成中学教育与高等教育的平滑过渡。而现行的教材无一例外都是中学与大学知识体系分开的教材,这种分开的教材反映出我国中学与大学教育在认知、方法和规律上存在着差异。因此,编写一套适合少年班大学生预科阶段学习的教材,在人才培养模式上实现中学基础教育与高等教育无缝衔接,是一项极具前瞻性和战略意义的教育任务。

对此,西安交通大学教务处于 2009 年 9 月启动少年班预科教材编撰工作,并专门设立教学改革项目,组织专家与教师进行少年班预科教材的研究与编写;2010 年开始,教务处陆续出版了少年班预科试用教材;2011 年 12 月,西安交通大学成立拔尖人才培养办公室(拔尖办),少年班预科教材编撰任务交由拔尖办负责;2013 年 5 月和 12 月,拔尖人才培养办公室连续两次组织相关任课教师与专家召开少年班预科教材编撰工作研讨会,来自大学及高中近 60 名专家和一线教师谨遵因材施教,发掘潜能,注重创新的指导思想,通过多次研讨和严格审核,规范了少年班预科课程教学大纲的内容,并决定在试用教材的基础上,于 2014 年正式出版少年班预科系列教材。

此次少年班预科教材涉及语文、数学、英语、物理、化学和计算机等课程,是专门针对少年班大学生的特点设计的预科教材,这些教材的出版不仅推动了少年班培养模式的创新与完善,同时对于探索新形势下教育体制改革有着重要的探索指导意义。最后,拔尖人才培养办公室要向参与少年班教材编撰工作的全体人员表示感谢,对他们的奉献表示敬意,并期望这些教材能受到少年大学生的欢迎。同时希望作者不断改版,形成精品,为中国的高等教育做出贡献。

杨森

西安交通大学拔尖人才培养办公室

2014 年 8 月 20 日

前 言

探索建立拔尖创新人才培养的有效机制,促进拔尖创新人才脱颖而出,是建设创新型国家,实现中华民族伟大复兴的历史要求,也是当前对教育改革的迫切要求。

近年来,教育部在国家层面上组织实施了一系列的计划,就是为了促进高校探索创新型人才培养的新模式,促进高校探索并建立以问题和课题为核心的教学模式,倡导以学生为主体的本科人才培养和研究型教学人才改革,调动学生学习的积极性、创造性和主动性,激发学生的创新思维和创新意识,同时在项目实践中逐步掌握提出问题、解决问题的方法,提高其创新实践能力。

西安交通大学为加快拔尖创新人才培养步伐,提升我校本科生教育质量和水平,自 1985 年创办少年班,2007 年以来先后创办了钱学森实验班、宗濂实验班、数学实验班、物理实验班等。本书是为西安交通大学上述班级的计算机课程而编写的。

本书以 Visual Studio 2012 为平台,讲述了关于 C++的编程知识。其中第 1~12 章讲述了控制台下的 C++编程的基础知识。在这一部分的内容中,第 1~6 章讲述了使用 C++进行结构化编程的知识,包括基本的控制、数组、函数和指针等方面的内容。第 7~12 章则重点讲述了面向对象的编程方法,包括类、类的继承和多态。同时也简单讲述了关于输入和输出流以及模板和异常方面的基础知识。本书的第 13~15 章介绍了一些简单数据结构,以及排序和查找的常用算法和一些常用的数值计算方法。本书还有 2 个附录,这些内容对于学习本课程是大有帮助的。附录为一些"零起点"的学生准备了学习参考,尤其是学习本书的初期阶段。如果在此期间已经学习了"大学计算机基础"课程,则只需简单浏览一下附录内容即可。

完成本书的讲授需要 96 课时至 128 课时之间。本书在西安交通大学是分为 2 学期讲授的,其中第 1 学期 64 课时(32 课时讲课,32 课时上机练习),第 2 学期 44 课时(20 课时讲课,24 课时上机练习),13~15 章的内容作为选讲内容。

本书由西安交通大学崔舒宁、顾刚和西北政法大学常舒 3 位老师编写,并在西安交通大学少年班,物理、数学实验班和钱学森班使用。本书涉及面较广,由于时间仓促,加之作者水平有限,书中疏漏之处在所难免,恳望各位读者不吝指正。

崔舒宁

2014 年 8 月

目 录

第 1 章　C＋＋语言与 Visual Studio

■ 市章目标

了解 C＋＋程序的基本特点；学会使用 Visual Studio 软件。

■ 授课内容

计算机系统是由硬件和软件两大部分组成的，功能强大的硬件系统是计算机工作的基础，但如果缺乏必要的软件支持，其作用也将十分有限。

为计算机编写软件需要使用程序设计语言。目前可用的计算机语言有数百种之多，它们各有所长，如有些适用于开发数据库应用程序，有些适用于开发科学计算程序，有的简便易学，有的功能全面。本书介绍其中使用最为广泛的 C＋＋语言。

1.1　C＋＋程序基本结构

首先来看一个简单例子，以便让读者对 C＋＋语言编写的程序有一个初步的认识。

例 1－1　第一个 C＋＋程序，在计算机屏幕上显示：Hello World!

程序

```
// Example 1－1：屏幕上显示：Hello World!
＃include ＜iostream＞                    //包含基本输入输出库文件
int main()                              //主函数名
{
    std::cout ＜＜ "Hello World!" ＜＜ std：：endl; //屏幕显示语句
    return 0;                           //表示程序顺利结束
}
```

输出　Hello World!

分析　该程序非常简单，仅由一个主函数构成，在主函数中也只有两条语句。

程序的第 1 行是注释。注释以"//"开头，直到该行的末尾，用于说明或解释程序段的功能、变量的作用以及程序员认为应该向程序阅读者说明的其它任何内容。可以看到，在该程序中还有一些注释。在将 C＋＋程序编译成目标代码时所有的注释行都会被忽略掉，因此即使使用了很多注释也不会影响目标码的效率。恰当地应用注释可以使程序清晰易懂、易于调试，便于程序员之间的交流与协作，所以，在编写程序时，精心撰写注释是一个良好的编程习惯。

第 2 行是编译预处理，把 iostream 库文件插入到程序中相应的位置，当一个程序包含有 iostream 时，几个标准流就自动地定义了，包括输入流对象 cin 和输出流对象 cout。

从第 3 行到最后一行，是主函数。主函数是该程序的主体部分，由其说明部分

```
int main()
```
和用一对花括号{ }括起来的函数体构成。

通常，一个 C++程序包含一个或多个函数，但其中有且只有一个 main 函数，C++程序的执行就是从 main 函数开始的。main 函数左边的关键字 int 表示 main 函数返回一个整数值，这是和程序的倒数第二行的 return 0 对应的，有关函数的进一步内容，将在第 6 章介绍，这里只要记住每个程序中都要包含这样的语句就行了。

在函数体内，有两条以分号结束的语句：第一条是输出语句，用于将字符串显示在计算机屏幕上；第二条是 return 语句，它放在函数的末尾，数值 0 表明程序运行成功。

1.2　使用 Visual Studio 运行程序

1.2.1　Visual Studio 简介

Visual Studio 是目前最流行的 Windows 平台应用程序开发环境。目前最新的版本是 Visual Studio 2013。

Visual Studio 97 是最早的 Visual Studio 版本，包含有面向 Windows 开发使用的 Visual Basic 5.0、Visual C++ 5.0，面向 Java 开发的 Visual J++ 和面向数据库开发的 Visual FoxPro，还包含有创建 DHTML(Dynamic HTML)所需要的 Visual InterDev。1998 年，微软公司发布了 Visual Studio 6.0。所有开发语言的开发环境版本均升至 6.0。2002 年，随着 .NET口号的提出与 Windows XP/Office XP 的发布，微软发布了 Visual Studio .NET(内部版本号为 7.0)。在这个版本的 Visual Studio 中，微软剥离了 Visual FoxPro 作为一个单独的开发环境，以 Visual FoxPro 7.0 单独销售，同时取消了 Visual InterDev。与此同时，微软引入了建立在 .NET 框架上(版本 1.0)的托管代码机制以及一门新的语言 C#(读作 C Sharp)。2003 年，微软对 Visual Studio 2002 进行了部分修订，以 Visual Studio 2003 的名义发布(内部版本号为 7.1)。2005 年，微软发布了 Visual Studio 2005。.NET 字眼从各种语言的名字中被抹去，但是这个版本的 Visual Studio 仍然还是面向 .NET 框架的(版本 2.0)，包含众多版本，分别面向不同的开发角色，同时还永久提供免费的 Visual Studio Express 版本。2007 年 11 月，微软发布了 Visual Studio 2008 英文版，2008 年 2 月 14 日发布了简体中文专业版。2010 年 4 月 12 日微软发布 Visual Studio 2010 以及 .NET Framework 4.0，并于 2010 年 5 月 26 日发布了中文版。

1.2.2　使用 Visual Studio

下面将详细介绍使用 Visual Studio(以后的章节中简称 VS)编写运行一个 C++ Win32 控制台应用程序的过程。本书的例子主要使用 VS2012，VS2005 之后的版本对本书 C++的例子无太大的区别，读者可以自行选择。

例 1-2　使用 Visual Studio 完成"Hello World"。

步骤

(1)启动 VS，选择菜单文件→新建→项目；或者直接从起始页上选择新建项目，如图 1-1 所示。

(2)在新建项目的对话框中，选择 Visual C++下的 Win32(图 1-2 中的 1 和 2)，再选择

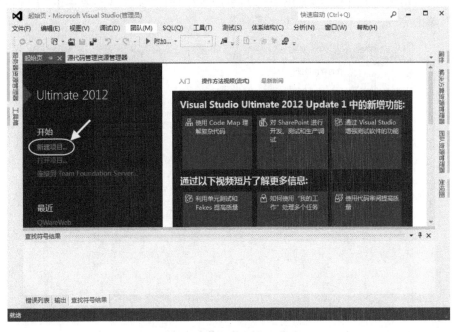

图 1-1　使用 VS 新建一个项目

"Win32 控制台应用程序"(图 1-2 中的 4),然后为新建的项目起一个名称,如本例输入名称 "01-1HelloWorld"(图 1-2 中的 3),随后可以单击浏览按钮选择项目的保存位置(图 1-2 中的 5),也可以使用程序提供的默认位置;最后单击确定(图 1-2 中的 6)。

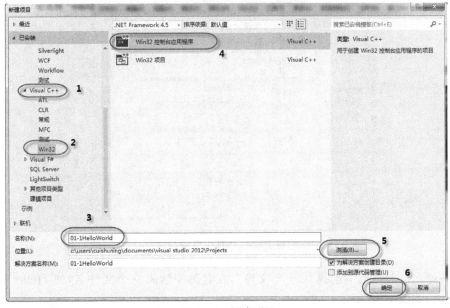

图 1-2　新建项目

　　(3)在随后出现的向导中(参看图 1-3),单击"应用程序设置"(不要单击"下一步"),勾选
"空项目",单击完成。

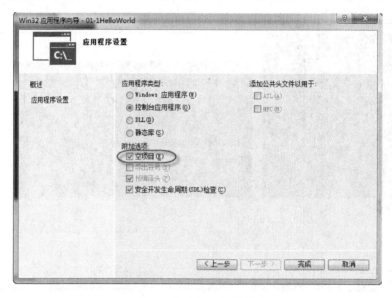

图 1-3　应用程序设置

　　(4)在"解决方案资源管理器"窗口(通常在界面的左边或者右边,如果没有显示,从"视图"
菜单选择"解决方案资源管理器",显示该窗口)的"源文件"文件夹图标上单击右键,选择"添
加"→"新建项",如图 1-4 所示。

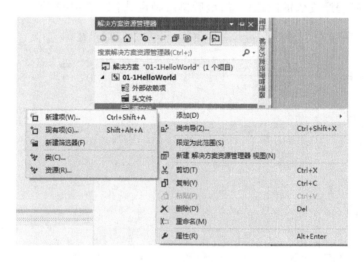

图 1-4　添加一个新项

　　(5)在弹出的对话框中选择"C++文件",在名称中输入一个文件名,如 Hello World,单
击添加按钮,如图 1-5 所示。

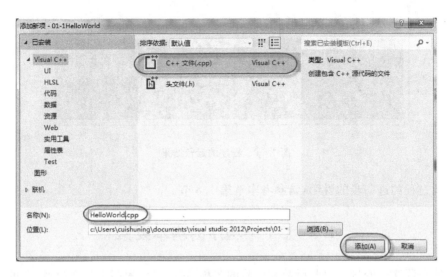

图 1-5　添加一个 C++文件

（6）在打开的 C++文件中输入例 1-1 中的代码。然后从"调试"菜单选择"开始运行（不调试）"或者按下快捷键 Ctrl+F5。如果前面的步骤和输入的程序没有错误，此时就可以看到程序的运行结果了。如图 1-6 和图 1-7 所示。

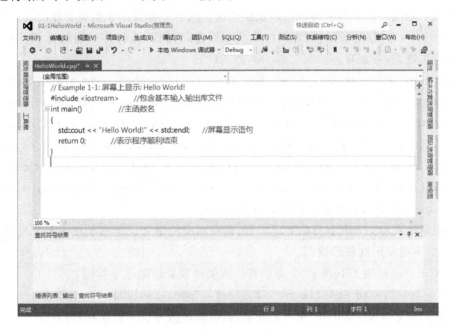

图 1-6　程序的输入

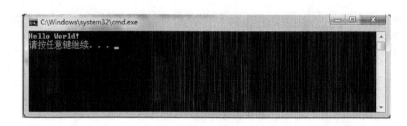

图 1-7　程序的运行结果

关于此过程的进一步的说明,请参考本章第 1.8 节。

1.3　C++程序的基本要素

标识符是程序中变量、类型、函数和标号的名称,它可以由程序设计者命名,也可以由系统指定。标识符由字母、数字和下划线"_"组成,第一个字符不能是数字。与 FORTRAN 和 BASIC 等程序设计语言不同,C++的编译器把大写和小写字母当作不同的字符,这个特征称为"大小写敏感"。各种 C++编译器对在标识符中最多可以使用多少个字符的规定各不相同,ANSI 标准规定编译器应识别标识符的前 6 个字符,VS2012 识别 255 个字符。在标识符中恰当运用下划线,大、小写字母混用以及使用较长的名字都有助于提高程序的可读性。

在 C++中,有些标识符具有专门的意义和用途,它们不能当作一般的标识符使用,这些标识符称为关键词,主要有:

asm,auto,bad_cast,bad_typed,bool,break,case,catch,char,class,const, const_cast,continue,default,delete,do,double,dynamic_cast,else,enum, except,extern,explicit,false,finally,float,for,friend,goto,if,inline, int,long,mutable,namespace,new,operator,private,protected,public,register,reinterpret_cast,return,short,signed,sizeof,static,static_cast, struct,switch,template,this,throw,try,type_info,typedef,typeid,union, unsigned,using,virtual,void,volatile,while

关键词用于表示 C++本身的特定成分,具有相应的语义。程序员在命名变量、数组和函数的名称时,不能使用这些标识符。

另外,C++还使用了下列 12 个标识符作为编译预处理的命令单词:

define,elif,else,endif,error,if,ifdef,ifndef,include,line,progma,undef

并赋予了它们特定含义。程序员在命名变量、数组和函数时也不要使用它们。

在 C++字符集中,标点和特殊字符有各种用途,包括组织程序文本、定义编译器或编译的程序的执行功能等。有些标点符号也是运算符,编译器可从上下文确定它们的用途。C++的标点和特殊字符有

```
!  %  ^  &  *  (  )  -  +  =  {  }  |  ~
[  ]  \  ;  '  :  "  <  >  ?  ,  .  /  #
```

这些字符在 C++中均具有特定含义。

1.3.1　注释

注释是一种非常重要的机制,没有恰当注释的程序不是一个好程序。

C++的注释有两种形式:

(1)// 用于单行注释。它以两个斜杠符起头,直至行末。

(2)/ * … * / 用于多行注释。它可以是用斜线星号组合括起的任意文字(注意:这种注释不能互相嵌套)。

注释可以出现在空白符允许出现的任何地方,但习惯上将注释和其所描述的代码相邻,一般放在代码的上方或右方,不放在下方。编译器会把注释作为一个空白字符处理。注释应当准确清晰,不要有二义性。恰当使用注释可以使程序容易阅读。

1.3.2　源程序

一个 C++源程序由一个或多个源文件构成。C++源程序中包括命令、编译指示、说明、定义、语句块和函数等内容。为了使程序的结构清晰,通常的做法是在一个源文件(称为头文件,无后缀或后缀为.h)中放置变量、类型、宏和类等的定义,然后在另一个源文件(称为源程序文件,后缀一般为.cpp)说明引用这些变量。采用这种方式编写的程序,很容易查找和修改各类定义。

1.3.3　文件包含

文件包含是编译预处理命令中的一种,它是指一个程序将另一个指定文件的内容包含进来,即将另一个程序文件在编译时嵌入到本文件中。文件包含操作的一般格式为:

　　　　♯include ＜文件名＞

或者

　　　　♯include "文件名"

其中"文件名"是指被嵌入的 C++源程序文件的文件名,必须用双引号或者尖括号(实际上是一个小于号和一个大于号)括起来。通过使用不同的括号可以通知预处理程序在查找嵌入文件时采用不同的策略。如果使用了尖括号,那么预处理程序在系统规定的目录(通常是在系统的 include 子目录)中查找该文件。如果使用双引号,那么编译预处理程序首先在当前目录中查找嵌入文件;如果找不到则再去由操作系统的 path 命令所设置的各个目录中查找;如果仍然没有查找到,最后再去上述规定的目录(include 子目录)中查找。

原来的源程序文件和用文件包含命令嵌入的源程序文件在逻辑上被看成是同一个文件,经过编译后生成一个目标代码文件,如图 1-8 所示。

1.3.4　输入与输出

程序通常会要求用户提供一些数据,这一过程被称为程序的输入。程序通常也要向用户发出一些数据(如计算结果等),这一过程被称为程序的输出。C++程序的输入操作可由系统提供的 cin 标准流对象来完成,而输出操作则可由 cout 标准流对象来完成。

cin 表示输入流对象,它是输入输出流库的一部分,与 cin 相关联的设备是键盘,其基本用法为:

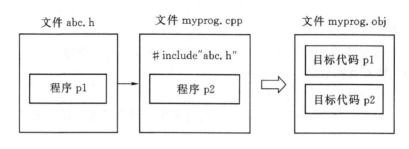

图 1-8　文件包含

　　　　cin＞＞V_1＞＞V_2＞＞…＞＞V_n；

其中"＞＞"称为提取运算符，V_1，V_2，…，V_n都是事先定义好的变量。这个语句的执行功能是，程序暂时中止执行，等待用户从键盘上输入数据。用户输入了所有的数据后，应以回车键表示输入结束，程序将用户键入的数据形成输入数据流，用提取运算符＞＞将该数据流存储到各个变量中，并继续执行下面的语句。例如：

　　　　cin ＞＞ p ＞＞ q；

就是要求用户分别为变量 p 和 q 各输入一个数据。在输入时，应注意用空格或 tab 键将所输入的数据分隔开。

　　应说明的是，当用户响应 cin 的要求输入数据时，必须注意所输入数据的类型（C＋＋的数据类型将在第 2 章中介绍）应与接受该数据的变量类型相匹配，否则输入操作将会失败或者得到的将是一个错误的数据。

　　cout 表示输出流对象，它也是输入输出流库的一部分，与 cout 相关联的设备是显示器，其基本用法是：

　　　　cout ＜＜ E_1 ＜＜ E_2 ＜＜…＜＜ E_m；

其中"＜＜"称为插入运算符，E_1，E_2，…，E_m都是表达式（将在第 2 章中介绍）。这个语句的执行功能是，将各表达式的值输出（显示）到显示设备上的当前光标位置处。在输出时，要注意恰当使用字符串和换行符 endl，提高输出信息的可读性。

1.4　输入、编译、调试和运行一个 C＋＋程序

　　C＋＋是一种编译语言，C＋＋源程序需要经过编译、连接，生成可执行文件后方可运行。使用 C＋＋开发一个应用程序大致要经过以下步骤。

　　（1）首先要根据实际问题确定编程的思路，包括选用适当的数学模型，根据思路或数学模型编写程序。除了非常简单的问题可以直接写出相应的 C＋＋程序之外（在值得使用计算机解决的应用问题中这种情况并不多），一般都应该采用"自顶向下，逐步求精"的程序设计方法来编程。

　　（2）编辑源程序。首先应将源程序输入计算机，这项工作可以通过任何一种文本编辑器完成。输入的源程序一般以文件的形式存放在磁盘上。

　　（3）编译和连接。在设计高级语言（包括 C＋＋）时充分考虑了人（程序员）的需要，源程序很接近人类自然语言。因此，需要将源程序转换为计算机可直接执行的指令。就 C＋＋而言，

这项工作又可分为称为编译和连接的两个步骤,编译阶段将源程序转换成目标文件,连接阶段将目标文件连接成可执行文件。

(4)反复上机调试程序,直到改正了所有的编译错误和运行错误。在调试过程中应该精心选择典型数据进行试算,避免因调试数据不能反映实际数据的特征而引起计算偏差和运行错误。

(5)运行。如果是自用程序,在调试通过以后即可使用实际数据运行程序,得到计算结果;如果是商品软件或受委托开发的软件,则运行由用户实施。

应该说明的是,如果要利用 C++开发一个大型应用系统,例如管理信息系统、数据库应用系统、计算机辅助教学系统或者实时控制系统等,一般要比编写一个数值计算方面的应用程序复杂得多,上面介绍的开发步骤就显得过于简单了。这时要遵循软件工程的方法进行应用系统开发。这方面的内容已经超出本课程的范围,有兴趣的读者可以参看有关软件工程方面的书籍和资料。

课外阅读

1.5　C++语言的历史、特点、用途和发展

C++是从 C 语言发展演变而来的,而 C 语言的历史可以追溯到 1969 年。

1969 年,美国贝尔实验室的 Ken Thompson 为 DEC PDP－7 计算机设计了一个操作系统软件,这就是最早的 UNIX。接着,他又根据剑桥大学的 Martin Richards 设计的 BCPL 语言为 UNIX 设计了一种便于编写系统软件的语言,命名为 B。B 语言是一种无类型的语言,直接对机器字操作,这一点和后来的 C 语言有很大不同。作为系统软件编程语言的第一个应用,Ken Thompson 使用 B 语言重写了其自身的解释程序。

1972—1973 年间,同在贝尔实验室的 Dennis Ritchie 改造了 B 语言,为其添加了数据类型的概念,并将原来的解释程序改写为可以直接生成机器代码的编译程序,然后将其命名为 C。1973 年,Ken Thompson 小组在 PDP－11 机上用 C 重新改写了 UNIX 的内核。与此同时,C 语言的编译程序也被移植到 IBM 360/370、Honeywell 11 以及 VAX－11/780 等多种计算机上,迅速成为应用最广泛的系统程序设计语言。

然而,C 语言也存在一些缺陷,例如类型检查机制相对较弱、缺少支持代码重用的语言结构等,造成用 C 语言开发大程序比较困难。

为了克服 C 语言存在的缺点,贝尔实验室的 Bjarne Stroustrup 博士及其同事开始对 C 语言进行改进和扩充,将“类”的概念引入了 C 语言,构成了最早的 C++语言(1983)。后来,Stroustrup 和他的同事们又为 C++引进了运算符重载、引用、虚函数等许多特性,并使之更加精炼,于 1989 年推出了 AT&T C++2.0 版。随后美国国家标准化协会(ANSI,American National Standard Institute)和国际标准化组织(ISO,International Organization for Standardization)一起进行了标准化工作,并于 1998 年正式发布了 C++语言的国际标准 ISO/IEC:98－14882。各软件商推出的 C++编译器都支持该标准,并有不同程度的拓展。

C++支持面向对象的程序设计方法,特别适合于中型和大型的软件开发项目,从开发时间、费用到软件的可重用性、可扩充性、可维护性和可靠性等方面,C++均具有很大的优越

性。同时,C++又是 C 语言的一个超集,这就使得许多 C 代码不经修改就可被 C++编译器编译通过。

1.6　编译预处理

　　将程序编译的过程分为预处理和正式编译两个步骤是 C++的一大特点。在编译 C++程序时,编译器中的预处理模块首先根据预处理命令对源程序进行适当的加工,然后才进行正式编译。

　　所有的预处理命令均以符号"♯"开头,且在一行中只能书写一条预处理命令(过长的预处理命令可以使用续行标志"\"续写在下一行上)。预处理命令不是 C++语句,所以结束时不能使用语句结束符(分号";")。

　　C++中有 3 种主要编译预处理命令:文件包含、条件编译和宏定义。前面已经介绍了文件包含,下面将介绍一下另外的两种,并将重点介绍宏定义。

　　(1)在一般情况下,编译程序会对源程序中的所有行都进行加工,但在有些时候,可能希望对程序中的某些部分内容只有在满足一定条件时才进行编译,也就是说是对这部分内容指定编译的条件,即条件编译。例如,在调试程序期间,常常希望输出一些调试用的信息,而在调试完成后,就不再需要这些输出信息了。要解决这个问题,一种办法是逐一从源程序中删去输出这些调试信息的程序段落,或者将这些程序段落用注释标记括起来。显然这样做要花费相当大的精力,且今后再要进行调试时,恢复这些调试程序段也是一件挺麻烦的事情。而如果使用条件编译命令进行处理就非常简单了,通过改变某些条件,可以实现对源程序内容的选择性编译,从而达到优化目标代码的目的。

　　(2)宏是用预处理命令♯define 定义的操作,它可以分为两种:无参数宏定义和带参数宏定义。

　　无参数宏定义通常用来定义符号常数,其格式为

　　　　♯define　＜宏名＞　　＜替换序列＞

其中＜宏名＞是一个标识符。为了和变量有所区别,习惯上在为无参宏起名时只使用大写字母。例如:

　　　　♯define PI　　3.14159

　　该宏定义命令为常量 3.14159 起了一个符号化的名字 PI。这样,在该宏定义命令之后的程序中,均可以使用符号常数 PI 表示数值 3.14159,例如:

　　　　s ＝ PI ∗ r ∗ r;

　　使用符号常数的程序可读性好,易于阅读理解。另外,将程序中的常量用符号常数表示也有利于程序的调试和修改。例如,程序中分别使用了两个符号常数,它们的值碰巧相同:

　　　　♯define MAX_NUMBER　　80

　　　　♯define LINE_LEN　　80

　　以后如果需要将其中的一个修改为其它数值,则只须修改上面的宏定义即可。但如果不使用宏定义,则需逐个查出程序中所有数值 80,一一判断需要修改哪一个,不但浪费时间,而且容易出错。

　　应该说明的是,用宏命令定义的符号常数不是变量,如使用这样的语句:

```
LINE_LEN = 100;
```
则是错误的。其实,宏定义命令的真正含义是要求编译程序在对源程序进行预处理时,将源程序中所有的符号名"MAX_NUMBER"和"LINE_LEN"(但不包括出现在注释与字符串中的"MAX_NUMBER"和"LINE_LEN")分别替换为字符序列"80"。因此到了正式编译时,符号名"LINE_LEN"已经不存在了,语句"LINE_LEN = 100;"已经变为"80 = 100;",显然这是一个错误的赋值表达式语句。

在定义宏时还可以加上参数,这就构成了带参数的宏:

　　　　#define <宏名>(<参数表>)　<带有参数的替换序列>

例如,

　　　　#define max(a,b)　((a)>(b)? (a):(b))

带参数的宏的用法颇像函数(函数概念将在第 5 章中介绍)。例如:

　　　　x = max(x,10);

即如果变量 x 的值小于 10,则将常数 10 赋给 x,否则 x 的值保持不变。实际上,这个带参数的宏的确切含义为,通知编译程序中的预处理模块在对应用程序进行处理时遇到形如 max()的串时要进行转换,在转换时还要对参数进行代换处理。上述宏定义经过转换后会变为

　　　　x = ((x)>(10)? (x):(10));

在利用宏命令定义带参数的宏时,要注意宏名与括号之间不能有空格,且所有的参数用逗号分开,并且均应出现于右边的替换序列中。

虽然带参数的宏很像函数,但这两者之间的区别是很明显的。编译程序在处理带参数的宏时,并不是用实参的值进行代入计算,而只是简单地将替换序列中的参数用相应的实参原样替换(按参数书写位置,从左到右一一对应)。因此,在书写带参数的宏时,要防止由于使用表达式参数带来的错误。例如定义了一个用于计算圆面积的宏:

　　　　#define circle_area(r)　r * r * 3.14159

在计算

　　　　s = circle_area(x + 16)

就会出问题。将参数 x+16 代入上述宏定义中,有

　　　　s = x + 16 * x + 16 * 3.14159

就会发现运算的顺序显然有错误。如果重新定义这个宏:

　　　　#define circle_area(r)　((r) * (r) * 3.14159)

就没有问题了。总而言之,在定义带参数的宏时应将每个参数和整个替换序列都用括号括起来,以防止可能的计算错误。

取消宏定义命令 #undef 用于撤消对一个符号名的定义。例如,

　　　　#define DEBUG　1

　　　　//在本程序段落中定义了一个值为 1 的符号常数 DEBUG

　　　　#undef DEBUG

如果没有 #undef 命令,则宏定义起作用的范围为自 #define 命令起至该源程序文件末尾。

实际上,宏定义更适合于 C 语言编程而不是 C++编程。学习宏定义有助于读懂 C 语言的遗留代码。

1.7　名字空间 NameSpace

NameSpace 中文多翻译为名字空间，之所以出来这样一个东西，是因为人类可用的单词数太少，并且不同的人写的程序不可能所有的变量都没有重名现象，对于库来说（不同人写的代码汇集到库中）这个问题尤其严重，如果两个人写的库文件中出现同名的变量或函数（不可避免），使用起来就有问题了。为了解决这个问题，引入了名字空间这个概念，通过使用 NameSpace，你所使用的库函数或变量就是在该名字空间中定义的，这样一来就不会引起不必要的冲突了。名字空间是用来组织和重用代码的编译单元。

所谓 NameSpace，是指标识符的各种可见范围。C＋＋标准程序库中的所有标识符都被定义于一个名为 std 的 NameSpace 中。所以，在例 1－1 中，看到有 std∷cin、std∷cout、std∷endl 等。如果不想写得这么麻烦，可以在程序的开头使用 using 语句，如下：

```
// Example 1－1：屏幕上显示：Hello World!
#include <iostream>              //包含基本输入输出库文件
using namespace std;
int main()                      //主函数名
{
    cout << "Hello World!" << endl;   //屏幕显示语句
    return 0;                   //表示程序顺利结束
}
```

这样可以省略掉程序中的 std。

NameSpace 是 C＋＋的一个关键字。实际上，它只是起到标识作用，把全局的变量、函数，类等放到一起，细化管理。也可以定义自己的名字空间，如：

```
namespace    Space'sName
{
    //declaration
}
```

NameSpace 是 1998 年后的 C＋＋标准引入的。引入后，后缀为. h 的头文件在新 C＋＋标准中已经明确提出不支持了，早些的实现将标准库功能定义在全局空间里，声明在带. h 后缀的头文件里，C＋＋标准为了和 C 区别开，也为了正确使用名字空间，规定头文件不使用后缀. h。

因此，当使用<iostream. h>时，相当于在 C 中调用库函数，使用的是全局名字空间，也就是早期的 C＋＋实现；当使用<iostream>的时候，该头文件没有定义全局名字空间，必须使用 namespace std，这样才能正确使用 cout。

1.8　解决方案和项目

通俗地理解，一个项目就是你开发的一个软件。一个项目可以表现为多种类型，如控制台应用程序，Windows 应用程序，类库（Class Library），Web 应用程序，Web Service，Windows

控件,等等。如果经过编译,从扩展名来看,应用程序都会被编译为.exe 文件,而其余的会被编译为.dll 文件。既然是.exe 文件,就表明它是可以被执行的,表现在程序中,这些应用程序都有一个主程序入口点,即 main()。而类库,Windows 控件等,则没有这个入口点,所以也不能直接执行,而仅提供一些功能,给其它项目调用。

在 Visual Studio 中,可以在"文件"菜单中,选择"新建"一个"项目",来创建一个新的项目,例如创建控制台应用程序。注意,在此时,Visual Studio 除了建立了一个控制台项目之外,该项目同时还属于一个解决方案。这个解决方案有什么用? 如果你只需要开发一个 Hello World 的项目,解决方案自然毫无用处。但是,一个稍微复杂一点的软件,都需要很多模块来组成,为了体现彼此之间的层次关系,利于程序的复用,往往需要多个项目,每个项目实现不同的功能,最后将这些项目组合起来,就形成了一个完整的解决方案。形象地说,解决方案就是一个容器,在这个容器里,分成好多层,好多格,用来存放不同的项目。一个解决方案与项目是大于等于的关系。建立解决方案后,会建立一个扩展名为.sln 的文件。在解决方案里添加项目,不能再用"新建"的方法,而是要在"文件"菜单中,选择"添加"。添加的项目,可以是新项目,也可以是已经存在的项目。

需要注意的是,一般而言,每一道题目应该对应一个解决方案,而不是一个项目。也就是说,在初期的练习阶段,每做一道题目应该从一个新的解决方案开始。同样,要打开一个曾经写过的程序,不应该直接打开 C++的源文件,而应该打开解决方案,即双击.sln 文件。

◤ 程序设计举例

例 1-3　计算星球之间的万有引力。

算法　由普通物理学知识可知,两个质量分别为 m_1 和 m_2 的物体之间的万有引力 F 与两个物体质量的乘积成正比,与两个物体质心之间的距离 R 的平方成反比:

$$F = G\frac{m_1 \times m_2}{R^2}$$

式中的 G 为引力恒量,为:$G \approx 6.67 \times 10^{-11} \mathrm{N \cdot m^2/kg^2}$。

因此,只要将数据代入上式,即可算出星球之间的万有引力。

程序

```
// Example 1-3:计算星球之间的万有引力
#include <iostream>
using namespace std;
int main()
{
  double Gse, Gme;
//太阳质量 1.987×10³⁰kg,地球质量 5.975×10²⁴kg,两者间距 1.495×10¹¹m
  double Msun = 1.987E30, Mearth = 5.975E24;
  double G = 6.67E-11;
  Gse =   G * Msun * Mearth/(1.495E11 * 1.495E11);
  cout << "The gravitation between sun and earth is "<< Gse <<" N." << endl;
//月球质量 7.348×10²²kg,地球质量 5.975×10²⁴kg,两者间距 3.844×10⁸m
```

```
    double Mmoon = 7.348E22, Dme = 3.844E8;
    Gme = G * Mmoon * Mearth/(Dme * Dme);
    cout << "The gravitation between moon and earth is "<< Gme <<" N." << endl;
    return 0;
}
```

输出　　　The gravitation between sun and earth is 3.54307e + 022 N.

　　　　　　The gravitation between moon and earth is 1.98183e + 020 N.

例 1 - 4　加法计算器程序。

程序

```
// Example 1 - 4:加法计算器程序
# include <iostream>
using namespace std;
int main()
{
    double a, b, c;
    cout<<"Please input two numbers: ";
    cin>>a>>b;
    c = a+b;
    cout << a << " + " << b << " = " << c<< endl;
    return 0;
}
```

输入　Please input two numbers: 12.0　34.0

输出　12 + 34 = 46

　　分析　本例使用了双精度浮点类型的变量 a、b、c 进行运算,所以可以计算小数加法。程序在接收输入数据之前首先显示一行提示信息,告诉用户应该如何输入数据,并在输出结果时同时输出了计算公式。这些做法都是为了方便使用该程序的用户,是编写应用程序的基本要求。

编程提示

　　1.在程序的适当位置加上注释,如在程序的开头对程序用途的描述,对关键语句和变量的说明等,都可以使程序容易阅读,但如果代码本来就是清楚的,就不必再加注释。

　　2.如果程序需要用户进行键盘输入,应在输入前有相应的提示信息输出,提示可包括输入用途和输入格式等信息。

　　3.合理使用空格,如在二元运算符的前后放上空格,在每个逗号后面加上空格,在变量声明和可执行语句之间留一行空格等,也可以使程序更清晰。

　　4.应该选择有意义的标识符作为变量、类型、函数和标号的名称,其长度应当符合"min-length & max-information"原则,使程序更易读。

　　5.虽然 C++标识符是大小写敏感的,但在代码中不要出现仅靠大小写区分的标识符。

　　6.在编译预处理命令末尾加分号会导致错误。

7.不要一味地追求程序的效率,应当在满足正确性、可靠性、可读性等前提下,再设法提高程序的效率。

8.常见的编程错误有两类:

(1)编译、连接错误:当程序中有语法错误或函数调用出错时就会出现。解决这类错误的方法比较简单,主要是通过 C++编译和连接程序来完成。

(2)运行错误:又有两种,一种是逻辑错误,即程序的实际运行结果和编程者对程序结果的期望不符;另一种仍是程序设计上的错误,但是躲过了编译程序和连接程序的检查,通常表现为突然死机、自行热启动或者输出信息混乱。

所以说,程序能够顺利编译、连接、检查并不代表完全正确,语法错误仅仅是很初步的错误。

9.初学者常犯的编程错误有:

(1)遗忘在语句末尾添加的分号;

(2)忘记 C++标识符是大小写敏感的,对同一标识符用了不同的大小写。

(3)忘记定义要使用的变量。

小结

1.使用 C++开发应用程序的步骤:

(1)根据实际问题确定编程的思路,包括选用适当的数学模型;

(2)根据前述思路或数学模型编写程序;

(3)编辑源程序;

(4)编译和连接;

(5)反复上机调试程序,直到改正了所有的编译错误和运行错误;

(6)运行。

2.C++程序由函数组成,函数由变量及参数说明语句和语句序列构成。

3.每条语句必须用分号";"结尾。一个语句行可以书写多个语句,一个语句也可以分开写在连续的若干行上(但名字、语句标识符等不能跨行书写)。

4.C++语言允许在程序中插入注释行。

5.C++语言提供了包括 I/O 功能在内的大量标准库函数,但调用这些函数时,必须在程序头部包含库文件。

习题

1.在计算机上调试运行本章的所有例题,熟悉实验环境和方法。

2.仿照例 1-3,编写一个计算矩形面积的程序。

3.乘法计算器程序:可以根据例 1-4 自行改编。

第2章　基本数据类型

本章目标

掌握几种基本数据类型,包括整型、长整型、浮点型、双精度型和字符型等数据类型的基本概念,以及常数和变量的使用方法。掌握枚举和结构的使用方法。

授课内容

2.1　数据类型

程序的主要任务是对数据进行处理,而数据有多种类型,如数值数据、文字数据、图像数据以及声音数据等,其中最基本的也是最常用的是数值数据和文字数据。

无论什么数据,计算机在对其进行处理时都要先存放在内存中。显然,不同类型的数据在存储器中存放的格式也不相同,甚至同一类数据,有时为了具体问题的处理方便,也可以使用不同的存储格式。例如数值数据,其存储格式又可以分为整型、长整型、浮点型和双精度型等几种类型;文字数据也可以分为单个字符和字符串。因此,在程序中对各种数据进行处理之前都要对其类型(也就是存储格式)预先加以说明。这样做,一是便于为这些数据分配相应的存储空间,二是说明了程序处理数据时应采用何种具体运算方法。

C++的数据有两种基本形式,一是常量,二是变量。常量的用法比较简单,通过本身的书写格式就说明了该常量的类型;而在程序中使用变量之前必须先说明其类型,否则程序无法为该变量分配存储空间。也就是说,变量要"先说明,后使用"。这条原则不仅适合于变量,同样适合于C++程序的其它成分,如函数、类型和宏等。

C++的一个主要特点是它的数据类型相当丰富,不但有字符型、短整型、整型、长整型、浮点型和双精度型等基本数据类型以及由它们构成的数组,还可以通过类的概念描述较复杂的数据对象。C++的数据类型如图2-1所示。在本章中主要介绍几种基本数据类型的说明和使用方法。

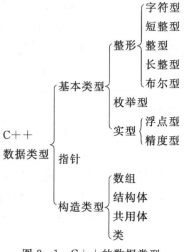

图 2-1　C++的数据类型

2.1.1　整型数据的表示方法

在 C++ 中，存放一个整型数据可以使用字符型、短整型、整型和长整型等 4 种类型。这 4 种类型的格式相似，其最高位均为符号位，0 表示正值，1 表示负值。字符型数据占用一个字节存储空间；短整型数据占用两个字节；整型和长整型数据要占用 4 个字节的存储空间[①]，见图 2-2。

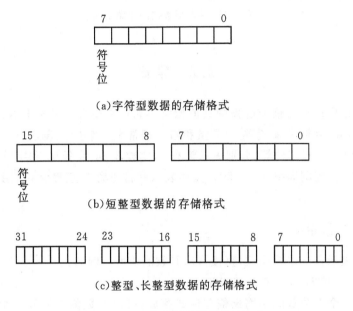

图 2-2　四种整型数据的存储格式

字符型数据占用一个字节，共 8 个二进制位；其中第 7 位是符号位，因此数值部分可用 7 个二进制位表示，即字符型可以表现的数值范围为 $-2^7 \sim 2^7-1$（$-128 \sim 127$）；同理，短整型数据占用 2 个字节，可以表示的数值范围为 $-2^{15} \sim 2^{15}-1$（$-32768 \sim 32767$）；而整型和长整型数据占用 4 个字节，可以表示的数值范围为 $-2^{31} \sim 2^{31}-1$。

在编写程序时应根据数据的实际情况选用相应的数据类型。一般的整数数据大多选用整型表示。至于字符型，因其表示范围太小，通常很少用其存放整型数据，而是用来存放字符的代码。

2.1.2　实型数据的表示方法

在日常生活或工程实践中，大多数数据既可以取整数数值，也可以取带有小数部分的非整数数值，例如人的身高和体重，货物的金额等。

浮点类型使用了 4 个字节存放数据，所以其精度有限，一般只有 7 位有效数字，可以表示的数值范围为 $-3.4 \times 10^{-38} \sim 3.4 \times 10^{38}$。有时可能需要进行精度更高的计算，这时可以使用双精度类型。双精度类型数据共占用 8 个字节，其有效数字可达 15 位，取值范围约为 $-1.7 \times 10^{-308} \sim 1.7 \times 10^{308}$。浮点类型的存储格式如图 2-3 所示。

---

① 在不同的系统中，每个数据类型所占的存储字节数目可能有所不同，因此在使用某个版本的 C++ 编译器之前，应该仔细阅读其用户手册或使用 sizeof 运算符，弄清其数据长度等基本参数。这里介绍的是以 Mircrosoft Visual C++ 为准的，下同。

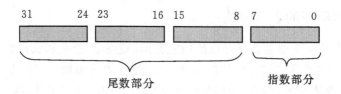

图 2-3　浮点型数据的存储格式

2.2　常量

常量是指在程序运行的整个过程中其值始终不可改变的量。C++语言中有五种常量：整型常量、实型常量、字符常量、字符串常量和布尔型常量。常量在表达方式上既可以直接表示，如常量 1,3.14,'A',"Hello"等，分别表示整数 1,实数 3.14,字符 A 和字符串 Hello,也可用符号代表，如用 PI 代表圆周率 3.14159。直接表示的常量称为直接常量，用符号代表的常量称为符号常量。

2.2.1　整型常量

整型常量的表示方法比较简单，直接写出其数值即可。例如：

0, 1, -2, 637, 32767, -32768, …

如果要指明一个整数数值使用长整型格式存放，可以在数值之后写一个字母 l 或 L。由于小写 l 很容易和数字 1 混淆，建议使用大写字母 L 表示长整形常数。例如：

0L, 1L, -2L, 637L, 32767L, -32768L, …

2.2.2　实型常量

在 C++中，可以使用浮点类型表示这类数据。浮点数据类型使用科学计数法表示数值：将数值分为尾数部分和指数部分，前者是一个纯小数，且小数点后第 1 位不为 0;后者是一个整数值。这两部分均可以为正或为负。实际数值等于尾数部分乘上 10 的指数部分的幂次。例如，圆周率 π 可以写成：

$$0.3141593 \times 10^1$$

C++的浮点类型常数可以使用两种方式书写，一种是小数形式，例如

0.0, 1.0, -2.68, 3.141593, 637.312, 32767.0, -32768.0,…

这时应注意即使浮点类型的常数没有小数部分也应补上".0"，否则会与整型常数混淆。另一种是科学计数形式，其中用字母 e 或者 E 表示 10 的幂次，例如：

0.0E0, 6.226e-4, -6.226E-4, 1.267E20, …

2.2.3　字符常量

在 C++中，文字数据有两种：一是单个的字符，二是字符串。对于字符数据来说，实际上存储的是其编码。由于英语中的基本符号较少，只有 52 个大小写字母、10 个数字、空格和若干标点符号，再加上一些控制字符，如回车、换行、蜂鸣器等，总共不过 100 多个，因此，可以使

用一个整数表示某个字符的代码。目前最常用的代码标准是 ASCII 码,ASCII 码共使用了 128 个编码,分别使用整数 0～127 表示,可以参看 ASCII 码表。

　　一般来说,在用 C++编写程序时,单个的字符变量多选用整型变量存放,因为其数目有限,占用存储不多,而现在计算机的 CPU 中的数据字长多为 16 位以上,所以使用整型的运算速度比较快。但是对于字符串数据,由于占用的存储空间比较多,所以均选用字符型数组存放,一个数组元素 (字符类型的变量) 正好存放一个字符的 ASCII 码。

　　字符型常数实际上就是单个字符的 ASCII 码。但是在程序中直接使用码值很不直观,例如从码值 48 和 97 很难看出它们实际上代表的是字符'0'和'a'。因此在 C++语言中引入了一套助记符号来表示 ASCII 码。对于字母、数字和标点符号等可见字符来说,其助记码就是在该符号两边加上单引号。例如:

　　　　'a','A','1','','+',…

　　另外,还有一些字符是比较特殊的(可能不可显示或无法通过键盘输入),如控制字符、引号和反斜杠符等,对此 C++专门提供了一种称为转义序列的表示方法,它使用由一个反斜杠符和一个符号组成的转义字符表示这些特殊字符,如:

　　　　'\n'(换行),'\r'(回车),'\t'(横向跳格),'\''(单引号),…

　　常用的转义字符可以参看表 2-1。

表 2-1　常用的转义字符

转义字符	含　义
\n	换行符
\r	回车符
\t	制表符
\f	换页符
\b	退格符
\\	反斜杠
\'	单引号
\"	双引号
\0	结束符
\nnn	码值为 nnn 的 ASCII 码,nnn 表示 3 位八进制数

注意:上述助记符实际上仍是一个整数,因此也可以参加运算。例如:

```
c = 'A'+2;                 // c 被赋值为字母 C;
if(x>='0' && x<='9')       // 如果 x 是 0～9 之间某个数字的 ASCII 码
x = x-'0';                 // 将其转换为相应的数值
```

2.2.4　字符串常量

字符串常量是用双引号括起来的一串字符,例如:

　　　　"Visual C++", "12.34", "This is a string.\n",…

　　字符串常数在内存占用的实际存储字节数要比字符串中的字符个数多 1 个,即在字符串的尾部还要添加一个数值为 0 的字符,用以表示字符串的结束。该字符也可以使用转义序列

'\0'表示。以字符串"MONDAY"为例,其实际存储形式见图 2-4。

因此,'B'与"B"是有区别的,前者是一个字符型常量;而后者是字符串常量,由两个字符'B'和'\0'组成。

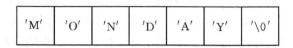

图 2-4　字符串的存储方式

2.2.5　布尔型常量

布尔型常量只有两个值:true 和 false,它们也称为逻辑值。在实际的系统中,一般用一个字节来存放布尔型常量,分别用 0 表示 false,其余任何非 0 值都认为是 true。

2.3　修饰符

基本类型说明语句的前面还可以加上各种修饰符。修饰符用来改变基本类型的意义,以便更准确地适应各种情况的需求。

2.3.1　常量修饰符

如果要表示某个变量的值不能修改,可使用常量修饰符 const。常量修饰符可用于修饰函数的参数。例如:

```
double func(const double arr[], const int count)
{
    ...
}
```

表示在函数体内参数 arr 和 count 的值不变,不能出现对它们的赋值等操作。如用 const 修饰一般变量,则需同时初始化该变量:

```
const int person_count = 1000;
```

在 C++中,除了可以用常量修饰符 const 来定义常量以外,由第 1 章可知,还可以用宏定义#define 来定义常量,两者都可以表示那些将在程序中多次出现的数字或字符串。但是相比较而言,用常量修饰符 const 则更好。这是因为 const 常量有数据类型,而宏常量则没有,所以编译器会对 const 常量进行类型安全检查,而对宏常量的处理仅仅是简单的字符替换,不做类型安全检查,所以有时在字符替换时就有可能会产生意想不到的错误。而且部分集成化的调试工具可以对 const 常量进行调试,但是不能对宏常量进行调试。所以推荐在 C++程序中使用 const 常量而不使用宏常量。

2.3.2　类型修饰符

C++提供的类型修饰符如下:

signed　——有符号

unsigned——无符号

signed 的意义为带符号。由于基本类型 char,short,int,long 等均为带符号位的类型,所以 signed 修饰符的用途不大。unsigned 适用于 char,short,int 和 long 四种整数类型,其意义为取消符号位,只表示正值。这样,unsigned char 的表示范围就变为 0～255,unsigned

short 类型的表示范围变为 0～65535,而 unsigned int (可以直接写成 unsigned) 类型和
unsigned long类型的表示范围变为 $0～2^{32}-1$。

当类型修饰符应用于 int 类型之前时,可以省略 int 不写(即 int 是隐含表示的)。如

signed int 等价于 signed

unsigned int 等价于 unsigned

实际上,前面所讲的 long 和 short 也是类型修饰符,只不过是省略了后面的 int 罢了。如
果将 long 用于 double 之前,会形成一种新的数据类型:long double,而且在有些系统中它可
以提供比 double 类型更多的存储空间。

2.4　变量

与常量相反,变量是指在程序运行期间可以改变的量。每个变量都要有一个名字,即变量
名,用标识符来表示。变量在内存中占据一定的存储单元,并在该存储单元中存放变量的值。
变量分为不同的类型,如整型变量、双精度变量和字符变量等。

2.4.1　变量的声明

如果要在程序中使用变量,就必须先对变量进行声明,即要使用变量说明语句。C++的
数据变量说明语句的格式为:

　　　　＜类型说明符＞ ＜变量名 1＞ [,＜变量名 2＞, …,＜变量名 n＞];

其中,类型说明符指出了变量的数据类型,该类型决定了变量的格式和行为。

下面是一些基本数据类型的类型说明符:

```
short    ＜短整型变量表＞
int      ＜整型变量表＞;
long     ＜长整型变量表＞;
char     ＜字符类型变量表＞;
bool     ＜布尔类型变量表＞;
float    ＜浮点类型变量名表＞;
double   ＜双精度类型变量名表＞;
```

下面列出几个变量说明语句的例子:

```
char c1, c2;                // 说明了 2 个字符型变量
int i, j, k;                // 说明了 3 个整型变量
long len;                   // 说明了 1 个长整型变量
bool legalWork;             //说明了 1 个布尔型变量
float average, sum;         // 说明了 2 个浮点类型的变量
double distance, weight;    // 说明了 2 个双精度类型的变量
```

2.4.2　变量的初始化

C++允许在说明变量的同时对变量赋一个初值,例如:

```
int count = 0;
```

```
double pi = 3.14159265358979E0;
int upper = 'A';
```

另一种初始化变量的方法如下：

＜类型＞＜变量＞(＜表达式＞)

例如：

```
int i(5);
char ch('a'+ count);
```

例 2-1　字符'A'的不同赋值方法。用不同的方法给字符变量赋值，结果都输出字符'A'。

分析　可以直接用字符'A'进行赋值，可以用其对应的 ASCII 码赋值，也可以使用表达式。
程序代码如下：

```
//Example 2-1:字符'A'的不同赋值方法
#include <iostream>
using namespace std;
void main()
{
    char c;
    int n = 20;
    c = 'A';
    cout<<"直接使用字符赋值的结果 "<<c<<endl;
    c = 65;
    cout<<"使用字符的 ASCII 码的结果 "<<c<<endl;
    //使用十六进制 ASCII 码表示"A",(41)₁₆ = (65)₁₀
    c = '\x41';
    cout<<"使用十六进制 ASCII 码的结果 "<<c<<endl;
    //使用八进制 ASCII 码表示"A",(101)₈ = (65)₁₀
    c = '\101';
    cout<<"使用八进制 ASCII 码的结果 "<<c<<endl;
    c = n + 45;
    cout<<"使用表达式的值作为 ASCII 码的结果 "<<c<<endl;
}
```

2.5　枚举类型

如果某个数据项只可能取少数几种可能的值，则可以将该数据项定义为枚举类型数据。
枚举类型实际上是整数的子集，其定义格式为

```
enum <枚举类型名>
{
    <枚举符号表>
};
```

例如,一周的天数可以定义为

```
//定义星期的类型
enumWeekday_type
{
        SUNDAY,          // 星期日
        MONDAY,          // 星期一
        TUESDAY,         // 星期二
        WEDNESDAY,       // 星期三
        THURSDAY,        // 星期四
        FRIDAY,          // 星期五
        SATURDAY         // 星期六
};
```

一旦定义了枚举数据类型,接下来就可以声明该类型的变量了,如下语句:

```
enumWeekday_type workday;
```

变量 workday 只能取枚举类型中列出的符号值。例如,

```
workday = MONDAY;
```

掌握枚举类型的关键在于,每个枚举符号实际上是一个整数值。例如,对于枚举类型 enum Weekday_type 来说,MONDAY 等于 1。因此,如果如上定义,workday 是枚举类型 Weekday_type 的一个变量,则在下面的 for 循环中:

```
for(workday = MONDAY; workday<= FRIDAY; workday = workday + 1)
```

一共就执行了 5 次循环。由此可见,采用枚举类型提高了程序的可读性。

也正因为如此,如果要打印变量 workday 的值,只能使用整型输出格式符,打印出的值为 1。所以枚举类型无法进行直接的输入和输出,要想获得变量的符号值,必须采用间接方法,如下例。

例 2 - 2 根据键盘输入的首字符选择对应颜色(枚举类型的输入和输出)。

算法 枚举类型颜色的符号值可以通过读入其前一个或两个字符来区分,可以先从键盘上读入两个字符,然后用选择结构将对应的值找出来并赋给变量,对该变量再一次使用选择结构打印输出正确的符号值。

程序

```
// Example 2 - 2:选择颜色
# include <iostream>
using namespace std;
int main()
{
    //定义枚举类型颜色并同时声明一个该类型的变量
    enumColors{ blue, brown, green, red, white, yellow} choose;
    char ch1, ch2;
    cout<<"Please input the first two letters of the colors you have choosed:"
        <<endl;
```

```cpp
cin>>ch1>>ch2;//输入两个字符
//判断键盘输入字符所对应的枚举类型值
switch(ch1)
{
case 'b':
if(ch2 = ='l')
    choose = blue;
else
    choose = brown;
break;
case 'g':
    choose = green;
    break;
case 'r':
    choose = red;
    break;
case 'w':
    choose = white;
    break;
case 'y':
    choose = yellow;
    break;
default:
    cout<<"Illegal input!"<<endl;
}
//输出枚举类型值
switch(choose)
{
case blue:
    cout<<"The color you chosen is blue"<<endl;
    break;
case brown:
    cout<<"The color you chosen is brown"<<endl;
    break;
case green:
    cout<<"The color you chosen is green"<<endl;
    break;
case red:
    cout<<"The color you chosen is red"<<endl;
```

```
            break;
        case white:
            cout<<"The color you chosen is white"<<endl;
            break;
        case yellow:
            cout<<"The color you chosen is yellow"<<endl;
        }
        return 0;
}
```

输入　b l

输出　The color you chosen is blue

一般情况下，一个枚举类型中的各枚举值从 0 开始顺序取值。在前面的例子中，从 SUN-DAY 到 SATURDAY 分别取值 0,1,…,6。不过，在定义枚举类型时，可以对各枚举符号进行初始化，改变其对应的整数值。例如：

```
//定义星期几类型
enumWeekday_type
{
    MONDAY = 1,    // 星期一
    TUESDAY,       // 星期二
    WEDNESDAY,     // 星期三
    THURSDAY,      // 星期四
    FRIDAY,        // 星期五
    SATURDAY,      // 星期六
    SUNDAY,        // 星期日
};
```

则从 MONDAY 到 SUNDAY 所对应的值分别为 1,2,…,7。实际上，枚举符号也可以作为符号常数赋给整型变量，或者作为整数值参加运算。

2.6　表达式

表达式是由运算符将运算对象（如常数、变量和函数等）连接起来的具有合法语义的式子。在 C++ 中，由于运算符比较丰富（达几十种之多），加之引入了赋值等有副作用的运算符，因而可以构成灵活多样的表达式。这些表达式的应用一方面可以使程序编写得短小简洁，另一方面还可以完成某些在其它高级程序设计语言中较难实现的运算功能。

学习 C++ 的表达式时应注意以下几个方面：

(1) 运算符的正确书写方法。C++ 的许多运算符与通常在数学公式中所见到的符号有很大差别，例如：整除求余（%），相等（= =），逻辑运算与（&&）等。

(2) 运算符的确切含义和功能。C++ 语言中有些很特殊的运算符，有些运算符还有所谓"副作用"。

(3)运算符与运算对象的关系。C++的运算符可以分为单目运算符（仅对一个运算对象进行操作）、双目运算符（需要 2 个运算对象），甚至还有复合表达式，其中的两个运算符对三个或者更多个运算对象进行操作。

(4) 运算符具有优先级和结合方向。如果一个运算对象的两边有不同的运算符，首先执行优先级别较高的运算。如果一个运算对象两边的运算符级别相同，则应按由左向右的方向顺序处理。各运算符的优先顺序可以参看表 2-3"运算符的优先级别和结合方向"。如果编程序时对运算符的优先顺序没有把握，可以通过使用括号来明确其运算顺序。

2.6.1　算术运算符和算术表达式

C++的算术运算符有：

　　　　+（加），−（减），*（乘），/（除），%（整除求余）

其中"/"为除法运算符。注意：如果除数和被除数均为整型数据，则结果也是整数，例如，5/3 的结果为 1。"%"为整除求余运算符。"%"运算符两侧均应为整型数据，其运算结果为两个运算对象作除法运算的余数。例如 5%3 的结果为 2。

在 C++中，不允许两个算术运算符紧挨在一起，也不能像在数学运算式中那样，任意省略乘号，以及用中圆点"·"代替乘号等。如果遇到这些情况，应该使用括号将连续的算术运算符隔开，或者在适当的位置上加上乘法运算符。例如，

　　　　x*−y　　　应写成　　x*(−y)
　　　　(x+y)(x−y)　　　应写成　　(x+y)*(x−y)

2.6.2　关系运算符和关系表达式

关系运算符又称比较运算符，C++中有 6 种关系运算符：

　　　　>　（大于），　　　<　（小于），　　　==（等于），
　　　　>=（大于等于），　<=（小于等于），　!=　（不等于）

用关系运算符将两个表达式连接起来就构成了关系表达式。关系表达式的值的类型为逻辑数据类型（布尔型），如：

　　　　x >= 3
　　　　a+b == c

如果比较运算的结果成立，关系表达式取值就为 true（非 0 值），否则关系表达式的值为false（0 值）。

注意，算术运算符的优先级高于关系运算符。即

　　　　a+b == c 等价于 (a+b) == c

2.6.3　逻辑运算符和逻辑表达式

简单的关系比较是不能满足实际的编程需要的，一般还需要用逻辑运算符将关系表达式或逻辑量连接起来，构成较复杂的逻辑表达式。逻辑表达式的值也是逻辑量。

C++中提供了 3 种逻辑运算符：

　　　　!（逻辑非）　　&&（逻辑与）　　||（逻辑或）

在逻辑运算符中，逻辑与"&&"的优先级高于逻辑或"||"的优先级，而所有的关系运算

符的优先级均高于以上两个逻辑运算符。至于逻辑非运算符"！"，由于这是一个单目运算符，所以和其它单目运算符（例如用于作正、负号的"＋"和"－"）一样，优先级高于包括算术运算符在内的所有双目运算符。例如表达式：

　　　　x＊y＞z && x＊y＜100 || －x＊y＞0 && ！isgreat(z)

的运算顺序为[①]：

计算 x＊y	//算术运算优先于比较运算
计算 x＊y＞z	// 比较运算优先于逻辑运算
计算 x＊y＜100	// 比较运算优先于逻辑与运算
计算 x＊y＞z && x＊y＜100	// 逻辑与运算优先于逻辑或运算
计算 －x	// 单目运算优先于双目运算
计算 －x＊y	// 算术运算优先于比较运算
计算 －x＊y＞0	// 比较运算优先于逻辑运算
计算 isgreat(z)	// 计算函数值优先于任何运算符
计算 ！isgreat(z)	// 单目运算优先于双目运算
计算 －x＊y＞0 && ！isgreat(z)	// 逻辑与运算优先于逻辑或运算
计算 x＊y＞z && x＊y＜100 || －x＊y＞0 && ！isgreat(z)	

2.6.4　赋值运算符和赋值表达式

C＋＋将赋值作为一个运算符处理。赋值运算符为"＝"，用于构造赋值表达式。赋值表达式的格式为：

　　　　V ＝ e

其中 V 表示变量，e 表示一个表达式。赋值表达式的值等于赋值运算符右边的表达式的值。其实，赋值表达式的价值主要体现在其副作用上，即赋值运算符可以改变作为运算对象的变量 V 的值。赋值表达式的副作用就是将计算出来的表达式 e 的值存入变量 V。

和其它表达式一样，赋值表达式也可以作为更复杂的表达式的组成部分。例如：

　　　　i ＝ j ＝ m＊n；

由于赋值运算符的优先级较低（仅比逗号运算符高，见 2.6.6 节），并列的赋值运算符之间的结合方向为从右向左，所以上述语句的执行顺序是：首先计算出表达式 m＊n 的值；然后再处理表达式 j ＝ m＊n，该表达式的值就是 m＊n 的值，其副作用为将该值存入变量 j；最后，处理表达式 i ＝ j ＝ m＊n，其值即第一个赋值运算符右面的整个表达式的值，因此也就是 m＊n 的值（最后计算出的这一赋值表达式的值并没有使用），其副作用为将第一个赋值运算符右面整个表达式的值存入变量 i。因此，上述表达式语句的作用是将 m＊n 的值赋给变量 i 和 j。整个运算过程如下（设 m 的值为 2，n 的值为 3）：

计算 m＊n 的值：	2＊3 等于 6；
计算 j ＝ m＊n 的值：	j ＝ 6 的值等于 6，其副作用为将 6 存入变量 j；

---

① 实际的运算顺序与这里介绍的会略有区别，这是因为 C＋＋语言在执行表达式时进行了优化。例如，对于表达式 x＊y＞z && x＊y＜100 来说，如果第一个比较表达式 x＊y＞z 不成立，则无论第二个表达式 x＊y＜100 成立或不成立，整个表达的值均为 0（不成立），因此就无需计算第二个表达式。

计算 i = j = m*n 的值：i = 6 的值等于 6，其副作用为将 6 存入变量 i。

2.6.5　自增运算符和自减运算符

C++中有两个很有特色的运算符：自增运算符"++"和自减运算符"--"。这两个运算符也是 C++程序中最常用的运算符，以致于它们几乎成为 C++程序的象征。

"++"和"--"运算符都是单目运算符，其运算对象常为整型变量或指针变量。这两个运算符既可以放在作为运算对象的变量之前，也可以放在变量之后，但对运算对象的值影响不同。这四种表达式的值分别为

i++ 的值和 i 的值相同

i-- 的值和 i 的值相同

++i 的值为 i+1

--i 的值为 i-1

然而，"++"和"--"这两个运算符真正的价值在于它们和赋值运算符类似，在参加运算的同时还改变了作为运算对象的变量的值。++i 和 i++会使变量 i 的值增大 1；类似地，--i 和 i--会使变量 i 的值减 1。因此，考虑到副作用以后，"++"和"--"构成的 4 种表达式的含义见表 2-2（设 i 为一整型变量）。

表 2-2　自增运算符和自减运算符的用法

表达式	表达式的值	副作用
i++	i	i 的值增大 1
++i	i+1	i 的值增大 1
i--	i	i 的值减少 1
--i	i-1	i 的值减少 1

++"表达式和"--"表达式既可以单独使用，也可以出现于更复杂的表达式中。例如，

```
i++;              // i 增加 1
--i;              // i 减少 1
x = array[++i];   // 将 array[i+1]的值赋给 x，并使 i 增加 1
s1[i++] = s2[j++];// 将 s2[j]赋给 s1[i]，然后分别使 i 和 j 增加 1
```

作为运算符来说，"++"和"--"的优先级较高，高于所有算术运算符和逻辑运算符。但在使用这两个运算符时要注意它们的运算对象只能是变量，不能是其它表达式。例如，(i+j)++就是一个错误的表达式。

引入含有"++"、"--"以及赋值运算符这类有副作用的表达式的目的在于简化程序的编写。例如，表达式语句 i = j = m*n; 的作用和

```
j = m*n;
i = j;
```

完全一样；而表达式语句 s1[i++] = s2[j++]; 其实正是下列语句的简化表达方式：

```
s1[i] = s2[j];
i = i+1;
j = j+1;
```

2.6.6　表达式中各运算符的运算顺序

大家知道,四则运算的运算顺序可以归纳为"先乘、除,后加、减",也就是说乘、除运算的优先级别比加减运算的优先级别要高。C++语言中有几十种运算符,仅用一句"先乘、除,后加、减"是无法表示各种运算符之间的优先关系的,因此必须有更严格的确定各运算符优先关系的规则。表 2-3 列出了各种运算符的优先级别和同级别运算符的运算顺序(结合方向)。

表 2-3　运算符的优先级别和结合方向

优先级别	运算符	运算形式	结合方向	名称或含义
1	() [ ] . ->	(e) a[e] x.y p->x	自左至右	圆括号 数组下标 结构体成员 用指针访问结构体成员
2	-　+ ++　-- ! ~ (t) * & sizeof	-e ++x 或 x++ ! e ~e (t)e *p &x sizeof(t)	自右至左	负号和正号 自增运算和自减运算 逻辑非 按位取反 类型转换 由地址求内容 求变量的地址 求某类型变量的长度
3	*　/　%	e1*e2	自左至右	乘、除和求余
4	+　-	e1+e2	自左至右	加和减
5	<<　>>	e1<<d2	自左至右	左移和右移
6	<　<=　>　>=	e1<e2	自左至右	关系运算(比较)
7	==　! =	e1==e2	自左至右	等于和不等于比较
8	&	e1&e2	自左至右	按位与
9	^	e1^e2	自左至右	按位异或
10	|	e1|e2	自左至右	按位或
11	&&	e1&&e2	自左至右	逻辑与(并且)
12	||	e1||e2	自左至右	逻辑(或者)
13	?　:	e1? e2 : e3	自右至左	条件运算
14	= +=　-=　*= /=　%=　>>= <<=　&=　^= |=		自右至左	赋值运算 复合赋值运算
15	,	e1,e2	自左至右	顺序求值运算

说明:运算形式一栏中各字母的含义为 a:数组,e:表达式,p:指针,t:类型,x,y:变量

由表 2-3 可以看出,运算优先级的数字越大,优先级别越低。优先级别最高的是括号,所以如果要改变混合运算中的运算次序,或者对运算次序把握不准时,可以使用括号来明确规定运算的顺序。

运算符的结合方向是对级别相同的运算符而言的,说明了在几个并列的级别相同的运算符中运算的次序。大部分运算符的结合方向都是"自左至右",例如表达式 x＊y/3,运算次序就是先计算 x＊y,然后将其结果除以 3。也有些运算符的结合顺序与此相反,是"自右至左",例如赋值运算符,在表达式 i＝j＝0 中,计算顺序就是首先将 0 赋给变量 j,然后再将表达式 j＝0 的值(仍为 0)赋给变量 i。

2.6.7　类型不同的数据之间的混合算术运算

大多数运算符对运算对象的类型有严格的要求。例如,％运算符只能用于两个整型数据的运算,所有的位运算符也只适用于整型数据。但是算术四则运算符适用于所有的整型(包括 char、int 和 long)、浮点型(float)和双精度型(double)数据,因此存在一个问题:不同类型的数据的运算结果的类型怎样确定?

C＋＋规定,不同类型的数据在参加运算之前会自动转换成相同的类型,然后再进行运算。运算结果的类型也就是转换后的类型。转换的规则如下。

(1)级别低的类型转换为级别高的类型。各类型按级别由低到高的顺序为 char,int,unsigned,long,unsigned long,float,double。

例如一个 char 类型的数据和一个 int 类型的数据运算,结果为 int 型;一个 int 型的数据和一个 double 型数据的运算,结果的类型为 double 型。

另外,C＋＋规定,有符号类型数据和无符号类型的数据进行混合运算,结果为无符号类型。例如,int 型数据和 unsigned 类型数据的运算结果为 unsigned 型。

对于赋值运算来说,如果赋值运算符右边的表达式的类型与赋值运算符左边的变量的类型不一致,则赋值时会首先将赋值运算符右边的表达式按赋值运算符左边的变量的类型进行转换,然后将转换后的表达式的值赋给赋值运算左边的变量。整个赋值表达式的值及其类型也是这个经过转换后的值及其类型。例如:

```
float x;
int i;
x = i = 3.1416;
```

则变量 i 的值为 3,并且赋值表达式 i＝3.1416 的类型为 int,值也是 3。因此尽管变量 x 的类型为 float,但对其赋值的结果是 x 的值为 3.0 而不是 3.1416。上述赋值表达式语句实际上完全相当于

```
i = 3.1416;
x = i;
```

这两个赋值表达式语句的效果。

(2)可以使用强制类型转换。在程序中使用强制类型转换操作符可以明确地控制类型转换。强制类型转换操作符由一个放在括号中的类型名组成,置于表达式之前,其结果是表达式的类型被转换为由强制类型转换操作符所标明的类型。例如,如果 i 的类型为 int,表达式 (double)i 将 i 强制转换为 double 类型。

算术表达式的强制类型转换的最主要的用途是防止丢失整数除法结果中的小数部分。例如

```
int i1 = 100, i2 = 40;
double d1;
d1 = i1/i2;
```

这段程序的结果是 double 类型的变量 d1 的内容被赋值为 2.0，虽然 100/40 求值应为 2.5。其原因是表达式 i1/i2 包含了两个 int 类型的变量，该表达式的类型当然也应该是 int 类型。因此，它只能表示整数部分，结果中的小数部分就丢失了。虽然将 i1/i2 的结果赋值给了一个双精度类型的变量，但这时结果中的小数部分已经被丢掉了。

为了防止这种误差，其中一个 int 类型的变量必须强制转换为 double 类型：

```
d1 = (double)i1/i2;
```

在这种情况下，变量 i1 先被强制转换为 double 类型，另一个变量 i2 就被自动地转换为 double 类型，并且整个表达式的类型也是 double，结果的小数部分就会被保留。

例 2 - 3 输入通话的开始时间和结束时间，然后计算通话的秒数。

分析 通话时间分别输入时、分和秒，为简化问题，假定开始时间和结束时间都在同一天内。计算时先分别计算开始时间和结束时间相对该天零点零分零秒的总秒数，然后再相减。

程序代码如下：

```
// Example 2 - 3:计算通话时间
#include <iostream>
using namespace std;
void main()
{
    int h1,m1,s1,t1;        // 开始时间
    int h2,m2,s2,t2;        // 结束时间
    int t;                  // 通话时间
    cout<<"请输入开始通话的时间,时分秒之间使用空格、回车键或 Tab 键"<<endl;
    cin>>h1>>m1>>s1;
    cout<<"请输入结束通话的时间,时分秒之间使用空格、回车键或 Tab 键"<<endl;
    cin>>h2>>m2>>s2;
    t1 = h1 * 3600 + m1 * 60 + s1;
    t2 = h2 * 3600 + m2 * 60 + s2;
    t = t2 - t1;
    cout<<"通话时间为:"<<t<<"秒";
}
```

▲ 课外阅读

2.7　typedef 语句

typedef 语句(类型说明语句)的功能是为某个已有的数据类型定义一个新的同义字或别名。其格式为

typedef　＜数据类型或数据类型名＞　＜新数据类型名＞

值得注意的是,typedef 语句不能创建任何新的数据类型,它只能为一种现存的数据类型创建一个别名。

例如,为 float 类型取一个别名 real 可以使用类型说明语句:

typedef float real;

此后的程序中可以使用 real 代替 float 说明浮点型变量:

real x, y;

等价于语句

float x, y;

2.8　问号表达式和逗号表达式

C++中还提供了一种比较复杂的表达式,即问号表达式,又称条件表达式。问号表达式使用两个运算符(? 和:)对三个运算对象进行操作,格式为:

＜表达式1＞? ＜表达式 2＞:＜表达式 3＞

问号表达式的值是这样确定的:如果＜表达式 1＞的值为非零值(Ture),则问号表达式的值就是＜表达式 2＞的值;如果＜表达式 1＞的值等于 0(False),则问号表达式的值为＜表达式 3＞的值。利用问号表达式可以简化某些选择结构的编程。例如,分支语句

if(x＞y)

　　z = x;

else

　　z = y;

等价于语句

z = x＞y ? x:y;

例 2-4　编写一个求绝对值的函数。

程序

```
// Example 2-4:求双精度类型量的绝对值
double mydabs(double x)
{
    return x＞0? x:-x;
}
```

在 C++中可以使用逗号(,)将几个表达式连接起来,构成逗号表达式。逗号表达式的

格式为

　　　＜表达式 1＞，＜表达式 2＞，…，＜表达式 n＞

在程序执行时，按从左到右的顺序执行组成逗号表达式的各表达式，而将最后一个表达式（即表达式 n）的值作为逗号表达式的值。

逗号表达式常用于简化程序的编写。例如，如下程序结构

```
    if(x>y)
    {
        t = x;
        x = y;
        y = t;
    }
```

可以利用逗号表达式简化为

```
    if(x>y)
        t = x, x = y, y = t;
```

例 2 - 5　已知两个变量 x＝1,z＝100,输入第三个数给变量 y,判断 y 的值是否在 x 和 z 之间。

程序

```
// Example 2 - 5：判断输入值是否在 1~100 之间
#include<iostream>
using namespace std;
void main()
{
    int x,y,z;
    x = 1;
    z = 100;
    cout<<"请输入变量 y 的值"<<endl;
    cin>>y;
    cout<<(((y>x) + (y<z) = = 2?"y 的值在 x 和 z 之间":"y 的值不在 x 和 z 之间");
}
```

2.9　位运算表达式

与大多数程序设计语言不同，C＋＋还提供了位运算功能。所谓位运算，就是直接对数据中的最小单位——二进制位进行操作。C＋＋中位运算的操作对象只能是各种整型（如 char 型、int 型、unsinged 型以及 long 型等）数据。位运算符共有以下几种。

（1）按位与（＆）：两个整型数据中的二进制位做"与"运算。"与"运算的规则为：如果参加运算的两个二进制位均为 1,则结果为 1,否则结果为 0（参看表 2 - 4）。例如：

　　int x = 3, y = 5;

则 x 值对应的二进制表示为：00000000 00000011, y 值对应的二进制表示为：00000000

00000101。按位与 x&y 的运算过程为：

```
  00000000 00000011
& 00000000 00000101
```

```
  00000000 00000001
```

因此 x&y 的结果为二进制数 1,换算成十进制也是 1。按位与运算常用于屏蔽数据中的某些位。

表 2 - 4　位操作的运算规则

x	y	~x	x&y	x|y	x^y
0	0	1	0	0	0
0	1	1	0	1	1
1	0	0	0	1	1
1	1	0	1	1	0

例 2 - 6　取一个整型变量的最低 4 位。

算法　取整型变量的最低 4 位,只需将其与 2 进制数 0000 0000 0000 1111 作按位与运算。而 2 进制数 0000 0000 0000 1111 转换为 16 进制数是 0X000F。因此,要取某整型量的最低 4 位,可以将其与 16 进制数 0X000F 作按位与运算。

程序

```
//宏 tran16()：取整型量的最低 4 位
#define tran16(x)    ((x)&0x0f)
```

分析　由于取整型变量的低 4 位的算法非常简单,所以将其编写为带参数的宏比较合适。由于带参宏对参数的类型不敏感,所以这个宏可以用于各种整型量。

(2)按位或(|)：两个整型数据中的二进制位做"或"运算。"或"运算的规则为：只要参加运算的两个二进制位中有一个为 1,则结果就是 1；只有在参加运算的两个 2 进制位均为 0 的情况下结果才是 0(参看表 2-4)。例如：

```
int x = 3, y = 5;
```

则 x 值对应的二进制表示为：00000000 00000011,y 值对应的二进制表示为：00000000 00000101。按位或 x|y 的运算过程为：

```
  00000000 00000011
| 00000000 00000101
```

```
  00000000 00000111
```

因此 x|y 的结果为二进制数 111,换算成十进制则是 7。按位或运算常用于将多个数据内容拼接在一起。

(3)按位异或(^)：两个整型数据中的二进制位做"异或"运算。"异或"运算的规则为：如果参加运算的两个二进制位不同则运算结果为 1,相同则结果为 0(参看表 2-4)。例如：

```
int x = 3, y = 5;
```

则 x 值对应的二进制表示为：00000000 00000011,y 值对应的二进制表示为：00000000

00000101。按位异或 x^y 的运算过程为

```
  00000000 00000011
^ 00000000 00000101
————————————————————
  00000000 00000110
```

因此 x^y 的结果为二进制数 110，换算成十进制则是 6。按位异或运算有一个有趣的性质，即在同一数据上两次异或一个值，结果变回原来的值。例如，在 3 和 5 异或的结果 6 上再次异或 5，则会得到原来的数值 3：

```
  00000000 00000110
^ 00000000 00000101
————————————————————
  00000000 00000011
```

异或运算的这个性质在编制动画程序时特别有用。

(4)按位取反(～)：按位取反是单目运算符，只需一个运算对象。按位取反运算将作为运算对象的整型数据中的二进制位做"求反"运算。"求反"运算的规则很简单：如果原来的二进制位为 1，则运算结果为 0，否则结果为 1，即运算结果和原来的数据相反(参看表 2 - 4)。例如：

```
int x = 3;
```

则 x 值对应的二进制表示为：00000000 00000011。按位求反 ～x 的运算过程为

```
～ 00000000 00000011
————————————————————
  11111111 11111100
```

因此 ～x 的结果为二进制数 11111111 11111100，换算成十六进制则是 0XFFFC。在设计图像处理程序时经常要用到按位求反运算。

按位取反运算符(～)的优先级为 2，比大多数算术、关系和逻辑运算中的双目运算符以及其它位运算符的优先级别要高。

(5)左移位运算符(<<)：左移位运算用于将整型数据中的各个二进制位全部左移若干位，并在该数据的右端添加相同个数的 0。例如：

```
int x = 3;
```

则 x 值对应的二进制表示为：00000000 00000011。将 x 左移 3 位可以通过语句

```
x = x<<3;
```

实现，其运算过程为

```
    00000000 000000 11
<<               11
————————————————————
    00000000 00011000
```

因此 x<<3 的结果为二进制数 00000000 00011000，换算成十六进制则是 0X0018。左移位运算常和按位或运算一起使用，用于将两个数据的内容拼在一起。

(6)右移位运算符(>>)：右移位运算用于将整型数据中的各个二进制位全部右移若干

位，并在该数据的左端添加相同个数的 0。例如：

```
int x  = 255;
```

则 x 值对应的二进制表示为：00000000 11111111。将 x 右移 4 位可以通过语句

```
x = x>>4;
```

实现，其运算过程为

```
          00000000 11111 111
>>                       100
          ─────────────────────
          00000000 00001111
```

因此 x>>4 的结果为二进制数 00000000 00001111，换算成十进制则是 15。右移位运算常和按位与运算一起使用，用于从一个数据中分离出某些位来。

(7)位运算复合赋值运算符：与算术赋值运算符类似，由位运算符与赋值运算符也可以组成位运算复合赋值运算符：

```
&= ,   |= ,   ^= ,   >>= ,   <<=
```

例如 a&= b 等价于 a = a&b,a<<= 2 等价于 a = a << 2。

例 2－7　使用异或运算交换两个整型变量的值。

分析　位运算中异或运算"^"的规则时，对应的二进制位相同为 0，不同为 1，可以得出结论，对于两个变量 x 和 y， x=x^y^y； 利用这个关系可以在交换两个变量的值时不借助第三个变量。

程序代码如下：

```
#include<iostream>
using namespace std;
void main()
{
    int n1,n2;
    cout<<"请输入两个整数"<<endl;
    cin>>n1>>n2;
    cout<<"交换前"<<endl;
    cout<<"n1 = "<<n1<<'\t'<<"n2 = "<<n2<<endl;
    n1 = n1^n2;
    n2 = n1^n2;
    n1 = n1^n2;
    cout<<"交换后"<<endl;
    cout<<"n1 = "<<n1<<'\t'<<"n2 = "<<n2<<endl;
}
```

2.10　表达式的副作用

除了"＋＋"和"－－"以外，在 C++中还有其它一些有副作用的复合运算符，它们都是以赋值运算符"＝"为基础构成的。例如算术复合赋值运算符"＋＝"，"－＝"，"＊＝"，"／＝"以

及"%=";另外还有用位运算符和赋值运算符复合而成的复合赋值运算符(见 2.9 位运算表达式)。算术复合运算符的形式为:

> V + = e 的含义为将表达式 e 的值加在变量 V 上;
>
> V - = e 的含义为将表达式 e 的值从变量 V 中减去;
>
> V * = e 的含义为将变量 V 与表达式 e 的乘积存入变量 V 中;
>
> V / = e 的含义为将变量 V 和表达式 e 的商存入变量 V 中;
>
> V % = e 的含义为将变量 V 和表达式 e 的余数存入变量 V 中。

C++引入了一些有副作用的表达式,一方面丰富了程序的表达方式,使得 C++程序的形式简洁、干练,生成的目标代码的效率也比较高;但另一方面这些表达式比较复杂,难于理解和调试,有时还会因为不同的 C++编译程序对计算顺序的规定不同而产生二义性的解释。因此在编程时要慎重使用。为了确保实现自己所要求的计算顺序,可以通过加括号的方法加以明确;甚至可以将由多个有副作用的表达式组成的复杂表达式语句分解成几个比较简单的表达式语句处理。

■ 程序设计举例

例 2 - 8　根据三边长求三角形面积。

算法　利用海伦公式: $A = \sqrt{s(s-a)(s-b)(s-c)}$,其中 a,b,c 分别为三角形三条边的长度, $s = \dfrac{1}{2}(a+b+c)$ 。

程序

```cpp
// Example 2-8:求三角形面积
#include <iostream>
#include <cmath>
using namespace std;

int main()
{
    double a, b, c, s, area;
    cout << "Please input a, b, c =";
    cin >> a >> b >> c; s = (a+b+c)/2;
    area = sqrt(s * (s-a) * (s-b) * (s-c));
    cout << "area = " << area << endl;
    return 0;
}
```

输入　　　　3　4　5

输出　　　　　area = 6

分析　为简单起见,程序未考虑对数据的检验,即未检查输入的三边长是否能构成一个三角形。实际上,数据检验是程序的重要组成部分,应予以足够的重视。

例 2 - 9　输入一个四位无符号整数,反序输出这四位数的四个数字字符。

算法　从输入的无符号整数 n 中依次分解出个位数字、十位数字、百位数字、千位数字并依次存放到变量 c1,c2,c3,c4 中,如将 n%10 的值即个位数字存入 c1 中,将 n/10%10 的值即十位数字存入 c2 中,将 n/100%10 的值即百位数字存入 c3 中,将 n/1000 的值即千位数字存入 c4 中。再将各数字值+'0',则转为对应的数字字符。

程序

```cpp
// Example 2-9:反序输出四位无符号整数的 4 个数字字符
#include <iostream>
using namespace std;

int main()
{
    unsigned int n;
    char c1,c2,c3,c4;
    cout<<"Please input one integer between 1000 and 9999:"<<endl;
    cin>>n;
    cout<<"Before inverse the number is:"<< n <<endl;
    c1 = n%10 +'0';              //分离个位数字
    c2 = n/10 %10 +'0';          //分离十位数字
    c3 = n/100 %10 +'0';         //分离百位数字
    c4 = n/1000 +'0';            //分离千位数字
    cout<<"After inverse the number is:"<<c1<<c2<<c3<<c4<<endl;
    return 0;
}
```

输入和输出

```
Please input one integer between 1000 and 9999:
1234
Before inverse the number is:1234
After inverse the number is:4321
```

例 2-10　求一元二次方程 $ax^2 + bx + c = 0$ 的根,其中系数 a, b, c 为实数,由键盘输入。

算法　设 $\Delta = b^2 - 4ac$,当 $\Delta = 0$ 时,方程有一个重根;当 $\Delta > 0$,方程有两个不同的实根;当 $\Delta < 0$,则有两个共轭的复根。

程序

```cpp
// Example 2-10:解一元二次方程
#include <iostream>
#include <cmath>
using namespace std;
int main()
{
    double a, b, c, delta, p, q;
```

```
cout << "Please intput a, b, c = ";
cin >> a >> b >> c;
delta = b * b - 4 * a * c;
p = - b/(2 * a);
q = sqrt(fabs(delta))/(2 * a);
if(delta >= 0)
  cout << "x1 = " << p + q << endl << "x2 = " << p - q << endl;
else
{
  cout << "x1 = " << p << " + " << q << " i";
  cout << endl << "x2 = " << p << " - " << q << " i" << endl;
}
return 0;
}
```

例 2-11 温度转换:输入一个华氏温度,计算并输出对应的摄氏温度值。

算法 温度的转化公式是 $C = 5 * (F - 32)/9$。

程序

```
// Example 2-11:温度转换
#include <iostream>
using namespace std;
int main()
{
    double c, f;
    cout << "请输入一个华氏温度:";
    cin >> f;
    c = 5.0/9.0 * (f - 32);
    cout << "对应于华氏温度 " << f << "的摄氏温度为 " << c << endl;
    return 0;
}
```

例 2-12 大小写转换:输入一个字符,判断它是否为大写字母,如是,将其转换为对应的小写字母输出;否则,不用转换直接输出。

算法 ASCII 表中所有的大写字母从 A~Z 是连续排列的,所有的小写字母从 a~z 也是连续排列的,但大写字母和小写字母并没有排在一起。因此,如果一个字符是大写字符,就可以通过对其 ASCII 码作如下运算转换为对应的小写字母的 ASCII 码:

小写 = 大写 - 'A' + 'a'

程序

```
// Example 2-12:大小写转换
#include <iostream>
```

```
using namespace std;
int main()
{
  char ch;
  cout<<"请输入一个字母 : ";
  cin>>ch;
  if(ch>='A'&& ch<='Z')
    ch=ch-'A'+'a';
  cout<<"将大写转换为小写后,该字母为 "<<ch<<endl;
  return 0;
}
```

例 2 - 13　找零钱问题:假定有伍角、壹角、伍分、贰分和壹分共五种硬币,在给顾客找硬币时,一般都会尽可能地选用硬币个数最少的方法。例如,当要给某顾客找七角二分钱时,会给他一个伍角,2 个壹角和 1 个贰分的硬币。请编写一个程序,输入的是要找给顾客的零钱(以分为单位),输出的是应该找回的各种硬币数目,并保证找回的硬币个数最少。

算法　每次尽可能的选择面值最大的硬币即可。

程序

```
// Example 2 - 13:找零钱问题
# include <iostream>
using namespace std;
int main()
{
    int change; //存放零钱的变量
    cout<<"请输入要找给顾客的零钱(以分为单位) ";
    cin>>change;
    cout<<"找给顾客的五角硬币个数为:"<<change/50<<endl;
    change = change % 50;
    cout<<"找给顾客的壹角硬币个数为:"<<change/10<<endl;
    change = change % 10;
    cout<<"找给顾客的伍分硬币个数为:"<<change/5<<endl;
    change = change % 5;
    cout<<"找给顾客的贰分硬币个数为:"<<change/2<<endl;
    change = change % 2;
    cout<<"找给顾客的壹分硬币个数为:"<<change<<endl;
    return 0;
}
```

例 2 - 14　判断一个四位的整数是否为回文数。

分析　回文数是指由该数各位上数字反序构成的数与原数相同,对于四位整数,可以简单地判断两个条件即千位和个位、百位和十位是否相等,所以先分解出各位数字。

程序

```cpp
#include<iostream>
#include<cmath>
using namespace std;
void main()
{
    int n,d1,d2,d3,d4;//d1,d2,d3,d4 分别用来表示各位数字
    cout<<"请输入一个四位的整数:";
    cin>>n;
    d1 = n/1000;            // 千位
    d2 = n/100 % 10;        // 百位
    d3 = n/10 % 10;         // 十位
    d4 = n % 10;            // 个位
    if(d1 = = d4 && d2 = = d3)
        cout<<"该数是回文数"<<endl;
    else
        cout<<"该数不是回文数"<<endl;
}
```

编程提示

1. 变量被定义之后应及时初始化,以防止把未初始化的变量当成有值使用。

2. 浮点数可能是近似值,所以不要用浮点变量作为循环的计数变量,而要用整数值。

3. 不要对浮点数值使用等于或不等于比较运算符,应该采用其差值的绝对值是否小于某一个指定值的方法。

4. 每种数据类型都有一定的数据表达范围,要注意在程序中不要出现超出数据范围的错误。例如在大部分系统中,短整型的范围是$-32768\sim32767$,所以如果给某个短整型变量赋予一个超出此范围的值,就会造成上溢或下溢错误。

5. 不要混淆字符和字符串的表示形式,字符是用单引号括起来的,而字符串是用双引号括起来的,其在内存中的存储方式完全不同。

6. 用 const 修饰的常量变量要在声明的同时进行初始化,此后不能改变,如果在执行语句对常量变量赋值就会导致编译错误。

7. 如果一条代码行中涉及的运算符比较多,最好多用一些括号来确定操作顺序,使用默认的优先级容易造成错误。

8. 使用括号时,注意括号一定要成对出现。

9. 慎用有副作用的表达式。

10. 尽量使用显式的强制数据类型转换,不要让编译器自动进行隐式的数据类型转换,以免出现错误。

11. 要注意关系表达式在逻辑上必须正确,否则会出现不正确的结果。例如对于数学上的

关系式 1≤x≤10,若在程序中写成 1<=x<=10,其在编辑器语法检查时可能不会发现错误的,但很明显,这是有逻辑错误的。

12. 如果一行过长,可以进行拆分。对于长表达式,可以在低优先级操作符处拆分成新行,操作符放在新行之首。拆分出的新行要进行适当的缩排,使之整齐可读。

小结

1. 数据是对客观事物的符号表示,它是计算机程序处理的基本对象。

2. 数据有多种数据类型。

3. 不同类型的数据占据不同长度的存储单元,对应不同的值域范围,也对应着不同的操作及规则。

4. C++的基本数据类型有:字符型、短整型、整型、长整型、浮点型和双精度型等。

5. 一般数值数据可以使用浮点类型和双精度类型表示,同时可以使用两种方式书写:小数形式(十进制形式)、科学计数形式(指数形式)。

6. 文字数据有两种:单个字符和字符串。

7. C++的数据有常数和变量两种基本形式。

8. 常量是在程序运行的整个过程中其值始终不变化的量,其本身的书写格式就说明了该常数的类型。C++语言中有五种常量:整型常量、实型常量、字符常量、字符串常量和布尔型常量。

9. 变量是变化的量,在使用之前必须先说明其类型,即"先说明,后使用"。

10. 变量说明语句为:<类型说明符> <变量名 1>[,<变量名 2>,…,<变量名 n>];

11. 变量初始化就是给变量赋初值,有两种形式:先定义,再赋初值,或者在定义的同时赋值。

12. 枚举类型是一个顺序值的集合。

13. 枚举类型的定义格式为:enum <枚举类型名> { <枚举符号表>};。

14. 枚举类型不能直接输入或输出。

15. 表达式是由运算符将运算对象(如常数、变量和函数等)连接起来的具有合法语义的式子。

16. 不同类型的表达式按不同运算规则进行计算,计算结果是不同类型的值。

17. 算术表达式是由算术运算符组成的表达式,运算对象有数值变量、常数、函数、表达式等。

18. 关系表达式是由关系运算符组成的表达式。运算对象有算术、关系、赋值、字符表达式,计算结果是逻辑值("真"或"假")。

19. 逻辑表达式是由逻辑运算符组成的表达式。运算结果是逻辑值("真"或"假")。

20. 赋值表达式的值等于运算符右边的表达式的值,其副作用是将表达式的值存入赋值号左边的变量。

21. "++"和"－－"是自增、自减运算符(或称为"加 1""减 1"运算符)。

22. C++中的几十种运算符有严格、确定的运算符优先关系和运算顺序规则。

23. 不同类型的数据在参加运算之前会自动转换成相同的类型,然后再进行运算。转换的原则是由低级向高级转换。也可以使用强制类型转换来转换。

24.名字空间使程序能够把自己的全局标识符单独放在一个名字空间内,从而避免了与程序其它部分的全局标识符发生冲突。

25.类型说明语句 typedef 用来定义数据类型的同义字或别名,其格式为

typedef ＜数据类型或数据类型名＞ ＜新数据类型名＞

习题

1.编写一个程序,要求完成以下要求:

①提示用户输入任意的三个小数;

②显示这三个小数;

③将这三个小数相加,并显示其结果;

④将结果按四舍五入法转换成整数并显示。

2.为例 2-8 添加数据检验部分。给出三边长,检验其是否能构成一个三角形的方法是检查是否任意两边和均大于第三边。如果检验不合格,输出信息"Error Data!"

3.输入两个角度值 x、y,计算如下式子的值(C++中三角函数的输入值单位是弧度)。

$$\frac{\sin(\mid x \mid + \mid y \mid)}{\sqrt{\cos(\mid x + y \mid)}}$$

4.从键盘输入任意三个整数,然后输出这三个数并计算其平均值。

5.编写一个程序,将字符串"Love"译成密码,译码方法采用替换加密法,其加密规则是:将原来的字母用字母表中其后面的第 3 个字母的来替换,如字母 c 就用 f 来替换,字母 y 用 b 来替换。提示:分别用 4 个字符变量来存储 'L'、'o'、'v'和' e',利用 ASCII 表中字母的排列关系,按照译码方法对各个变量进行运算后输出即可。

6.输入一个总的秒数,将该秒数换算为相应的时、分、秒。如输入 3600 秒,则输出结果为 1 小时,输入 3610 秒,则结果为 1 小时 10 秒,通过除法和求余运算完成。

7.编写程序,定义两个整数,用户通过键盘输入两个整数,程序计算它们的和、差、积、商并输出。

第 3 章　控制结构

本章目标

掌握结构化程序设计方法的基本思想和 C++的几种基本控制转移语句,熟悉使用伪代码的编程方法。

授课内容

3.1　C++的控制结构

3.1.1　顺序结构

在用 C++编写程序时,实现顺序结构的方法非常简单:只需将语句顺序排列即可。如交换两个整数的值的程序段:

```
r = p;
p = q;
q = r;
```

就是顺序结构。

3.1.2　选择结构

C++的选择结构是通过 if-else 语句实现的。其格式为

```
if(<表达式>)
        <程序模块 1>;
else
        <程序模块 2>;
```

一般来说,"程序模块 1"和"程序模块 2"可以是各种语句,其至包括 if-else 语句和后面要介绍的循环语句。如果"程序模块 1"和"程序模块 2"比较复杂,不能简单地用一条语句实现时,需要使用由一对花括号"{}"括起来的程序段落。如果仅有 1 条语句,则花括号可以省略(建议初学者即使只有 1 条语句,也不要省略花括号):

```
if(<表达式>)
{
        ...
}
else
```

```
    {
        …
    }
```

这种用花括号括起来的程序段落又称为分程序。分程序是 C++的一个重要概念。具体说来,一个分程序具有下述形式

```
    {
        <局部数据说明部分>
        <执行语句段>
    }
```

即分程序是由花括号括起来的一组语句。当然,分程序中也可以再嵌套新的分程序。分程序是 C++程序的基本单位之一。

分程序在语法上是一个整体,相当于一个语句。因此分程序可以直接和各种控制语句结合使用,用以构成 C++程序的各种复杂的控制结构。在分程序中定义的变量的作用范围仅限于该分程序内部。

在 if 语句中用<表达式>的值来判断程序的流向,如果<表达式>的值不为 0(Ture),表示条件成立,此时执行<语句 1>;否则(即<表达式>的值等于 0 或 False)执行<语句 2>。作为条件用的表达式中通常含有比较运算符或逻辑运算符,例如,

```
x>y                    //x 大于 y 则表达式的值非 0,否则表达式的值为 0
x>=0.0  &&  x<=1.0   //x 的值在 0 和 1 之间则表达式的值非 0,否则为 0
```

其中的逻辑运算符"&&"表示"并且"。这类表达式中的比较运算或逻辑运算的结果为真时取非 0 值,为假时取值 0,因此正好可以用来在 if 语句中表示条件。

只有一个分支的选择结构可以使用不含 else 部分的 if 语句表示:

```
    if(<表达式>)
        <语句>;
```

或者

```
    if(<表达式>)
    {
        …
    }
```

即,如果<表达式>的值不为 0 时执行<语句>或分程序,否则直接执行 if 语句后面的语句。

3.1.3　循环结构

当型循环结构可以使用 while 语句实现:

```
    while(<表达式>)
        <循环体>
```

其中的<循环体>可以是一个语句,也可以是一个分程序:

```
    while(<表达式>)
    {
        …
```

　　　}

　　在 while 语句的执行过程中,当表达式的结果不为 0 时反复执行其循环体内的语句或者分程序,直到表达式的值为 0 时退出循环。所以在设计当型循环时要注意在其循环体内应该有修改<表达式>的部分,以此确保在执行了一定次数之后可以退出循环,否则循环永不结束,就成了"死循环"。

　　直到型循环结构可以使用 do-while 语句实现:

　　　do
　　　{
　　　　　<循环体>
　　　}while (<表达式>);

　　除此而外,C++还提供了一种使用起来更为方便灵活的 for 语句。其控制流程如图 3-1 所示。格式为

　　　for (<表达式 1>; <表达式 2>; <表达式 3>)
　　　　　<循环体>

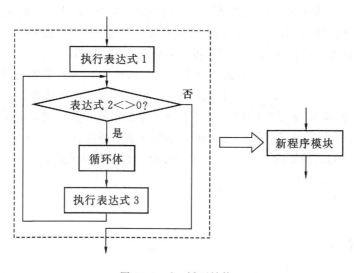

图 3-1　for 循环结构

　　和 while 语句的情况类似,for 语句的循环体也可以是一条语句,或者一个分程序。for 语句最常见的用途是构造指定重复次数的循环结构。例如,

　　　for (i = 0; i<10; i = i + 1)
　　　{
　　　　　...
　　　}

用于实现重复 10 次的循环。虽然用 while 语句和 do-while 语句也可以构造出这样的循环,但使用 for 语句更简单、直观。特别是在处理数组时,大多数程序员都喜欢使用 for 语句。

3.2　C＋＋的其它控制转移语句

C＋＋提供的控制转移语句,除了前面介绍的 if-else 语句、while 语句、do-while 语句和 for 语句以外,还有如下一些控制语句。

3.2.1　switch 语句

用于实现多重分支,其格式如下:

```
switch (<整型表达式>)
{
    case <数值 1>:
        ...
    case <数值 2>:
        ...
    case <数值 3>:
        ...
    default:
        ...
}
```

其中 default 模块也可省略。switch 语句的执行过程是:首先计算整型表达式的值,然后将其结果与每一个 case 后面的数值常量依次进行比较,如果相等则执行该 case 模块中的语句,然后依次执行其后每一个 case 模块中的语句,无论整型表达式的值是否与这些 case 模块的进入值相同。如果需要在执行完本 case 模块以后就跳出 switch 语句,则可以在 case 模块的最后加上一个 break 语句,这样才能实现真正的多路选择。如果整型表达式的值与所有 case 模块的进入值无一相同,则执行 default 模块中的语句。带有 break 语句的 switch 多分支结构的框图如图 3-2 所示。

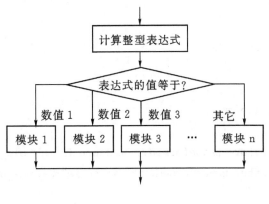

图 3-2　switch 语句

例 3-1　编写一个程序,将百分制的学生成绩转换为优秀、良好、中等、及格和不及格的 5 级制成绩。标准为:优秀:90—100 分;良好:80—89 分;中等:70—79 分;及格:60—69 分; 不及格:60 分以下。

算法　使用 switch 语句构成的多分支结构编写这个程序。switch 语句根据具体的数值判断执行的路线,而现在的转换标准是根据分数范围。因此,构造一个整型表达式 old_grade/10 用于将分数段化为单个整数值。例如对于分数段 60~69 中的各分数值,上述表达式的值均为 6。再配合以在 switch 语句的各 case 模块中灵活运用 break 语句,即可编写出所需转换程序。

程序

```cpp
// Example 3-1:将百分制的分数转换为 5 级制分数
#include <iostream>
using namespace std;
int main()
{
    intold_grade, new_grade;
    cout<<"Please input the score: ";
    cin >>old_grade;
    switch (old_grade/10)
    {
    case 10:
    case 9:
        new_grade = 5;
        break;
    case 8:
        new_grade = 4;
        break;
    case 7:
        new_grade = 3;
        break;
    case 6:
        new_grade = 2;
        break;
    default:
        new_grade = 1;
    }
    cout<<"Before transformed, the score is"<<old_grade<<endl;
    cout<<"After transformed, the score is"<<new_grade<<endl;
    return 0;
}
```

输入和输出

```
Please input the score：85
Before transformed, the score is 85
After transformed, the score is 4
```

分析 该程序将用户输入的百分制的分数值(0～100)转换为 5 级制成绩：5 代表优秀，4 代表良好，……，1 代表不及格。请注意 switch 语句的第 1 个 case 模块中没有任何语句(包括 break)，因此进入该模块时(原成绩为 100 分)将直接转入第 2 个 case 模块(处理原成绩在 90～99 分之间)中继续执行。

3.2.2 goto 语句和语句标号

C++允许在语句前面放置一个标号，其一般格式为

　　＜标号＞：＜语句＞；

标号的取名规则和变量名相同，即由下划线、字母和数字组成，第一个字符必须是字母或下划线，例如：

```
ExitLoop：x = x + 1;
End：return x;
```

在语句前面加上标号主要是为了使用 goto 语句。goto 语句的格式为

　　goto ＜标号＞；

其功能是改变语句执行顺序，转去执行前面有指定标号的语句，而不管其是否排在当前语句之后。C++的 goto 语句只能在本函数模块内部进行转移，不能由一个函数中转移到另一个函数中去。由于结构化程序设计方法主张尽量限制 goto 语句的使用范围，因此在这里不对 goto 语句作过多的介绍。

3.2.3 break 语句和 continue 语句

break 语句的格式为

　　break；

前面已经介绍过，将该语句用在 switch 语句中，可以使程序流程跳出 switch 结构。

如果将它用于循环语句，它可以使流程立即跳出包含该 break 语句的各种循环语句，即提前结束循环，接着执行循环下面的语句。在循环语句中使用的 break 语句一般应和 if 语句配合使用，例如：

```
while(＜条件 1＞)
{
    …
    if(＜条件 2＞)
        break;
    …
}
```

以上结构的框图如图 3-3 所示。

continue 语句用于提前结束本轮循环，即跳过循环体中下面尚未执行的语句，接着进行下

一次是否执行循环的判断,可用于 while,do-while 和 for 语句中。其格式为

```
    continue;
```

continue 语句的用法和 break 语句相似,均应和 if 语句配合使用。仍以 while 语句为例:

```
    while(<条件 1>)
    {
        …
        if(<条件 2>
            continue;
        …
    }
```

其执行框图如图 3-4 所示。

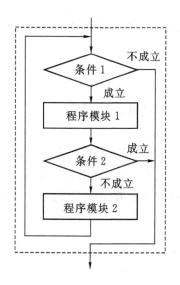

图 3-3　使用 break 语句的循环结构

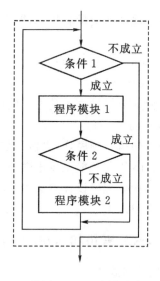

图 3-4　使用 continue 语句的循环结构

在循环中使用 break 语句和 continue 语句的区别是:break 语句是结束整个循环的执行,再不进行条件判断,而 continue 语句则只结束本次循环,而不终止整个循环过程。其实,break 语句和 continue 语句都是变相的 goto 语句。在某些应用问题的解决中恰当地使用这些语句,可以使程序的表达更清晰,同时仍然满足结构化程序的基本特征:每个程序模块只有一个入口和一个出口,可以自上而下地阅读。

▰ 课外阅读

3.3　结构化程序设计方法的发展历史

计算机问世以后的最初几年,其价格非常昂贵,而运算能力很差,可靠性也很低。由于当时计算机的速度慢、内存小,加之为计算机编写软件主要使用机器指令代码或者汇编语言,所以当时研究程序设计方法的重点是如何通过运用一些编程技巧尽量节约内存空间,提高运算

速度。后来虽然也出现了 FORTRAN、ALGOL 等高级程序设计语言,为提高程序员的算法表达能力和降低劳动强度提供了一定条件,但是由于这一时期计算机的主要任务是进行科学计算,而且程序的规模一般都比较小,因此从程序设计方法上来看并没有发生什么根本的变化。总的来说,程序设计被看成是一种技巧性很强的工作,程序员们大都采用手工工艺式的、精雕细凿的设计方法。

20 世纪 60 年代以后,计算机硬件的发展速度异常迅猛,其速度和存储容量不断提高,成本急剧下降。但程序员要解决的问题却变得更加复杂,程序的规模越来越大,出现了一些需要几十甚至上百人年的工作量才能完成的大型软件,远远超出了程序员的个人能力。这类程序必须由多个程序员密切合作才能完成。由于旧的程序设计方法很少考虑程序员之间交流协作的需要,不能适应新形势的发展,因此编出的软件中的错误随着软件规模的增大而迅速增加,造成调试时间和成本的迅速上升,甚至许多软件尚未出品便已因故障率太高而宣布报废。当时人们认为,这是由于计算机的效率远远超过人(程序员)的效率造成的,而随着技术的发展,计算机的效率还可不断地提高,人的效率却无法有大的改进,因此由人编写的软件的规模和复杂度就会有一个上限,软、硬件之间的效率差别会越来越大,从而会限制计算机的发展。这就是通常所说的"软件危机"。

有危机就会有革命。1968 年,E. W. Dijkstra 首先提出"goto 语句是有害的",向传统的程序设计方法提出了挑战,他认为应该彻底废弃 goto 语句的使用,其理由是 goto 语句的存在使程序的静态结构与其动态执行有了很大的差别,因而使程序难于阅读和调试。从程序中去掉 goto 语句之后,可以直接从程序的结构上反映出程序运行的过程,不仅便于阅读和查错,而且有利于程序的正确性证明。这引起了人们对程序设计方法讨论的普遍重视,许多著名的计算机科学家都参加了这场论战。结构化程序设计方法正是在这种背景下产生的。

结构化程序设计的基本观点是,随着计算机硬件性能的不断提高,程序设计的目标不应再集中于如何充分发挥硬件的效率方面。新的程序设计方法应以能设计出结构清晰、可读性强、易于分工合作编写和调试的程序为基本目标。

结构化程序设计方法认为,好的程序应该具有层次化的结构,采用"逐步求精"的方法,只使用顺序、分支和循环等基本程序结构的组合嵌套来编写。

与此同时,关于程序设计和软件生产的其它研究也在不断深入,例如数据抽象与模块化程序设计、程序正确性证明、程序自动生成以及研究大型软件生产方法的软件工程等。

结构化程序设计与目前流行的面向对象的程序设计方法并不矛盾,它是面向对象的基础,面向对象技术是对结构化程序设计方法的继承和发展。

今天,结构化程序设计方法、面向对象的程序设计方法、计算机辅助软件工程等软件设计和生产技术都已日臻完善,计算机软、硬件技术的发展交相映辉,使计算机的发展和应用达到了前所未有的高度和广度。

◤ 程序设计举例

例 3-2 计算 $e = 1 + \dfrac{1}{1!} + \dfrac{1}{2!} + \cdots + \dfrac{1}{n!} + \cdots$,当通项 $\dfrac{1}{n!} < 10^{-7}$ 时停止计算。

算法 定义三个工作变量 e、n 和 u,分别用于存放已计算出的结果近似值、当前项序号和当前通项值,则伪代码算法为:

```
        e = 1.0;  n = 1;  u = 1.0;
        while (通项 u 大于等于 10⁻⁷)
        {
            计算新的通项值 u = u/n;
            将新通项值加到结果近似值上;
            准备处理下一项 n = n+1;
        }
```

程序

```cpp
// Example3 - 2:计算常数 e 的值
# include <iostream>
using namespace std;
int main()
{
    double e = 1.0;
    double u = 1.0;
    int    n = 1;
    while(u >= 1.0e-7)
    {
        u = u/n;
        e = e+u;
        n = n+1;
    }
    cout << "e = " << e << " ( n = " << n << " )" << endl;
    return 0;
}
```

输出 　e = 2.71828 （n = 12）

分析 　根据计算结果同时打印出的项数 n,表明该级数收敛相当快,仅计算到前 12 项其截断误差便已小于 10^{-7}。

例 3 - 3 　使用 do - while 结构重新编写上题的程序。

程序

```cpp
// Example 3 - 3:计算常数 e 的值
# include <iostream>
using namespace std;
int main()
{
    double e = 1.0;
    double u = 1.0;
    int n = 1;
    do
```

```
      {
            u = u/n;
            e = e + u;
            n = n + 1;
      }while(u > = 1.0E - 7);
      cout << "e = " << e << " ( n = " << n << " )" << endl;
      return 0;
}
```

输出　e = 2.71828 (n = 12)

例 3 - 4　求水仙花数。如果一个三位数的个位数、十位数和百位数的立方和等于该数自身,则称该数为水仙花数。编一程序求出所有的水仙花数。

算法　对从 100 到 999 的三位数的范围内所有的数一一进行检验,考察其是否符合水仙花数的定义:

```
for(n = 100; n < = 999; n = n + 1)
      if (n 是水仙花数)
            打印 n 的分解形式;
```

程序

```
// Example 3 - 4:打印所有的水仙花数
#include <iostream>
using namespace std;
int main()
{
      int n, i, j, k;
      for(n = 100; n < = 999; n = n + 1)
      {
            i = n/100;          // 取出 n 的百位数
            j = (n/10) % 10;     // 取数 n 的十位数
            k = n % 10;          // 取出 n 的个位数
            if(n = = i * i * i + j * j * j + k * k * k)
             cout << n << " = " << i << "^3 + " << j << "^3 + " << k << "^3"
             << endl;
      }
      return 0;
}
```

输出
```
            153 = 1^3 + 5^3 + 3^3
            370 = 3^3 + 7^3 + 0^3
            371 = 3^3 + 7^3 + 1^3
            407 = 4^3 + 0^3 + 7^3
```

分析　在程序中利用了 C++ 的整数除法和求余运算从一个 3 位数中分离出其个位、十位和百位数。

例 3 - 5　猜幻数游戏。系统随机给出一个数字（即幻数），游戏者去猜，如果猜对，打印成功提示，否则打印出错提示，并提示游戏者选择下一步动作，最多可以猜 5 次。

算法　程序运用随机数产生函数 rand()，调用该函数可产生 0 到 32767 之间的任意一个数。

```
for(i = 0; n< = 5; i = i + 1)
        if （猜对）
                打印成功提示；
        else
                打印出错提示；
```

程序

```cpp
// Example 3 - 5:猜幻数游戏
# include <iostream>
using namespace std;
int main()
{
    int magic;
    int guess;
    magic = rand();
    cout<<"Guess the magic number. It is between 0 and 32767."<<endl;
    for(int i = 1; i< = 5; i = i + 1)
    {
        cin>>guess;
        if(guess = = magic)
        {
            cout<<" * * * Right * * * "<<endl;
            break;
        }
        else
        {
        if(i = = 5)
            cout<<"The "<<i<<" time is wrong. End of game!"<<endl;
        else
            {
            if(guess<magic)
                cout<<"You have been wrong for "<<i<<" time(s).
             Please try a bigger one."<<endl;
            else
                cout<<"You have been wrong for "<<i<<" time(s).
             Please try a smaller one."<<endl;
```

```
            }
        }
    }
    return 0;
}
```

输入和输出

Guess the magic number. It is between 0 and 32767.

30

You have been wrong for 1 time(s). Please try a bigger one.

1000

You have been wrong for 2 time(s). Please try a smaller one.

50

You have been wrong for 3 time(s). Please try a smaller one.

40

You have been wrong for 4 time(s). Please try a bigger one.

41

＊＊＊Right＊＊＊

例 3－6　输入一个整数,然后显示该整数的所有因子并统计因子的个数。

算法　要找出某个整数 n 的所有因子,可以用 $1 \sim n$ 之间的每个整数去除 n,然后判断余数为零的即为因子。显然,每个整数可以通过循环实现,统计个数可以设置一个用于计数的变量 count 实现。

程序

```
// Example 3－6:统计一个整数的因子个数
#include <iostream>
using namespace std;
void main()
{   int n,i,count = 0;
    cout<<"Please input a integer"<<endl;
    cin>>n;
    i = 1;
    while(i< = n)
    {   if(n % i = = 0)
        {
            cout<<i<<",";
            count + + ;
        }
        i + + ;
    }
    cout<<endl<<"count = "<<count;
```

```
}
```

例 3 - 7　找出 1~10000 之间的所有同构数。一个正整数 m，如果是它平方数的尾部，则称 m 为同构数。例如，6 是其平方数 36 的尾部，76 是其平方数 5776 的尾部，6 与 76 都是同构数。

算法　在具体判断时，本实验采用这样的方法，对 n 位的整数 m，取出其平方数 $m*m$ 右边的 n 位进行判断，方法是用 $m*m$ 除以 10 的 n 次方取余数($(m*m)\%10^n$)。

程序：

```cpp
// Example 3 - 7:1~10000 之间的所有同构数
# include <iostream>
using namespace std;
void main()
{
    int i;
    cout<<"1~10000 之间的所有同构数如下:"<<endl;
    for(i = 1;i< = 10000;i + +)
    {   if(i<10 && (i * i) % 10 = = i)
            cout<<i<<","<<i * i<<endl;                      // 1 位整数
        else
            if(i<100 && (i * i) % 100 = = i)
                cout<<i<<","<<i * i<<endl;                  //2 位整数
            else
                if(i<1000 && (i * i) % 1000 = = i)
                    cout<<i<<","<<i * i<<endl;              //3 位整数
                else
                    if((i * i) % 10000 = = i)
                        cout<<i<<","<<i * i<<endl;          //4 位整数
    }
}
```

例 3 - 8　模拟仿真是计算机应用的一个极为重要的方面。通过计算机进行模拟试验，不仅可以节约大量的时间和费用，而且还能提高实验数据的准确性和可靠性，甚至完成一些常规实验手段无法实现的实验研究，如核爆炸试验、天体试验、航天器飞行试验，等等。下面是一个简单的模拟仿真例子。

在码头酒馆和游船之间搭了一条长 20 米、宽 4 米的跳板，醉酒的船员和游客回船时必须通过这个跳板。通过跳板时，有三种可能的结果：

(1)向前走，回到游船上休息，不再出来；

(2)转身回到酒馆，重新开始喝酒，不再出来；

(3)左右乱晃，落入水中淹死。

如果醉酒者每次走一步，一步长 1 米，而且他们向前走的概率是 0.7，向左走、向右走和向后走的概率各为 0.1。现在假设开始时他们都是站在酒馆的门口，请编写程序模拟出若干个醉酒者的最终行为结果。

　　算法　为了模拟醉酒者的行为,需要有一个随机数产生函数,每产生一个数相当于醉酒者走了一步。C++提供了这样的一个函数,即 rand(),所以只需要直接使用就行了。

　　将醉酒者的行为代码化,用不同的整数来表示向前、后、左、右走。因为向各个方向走的概率不同,分别是 0.7、0.1、0.1 和 0.1,所以如果用 0 到 9 的整数来表示的话,可以假设 0 为向左,1 为向右,2 为向后,3~9 为向前。

　　采用坐标将行走轨迹量化。将坐标原点取在跳板的中心,x 轴从酒馆指向船的方向,跳板的两个邻水边的 y 坐标分别 $y=2$ 和 $y=-2$。这样,醉酒者开始所处的位置,即酒馆门口,x 坐标为 -10,回到船上 x 坐标为 10。

　　程序

```cpp
// Example 3-8:模拟仿真程序
#include <iostream>
#include <cmath>
using namespace std;
const int SHIP = 1;
const int BAR = 2;
const int WATER = 3;
//一个醉酒者行为的模拟仿真
int drunkard(void)
{
int x = -10;//记录醉酒者的 x 坐标,开始时在酒馆门口
int y = 0;//记录醉酒者的 y 坐标,开始时在跳板的中央
int step = 0;//记录醉酒者一共走了多少步
while(abs(x) <= 10&&abs(y) <= 2)
{
  switch(rand() % 10)
  {
    case 0://向左走
      y = y - 1;
    break;
    case 1://向右走
      y = y + 1;
    break;
    case 2://向后走
      x = x - 1;
    break;
    case 3://向前走
    case 4:
    case 5:
    case 6:
```

```
            case 7:
            case 8:
            case 9:
                x = x + 1;
        }
        step = step + 1;
    }
    if(x< -10)
    {
        cout<<"After "<<step<<" steps, the man returned to the bar and drunk a-
        gain"<<endl;return BAR;
    }
    else
    {
        if(x>10)
        {
            cout<<"After "<<step<<" steps, the man returned to the ship"<<endl;
            return SHIP;
        }
        else
        {
            cout<<"After "<<step<<" steps, the man dropped into the water"<<
            endl;
            return WATER;
        }
    }
}
//反映若干个醉酒者最终行为的模拟仿真的主函数
int main()
{
    int drunkardnumber;              //醉酒者总数
    int shipnumber = 0;              //到达船上的人数
    int barnumber = 0;               //返回酒馆的人数
    int waternumber = 0;             //掉进水中的人数
    cout<<"Please input the number of drunkard"<<endl;
    cin>>drunkardnumber;
    for(int i = 0; i<drunkardnumber; i = i + 1)
    {
        switch(drunkard())
```

```
      {
      case SHIP：
        shipnumber = shipnumber +1;
        break;
      case BAR：
        barnumber = barnumber +1;
        break;
      case WATER：
        waternumber = waternumber +1;
        break;
      }
    }
  Cout<<" * * * * * * * * * * * * * * * * * * * * * * * * * * * * * * "<<endl;
  cout<<"Of all the "<<drunkardnumber<<" drunkards："<<endl;
  cout<<shipnumber<<" returned to the ship"<<endl;
  cout<<barnumber<<" went to the bar and drunk again"<<endl;
  cout<<waternumber<<" dropped into the water"<<endl;
  return 0;
}
```

编程提示

1. 编程过程中最难解决的问题是算法，一旦确定了合适正确的算法，从算法到程序的转换就比较简单了。

2. 在每个程序模块中使用适当的缩排格式，如出现嵌套的{}，则使用缩进对齐，这样可以使程序的结构层次更加明显，容易阅读。

3. 程序一行只放一条语句，只做一件事，如定义一个变量，或一条语句。这样的代码清楚易读，方便注释。

4. 在 if – else 结构或其它结构中加上花括号，能避免可能的疏忽造成的错误，以后如果要为结构再增加语句时就比较清楚。

5. 初学者往往会在 if 语句的条件后面直接加一个分号，这会造成一个逻辑错误。因为这会使条件判断失效，而且使后续的条件模块都被执行，起不到选择的作用。

6. while 循环的循环体内应该有修改循环条件的部分，确保循环在执行了一定次数之后可以退出循环，不至于成为死循环。

7. 尽量不要在 for 循环的循环体内修改循环变量，以防止循环失去控制。

8. 要注意不要把 for 循环首部中三个表达式之间的两个分号误写为逗号。

9. 如果在 for 循环首部右括号后面直接加一个分号，会形成空循环，循环体不会进行循环操作。当然，有些时候为了实现某种功能，可以特意使用空循环。

10. 多分支选择 switch 语句中的每个 case 语句的结尾不要忘了加 break，最后要有 default 分支，否则可能会造成逻辑错误。

11. 将相等判断"＝＝"误输为赋值号"＝"会造成逻辑错误。

小结

1. 编程序的一个主要内容就是如何将解决应用问题所使用的算法用 C＋＋ 的语句和函数来描述。换句话说，也就是如何组织 C＋＋ 程序的结构。

2. 结构化设计方法是以模块化设计为中心。

3. 理论上已经证明，用三种基本程序结构(顺序结构、选择结构、循环结构)可以实现任何复杂的算法。

4. 结构化程序设计支持"自顶向下，逐步求精"的程序设计方法，其基本思想就是从问题本身开始，经过逐步求精，将解决问题的步骤分解为由基本程序结构模块组成的结构化程序框图或伪代码，据此编写程序。

5. 描述算法的常用方法有两种：流程图(用箭头、矩形框、菱形框的几何图形描述)和伪代码(将自然语言与程序设计语言结合起来描述)。

6. 用 C＋＋ 实现顺序结构的方法非常简单，只需将两个语句顺序排列即可。

7. C＋＋ 的选择结构是通过 if－else 语句实现的。其格式为

```
if(<表达式>)
    <语句 1>;
else
    <语句 2>;
```

8. 当型循环结构可以使用 while 语句实现：

```
while (<表达式>)
    <循环体>
```

9. 直到型循环结构可以使用 do-while 语句实现：

```
do
{
    <循环体>
}while (<表达式>);
```

10. for 语句用来实现计数循环：

```
for (<表达式 1>; <表达式 2>; <表达式 3>)
    <循环体>
```

11. C＋＋ 的其它控制转移语句还有：switch 语句，goto 语句，break 语句和 continue 语句等。

习题

1. 编写计算阶乘 $n!$ 的程序。

2. 编写程序求斐波那契数列的第 n 项和前 n 项之和。斐波那契数列形如

$$0, 1, 1, 2, 3, 5, 8, 13, \cdots$$

其通项为：

$$F_0 = 0;$$

$$F_1 = 1;$$
$$F_n = F_{n-1} + F_{n-2} \text{。}$$

3. 编程求 $\arcsin x \approx x + \dfrac{x^2}{2 \times 3} + \dfrac{1 \times 3 \cdot x^5}{2 \times 4 \times 5} + \cdots + \dfrac{(2n)! \, x^{2n+1}}{2^{2n} (n!)^2 (2n+1)} + \cdots$，其中 $|x| < 1$。

提示：结束条件可用 $|u| < \varepsilon$，其中 u 为通项。

4. 求解猴子吃桃问题。猴子在第一天摘下若干个桃子，当即就吃了一半，又感觉不过瘾，于是就多吃了一个。以后每天如此，到第 10 天时，就只剩下了一个桃子。请编程计算第一天猴子摘的桃子个数。

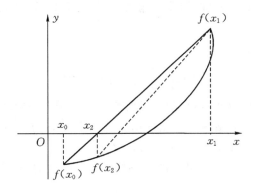

图 3-5 弦截法求方程的解

5. 用弦截法求一元方程 $f(x) = 0$ 在区间 $[x_0, x_1]$ 之间的一个根。

提示：考虑当区间 $[x_0, x_1]$ 足够小，在此区间中方程 $f(x) = 0$ 仅有一个单根的情况，如图 3-5 所示。此时如 $f(x_0)$ 和 $f(x_1)$ 异号，则可用两点间直线公式求出 x_2：

$$x_2 = x_0 - \frac{x_0 - x_1}{f(x_0) - f(x_1)} f(x_0)$$

然后用 x_2 代入原式求出 $f(x_2)$，判断 $f(x_2)$ 与 $f(x_1)$ 和 $f(x_0)$ 中的哪一个同号，就用 x_2 和 $f(x_2)$ 代替之，即如果 $f(x_2)$ 和 $f(x_0)$ 同号，就用 x_2 和 $f(x_2)$ 代替 x_0 和 $f(x_0)$，反之用 x_2 和 $f(x_2)$ 代替 x_1 和 $f(x_1)$，然后再继续上述过程直至 $|x_2 - x_0|$ 或 $|x_2 - x_1|$ 小于给定的误差控制值。

6. 所谓孪生素数是指间隔为 2 的相邻素数，例如最小的孪生素数是 3 和 5，5 和 7 也是。找出 2～200 之间的孪生素数。

7. 从键盘输入一个正整数，然后将该整数分解为 1 和各个质因子的相乘，如果输入的整数本身就是质数，则应分解为 1 和该数本身相乘。

8. 某地发生了一起犯罪案件，警局经过审问，做出了以下判断：

① A、B 至少有 1 人作案；

② A、E、F 中至少有 2 人参与作案；

③ A、D 不可能都是案犯；

④ B、C 或同时作案，或与本案无关；

⑤ C、D 中有且仅有 1 人作案；

⑥ 如果 D 没有参与作案，那么 E 也不可能参与作案。

请利用学过的关于逻辑运算和流程控制的方法,设计解答方案,并编程输出所有的案犯。

9. 使用循环嵌套的结构找出 100 以内的勾股数,即要求找出三个数 a、b、c,它们满足以下的条件:

$$a^2+b^2=c^2$$
$$a<b<c$$

10. 在屏幕上输入多个正整数,将输入的正整数累加,直到输入为负数或 0 时,停止读取数据,计算读取的正整数的和以及平均数,要求使用 while /do - while 循环结构和 break 语句实现(这个程序不用 break 语句是可以实现的,但比较繁琐)。

11. 编写一个程序,寻找用户输入的几个整数中的最小值。并假定用户输入的第一个数值指定后面要输入的数值个数。例如:当用户输入数列为:5 20 15 300 9 700 时,程序应该能够找到最小数 9。

12. 有一分数序列

$$\frac{2}{1}, \frac{3}{2}, \frac{5}{3}, \frac{8}{5}, \frac{13}{8}, \frac{21}{13}, \cdots$$

即后一项的分母为前一项的分子,后项的分子为前一项分子与分母之和,求其前 n 项之和。

13. 求 $a+aa+aaa+aaaa+\cdots+aa\cdots a(n \text{ 个})$,其中 a 为 $1 \sim 9$ 之间的整数。

例如:当 $a=1$, $n=3$ 时,求 $1+11+111$ 之和;

当 $a=5$, $n=7$ 时,求 $5+55+555+5555+55555+555555+5555555$ 之和。

第4章 数组与结构体

本章目标

掌握数组与结构的定义,以及使用数组和结构体等构造数据类型的方法。

授课内容

4.1 数组

第2章中学习了一些基本的数据类型,这些变量和常数多用来表示少量相互之间没有多少内在联系的数据,或表示一个单独的数据项。而在实际应用中,只用几个变量的情况是极少的,更多的情况是处理大批量相同类型或不同类型的数据。大量的成批数据则需要使用更为复杂的数据结构来存放,这时一般都会使用数组。

所谓数组是一组相同类型的变量,用一个数组名标识,其中每个变量(称为数组元素)通过该变量在数组中的相对位置(称为下标)来引用。数组可以是一维的,也可以是二维或者更高维的。二维以上数组统称为多维数组。

和变量一样,数组也遵循"先定义,后使用"的原则。定义数组时,系统为每个数组中每个元素分配相同大小的存储单元,而整个数组在内存中分配连续多个存储单元。图4-1分别给出了一维、二维和三维数组中的数组元素排列方法。

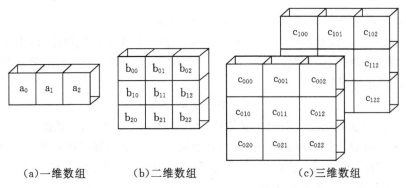

(a)一维数组　　(b)二维数组　　　　(c)三维数组

图4-1　数组元素的排列方式

图4-1的这种排列方法仅仅是数组的逻辑结构,逻辑结构是从逻辑关系(某种顺序)上观察数据,它独立于计算机,可在理论上、形式上进行研究、运算。而要研究数组的所有数组元素是如何在存储器中占用一片连续的存储单元的情况就要涉及到数组的物理结构。物理结构也称存储结构,是逻辑结构在计算机中的实现,它依赖于计算机。

4.1.1 一维数组

一维数组用于存放一行或一列数据,数组要占用一定的内存空间。要为数组分配存储空间就必须先对数组进行定义,数组的定义方法与变量相同,只是要在数组名后面加上用方括号括起来的维度值即可。

一维数组说明语句格式:

    ＜类型＞　＜数组名＞［＜常量表达式＞］;

其中,＜数组名＞的构成规则同变量名;＜常量表达式＞必须用方括号括起来,其值给出数组元素的个数;＜类型＞(如 int、char、double 等)指出数组中元素的数据类型。例如:

    int array[10];　　　　　　　 // 说明了一个有 10 个元素的整型数组

要注意的是:数组元素的下标从 0 开始编号。例如,array[0]是数组 array 中的第一个数组元素。上述的说明语句说明了一个有 10 个元素的整型数组,其数组名为 array,每个元素为整型数据。各元素通过不同的下标来区分,分别为 array[0],array[1],array[2],…,array[9]。同时系统也为该数组分配了 10 个连续的存储空间,如表 4-1 所示。

表 4-1　一维数组在内存中的排列方式

array[0]	array[1]	array[2]	array[3]	array[4]	array[5]	array[6]	array[7]	array[8]	array[9]

由此可见,一维数组的逻辑结构是由一串数据构成的向量,每个元素后的下标值确定了各元素在此数据表中的位置,其物理存储结构和逻辑结构是一样的。

在声明数组的同时也可以对其初始化,一般形式为:

    ＜类型＞　＜数组名＞［＜常量表达式＞］=｛＜常量1＞,＜常量2＞,…｝;

如果在声明数组时给数组的每一个元素都提供初值,就可以不必指定数组大小。这时数组中元素的个数就是初始化值列表中元素的个数,如:

    double x[5] = ｛ 1.2, 3.2, - 3.5, 6.6, - 4.1 ｝;

等价于

    double x[ ] = ｛ 1.2, 3.2, - 3.5, 6.6, - 4.1 ｝;

数组的使用和一般变量不同,C++不允许对一个数组进行聚集操作,即不能将整个数组作为一个单元操作,例如:假设数组 a 和 b 是相同类型和大小的数组,如果想将数组 a 的值赋给 b,下面的语句是错误的:

    b = a;　　　　　　　　　　　//不合法的语句

要想实现这个功能,就必须进行对应元素的赋值,一次只能给一个元素赋值。

同样的,为数组输入输出数据、查找最大最小元素等操作也都不能以数组整体为对象,而是需要对数组进行遍历,最常用的处理方法是通过循环处理数组中的元素。例如

```
//将数组中的所有元素置零
for(int i = 0; i < N; i = i+1)
    array1[i] = 0;
```

例 4-1　给一维数组 x 输入 7 个整数,找出 x 数组中的最大数。

算法　找数组中的最大元素这类问题可以利用扫描法解决,即以数组的第一个元素为基准,向后比较,如果遇到有比基准元素更大的元素则将基准元素替换为该元素,直到数组中所

有的元素均被扫描。这时得到的最新的基准元素就是数组中最大的元素。

程序

```cpp
// Example 4-1：求数组中的最大元素
#include <iostream>
using namespace std;
int main()
{
    int array[7];
        cout<<"Please input an array with seven elements："<<endl;
    for(int i = 0；i<7；i++)
        cin>>array[i];
    int big = array[0];
    for(int j = 0；j<7；j = j + 1)
        if(array[j]>big)
            big = array[j];
    cout<<"max = "<<big<<endl;
    return 0;
}
```

输入　2 1 7 3 12 4 9

输出　　max = 12

4.1.2　二维数组

二维数组用于存放排列成行、列结构的表格数据，即矩阵形式的数据。定义二维数组时，除了给出数组名、数组元数的类型外，同时应给出二维数组的行数和列数。

定义格式：

　　　　<类型>　　<数组名>[<常量表达式 1>][<常量表达式 2>]

例如：

　　　　int matrix[3][4]；　　　// 说明了一个 3 行 4 列的整型矩阵

与一维数组相似，二维数组同样定义了类型相同的一组变量，这些变量也称为数组元素或下标变量，行、列下标值也是从 0 开始，依次加 1。matrix[0][0]是矩阵 matrix 中的第 1 行第 1 列元素，位于矩阵的左上角。

二维数组的逻辑结构恰似一张表格，如数组 matrix 的逻辑结构排列顺序如表 4-2 所示。

表 4-2　二维数组的逻辑结构

matrix[0][0]	matrix[0][1]	matrix[0][2]	matrix[0][3]
matrix[1][0]	matrix[1][1]	matrix[1][2]	matrix[1][3]
matrix[2][0]	matrix[2][1]	matrix[2][2]	matrix[2][3]

二维数组的物理存储结构是以行次序优先进行内存分配，即先为第一行各元素分配存储单元，接着是第二行，第三行，……，每一行中的各个元素按列号递增次序进行分配，整个数组

在内存中占据连续的一片存储单元。如,数组 matrix 的物理存储结构如图 4 - 2 所示。

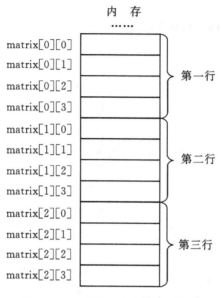

图 4 - 2　二维数组内存分配示意图

和一维数组一样,二维数组的初始化也可以在定义时进行。

(1)按照二维数组元素的物理存储次序给所有数组元素提供数据值:

```
int matrix[3][4] = { 85, 87, 93, 88, 86, 90, 95, 89, 78, 91, 82, 95};
```

(2)以行结构方式提供各元素数据值:用花括号按行分组,为二维数组提供初值,同样的 matrix 数组也可用下面形式表示:

```
int  matrix [3][4] = { {85, 87, 93, 88},
                       {86, 90, 95, 89},
                       {78, 91, 82, 95}  };
```

另外,C++语言允许在为二维数组初始化时省略行标值,但列标值不能省略。因此,下面定义也是正确的:

```
int  matrix [ ][4] = { 85, 87, 93, 88, 86, 90, 95, 89, 78, 91, 82, 95};
```

对于二维数组,通常使用二重循环结构控制其行列下标来访问数组中的每一个元素。例如:

```
//将矩阵 matrix 置成单位阵
for(int i = 0; i < 20; i = i + 1)
{   for(int j = 0; j < 20;  j = j + 1)
        matrix[i][j] = 0.0;
        matrix[i][i] = 1.0;
}
```

4.1.3　多维数组

C++编译器支持至少 12 个数组下标。

定义多维数组的一般形式是：

＜类型＞　　＜数组名＞[＜常量表达式 1＞][＜常量表达式 2＞]…[＜常量表达式 n＞]

例如：

```
float tri[2][3][3]   // 说明了一个 2 页 3 行 3 列的三维浮点型数组
```

三维数组的逻辑结构可以看成是若干张表格（或矩阵）的组合，其物理存储结构按自然顺序（即从下标序列对应的值从小到大顺序）在一片连续的内存中分配存储单元，如 tri 在内存中就以如下顺序存在：

tri[0][0][0]、tri[0][0][1]、tri[0][0][2]、tri[0][1][0]、tri[0][1][1]、
tri[0][1][2]、tri[0][2][0]、tri[0][2][1]、tri[0][2][2]、tri[1][0][0]、tri[1][0][1]、
tri[1][0][2]、tri[1][1][0]、tri[1][1][1]、tri[1][1][2]、tri[1][2][0]、tri[1][2][1]、
tri[1][2][2]

多维数组的使用和一维或二维数组的用法基本类似，它也是使用数组的元素，而不是数组名。访问多维数组元素常用的语法是：

＜数组名＞[＜常量表达式 1＞][＜常量表达式 2＞]…[＜常量表达式 n＞]

可以用循环来处理多维数组。在使用数组元素时，要注意数组下标值应该在已定义的数组大小范围内，否则会出现错误的结果。

实际上，多于三维的数组并不常用。

4.2　字符型数组和字符串处理库函数

4.2.1　字符型数组的定义和初始化

C++使用字符型数组存放字符串数据并实现有关字符串的操作。由第 2 章字符串常数的存储格式可知，字符串包括一个结束符\0'，所以在计算用于存放字符串的数组的大小时要考虑到这一点。例如，如果要设计一个能够存放最大长度为 80 个字符的字符串的数组，其长度应为 81。

字符数组实际是数组元素为 char 类型的数组，其用法和普通数组相同。例如，设计一个字符型数组 weekday 用于存放星期的名称，并将字符串"MONDAY"存入其中，可以这样设计：

```
char weekday[7];
weekday[0] = 'M';
weekday[1] = 'O';
weekday[2] = 'N';
weekday[3] = 'D';
weekday[4] = 'A';
weekday[5] = 'Y';
weekday[6] = '\0';
```

其中最后一句也可以直接写成

```
weekday[6] = 0;
```

这个过程也是数组初始化的过程。除此以外,还可以采用其它方式:

```
char   weekday [7] = {'M','O','N','D','A','Y','\0'};
```

等价于下面的语句:

```
char   weekday [7] = { "MONDAY" };
char   weekday [7] = "MONDAY";
```

初始化后,weekday 数组的存储情况为:

weekday[0]	weekday[1]	weekday[2]	weekday[3]	weekday[4]	weekday[5]	weekday[6]
M	O	N	D	A	Y	\0

4.2.2　字符串的输入与输出

由前面知道,字符串数组的用法和普通数组基本相同。而和普通数组不同的是,字符串数组允许聚集操作,而普通数组只能通过循环对逐个元素操作完成。

例如:

```
char weekday[7];
cin>>weekday;      //将从键盘输入的字符串存入字符数组 weekday 中
```

值得注意的是,在上面的例子中,由于声明的字符数组维长为 7,只能存储不超过 6 个字符。如果用户输入的字符串长度大于 6,系统会将输入的字符串顺序放在 weekday 后续的内存单元中,从而会使后续的内存单元中的数据被破坏,造成严重错误。

在字符数组输入问题上另外一个要注意的是,由于提取运算符>>会忽略所有空白字符,一旦遇到空白字符它会停止读入数据到当前变量中。如:

```
char name[20];
cin>>name
```

当输入姓名"Cong Zhen"时,变量 name 中的字符串只有"Cong"。

由此可见,包含空格的字符串无法使用提取运算符>>来输入。解决办法是使用输入流对象的 get()成员函数。这里使用的 get()函数有两个参数,第一个是字符数组变量,第二个指定向这个变量中读入几个字符。如语句:

```
cin.get(name, n);
```

就将从键盘输入的字符串的前 n-1 个字符存入到字符数组变量,而不管是否中间出现空格符。但如果输入的字符串长度小于 n-1 个,输入将在换行符上结束。

字符串的输出也可以直接对字符数组进行操作,如:

```
cout<<weekday;//将字符数组 weekday 中的内容输出到屏幕上
```

例 4-2 字符串的输入与输出。

程序

```
// Example 4-2:字符串的输入与输出
#include <iostream>
using namespace std;
int main()
{
```

```
    char name1[20], name2[20];
    cout<<"Please input a name with blank(within 19 characters): "<<endl;
    cin.get(name1, 20);
    cout<<"Please input the name again"<<endl;
    cin>>name2;
    cout<<"Using function get, the name storing in the variable is: "<<name1
        <<endl;
    cout<<"Using operater <<, the name storing in the variable is: "<<name2
        <<endl;
    return 0;
}
```

输入和输出

Please input a name with blank(within 19 characters):

Cong Zhen

Please input the name again

Cong Zhen

Using function get, the name storing in the variable is: Cong Zhen

Using operater <<, the name storing in the variable is: Cong

4.2.3　字符串处理库函数

C++提供了一组用于字符串处理的库函数,可以完成许多常用的字符串操作:

strcpy():字符串拷贝;

strcat():字符串连接;

strchr():在字符串中查找字符;

strcmp():字符串比较;

strlen():求字符串长度;

strlwr():将字符串中的大写字母转换为小写字母;

strrev():反转字符串;

strstr():在字符串中查找另一个字符串;

strupr():将字符串中的小写字母转换为大写字母;

…　…

因为这些库函数的说明存放在头文件 cstring 中,所以如果要在程序中调用这些函数,还应该在源程序的最前面加上一个文件包含的编译预处理命令:

＃include <cstring>

下面介绍其中几个常用的字符串操作函数的用法:

(1)求字符串的长度:

int strlen(char * s);

其中的参数 char * s,说明 s 是一个指向字符类型的指针。指针类型在第 6 章中有介绍,目前只需知道该参数既可以使用字符串常数,也可以使用字符型数组就可以了。该函数的返回值

即为字符串中字符的个数（不包括字符串结束符）。例如语句

```
len = strlen("This is a sample.");
```

执行后，变量 len 会被赋值 17。

（2）复制字符串：

```
strcpy(char * destin, char * source);
```

该函数的功能为将字符串 source 的内容复制到字符型数组 destin 中。例如：

```
char weekday[11];
strcpy(weekday, "MONDAY");
```

注意，destin 的长度一定要比字符串 source 的实际长度大，否则会引起严重的运行错误。

（3）连接字符串：

```
strcat(char * destin, char * source);
```

该函数的功能为将字符串 source 的内容复制到字符型数组 destin 中原来的字符串的后面，使两个字符串合并成一个字符串。使用该函数时特别要注意保证字符型数组 destin 的长度一定能够放得下合并后的整个字符串（包括最后的字符串结束符）。否则也会引起严重的运行错误。

（4）字符串比较：

```
int strcmp(char * string1, char * string2);
```

该函数的功能为比较两个字符串。比较是按字典序进行的，即在字典中排在前面的单词小于于排在其后的单词。当然，一般的字符串中不但有英文字母，还可能有其它符号，这时各个符号之间的比较按 ASCII 码的顺序进行。

如果字符串 string1 小于字符串 string2，该函数返回一个负整数值；如果字符串 string1 等于字符串 string2，该函数返回 0； 如果字符串 string1 大于字符串 string2，该函数返回一个正整数值。例如

```
if(strcmp(weekday, "SUNDAY") = = 0)
    cout<<"Today we have a party."<<endl;
```

（5）大小写字母转换：

```
strlwr(char * string);          //大写变小写
strupr(char * string);          //小写变大写
```

这两个函数的功能类似，都是转换字符串中的英文字母，对字符串中的其它符号没有影响。例如：

```
strlwr(weekday);
```

如果转换前字符型数组中存放着字符串"MONDAY"，则转换后其内容变为"monday"。其实，这些标准库函数并不神秘，我们自己也完全可以编写出同样功能的程序来。

例 4 - 3 编写一个用来计算字符串长度的函数 mystrlen()，并用主函数验证。

算法 使用循环结构来控制字符个数的统计，循环结束条件：遇到结束标志符'\0'。

程序

```
// Example 4 - 3:求字符串的长度
# include <iostream>
using namespace std;
```

```
//计算字符串的长度的函数
int mystrlen(char string[])
{
    int len = 0;
    while(string[len]! = '\0')
        len = len + 1;
    return len;
}
//测试计算字符串长度的主函数
int main()
{
    char string[100];
    cout<<"Please input a string (within 99 characters): "<<endl;
    cin>>string;
    cout<<"The length of the string is:"<<mystrlen(string)<<endl;
    return 0;
}
```

输入　　china

输出　　The length of the string is:5

　　分析　该函数的构造非常简单。值得注意的有两点：一是作为参数的一维数组可以不写明数组元素的个数。但 C++规定,二维以上的数组,除了第 1 维以外均应注明维度值。例如：

```
void set_empty(double matrix[][10])
```

另外,要注意区别字符串的长度和存放字符串的字符型数组的长度两个不同的概念。字符串靠结束符'\0'表示字符串的结束,字符串的长度是到字符串结束符之前的字符个数（不包括字符串结束符）。因此,字符串的长度要小于字符型数组的大小。

4.3　结构体类型

　　在设计数据处理方面的应用程序时,常会发现要处理的数据相当复杂。

　　以企业中常用的工资管理程序为例,它所需要处理的工资单数据就很庞杂,在每个员工的工资单上有姓名、部门、基本工资、岗位津贴、独生子女费、水电费、房租等项目,而在计算这些项目时还可能要用到职称/职务/工种、参加工作时间（工龄）、是否有独生子女、住房面积等数据,有时甚至要用到员工配偶及其子女的有关数据,如是否双员工、独生子女的出生日期以及是否在子弟学校和幼儿园上学,等等。这些数据的类型各异：有的可以用整型数据表示;有的只能用浮点类型数据表示;有的是文字数据,要用字符串表示;还有些数据比较复杂,如日期,本身又有其内部结构。

　　为清晰起见,可以用层次结构表述如下。

　　例　工资单数据的层次结构：

01 工资单

  02 工作部门：字符串，最大长度为 10 个字符

  02 姓名：字符串，最大长度为 8 个字符

  02 职务（含职称、工种）：代码，0～99

  02 参加工作时间

    03 年份：1900—2050

    03 月份：1—12

    03 日 ：1—31

  02 家庭情况

    03 婚否：0 - 否，1 - 是

    03 是否双员工：0 - 否，1 - 是

    03 独生子女出生日期，如无独生子女则填 1900.01.01

      04 年份：1900—2050

      04 月份：1—12

      04 日 ：1—31

    03 入托子女数：0～10

    03 住房面积：0～1000

  02 基本工资：0～10000，保留两位小数

  02 岗位津贴：0～10000，保留两位小数

  02 劳保福利：0～1000，保留两位小数

  02 独生子女费：0～10，保留两位小数

  02 房租：0～10000，保留两位小数

  02 电费：0～10000，保留两位小数

  02 水费：0～10000，保留两位小数

  02 取暖费：0～1000，保留两位小数

  02 保育费：0～1000，保留两位小数

  02 实发工资：0～10000，保留两位小数

分析 本例中采用了缩排方式表示上述工资单数据的层次结构。每个数据项前面有一个层次号，用以明确数据项之间的隶属关系。数据项名称后面可以填写该数据项的类型、数据范围以及其它注意事项。

面对这样复杂的数据结构，在编程时会遇到什么问题呢？

首先，前面介绍的几种简单数据类型无法表示这类复杂数据的内在联系；其次，由于各数据项的类型互不相同，"一个单位的工资单"无法用一个数组存放，只能对各数据项分别建立数组，这些数组中的数据颇难保持一致；第三，在程序中设置了过多的变量和数组，而设置数组时又只能按类型一致的原则进行，不得不违反数据结构的内在联系。因此数据结构的复杂化带来了程序结构的复杂化，使程序难于设计，可读性降低，调试困难。

造成以上问题的原因，就在于缺乏一种能够有效地表示复杂数据之间的内在联系的数据结构。

C++语言中的结构体类型就适用于说明这种具有层次结构的复杂数据。

　　结构体类型与前面介绍的简单数据类型的区别是结构体类型本身的构造可以根据数据的具体情况进行设置,这一过程又称为定义结构体数据类型;在定义了结构体类型之后,即可用其声明该结构体类型的变量和数组,一旦声明之后,就可以使用这些变量和数组了。

　　一个结构体类型的变量可以用来表示一个数据处理对象包含的所有数据,与简单类型的变量一样可以作为函数的参数或返回值,也可用其构造结构体类型的数组,从而克服了使用简单数据类型编写复杂的数据处理类应用程序所出现的各种困难。

　　实际上,结构体类型是 C++从 C 语言那里继承下来的内容。C 语言的结构体类型比较简单,只有成员变量。而 C++的结构体类型和类(将在第 8 章介绍)一样,可以有数据成员,也可以有成员函数、构造函数和析构函数。C++的结构体类型的定义和使用方法与类非常相似。在 C++中,结构体类型与类的唯一区别是,如果不明确说明,则类的成员均为私有的,而结构体类型的成员均为公有的。

　　在 C++中,使用结构体类型主要是为了兼容一些从 C 语言继承下来的函数库。

　　虽然 C++的结构体与类十分相似,但大多程序员还是习惯于使用类 C 的结构,即结构体中成员的定义只包含数据,而不包含成员函数。在本章中,就先讲述这种结构体用于数据组织的方法,其它内容请参考本书后续相关章节。

4.3.1　结构体类型的定义

结构体类型的定义方法如下:

```
struct <结构体类型名>
{
    <结构体类型的成员变量说明语句表>
};
```

例如,可定义一个表示日期的结构体类型:

```
struct Date
{
    int da_year;
    int da_mon;
    int da_day;
};
```

即一个日期类型的变量有 3 个成员变量:年(da_year)、月(da_mon)和日(da_day)。

　　在定义好结构体类型以后,就可以声明该类型的变量了,结构体变量的声明方法和其它类型的变量一样,例如变量说明语句

```
Date yesterday, today, tomorrow;
```

就说明了 3 个日期类型的变量:yesterday、today 和 tomorrow。

4.3.2　结构体类型变量的使用

对结构体类型变量的成员变量的引用方法为

```
<结构体类型变量名>.<成员变量名>
```

例如:

```
today.da_year = 2004;
today.da_mon = 1;
today.da_day = 22;
```

两个相同类型的结构体变量之间可以互相赋值,但和数组一样,不能将结构体变量作为一个整体输入输出,只能以结构体的成员作为基本变量,一次输入或输出结构体变量中的一个成员。例如下面语句将输出结构体变量 today 的内容:

```
cout<<today.da_year<<"年"<<today.da_mon<<"月"<< today.da_day
<<"日"<<endl;
```

▰ 课外阅读

4.4　数组和结构体

4.4.1　结构体中的数组

结构体的成员可以是数组,其使用方法和简单变量相同。例如,

```
struct StudentType
{
  char id[10];//学号
  double score[5];//五门课程成绩
  double GPA;//平均分
};
StudentType xjtuStudent;
```

如果要访问结构变量 xjtuStudent 的第二门课程成绩,可以用如下方法:

```
xjtuStudent.score[1]
```

4.4.2　数组中的结构体

前面指出,数组是由一组相同类型的变量组成的,这些变量可以是简单变量,例如 int 或 double,也可以是复合类型,如结构体。

例如,在 4.4.1 节的学生例子中,如果某个班有 30 名学生,需要对这个班所有学生的成绩情况进行处理,在定义完上面的数据结构后,因为这些学生的数据类型都是相同的,所以可以用一个有 30 个元素的数组来处理学生的数据。即进行如下变量声明:

```
StudentType  xjtuStudent[30];
```

这样,每一个数组元素都是一个结构体。

4.5　结构体中的结构体(结构体嵌套)

结构体的成员也可以是结构体,称为嵌套结构。例如,在下面的工资单例子中就用到了这种结构。

```
// 定义日期类型
  struct Date
  {
      int   da_year;
      int   da_mon;
      int   da_day;
  };
// 定义家庭情况类型
  struct Family_type
  {
      int in_double_harness;          // 婚姻状况
      int is_colleague;               // 是否双职工
      Date  birthdate_of_singleton;   // 独生子女出生日期
      int children_in_school;         // 上学子女数
      int housing_area;               // 住房面积
    };
// 定义工资单类型
  struct Salary_type
  {
      char            department[11];    // 工作部门
      char            name[9];           // 姓名
      int             position;          // 职务
      Date            date_of_work;      // 参加工作时间
      Family_type     family;            // 家庭情况
      float           salary;            // 基本工资
      float           subsidy;           // 岗位津贴
      float           insurance;         // 劳保福利
      float           child_allowance;   // 独生子女费
      float           rent;              // 房租
      float           cost_of_elec;      // 电费
      float           cost_of_water;     // 水费
      float           cost_of_heating;   // 取暖费
      float           cost_of_education; // 保育费
      float           realsum;           // 实发工资
    };
```

通过使用日期和家庭情况类型的嵌套,工资单的总体结构更加清晰。

嵌套结构的成员访问是很简单的,对其中每个结构成员都是从外向内引用的,如:

```
      Salary_type ctecSalary [50];       // 声明了 50 个工资单记录
```

语句:

```
ctecSalary [17]. date_of_work. da_year = 1997;
```
就将第 18 名员工的参加工作年份设置为 1997 年。

▲ 程序设计举例

例 4 - 4 编写一个程序，实现矩阵相乘运算。

原理 设有 L 行 M 列矩阵 $\boldsymbol{A}_{L \times M}$ 和 M 行 N 列矩阵 $\boldsymbol{B}_{M \times N}$（即第一矩阵之列数等于第二矩阵的行数），则由线性代数得知，其积为一 L 行 N 列的矩阵 $\boldsymbol{C}_{L \times N}$：

$$\boldsymbol{C}_{L \times N} = \boldsymbol{A}_{L \times M} \times \boldsymbol{B}_{M \times N}$$

其中

$$C_{ij} = \sum_{k=1}^{M} A_{ik} \times B_{kj} \quad , \quad i = 1, 2, \cdots, L; \quad j = 1, 2, \cdots, N$$

算法 用两重循环实现对 C_{ij} 的求值：

```
for(i = 0; i<L; i = i + 1)
    for(j = 0; i<N; j = j + 1)
        求 C_ij;
```

其中"求 C_{ij}"又可以细化为：

```
C_ij = 0;
for(k = 0; k<M; k = k + 1)
    C_ij = C_ij + A_ik × B_kj
```

程序

```cpp
// Example 4 - 4:计算两个矩阵的乘积
# include <iostream>
using namespace std;
int main()
{
    const int L = 4;
    const int M = 5;
    const int N = 3;
    double a[L * M] =
    {
        1.0, 3.0, - 2.0, 0.0, 4.0,
        - 2.0, - 1.0, 5.0, - 7.0, 2.0,
        0.0, 8.0, 4.0, 1.0, - 5.0,
        3.0, - 3.0, 2.0, - 4.0, 1.0
    };
    double b[M * N] =
    {
        4.0, 5.0, - 1.0,
        2.0, - 2.0, 6.0,
```

```
            7.0, 8.0, 1.0,
            0.0, 3.0, -5.0,
            9.0, 8.0, -6.0
        };
        double c[L * N];
        int i, j, k;
        for(i = 0; i<L; i = i + 1)
            for(j = 0; j<N; j = j + 1)
            {
                c[i * N + j] = 0;
                for(k = 0; k<M; k = k + 1)
                    c[i * N + j] = c[i * N + j] + a[i * M + k] * b[k * N + j];
            }
        cout << "The result is c = " << endl;
        for(i = 0; i<L; i = i + 1)
        {
            for(int j = 0; j<N; j = j + 1)
                cout << c[i * N + j] << "   ";
            cout << endl;
        }
        return 0;
    }
```

输出　　The result is c＝

```
32    15    -9
43    27    24
-1    -21    77
29    33    -5
```

分析　由于 C++要求在定义二维数组时要明确写出第 2 维的长度,这不利于将来编写通用的计算函数,所以在程序中用一维数组模拟二维矩阵,计算了 4 行 5 列矩阵 *a* 和 5 行 3 列矩阵 *b* 的乘积。这两个矩阵的数据用赋初值的方法提供。对于矩阵(二维数组)来说,输出应使用两重循环实现。

例 4 - 5　编写一个用于对整型数组进行排序的程序,排序方法使用简单的交换排序法。

算法　交换排序法也称冒泡排序法,其思路是将相邻的元素进行比较,如果不符合所要求的顺序(通常是先小后大,又称升序)则交换这两个元素。对整个数组中所有的元素反复运用上法,直到所有的元素都排好序为止。

程序

```
// Example 4 - 5:交换排序
# include <iostream>
using namespace std;
```

```
int main()
{
    const int COUNT = 16;
    int list[COUNT] =
    {
        503, 87, 512, 61, 908, 170, 897, 275,
        653, 426, 154, 509, 612, 677, 765, 703
    };
    for(int i = 0; i<COUNT; i = i + 1)
        for(int j = COUNT - 1; j>i; j = j - 1)
            if(list[j - 1]>list[j])
            {
                int tmp = list[j - 1];
                list[j - 1] = list[j];
                list[j] = tmp;
            }
    cout << "The result is :" << endl;
    for(int k = 0;k<16;k + + )
        cout << list[k] << " ";
    cout<<endl;
    return 0;
}
```

输出　　The result is :

61 87 154 170 275 426 503 509 512 612 653 677 703 765 897 908

分析　冒泡排序是一种效率较低的排序方法,排序所用的时间与表长的平方成正比。因此,如果需要排序的表比较长,冒泡排序所花费的时间就很可观。

例 4 - 6　编写一个字符串处理程序,将一个字符串之中的所有小写字母转换为相应的大写字母。

算法　在 ASCII 表中所有的大写字母从 A 到 Z 是连续排列的,所有的小写字母从 a 到 z 也是连续排列的,但大写字母和小写字母并没有排在一起。因此,如果一个字符是小写字母,就可以通过对其 ASCII 码作如下运算将其转换为对应的大写字母的 ASCII 码:

小写字母的 ASCII 码值 -'a'+'A' = 对应的大写字母的 ASCII 码值

程序

```
// Example 4 - 6:将字符串中所有的小写字母转换为大写字母
#include <iostream>
using namespace std;
int main()
{
    char str[] = "This is a sample";
```

```
        cout<<"The original string is: "<<str<<endl;
        int i = 0;
        while(str[i]! = 0)
        {
            if(str[i]> ='a' && str[i]< ='z')
                str[i] = str[i]-'a'+'A';
            i = i+1;
        }
        cout<<"After transform: "<<str<<endl;
        return 0;
    }
```

输出　　The original string is: This is a sample

　　　　　After transform: THIS IS A SAMPLE

分析　字符数据以整型或字符型格式存放,实际存放的是字符的 ASCII 码,所以可以使用数值数据的运算方法来处理字符数据。在程序中,如果一个字符不是小写字母,则不进行转换。程序中还使用了字符类型的数组,用来存放字符串,数组中的每个元素用于存放一个字符。

例 4 - 7　使用数组编写一个统计学生课程平均分的程序:

输入 6 个学生的学号和 3 门课程的成绩(整型),统计每个学生 3 门课程的平均分,最后输出统计结果。输出格式:

学号　成绩 1 成绩 2　成绩 3　平均分
_____

算法　定义二维数组 student[6][5],其中,给数组 student 前 4 列元素读值,第 1 列为学号,第 2 列到第 4 列为 4 门课程的成绩。第 5 列为平均分,通过计算求得。

程序

```
//Example 4 - 7:统计学生课程的平均分
# include <iostream>
using namespace std;
# define PERSON          6
# define COURSE          3
int main()
{
    int student[PERSON][COURSE + 2];
    int i, j;
    cout<<"Please input data of student :"<<endl;
    for(i = 0; i< PERSON; i = i + 1)
    {
        cin>>student[i][0];
        student[i][COURSE + 1] = 0;
```

```
        for(j = 1; j< = COURSE; j = j + 1)
        {
            cin>>student[i][j];
            student[i][COURSE + 1] = student[i][COURSE + 1] + student[i][j];
        }
        student[i][COURSE + 1] = student[i][COURSE + 1]/ COURSE;
    }
    cout<<"学号   高数   英语   体育   平均分"<<endl;
    cout<<"————————————————————"<<endl;
    for(i = 0; i< PERSON; i = i + 1)
    {
        for(j = 0; j< = COURSE + 1; j = j + 1)
            cout<<student[i][j]<<"\t";
        cout<<endl;
    }
    return 0;
}
```

输入

```
2004001 80 90 100
2004002 60 80 70
2004003 85 92 87
2004004 72 75 80
2004005 95 96 92
2004006 20 25 100
```

输出

学号	高数	英语	体育	平均分
2004001	80	90	100	90
2004002	60	80	70	70
2004002	85	92	87	88
2004004	72	75	80	75
2004005	95	96	92	94
2004006	20	25	100	48

例 4 - 8　使用结构体重新编写上题的程序。

算法　定义一个结构体类型 StudentType,其中包含学号、各门课程成绩和平均分等数据成员,其值分别通过输入和计算求得。

程序

```
//Example 4 - 8:统计学生课程的平均分
# include <iostream>
```

```cpp
    using namespace std;
# define PERSON        6
# define COURSE        3
struct StudentType
{
    char id[10];            //学号
    int score[COURSE];      //课程成绩
    int GPA;                //平均分
};
int main()
{
    StudentType xjtuStudent[PERSON];
    int i, j;
    cout<<"Please input data of student :"<<endl;
    for(i = 0; i< PERSON; i = i + 1)
    {
        cin>> xjtuStudent[i].id;
        xjtuStudent[i].GPA = 0;
        for(j = 0; j< COURSE; j = j + 1)
        {
            cin>> xjtuStudent[i]. score[j];
            xjtuStudent[i]. GPA = xjtuStudent[i]. GPA + xjtuStudent[i].
             score[j];
        }
        xjtuStudent[i]. GPA = xjtuStudent[i]. GPA / COURSE;
    }
    cout<<"学号　高数　英语　体育　平均分"<<endl;
    cout<<"————————————————————"<<endl;
    for(i = 0; i< PERSON; i = i + 1)
    {
        cout<<xjtuStudent[i].id<<"\t";
        for(j = 0; j< COURSE; j = j + 1)
            cout<< xjtuStudent[i].score[j]<<"\t";
        cout<< xjtuStudent[i].GPA<<endl;
    }
    return 0;
}
```

输入　（同例 4 - 7）

输出　（同例 4 - 7）

例 4-9　Josephus 问题。一群小孩围坐成一圈,现在任意取一个数 n,从当前编号为 1 的孩子开始数起,依次数到 n(因为围成了一圈,所以可以不停的数下去),这时被数到 n 的孩子离开,然后圈子缩小一点。如此重复进行,小孩数不断减少,圈子也不断缩小。最后所剩的那个小孩就是胜利者。请找出这个胜利者。

算法　先定义一个表示小孩的数组,数组的值表示小孩的编号,一旦为 0 即表示被剔除。为表示小孩围成圈,可以用求模运算来使数组的遍历从尾部回到头部,从而继续计数过程。

程序

```cpp
#include <iostream>
using namespace std;
int main()
{
    const int Total = 7;//小孩总数
    int ChooseNum;//用户随机选取的数
    int boy[Total];//表示小孩的数组
    for(int i = 0; i<Total; i++) boy[i] = i+1;//给小孩编号
    cout<<"Please input the number which choose to eliminate: ";
    cin>>ChooseNum;//用户随机输入一个剔除的数
    cout<<"The boys before eliminated are:"<<endl;
    for(i = 0; i<Total; i++)
    cout<<boy[i]<<"\t";
    cout<<endl;
    int k = 1;//第 k 个离开的小孩
    int n = -1;//数组下标,下一个为 0 表示从第一个孩子开始计数
    while(true)
    {
        //在圈中开始剔除
        for(int j = 0; j<ChooseNum;)
        {
            n = (n+1) % Total;
            if(boy[n]!=0)j++;//如果该小孩还在圈中,则参加计数
        }
        if(k == Total)break;//如果已经全部剔除完成,则跳出循环
        boy[n] = 0;
        cout<<"After "<<k<<" times eliminated, the boys left are:"<<endl;
        for(i = 0; i<Total; i++)
            if(boy[i]!=0)cout<<boy[i]<<"\t";
        cout<<endl;
        k++;
    }
```

```
// break 语句跳转至此,输出胜利者编号
cout<<"The No."<<boy[n]<<" boy is the winner."<<endl;
return 0;
}
```

编程提示

1.要注意数组的下标是从 0 开始的,所以数组的第 3 个元素的下标是 2 而不是 3。

2.要注意数组的下标越界问题,给超出数组边界的元素赋值或引用都会造成很严重的逻辑错误。特别是在 for 循环语句中,循环次数很容易搞错,导致数组操作越界。

3.不要把二维数组 matrix[3][4]误写为 matrix[3,4],这会导致系统将该数组定义为一维数组 matrix[4](系统将方括号中的数认为成一个逗号表达式进行求值了)。

4.在字符数组中存放字符串时要确保数组能够存放最长字符串,否则会有越界错误。

5.使用数组时常见的错误有:

(1)将数组定义中出现的元素个数误认为是可使用的最大下标值;

(2)引用数组元素时误将方括号用为圆括号;

(3)误以为数组名可以代表数组全部元素而对其进行操作。

6.相比较编译和链接时的错误,运行时出错更难查找和判断,所有也更加危险。

7.要重视编译器警告。

8.枚举类型、结构体类型等用户自定义类型名的标识符的首字母采用大写形式,使用将比较清晰。

小结

1.数组是具有相同类型的数据的集合。

2.数组用数组名来标识,其中的每个变量(数组元素)通过该变量在数组中的相对位置(下标)来引用。

3.数组的说明语句为:类型说明符　数组名[常数表达式][⋯⋯][⋯⋯]

4.同一个数组的所有数组元素在存储器中占用一片连续的存储单元。

5.C++使用字符型数组存放字符串数据并实现有关字符串的操作。

6.C++提供了许多字符串处理函数。使用这些函数,可以提高字符串处理的效率。

7.结构体类型是用其它类型的元素建立的聚合数据类型,适用于说明具有一定结构的复杂数据。

8.结构体的说明语句为:

```
struct <结构体类型名>
{
<结构体类型的成员变量说明语句表>
};
```

习题

1.使用数组来求斐波那契数列的第 n 项和前 n 之和。

2. 编写程序, 将四阶方阵转置, 如下所示。

$$\begin{bmatrix} 4 & 6 & 8 & 9 \\ 2 & 7 & 4 & 5 \\ 3 & 8 & 16 & 15 \\ 1 & 5 & 7 & 11 \end{bmatrix} \Rightarrow \begin{bmatrix} 4 & 2 & 3 & 1 \\ 6 & 7 & 8 & 5 \\ 8 & 4 & 16 & 7 \\ 9 & 5 & 15 & 11 \end{bmatrix}$$

　　　转置前方阵 A　　　　　　　　转置后方阵 A

3. 矩阵相加。

提示　设有矩阵 $A_{m \times n}$ 和矩阵 $B_{m \times n}$, 则其和亦为一 m 行 n 列矩阵 $C_{m \times n}$:

$$C_{m \times n} = A_{m \times n} + B_{m \times n}$$

其中

$$C_{ij} = A_{ij} + B_{ij} \quad (i = 1, 2, \cdots, m, \ j = 1, 2, \cdots, n)$$

可仿照本章中相应的例题自己设计算法, 并用其编写程序用于计算 3 行 3 列的方阵之和。

4. 输入 10 个字符到一维字符数组 s 中, 将字符串置逆。即 s[0] 与 s[9] 互换, s[1] 与 [8] 互换, ……, s[4] 与 s[5] 互换, 输出置逆后的数组 s。

5. 替换加密 (凯撒加密法)。

加密规则是: 将原来的字母用字母表中其后面的第 3 个字母的大写形式来替换, 对于字母表中最后的三个字母, 可将字母表看成是首尾衔接的。如字母 c 就用 F 来替换, 字母 y 用 B 来替换。

请将字符串"I love you"译成密码。

6. 读入 5 个用户的姓名和电话号码, 按姓名的字典顺序排列后, 输出用户的姓名和电话号码。

7. 输入两个整型数组 (假设数组的大小为 7) 的各个元素, 输出不是两个数组共有的元素。例如, 输入 1 2 3 4 5 6 7 和 5 6 7 8 9 0, 输出为 1 2 3 4 8 9 0。

8. 一个数组 A 中存有 $n(n > 0)$ 个整数, 在不允许使用另外数组的前提下, 将每个整数循环向右移 $m(m \geqslant 0)$ 个位置, 即将 A 中的数据由 (A_0 $A_1 \cdots A_{n-1}$) 变换为 ($A_{n-m} \cdots$ A_{n-1} A_0 $A_1 \cdots A_{n-m-1}$) (最后 m 个数循环移至最前面的 m 个数)。输入 n ($1 \leqslant n \leqslant 100$)、$m(m \geqslant 0)$ 及 n 个整数, 输出循环右移 m 位以后的整数序列。例如:

输入:

6 2

1 2 3 4 5 6

输出:

5 6 1 2 3 4

如果需要考虑程序移动数据的次数尽量少, 要如何设计移动的方法?

提示:

简单的思路是循环右移一位的操作重复进行 m 次即可, 但这种做法的数据移动次数大约是 $m * n$ 次。

为了减少数据的移动次数, 第二种方法是通过三次倒序来巧妙地实现。为简单起见, 不妨设 $0 \leqslant m < n$ (否则先进行 $m \% = n$ 运算即可), 先把 (A_0 $A_1 \cdots A_{n-1}$) 倒序变成 (A_{n-1} $A_{n-2} \cdots A_1$ A_0), 再把它的前 m 个元素 (A_{n-1} $A_{n-2} \cdots A_{n-m}$) 倒序成 ($A_{n-m} \cdots A_{n-1}$), 然后把后 $n-m$ 个元素

$(A_{n-m-1} A_{n-m-2} \cdots A_1 A_0)$ 倒序成 $(A_0 A_1 \cdots A_{n-m-1})$。这样，整个数组就成了 $(A_{n-m} \cdots A_{n-1} A_0$ $A_1 \cdots A_{n-m-1})$，这就是我们想要的结果。这种做法每个数据被移动了 2 次，所以总共数据移动次数大约是 $2n$ 次。

　　事实上，还可以有移动次数更少的算法，可以通过分析每个数据原位置与目标位置之间的下标关系，将每个数据一次性定位。根据题目的要求，可以发现：任何位于数组下标 i 位置的数据，其目的地址是下标为 $(i+m)\%n$ 的位置，或者说第 $(i-m+n)\%n$ 位置的数据将移到第 i 个位置。由于所有数据都需要移动，因此数据之间形成了一个移动环。在这个移动环内实现循环移动，可以将第一个数据放到临时变量 t 中，然后将第二个数据放到第一个数据的位置，第三个数据放到第二个数据的位置，…，最后将 t 放到最后一个数据的位置。同时，也可以发现，对于任意的正数 n 和 m（不妨设 $m < n$），需要移动的环的个数就是 n 和 m 的最大公约数 $\gcd(n, m)$。基于上述思路就可以将每个数据一次性定位。

　　9. 对于例 4 - 5 的冒泡排序程序，当第 i 遍扫描时，如果任何两个相邻元素都没有发生交换，这意味着什么？请利用这个特性改进程序的效率，重新编写例 4 - 5。

　　10. 定义一个名为 Circle 的结构体（圆），其数据成员是圆的外接矩形的左上角和右下角两点的坐标，计算该圆的面积。

第 5 章　函　数

本章目标

　　掌握 C＋＋函数的编写和调用方法。

授课内容

　　C＋＋程序是一个或多个函数的集合。即使是最简单的程序,也会有一个 main( )函数。因此,无论某个 C＋＋程序多么复杂,规模有多么大,程序的设计最终都要落实到一个个函数的设计和编写上。

　　在 C＋＋中,函数是构成程序的基本模块,每个函数具有相对独立的功能。C＋＋的函数有三种:主函数(即 main( )函数)、C＋＋提供的已经作为系统一部分的库函数和用户自己定义的函数。

　　合理地编写用户自定义函数,可以简化程序模块的结构,便于阅读和调试,是结构化程序设计方法的主要内容之一。

5.1　函数的定义

　　函数必须先定义然后才能使用。

　　所谓定义函数,就是编写完成函数功能的程序块。定义函数的一般格式为

　　　　＜函数值类型标识符＞　　函数名（＜形式参数表＞）
　　　　{
　　　　　　＜函数体＞
　　　　}

其中:

　　(1)函数名:要定义的函数的名字,它的命名应符合 C＋＋对标识符的规定。在函数名后面必须有一对圆括导。

　　(2)函数值类型标识符:即调用该函数后所得到的函数值的类型。例如,例 3－8 中的函数 drunkard(void)的函数值的类型是 int,表示该函数值的类型是整数。函数值是通过函数体内部的 return 语句提供的,其格式为

　　　　　　return ＜表达式＞;

return 的功能有二:一是使流程返回调用函数,宣告函数的一次执行终结,在调用期间所分配的变量单元被释放;二是把函数值送到调用表达式中。

　　在编写函数时要注意,用 return 语句提供的函数值的类型应与函数说明中的函数值类型一致,否则会出现错误。

　　有些函数可能没有函数值,或者说其函数值对调用者来说是不重要的,这时调用该函数实际上是为了得到运行该函数内部的程序段的其它效果。这一点与数学中的函数概念有所不同,需特别注意。如果要说明一个函数确实没有返回值,可以使用说明符 void。例如主函数

```
void main()
{
    …
}
```

既没有返回值,也不需要参数。但要注意这时函数中不能出现有返回值的 return 语句。

　　(3)形式参数表:形式参数放在函数名后面的一对圆括号内,其作用如下:

　　①表示将从主调函数中接收哪些类型的数据。例如:

```
double grav(double m1, double m2, double distance)
```

将从调用函数中接收三个 double 类型的数据,分别赋给变量 m1、m2 和 distance。

　　②形式参数可以在函数体中引用,可以输入、输出、赋值或参与运算。有些函数不带形式参数,因此函数名后面的括号为空,但一对圆括号不能省略。

　　C++函数的参数声明格式为:

　　　　<类型><参数 1>,<类型><参数 2>,…,<类型><参数 n>

例如:

```
int array[],int count
```

圆括号中的形式参数是函数与外界联系的接口,必须明确指出形式参数的名字和类型。

　　(4)函数体:函数体是由一对花括号括起来的语句序列(包括变量声明),这些语句实现函数的功能。实际上,函数体是一个分程序结构,由语句和其它分程序组成。在函数体中定义的变量只有在执行函数时才存在。

　　C++的语句可以分为声明语句和执行语句两类,在一个函数体中这两种语句可以交替出现,但对某具体变量来说,应先声明,后使用。

　　例 5-1　编写一个求阶乘 $n!$ 的函数。

　　算法　阶乘 $n!$ 的定义为:

$$n! = n \times (n-1) \times (n-2) \times \cdots \times 2 \times 1$$

且规定 $0! = 1$。

　　程序

```
// Example 5-1:函数 fac()计算阶乘 n!
int fac(int n)
{
    int result = 1;
    if(n<0)
        return -1;
    else if(n == 0)
        return 1;
    while (n>1)
    {
```

```
        result * = n;
        n - - ;
    }
    return result;
}
```

分析 如果 n 为负数,则函数 fac( )返回 -1,负值在正常的阶乘值中是不会出现的,正好用作参数错误的标志。

该函数定义了一个阶乘的算法,函数一经定义,就可以在程序中多次地使用它。函数的使用是通过函数调用来实现的。

5.2 函数的调用

在 C++程序中,除了 main( )函数以外,任何一个函数都不能独立地在程序中存在。任一函数的执行都是通过在 main( )函数中直接或间接地调用该函数来开始的。

函数调用的一般形式为

<函数名>(<实参表>)

函数的调用既可以出现在表达式可出现的任何地方,也可以以函数调用语句(后加分号)的形式独立出现。实参表是调用函数时所提供的实际参数值,这些参数值可以是常量、变量或者表达式。调用函数时提供给函数的实参应该与函数的形式参数表中的参数的个数和类型一一对应,这称为"虚实结合",这时形式参数从实参得到值。

例 5 - 2 阶乘函数的调用。

程序

```
// Example 5 - 2:测试阶乘计算函数的主程序
# include <iostream>
using namespace std;
int main()
{
    int n;
    cout << "Please input a number n to calculte n!:";
    cin >> n;
    cout << n << "! = " << fac(n) << endl;
    return 0;
}
```

输入 Please input a number n to calculte n! :5

输出 5! = 120

一个 C++程序经过编译以后生成可执行的代码,形成后缀为 exe 的文件,存放在外存储器中。当程序被启动时,首先从外存将程序代码载到内存的代码区,然后从入口地址(main( )函数的起始处)开始执行。程序在执行过程中,如果遇到了对其它函数的调用,则暂停当前函数的执行,保存下一条指令的地址(即返回地址,作为从子函数返回后继续执行的入口点),并保存现场,然后转到子函数的入口地址,执行子函数。当遇到 return 语句或子函数结束时,则恢复先前保存的现场,并从先前保存的返回地址开始继续执行。图 5-1 说明了函数调用和返回的过程,图中圈号标明了执行顺序。

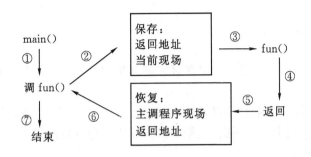

图 5-1　函数调用和返回的过程

5.3　函数原型

C++规定,函数和变量一样,在使用之前也应该事先说明。函数的定义可视为对函数的说明。因此,在前面的例子中,函数的定义均放在程序的前部。另外,在 C++中还有一种函数的引用性说明,即函数原型,通常也称其为函数声明。函数原型的一般格式为

　　＜函数返回值的类型标识符＞　　函数名(＜形式参数表＞);
其中各部分的意义与函数定义相同。

函数原型与函数定义的区别在于:函数原型没有函数体部分,且是用分号结束的,就像变量的说明。

有了函数原型,即使函数的定义放在其引用之后,只要将函数原型放在对函数的调用之前,因为函数原型向编译器提供了函数的名称、函数返回值类型和参数的个数、顺序及类型等信息,所以不会引起编译失败。

例 5-3　求两数中的最大数(函数原型的使用)。

程序

```
// Example 5-3:求两数中的大数
#include <iostream>
using namespace std;
int max(int x, int y);    //函数原型
int main( )
{
    cout << "Enter two integer:";
    int a, b;
    cin >> a >> b;
    cout << " The maxium number is " << max(a,b) << endl;
    return 0;
```

```
    }
    //函数定义
    int max(int x, int y)
    {
        return x>y? x:y;
    }
```

分析　尽管函数 max( )的定义出现在对它的调用之后,但由于使用了函数原型,程序就能成功地编译通过。

在函数原型中,参数的名字也可以省略,也就是说可以不必指定参数列表的变量名,但必须指定每一个参数的数据类型。因此,上例中的函数原型也可以改写为

```
    int max (int,int);
```

5.4　函数间的参数传递

由于函数通常是用于实现一个具体功能的模块,所以它必然要和程序中的其它模块交换信息。实际上,一个函数可以从函数之外获得一些数据,并可向其调用者返回一些数据。这些数据主要是通过函数的参数与函数的返回值来传递的。

在 C++中,实参与形参有 3 种结合方式:值调用、引用调用和地址调用。本节介绍前两种调用,第 6 章介绍地址调用。

5.4.1　值调用

值调用的特点是调用时实参仅将其值赋给了形参,因此,在函数中对形参值的任何修改都不会影响到实参的值。前面介绍的例子中的函数调用均为值调用。值调用的好处是减少了调用函数与被调用函数之间的数据依赖,增强了函数自身的独立性。

例 5 - 4　交换两个变量的值。

程序

```
    // Example 5 - 4:交换两个变量的值（不成功）
    # include <iostream>
    using namespace std;
    void swap(int x, int y)
    {
        int tmp;
        tmp = x;
        x = y;
        y = tmp;
    }
    //测试函数 swap( ) 用的主函数
    int main( )
    {
```

```
        int a = 1, b = 2;
        cout << "Before exchange:a = " << a << ",b = " << b << endl;
        swap(a, b);
        cout << "After   exchange:a = " << a << ",b = " << b << endl;
        return 0;
    }
```

输出　　Before exchange:a = 1,b = 2

　　　　　After   exchange:a = 1,b = 2

　　分析　从输出结果来看,函数 swap()并没有完成交换两个变量的任务。为什么?如前所述,函数的参数实际上相当于在函数内部声明的变量,只是在调用时由实参变量 a 和 b 为其提供初值。因此,虽然在函数 swap()中变量 x 和 y 的值确实被交换了,但它们对在主函数中作为调用函数 swap()的实参的 a 和 b 却并无影响。考虑用如下语句调用 swap()函数的情况:

```
        swap(2, 3 + a);
```

这一点就更加明显了:常数 2 和表达式 3+a 用于向 swap()函数的参数 x 和 y 传递初值,而常数 2 和表达式 3+a 交换是没有意义的。

5.4.2　引用调用

　　由于被调用函数向调用函数传递的数据仅有一个返回值,有时显得不够用。在这种情况下,可以使用引用来解决这个问题。

　　引用是一种特殊类型的变量,可以被认为是另一个变量的别名。通过引用名与通过被引用的变量名访问变量的效果是一样的。

　　引用运算符"&"用来说明一个引用,其声明形式为

　　　　<数据类型> & 引用名 = 目标名

其中数据类型就是它所引用目标的数据类型,引用名是为引用型变量所起的名字,目标名可以是变量名,也可以是后面章节将要介绍的对象名。例如:

```
        int i, &refi = i;
```

这里,引用 refi 被说明为对变量的引用,其引用类型为 int。经这样说明后,变量 i 与引用 refi 代表的是同一变量。实际上,refi 可看作是变量 i 的一个别名。因此对引用的操作就是对原变量的操作。例如

```
        int i = 100, &refi = i;
        refi + = 100;
```

其结果是变量 i 的值增加为 200。

　　引用的主要目的是为了方便函数间数据的传递,在实际应用中主要是作为函数的参数出现,即形参为引用。

　　要将形参声明为引用,只要在参数名前加上引用运算符 & 就可以了。在函数调用时,实参可以直接就是变量名,虚实结合时,形参实际上就成了实参的别名。

　　例 5 - 5　利用引用编写交换函数 swap( )。

　　程序

　　　　// Example 5 - 5:交换两个整形变量的值

```
#include <iostream>
using namespace std;
void swap(int &x, int &y)
{
    int tmp = x;
    x   = y;
    y   = tmp;
}
//测试函数 swap() 用的主函数
int main()
{
    int a = 1,b = 2;
    cout << "Before exchange:a = " << a << ",b = " << b << endl;
    swap(a, b);
    cout << "After   exchange:a = " << a << ",b = " << b << endl;
    return 0;
}
```

输出　　　Before exchange:a = 1,b = 2

　　　　　　After   exchange:a = 2,b = 1

　　分析　程序运行结果表示实参 a, b 内容交换成功。这是因为函数的参数是引用,所以在函数中的操作就会直接对引用指向的变量进行。

　　使用引用时,要注意遵守以下几点:

　　(1)创建引用的同时就必须初始化引用;

　　(2)一旦初始化了引用,就不能再改变引用的关系;

　　(3)不能有 NULL 引用,引用必须与合法的存储单元关联;

　　(4)引用的类型和变量的类型必须相同。

5.5　局部变量和全局变量

　　作用域是指程序中使一个标识符有意义的一段区域,该标识符在该段区域是可见的,或者说在该区域内是可以使用该标识符的。

　　根据作用域的不同,可以将 C++ 程序中的变量分为局部变量和全局变量。局部变量是在函数或分程序中声明的变量,只能在本函数或分程序的范围内使用。而全局变量声明于所有函数之外,可以为本源程序文件中位于该全局变量声明之后的所有函数共同使用。

　　全局变量的用途是在各个函数之间建立某种数据传输通道。通常,我们使用返回值和参数表在函数之间传递数据,这样做的好处是数据流向清晰自然,易于控制,数据也较为安全。但有时会遇到这种情况,某个数据为许多函数所共用,为了简化函数的参数表,可以将其说明为全局变量。

　　初看起来全局变量可以为所有的函数所共用,使用灵活方便,因此颇为一些初学者所喜爱,在程序中大量使用。实际上,滥用全局变量会破坏程序的模块化结构,使程序难于理解和调试。因此要尽量少用或不用全局变量。

如果在一段程序中,既有全局变量,也有局部变量,而且全局变量和局部变量的变量名相同,这时会出现什么情况呢? 请看下面的例子。

```cpp
#include <iostream>
using namespace std;
int x;                  // 声明全局变量
int func1(int x)        // 函数 func1()有一个名为 x 的参数
{
    return (x + 5) * (x + 5);
}
  int func2(int y)
{
    int x = y + 5;      // 函数 func2()中声明了一个名为 x 的局部变量
    return x * x;
}
int main()
{
    x = 0;              // 在主函数中为全局变量 x 赋值
    cout<<"The result in func1 :"<<func1(5)<<endl;
    cout<<"The result in func2 :"<<func1(2)<<endl;
    cout<<"x = "<<x<<endl;
    return 0;
}
```

在上面的程序中一共有 3 个变量 x:一个是全局变量,一个是函数 func1( )的参数,还有一个是函数 func2( )中的局部变量。虽然全局变量的作用范围是整个源程序,但就上面这段程序而言,只有在主函数中才能使用全局变量 x,而在其它两个函数中的 x 均是它们的参数或局部变量。这种现象可以用"地方保护主义"形象地说明。

C++提供了一元作用域运算符∶∶,以便在函数中使用某个与其局部变量同名的全局变量。例如:

```cpp
#include <iostream>
using namespace std;
int x = 0;                      // 声明全局变量
int main()
{
    int x = 5;                  // 声明局部变量
    cout<<"global variable :"<< ∶∶x<<endl;
    cout<<"local variable :"<<x<<endl;
    return 0;
```

    }

不过,为了使程序清晰易读,程序中不同用途的变量最好不要使用相同的变量名,以免造成混乱。

5.6 递归函数

任何一个可以用计算机求解的问题的难度都和其问题规模有关。问题规模越大,直接解决起来就越困难,而对于规模比较小的问题,一般计算时间也较短,问题也比较容易求解。所以解决大的问题时就可以采用分治法,即将一个难以解决的大问题,反复分解成为规模较小的若干子问题,这些子问题与原问题基本一致但规模却不断缩小,最终使子问题缩小到可以很容易求解的程度,然后通过解决这些子问题而求解出原来的大问题。这个过程就引出了递归算法。

当定义一个函数时,如果其函数体内有调用其自身的语句,则称该函数为递归函数。一个直接或间接地调用了自身的算法就是递归算法。在数学中,有很多问题可以用递归的方法定义。对于这类问题,用递归函数编写程序方便简洁,可读性好。编写递归函数时,只要知道递归定义的公式,再加上递归终止的条件就能容易地编写出相应的递归函数。

例 5-6 采用递归算法求 $n!$。

算法 由阶乘的概念可以写出其递归定义:

$$0! = 1$$
$$n! = n * (n-1)!$$

程序:

```
// Example 5-6:用递归方法求 n!
//函数 fac():求阶乘的递归函数
int fac(int n)
{
    if(n<0)                    // 不能求负数的阶乘
        return-1;
    else if(n = = 0)           // 0 的阶乘为 1
        return 1;
    else
        return n * fac(n-1);   // n! 为(n-1)! 乘以 n
}
```

分析 用递归函数 fac( )计算 5! 时的执行过程如图 5-2 所示。

由这个例子可以看出,一个问题是否可以转换为递归来处理必须满足以下条件:

(1)必须包含一种或多种非递归的基本形式;

(2)一般形式必须能最终转换到基本形式;

(3)由基本形式来结束递归。

除了上面的阶乘问题以及习题中的 Ackerman 函数、Fibonacci 数列等有明显递归定义的数学问题可以用递归来处理以外,还有一些问题(如八皇后问题,hanoi 塔问题等),虽然问题

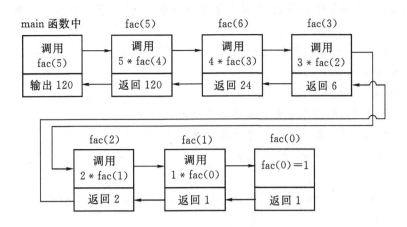

图 5-2 递归函数的调用顺序

本身没有明显的递归结构,但如果用递归求解将会比较简单。其中最为经典的递归问题莫过于梵塔(hanoi 塔)问题。

例 5-7 梵塔(hanoi 塔)问题。

根据古印度神话,在贝拿勒斯的圣庙里安放着一个铜板,板上插有三根一尺长的宝石针。印度教的主神梵天在创造世界的时候,在其中的一根针上摆了由小到大共 64 片中间有孔的金片。无论白天和黑夜,都有一位僧侣负责移动这些金片,规则是一次只能将一片金片移到另一根针上,并且在任何时候以及任一根针上,小片永远在大片的上面。当所有的 64 片金片都由最初的那根针移到另一根针上时,这世界就将在一声霹雳中消失。

现在就要编写一段程序来模拟这个过程。

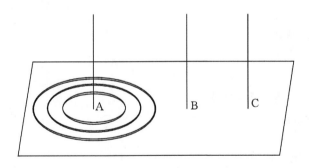

图 5-3 梵塔问题

算法 用字符 A,B 和 C 表示 3 根针,则梵塔问题就如图 5-3 所示。

如果只有 1 片金片时,问题就比较简单,此时,只要直接将金片从 A 针移到 C 针上即可;而当 $n>1$ 时,就需要借助另外一个针来移动。通过分析可以看出,将 n 片金片由 A 移到 C 上可以分解为以下几个步骤:

(1) 将 A 上的 $n-1$ 片金片借助 C 针移到 B 针上;

(2)把 A 针上剩下的一片金片由 A 针移到 C 针上;

(3)最后将剩下的 $n-1$ 个金片借助 A 针由 B 针移到 C 针上。

步骤(1)和(3)与整个任务类似,但涉及的金片只有 $n-1$ 个了。这是一个典型递归算法。

程序:

```cpp
// Example 5-7：梵塔问题
#include <iostream>
using namespace std;
const int N = 3;//考察当金片数为 3 个时的情况
// 函数 move()：将金片由一根针移到另一根针上
void move(char from, char to)
{
    cout << "From " << from << " to " << to << endl;
}
// 函数 hanoi()：将 n 片金片由 p1 借助 p2 移到 p3 上
void hanoi(int n, int p1, int p2, int p3)
{
    if(n == 1)
        move(p1, p3);
    else
    {
        hanoi(n-1, p1, p3, p2);
        move(p1, p3);
        hanoi(n-1, p2, p1, p3);
    }
}
// 测试用主函数
int main()
{
    hanoi(N, 'A', 'B', 'C');
    return 0;
}
```

输出　From A to C
　　　　From A to B
　　　　From C to B
　　　　From A to C
　　　　From B to A
　　　　From B to C
　　　　From A to C

分析　在程序中可以通过常量 N 确定总共要移动的金片数。在上述程序中取 N 为 3,从程序的运行结果可以看出,只需 7 步就可以将 3 片金片由 A 针移到 C 针上。但是随着金片数的增加,所需步数会迅速增加。实际上,如果要将 64 片金片全部由 A 针移到 C 针,共需 $2^{64}-$

1步。这个数字有多大呢？如果假定圣庙里的那位僧侣以每秒钟1次的速度移动金片,日夜不停,则需要58万亿年才能完成! 即使用每秒钟运算100万次的计算机来模拟这个过程,也需5千8百万年(实际上所需的时间还要多些,因为模拟移动一片金片就需要计算机执行多条指令)。

许多问题既可以用递归的方法求解,也可以用循环结构求解。上述求阶乘的算法就是如此。一般来说,递归程序结构清晰、简单,容易阅读和理解。但事物往往具有两面性,递归也有其缺点。因为递归程序在执行过程中需要保存大量的中间状态,在目标代码中要通过堆栈实现的,这难以事先估计需要的存储量,执行速度也比较慢,所以从运行时间及空间来看,递归算法的效率比较低。在有些情况下(如程序频繁使用的部分),为提高程序效率,必须想办法消除递归,通常的做法是采用一个用户定义的栈来模拟系统的递归调用工作栈,从而达到将递归算法转换为非递归算法的目的。感兴趣的读者请自行参考有关文献。

但也有些递归算法很难用通常的循环结构实现,例如对于树形数据结构的处理。

5.7　函数重载

在人类的自然语言中,同一个词在不同场合可以有许多种不同的含义,即所谓的一词多义,或者说该词被重载了,人们可以依赖上下文来确定该词到底是哪个含义。例如,"打"的含义就很多,可以说"打鼓,打电话,打哈欠,打鸡蛋",没有必要说成"打(击打的打)鼓,打(打电话的打)电话,打(打哈欠的打)哈欠,打(打破鸡蛋的打)鸡蛋",等等。所以说词的重载使人类语言变得更加简练。

在 C++ 中也有类似的情况,如在 C++ 标准函数库中,有 3 个功能相似的函数:

```
int     abs(int);
double fabs(double);
long    labs(long);
```

这些函数的原型均在头文件 math.h 中声明,其功能依次为求整型量、双精度实型量和长整型量的绝对值。同是求某数的绝对值,要用不同的函数实现,不但增加了程序员的记忆难度,而且也容易出错。能否将求绝对值用同一函数形式调用呢? C++ 中的函数重载可以满足这一要求。

所谓函数重载,即一组参数和返回值不同的函数共用一个函数名。

采用函数重载机制的原因有二,一是通过重载,可以将语义、功能相似的几个函数用同一个名字表示,这样便于记忆,提高了函数的易用性;二是面向对象理论中的类的构造函数需要重载机制,因为构造函数与类名相同,所以如果想用几种不同的方法创建对象,其对应的构造函数却被限定只能有一个名字,这时只能靠重载来实现,所以类可以有多个同名的构造函数。

例 5-8　重载绝对值函数。

程序

```
// Example 5-8:重载绝对值函数
#include <iostream>
using namespace std;
int abs(int x)
```

```
    {
        return x > = 0? x: - x;
    }
    double abs(double x)
    {
        return x > = 0? x: - x;
    }
    long abs(long x)
    {
        return x > = 0? x: - x;
    }
    int main()
    {
        int x1 = 1;
        double x2 = - 2.5;
        long x3 = 3L;
        cout << "|x1| = " << abs(x1) << endl;
        cout << "|x2| = " << abs(x2) << endl;
        cout << "|x3| = " << abs(x3) << endl;
        return 0;
    }
```

输出　　　　　　　|x1| = 1

　　　　　　　　　　　|x2| = 2.5

　　　　　　　　　　　|x3| = 3

　　分析　本例中定义了 3 个同名的函数 abs( )，分别为求整型量、实型量和长整型量绝对值的函数。在 main( )函数中分别调用这 3 个函数求 x1,x2,x3 的绝对值。

　　重载的函数既然函数名相同，那么编译器是根据什么确定一次函数调用是调用的哪一个函数呢？由函数的定义可以看到，函数具有两个要素，即参数与返回值。很明显，如果同名函数仅仅是返回值类型不同，在进行函数的调用时，编译器是根本无法区分不同的函数的。所以只能靠参数而不能靠返回值类型的不同来区分同名的重载函数。

　　由此可知，编译器是根据函数参数的不同（包括类型、个数和顺序）来确定应该调用哪一个函数的。因此，重载函数之间必须在参数的类型或个数方面有所不同。只有返回值类型不同的几个函数不能重载。

◣ 课外阅读

5.8　带有缺省参数的函数

　　C++允许在函数声明或函数定义中为参数预赋一个或多个缺省值，这样的函数就叫做带有缺省参数的函数。在调用带有缺省参数的函数时,如果为相应参数指定了参数值,则参数将使用该值;否则参数使用其缺省值。例如,某函数的声明为

```
double func(double x, double y, int n = 1000);
```

则其参数 n 带有缺省参数值。如果以

```
a = func(b, c)
```

的方式调用该函数,则参数 n 取其缺省值 1000,而如果以

```
a = func(b, c, 2000);
```

的方式调用该函数,则参数 n 的值为 2000。

使用带有缺省参数的函数时应注意:

(1)所有的缺省参数均须放在参数表的最后。如果一个函数有两个以上缺省参数,则在调用时可省略从后向前的连续若干个参数值。例如对于函数

```
void func(int x, int n1 = 1, int n2 = 2);
```

若使用 func(5, 4);的方式调用该函数,则 n1 的值为 4,n2 的值为 2。

(2)缺省参数的声明必须出现在函数调用之前。这就是说,如果存在函数原型,则参数的缺省值应在函数原型中指定,否则在函数定义中指定。另外,如果函数原型中已给出了参数的缺省值,则在函数定义中不得重复指定,即使所指定的缺省值完全相同也不行。

5.9　带参数的 main( )函数

本书前面出现过的所有例子中 main()函数都是不带参数的,而实际上,main()函数是可以带参数的,其函数原型为:

```
int main(int argc, char * argv[])
```

其中,第一个整型参数指明在以命令行方式执行本程序时所带的参数个数(包括程序名本身,故 argc 的值至少为 1);第二个参数为一个字符型指针数组(其中第 1 个下标变量 argv[0]指向本程序名,接下来的下标变量 argv[1],argv[2]…等分别指向命令行传递给程序的各个参数),用来存放命令行中命令字及各个参数的字符串。

例 5 - 9　带参数的 main 函数的使用。

程序

```
// Example 5 - 9:带参数的 main 函数的使用
//文件名设为 abc.cpp
# include <iostream>
using namespace std;
int main(int a, char * ar[])
{
    if(a! = 2)
    {
        cout<<"Error!!!"<<endl;
        cout<<"Usage: ProgramName <sb's name>"<<endl;
        return 1;
```

```
    }
    cout<<"Hello, "<<ar[1]<<". Welcome to the world of C++ !"<<endl;
    return 0;
}
```

输入与输出

假设本例生成的执行程序文件名为 abc.exe,在命令行下键入

　　　abc jjluo

来运行这个程序,程序的输出为

　　　Hello, jjluo. Welcome to the world of C++ !

分析　由程序执行可以看到,系统不仅在程序开始时自动调用了 main()函数,同时也自动地对参数进行了赋值。

值得注意的是,在大多数系统中,如果出现多个参数,则每个命令行参数之间应该以空格或制表符分隔,而不能使用逗号、分号等其它符号。

从理论上讲,出现在命令行中的参数数目可以多达 32767 个。

5.10　C++的库函数

为了方便程序员编程,C++提供了大量已预先编制的函数,即库函数。对于库函数,用户不用定义也不用声明就可直接使用。由于 C++软件包将不同功能的库函数的函数原型分别写在不同的头文件中,所以,用户在使用某一库函数前,必须用 include 预处理指令给出该函数的原型所在头文件的文件名。例如,欲使用库函数 sqrt( ),由于该函数的原型在头文件 cmath 中,所以必须在程序中调用该函数前写一行:

　　　#include <cmath>

在第 4 章已经介绍了字符串处理类库函数。C++的库函数很多,很难一一列举。学习库函数的用法,最好的方法是通过联机帮助查看该函数的声明,如有疑问则再编一小验证程序实际测试其参数和返回值。

5.11　变量的存储类别

在 C++中,根据变量存在时间的不同,可以将存储类别分为 4 种,即自动(auto)、静态(static)、寄存器(register)和外部(extern)。

5.11.1 自动变量

自动变量和静态变量的区别在于其生存期不同。

自动变量的特点是在程序运行到自动变量的作用域(即声明了自动变量的那个函数或分程序)中时才为自动变量分配相应的存储空间,此后才能向变量中存储数据或读取变量中的数据。一旦退出声明了自动变量的那个函数或分程序之后,程序会立即将自动变量占用的存储空间释放,被释放的空间还可以重新分配给其它函数中声明的自动变量使用。因此自动变量的生存期从程序进入声明了该自动变量的函数或分程序开始,到程序退出该函数或分程序时

结束。在此期间之外自动变量是不存在的。自动变量的初值在每次为自动变量分配存储后都要重新设置。

自动变量对存储空间的利用是动态的,通过分配和回收,不同函数中定义的自动变量可以在不同的时间中共享同一块存储空间,从而提高了存储器的利用率。显然,前面介绍的局部变量(也包括函数的参数)都是自动变量。同样显然的是,在整个程序运行过程中,一个自动变量可能经历若干个生存期,而在自动变量的各个不同生存期中,程序为该变量分配的存储空间的具体地址可能并不相同,因此在编写程序时,不能期望在两次调用同一函数时,其中定义的同一个局部变量的值之间会有什么联系。

一般在函数体或程序块中声明的变量,其存储类别的缺省形式是自动变量。关键字 auto 也可以被用来显示地声明 auto 存储类别,例如:

```
auto    int      x, y, z ;
auto    double   a = 98.0;
```

5.11.2 静态变量

静态变量的特点是在程序开始运行之前就为其分配了相应的存储空间,在程序的整个运行期间静态变量一直占用着这些存储空间,直到整个程序运行结束。因此静态变量的生存期就是整个程序的运行期。另外,在主函数的开始说明的局部变量也具有和整个程序运行期相同的生存期。如果在声明静态变量的同时还声明了初值,则该初值也是在分配存储的同时设置的,以后在程序的运行期间不再重复设置。

如果需要在函数中保留一些变量的值,以便下次进入该函数以后仍然可以继续使用,但又不想使用全局变量(因为全局变量会使程序变得难于阅读、难于调试),此时可以将该变量说明为静态局部变量。其说明格式是在原来的变量说明语句前面加上 static 构成。如下例。

例 5 - 10 静态局部变量的使用。

程序

```
// Example 5 - 10:静态局部变量的使用
# include <iostream>
using namespace std;
int func()
{
    static int count = 0;
    return + + count;
}
int main()
{
    for(int i = 0;i<10;i + +)
        cout<<func()<<"\t";
    cout<<endl;
    return 0;
}
```

结果　　1　　2　　3　　4　　5　　6　　7　　8　　9　　10

分析　函数 func( )中声明了一个静态局部变量 count。静态局部变量同时具有局部变量和自动变量的特点。静态局部变量 count 只能在其定义域(函数 func( ))中使用,但其生存期却与整个程序的运行期相同。在程序在运行之前就为该变量分配了相应的存储空间并赋了初值 0,以后每次进入函数 func( )时可以对其进行操作,但在离开函数 func( )后 count 占用的存储空间并不释放,其中的内容也就不会发生变化,直到下一次进入该函数后又可以继续使用该变量了。静态变量的初值是在程序开始运行之前一次设置好的,不像自动变量,每次为其分配存储空间时都要重新设置一次。

函数 func( )中的局部变量 count 的作用是统计调用函数 func( )的次数。

5.11.3 寄存器变量

为寄存器变量分配的存储并不在内存储器中,而是 CPU 中的某个寄存器。如果某寄存器分配给一个变量,则由于该变量中的数据无需再去内存中存取,所以速度很快。但由于通常计算机中寄存器的数目很少(例如常见的 PC 系列微型计算机中共有 16 个通用寄存器),使用又很频繁,所以只有那些使用最多的变量才应该说明为寄存器变量。尽管如此,C++规定,程序中只能定义整型寄存器变量(包括 char 型、int 型和指针变量),而且程序员定义的寄存器变量并不一定都要分配寄存器,C++的编译程序有权在寄存器不敷分配时将一些或全部寄存器变量自动转换为一般的自动或静态变量。寄存器变量的说明方法为在原来的变量说明语句之前加上 register,例如:

```
register int i, j;
```

注意:只有局部自动变量和形参可以作为寄存器变量,其它变量如全局变量、局部静态变量都不能作为寄存器变量出现。

5.11.4　外部变量

使用 extern 可以说明某一个变量为已定义外部变量,这时处于某一函数中的该变量就是外部变量,而非一个同名的局部变量。其格式为

```
extern <类型说明符> <变量名表>;
```

具体应用见下节例。

5.12　多源程序文件程序中的全局变量说明

C++程序是由函数组成的模块化结构程序。组成一个程序的所有函数模块可以都放在同一个源程序文件中,也可分别放在几个不同的源程序文件中。在编译时,同一个源程序文件中的函数模块被编译成一个目标文件,所以一个比较大的程序可能包含若干个目标文件,在连接时再将这些目标文件组装成一个运行文件。

如果组成一个程序的几个源程序文件中都要用到同一个全局变量,应该在哪个源程序文件中说明这个全局变量呢? 这时可以任选一个源程序文件,在其中说明该全局变量,而在其它的源程序文件中用外部说明语句说明该变量为外部变量。

有的时候,程序员希望某源程序文件中定义的全局变量仅限于该源程序文件中的各函数

使用,即说明局限于该源文件的全局变量,这时可以在定义全局变量的类型符前加一个 static 保留字。例如,如果某源程序文件中有如下全局变量说明:

  static int a, b, c;

则表明 a,b,c 三个全局变量只能在本源文件中使用。图 5-4 说明了在多源文件程序中全局变量的作用范围。

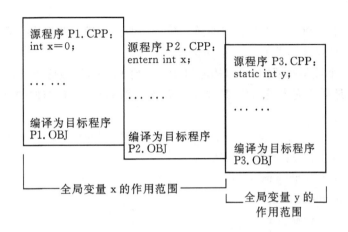

图 5-4　多源程序文件程序中的全局变量作用范围

在图 5-4 中,整个程序由 P1. CPP、P2. CPP 和 P3. CPP 三个源程序文件组成,编译后分别生成 P1. OBJ、P2. OBJ 和 P2. OBJ 三个目标文件。在源程序 P1. CPP 和 P3. CPP 中分别说明了两个全局变量 x 和 y。当然,x 的作用域为整个 P1. CPP,y 的作用域为整个 P3. CPP。在编译时生成的目标模块 P1. OBJ 和 P3. OBJ 中分别为它们分配了存储空间。而 P2. CPP 中的外部说明语句"extern int x;"是说在源程序 P2. CPP 中也可以使用全局变量 x,但在 P2. OBJ 中并不为 x 分配存储,而是使用其它目标模块中的同名全局变量,即 P1. CPP 中的全局变量 x。由于在 P3. CPP 中说明全局变量 y 时使用了"static",所以即使其它源程序文件中再有外部说明语句"extern int y;"也无法使用该全局变量。

5.13　变量使用小结

在本节中将 C++中变量的使用方法简要总结如下:

(1)最常用的变量形式是局部变量。一般的局部变量都是自动变量,其作用域为定义局部变量的函数或分程序,生存期为程序执行到变量定义域中的期间,即每次进入其定义域时才为局部变量分配存储空间,并设置初值(如果需要的话)。

(2)可以通过在说明语句前面加上保留字 static 将局部变量说明为静态局部变量。静态局部变量的作用域仍为定义局部变量的函数或分程序,但其生存期扩大到整个程序的运行期,在程序运行之前即为变量分配存储并设置初值,该初值在以后每次调用该函数时不再重新设置。静态局部变量的主要用途是保存函数的执行信息。

(3)定义于所有函数之外的变量称为全局变量,全局变量都是静态的,即具有和程序执行期相同的生存期。一般来说,全局变量的作用域还可以扩充到其它源程序中,只要在相应的源程序文件中加入外部函数说明语句 extern 即可。当然,也可以通过在说明语句之前加上 static 明确宣布某全局变量的作用域仅限于说明该变量的源程序文件中。

(4)使用寄存器变量的运算速度很高,但通常可以使用的寄存器变量很少,且仅限于整型和指针。而且在寄存器不敷分配时,编译程序有权将寄存器变量转为一般局部或全局变量。

程序设计举例

例 5 - 11　打印 1000～10000 之间的回文数。所谓回文数是指其各位数字左右对称的整数,例如 12321、789987、1 等都是十进制回文数。

算法　判断一个数是否回文,可以用除以 10 取余的方法,从最低位开始,依次取出该数的各位数字,然后用最低位充当最高位,按反序重新构造新的数,比较与原数是否相等,若相等,则原数是回文数。

程序

```
// Example 5 - 11：打印回文数
# include <iostream>
using namespace std;
int Ispalindrome(int n);
int main()
{
    for(int i = 1000; i<10000; i + + )
    {
        if(Ispalindrome(i))
        cout<<i<<"\t";
    }
    cout<<endl;
    return 0;
}
int Ispalindrome(int n)
{
    int k,m = 0;
    k = n;
    while(k)
    {
        m = m * 10 + k % 10;
        k = k/10;
    }
    return (m = = n);
}
```

输出

1001	1111	1221	1331	1441	1551	1661	1771	1881	1991
2002	2112	2222	2332	2442	2552	2662	2772	2882	2992
3003	3113	3223	3333	3443	3553	3663	3773	3883	3993
4004	4114	4224	4334	4444	4554	4664	4774	4884	4994
5005	5115	5225	5335	5445	5555	5665	5775	5885	5995
6006	6116	6226	6336	6446	6556	6666	6776	6886	6996
7007	7117	7227	7337	7447	7557	7667	7777	7887	7997
8008	8118	8228	8338	8448	8558	8668	8778	8888	8998
9009	9119	9229	9339	9449	9559	9669	9779	9889	9999

例 5 - 12　编写一个用于字符串比较的函数 mystrcmp( )。

算法　字符串的比较应按字典序判断。例如,由于单词"word"在辞典中排在单词"work"的前面,所以单词"word"小于单词"work"。实际上进行两个字符串的比较时,要按字符串中的各个字符在 ASCII 码表中的次序进行比较,这是因为在字符串中不仅可以出现字母,还可能出现其它符号。只有当两个字符串中所有对应位置上的符号分别相同时,才能认为这两个字符串相等。

程序

```cpp
// Example 5 - 12:比较两个字符串
#include <iostream>
using namespace std;
int mystrcmp(char s1[], char s2[])
{
    int i = 0;
    while(s1[i] = = s2[i] && s1[i]! = 0 && s2[i]! = 0)
        i + + ;
    return s1[i] - s2[i];
}
```

分析　本例设计了一个循环,从两个字符串的第一个字符开始比较,直到出现不同的字符,或者有一个字符串已经结束为止。从程序中可以看出,这时如果两个字符串相等,则函数 mystrcmp( )返回 0;如果字符串 s1 大于字符串 s2,则返回一个正数;如果字符串 s1 小于字符串 s2,则函数返回一个负数。

例 5 - 13　定义一个结构体矩形 Rectangle,根据给出矩形的左上角顶点坐标和一个右下角顶点坐标,计算该矩形的面积。

程序

```cpp
// Example 5 - 13：计算矩形的面积
#include <iostream>
using namespace std;
#include <cmath>
struct Rectangle
```

```cpp
{
    int topleft_x;
    int topleft_y;
    int bottomright_x;
    int bottomright_y;
};
Rectangle Input(int x1, int y1, int x2, int y2)
{
    Rectangle tmp;
    tmp. topleft_x = x1;
    tmp. topleft_y = y1;
    tmp. bottomright_x = x2;
    tmp. bottomright_y = y2;
    return tmp;
}
double GetArea(Rectangle rect)
{
    return fabs((rect.bottomright_x - rect.topleft_x) * (rect. bottomright_
    y - rect.topleft_y));
}
int main()
{
    Rectangle rec;
    int tlx, tly, brx, bry;
    cout<<"Please input four integers for the two vertices of rectangle in
    the order: "<<endl;
    cout<<"topleft_x   topleft_y   bottomright_x   bottomright_y"<<
    endl;
    cin>>tlx>>tly>>brx>>bry;
    rec = Input(tlx, tly, brx, bry);
    cout<<"Area = "<<GetArea(rec)<<endl;
    return 0;
}
```

输入   0 100 200 0

输出   Area = 20000

分析

本程序展示了结构体变量作为函数的参数和返回值的情况。函数 Input 的返回值是一个结构体,函数 GetArea 的参数为一个结构体变量。

编程提示

1. 如果函数没有返回值,那么应声明为 void 类型,且函数体中不能出现有返回值的 return 语句;而另一方面,如果有返回值的函数不返回值也是错误的。

2. 如函数有几个连续的同类型参数,不能省略后面的类型说明符,如将 int x,int y 省略为 int x,y 是错误的。

3. 形参和实参可以同名,但最好有所区别,以免引起歧义。

4. 形参和实参的个数、类型和顺序应该相同。

5. 不能在一个函数中定义另一个函数。

6. 遗漏函数原型尾部的分号会导致语法错误。

7. 使用引用调用对提高程序性能有利,但安全性较差,可能会有副作用。

8. 不提倡使用全局变量,因为可能会有预料不到的副作用。

9. 如果在程序中使用库函数,就必须在程序首部包括相应的头文件。

小结

1. 函数是构成程序的基本模块,一般一个函数完成一个计算或执行一个特定的动作,具有相对独立的功能。

2. C++提供三种类型的函数:主函数 main( ),标准库函数和用户自定义函数。

3. 函数必须先定义,后使用。定义函数的一般格式为

    <函数值类型说明> <函数名>(<参数说明>)

    {

        <说明语句>

        <执行语句>

        <return <表达式>>

    }

4. 函数值类型声明是调用该函数后所得到的函数值的类型,它由函数体内部的 return 语句提供。如果某一函数确实没有返回值,则使用说明符 void。

5. 参数说明中的形参表是从主函数传递数据用到的变量。

6. 函数体本身是一个分程序,由语句和其它分程序组成。语句分为说明语句和执行语句两类。对某具体变量来说,应先说明,后使用。

7. 主函数和子函数之间的信息交换是通过参数的结合和 return 语句来实现的。数据流程是:在主程序中,先给实参赋值;通过函数调用,将数据从主函数带到子函数;形参带值后,即可进行相应的数据处理;如果有返回值,通过 return 语句带回到主函数。

8. 调用标准库函数时,要包含相应的头文件,调用自定义函数时,要定义相应的实参,并给这些实参赋值。

9. 实参与形参必须一一对应:"类型一致、位置一致、个数一致"。

10. 实参与形参有 3 种结合方式:值调用、地址调用和引用调用。

11. 根据作用域的不同,可将程序中的变量分为局部变量和全局变量;根据生存期的不同,可将程序中的变量分为静态变量和自动变量等。

习题

1. 编写字符串查找函数 mystrchr( )，该函数的功能为在字符串（参数 string）中查找指定字符（参数 c），如果找到了则返回该字符在字符串中的位置，否则返回零。然后再编写主函数验证之。函数原型为

```
int mystrchr(char string[], int c);
```

2. 编写字符串反转函数 mystrrev( )，该函数的功能为将指定字符串中的字符顺序颠倒排列。然后再编写主函数验证之。（提示：求字符串长度可以直接调用库函数 strlen( )，但在程序首部应加上

```
＃include <cstring>
```

函数原型为

```
void mystrrev(char string[])
```

该函数无需返回值。）

3. 编写一组求数组中最大最小元素的函数。该组函数的原型为

```
int   imax(int array[], int count);// 求整型数组的最大元素
int   imin(int array[], int count);// 求整型数组的最小元素
```

其中参数 count 为数组中的元素个数，函数的返回值即为求得的最大或最小元素之值。要求同时编写出主函数进行验证。

4. 编写一组函数来实现词频统计功能：输入一系列英文单词，单词之间用空格隔开，用"xyz"表示结束输入，统计输入过哪些单词以及各单词出现的次数。统计时区分大小写字母，最后按单词的字典顺序输出单词和出现次数的对照表。（提示：利用结构体来描述单词和词频）。

5. 编写函数 isprime(int a)用来判断变量 a 是否为素数，若是素数，函数返回 1，否则返回 0。调用该函数找出任意给定的 n 个整数中的素数。

6. 编写一个猜数字的程序。程序选择 1～1000 之间的一个随机数，让玩家猜。它显示提示"Guess a number between 1 and 1000"，玩家输入猜测的数字，如错误，则提示猜得太大了（Too high）或太小了（Too low），帮助玩家继续猜测。如猜对显示"Congratulation"，并允许玩家选择是否再完一次。

提示：

在第 3 章中，使用过函数 rand()，该函数会返回一随机数值，范围在 0 至 RAND_MAX 间。RAND_MAX 定义在 stdlib.h，其值为 2147483647。但是 rand()函数生成随机数，严格意义上来讲生成的只是伪随机数（pseudo-random integral number）。生成随机数时需要指定一个种子，如果在程序内循环，那么下一次生成随机数时调用上一次的结果作为种子。但如果分两次执行程序，那么由于种子相同，生成的"随机数"也是相同的。所以在调用 rand()函数产生随机数前，必须先利用 srand()设好随机数种子（seed），如果未设随机数种子，rand()在调用时会自动设随机数种子为 1。所以，如果在调用 rand()之前没有调用 srand()，则每次随机数种子都自动设成相同值 1，进而导致 rand()所产生的随机数值都一样。在实际应用中，一般取当前的时间作为第一个随机数的种子。使用函数 time(0)（在 ctime 中定义）得到当前时间，示例代码如下（产生 10 个 0～99 之间的随机数）：

```
#include <iostream>
#include<ctime>
using namespace std;
int main()
{
    srand((unsigned int)time(0));
    for(int i = 0; i<10; i++)
        cout<<rand()%100<<endl;
}
```

7. Craps 游戏模拟。游戏规则如下:游戏 2 人玩,通过掷 2 枚骰子决定输赢,一方为庄家,一方为玩家。在一局中,始终由玩家掷骰子。每个骰子有 6 个面,包含 1~6 点。等 2 枚骰子停止转动后,计算两个朝上面的点数之和。如果第一次掷出的点数和为 7 或者 11,则玩家胜。如果点数为 2,3 或者 12(称 Craps),庄家胜。如果第一次掷出的点数和为 4,5,6,8,9 或 10 则该点数为玩家所需要的"正点"。玩家继续掷骰子,直到再次出现该"正点",则玩家胜。如果在玩家再次掷出"正点"之前出现了点数 7,则庄家胜。

8. 计算机在教育领域的使用被称为"计算机辅助教学(CAI)"。编写程序,帮助小学生练习 100 以内的正整数加法。程序产生 2 个 100 以内的正整数 a 和 b,在屏幕显示 a+b=?,然后学生输入答案。如答对,显示"Very Good!",并出下一道题。如错误,显示"NO",然后让学生重新给出答案,直到做对为止。要求使用一个独立的函数产生每一道题。

9. 在上一题的基础上,要求 a+b≤100,如可以出 72+8 的题,但不能出 56+64 的题。当学生连续做对 20 题后程序自动结束。

第6章 指针

📥 本章目标

理解和掌握指针的基本概念和使用方法。

📥 授课内容

C++具有强大的地址运算和操作能力,这种操纵地址的特殊类型的变量就是指针。指针也是C++区别于其它程序设计语言的主要特性之一。正确灵活地使用指针,可以有效地表示和访问复杂的数据结构,可以动态分配内存,直接对内存地址操作,提高某些程序的执行效率。但同时它又是较难掌握的内容,使用时很容易出错。

6.1 地址与指针

6.1.1 地址

从拓扑结构上来说,计算机的内存储器(简称内存)就像一个巨大的一维数组,每个数组元素就是一个存储单元。就像数组中的每个元素都有一个下标一样,每个内存单元都有一个编号,我们称之为地址,它可以用一个无符号整数来表示。计算机就是通过这种地址编号的方式来管理内存数据读写定位的,如图6-1所示。

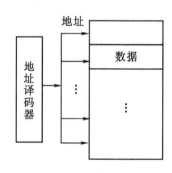

图6-1 存储结构示意图

内存是程序活动的基本场地。在运行一个程序时,程序本身及其所用到的数据都要放在内存中,如程序、函数、变量、常数、数组和对象等。

凡是存放在内存中的程序和数据都有一个地址,可以用它们占用的那片存储单元中的第一个存储单元的地址表示。在C++中,为某个变量或者函数分配存储器的工作由编译程序完成①。在编写程序时,通常是通过名字来使用一个变量或者调用某个函数,而变量和函数的名字与其实际存储地址之间的变换由编译程序自动完成,这样做既直观又方便。同时,C++也允许直接通过地址处理数据,在很多情况下这样做可以提高程序的运行效率。

那么,如何知道某个变量、数组或者函数的地址呢? C++规定:

(1)变量的地址可以使用地址运算符 & 求得,例如,&x 表示变量 x 的地址;

(2)数组的地址,即数组第一个元素的地址,可以直接用数组名表示;

(3)函数的地址用函数名表示。

6.1.2　指针

某个变量的内存地址称为该变量的指针。因此,用以表示(或存储)不同指针值(亦即地址值)的变量就是指针变量,简称指针。

如上所述,指针是一个变量,因此它也具有变量的几个要素:

(1)指针的变量名:与一般变量的命名规则相同;

(2)指针变量的类型:它不是指针自身的类型,而是指针所指向的变量的数据类型;

(3)指针变量的值:是指针所指向的变量在内存中所处的地址。

同样的,指针变量也必须遵循先声明,后使用的原则。指针变量的声明形式为:

数据类型 * 指针变量名;

其中数据类型是指针所指向的变量的数据类型,根据指针所指向变量类型的不同,指针分为不同的类型。例如:

```
int * ptr;
```

定义了一个名为 ptr 的指针,该指针指向一个 int 类型的变量。这里可以将"int *"理解为"* of int"。

实际上,整型指针是将它指向的地址所代表的字节及其后 3 个字节(共 4 个连续字节)作为一个整型数据的存储单元进行操作的;而双精度指针是将它指向的地址所代表的字节及其后 7 个字节(共 8 个连续字节)作为一个双精度数据的存储单元进行操作的;同理,字符型指针仅是将它指向的地址所代表的字节作为一个字符型数据的存储单元处理。

指针可以指向各种类型,包括基本类型、数组、函数、对象,甚至也可以指向指针。

6.2　指针运算

指针运算本身是比较简单的,专门的指针运算符只有"*"和"&"。此外指针运算还有赋值运算、算术运算、比较运算和指针下标运算。

6.2.1　* 和 & 运算符

& 称为取地址运算符,用以返回变量的指针,即变量的地址;* 称为指针运算符,用以返

---

① 实际上,为变量和函数分配存储器的工作是分几步完成的。在编译和连接的过程中,只给程序中的各个变量分配了相对地址,每个变量的实际存储位置要到程序运行时才能确定。如果是局部变量,其存储分配更晚,要到该局部变量所属的函数被调用时才进行。因此,同一个变量,在程序的各次运行中可能被分配在不同的存储地址上。这也是为什么通常只需要知道某变量确有一个地址,而不必关心该地址值具体是多少的原因。

回指针所指向的基本类型变量的值。

注意：*和&出现在声明语句中和执行语句中其含义是不同的。一元运算符* 出现在声明语句中，在被声明的变量之前时，表示声明的是指针，例如：

　　　　int * ptr;　　　　　　　//声明 ptr 是一个 int 型指针

*出现在执行语句中或声明语句的初值表达式中，表示访问指针所指向变量的值，例如：

　　　　y = * ptr;　　　　　　　//将指针 ptr 所指向的值赋给变量 y

&出现在变量声明语句中，位于被声明变量左边时，表示声明的是引用，例如：

　　　　int &ref;　　　　　　　//声明一个 int 型的引用 ref

&在给变量赋初值时，出现在赋值号右边或在执行语句中作为一元运算符出现时表示取变量的地址，例如：

　　　　ptr = &x;　　　　　　　//取变量 x 的地址

假如需要将常量 2 写入整型变量 x 中，可以使用语句 x=2;如果使用指针情况会如何呢？另设 ptr 为一 int 型指针，则下面语句就将常量 2 存入了变量 x 中。

　　　　ptr = &x;

　　　　* ptr = 2;

使用指针后，反倒不如原来简单，是否能说明指针毫无用处呢？当然不是，请看下一个例子。

　　例 6 - 1　编写用于交换两个整型变量的值的函数。

　　分析　在前面例 5 - 4 中曾经直接编写过交换两个整型变量的值的函数 swap()，但从结果可以看出，swap()函数根本没有完成交换变量 x 和 y 的任务。为什么？请看图 6 - 2 中的内存分配情况：

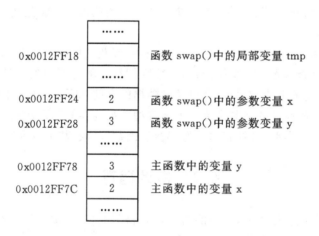

图 6 - 2　验证函数 swap( )运算开始时的内存分配示意图①

图 6 - 2 描述的是程序运行到 swap( )函数中时的内存分配。由图中可以看出，主函数中声明的变量 x 和 y 与函数 swap( )的参数 x 和 y 在内存中分别占有各自的存储区，它们之间唯一的联系只是在主函数中调用函数 swap( )时将主函数中变量 x 和 y 的值分别传送给了函

---

① 由于地址分配问题相当复杂，超出本课程的范围。因此图中的地址值只是一个实例，可能会与读者调试的程序有所不同。以下各图同此。

数 swap( )的两个参数 x 和 y。参数 x 和 y 在函数 swap( )运行期间相当于两个局部变量。因此,在函数 swap( )执行完毕以后,其参变量 x 和 y 的值确实已被交换,如图 6 - 3 所示。

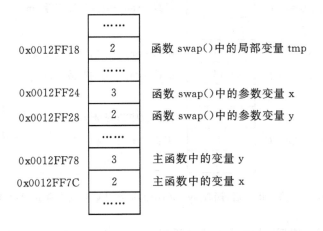

图 6 - 3　函数 swap()中的运算结束时的内存分配示意图

　　然而,事情到此就停止了。从图 6 - 2 中可以看出,虽然 swap( )函数的两个参数变量 x 和 y 的值已被交换,但原来主函数的变量 x 和 y 的值却没有发生变化。而且,随着函数 swap( )运行结束返回主函数后,swap( )中为局部工作变量申请的内存空间,包括其参数 x、y 和局部变量 tmp 占用的内存单元都将被释放。函数 swap( )所做的一切工作都白费了。

　　那么,怎样才能编写一个真正可以交换参数值的 swap( )函数呢? 这就要用到指针了。下面将函数 swap( )的参数声明为指向 int 类型的指针,重新编写该函数:

　　程序

```
// Example 6 - 1:函数 swap():交换两个整形变量的值
void swap(int * xp, int * yp)
{
    int tmp;
    tmp = * xp;
    * xp = * yp;
    * yp = tmp;
}
```

　　注意到这次函数 swap( )的参数变量 xp 和 yp 是两个指向整型变量的指针,因此在调用该函数时只能使用变量的地址作为实参。使用下列语句取代测试主函数中的函数调用语句。

```
swap(&x, &y);
```

此时的内存分配如图 6 - 4 所示。

　　于是,在新的 swap( )函数中,语句

```
tmp = * xp;
* xp = * yp;
* yp = tmp;
```

通过地址直接对主函数中原来的变量 x 和 y 进行操作,完成了交换这两个变量的值的任务。

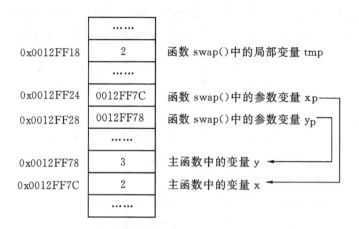

图 6-4　采用指针后,函数 swap()中的运算结束时的内存分配示意图

在函数 swap( )执行完毕后,即使释放其局部变量 tmp 和指针参数 xp、yp 占用的存储也不会影响到主函数中变量 x 和 y 的新内容。

6.2.2　指针变量算术运算

指针变量只有加法和减法两种算术运算。

(1)自增++、自减——运算;

(2)加、减整型数据;

(3)指向同一个数组的不同数组元素的指针之间的减法。

对指针变量进行下列算术运算毫无意义:指针间相乘或相除、两个指针相加、指针与浮点型数的加、减等。

6.2.3　指针变量比较运算

在关系表达式中允许指针的比较运算,但要注意这种运算对程序设计是否有意义。一般地,指针的比较常用于两个或两个以上指针变量都指向同一个公共数据对象的情况,如同一个数组中各数组元素的指针之间的比较等。任何指针与空指针(NULL)的比较在程序设计中是必要的,但类型不同的指针之间的比较一般是没有意义的。

6.2.4　指针变量下标运算

C++提供了指针变量的下标运算[ ],其形式类似于一维数组元素的下标访问形式。例如在声明了指针变量

    double x, a[100], * ptr = a;

之后,也可以使用

    x = ptr[10];

这样的用法,并不表示 ptr 是一个数组,而只是

    x = * (ptr + 10);

的另一种写法。

6.3　指针与数组

在 C++中,指针与数组的关系十分密切,实际上数组名本身就是一个常量指针(所谓常量指针是说指针所指的地址保持不变)。当定义数组时,其首地址就已经确定不再改变了。例如对于数组 array[10],其数组名 array 就等效于地址 & array [0]。可以将 array 看做一个指针,它永远指向 array [0]。

由于数组中的元素在内存中是连续排列存放的,所以任何能由数组下标完成的操作都可由指针来实现。指向数组中元素的指针,称为数组指针。使用数组指针的主要原因是程序效率高,执行速度快。

设有指针 ptr,qtr 以及字符型数组 string

　　　char ∗ ptr, ∗ qtr;

　　　char string[6] = "Big";

　　　int len = strlen(string);

　　　ptr = string;

　　　qtr = ptr + len;

其关系如图 6-5 所示。

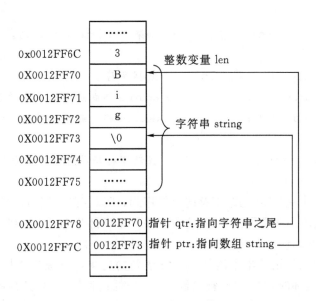

图 6-5　指针的运算

从图 6-5 中可以看出,指针 ptr 指向数组 string 的第一个元素,其内容就是该元素的地址 0x0012FF70。现在,如果执行运算

　　　ptr + + ;

即在指针变量 ptr 原来的值上再加 1,使其变为 0x0012FF71。可以看出,这正是数组中第二个元素的地址,也就是说,指针现在改为指向数组中的第二个元素了。如果执行运算

　　　ptr + = 3;

则 ptr 的值由 0x0012FF70 变为 0x0012FF73,即指向数组 string 的第四个元素。由此可以看出在指针变量上加上一个常数,相当于改变了其中存储器的地址值,即改变了指针指向的数组元素。同样,也可以从指针变量存储的地址值上减去一个常数,此时指针向前移动若干个元素。

在图 6-5 中令指针变量 qtr 指向字符串的结束标志'\0'(即数组 string 的第四个元素)。如果求出这两个指针的差:

　　　　len = qtr - ptr;

可以看出,这正是字符串 string 的长度(不含字符串结束符)。

由于在 C++中每个变量、数组和函数的具体地址和相对顺序是由连接程序确定的(局部变量是动态分配的),在编写程序时无法知道其确切地址和相对顺序,所以对于指向单个变量和函数的指针进行这样的运算是没有意义的。但是无论怎样分配,一个数组内的各元素的相对位置总是固定的,所以对数组元素的引用除了使用下标以外,还可以通过使用指针运算来实现,这是 C++程序设计的一大特点。

例 6-2　编写一个字符串复制函数 mystrcpy( )。

程序

```
// Example 6-2:复制字符串
voidmystrcpy(char * destin, char * source)
{
    while( * source! = '\0')        // 如果 * source = = '\0'则表示原字符串结束
    {
        * destin = * source;     // 复制字符
        source + +;              // source 移向原字符串中的下一个字符
        destin + +;              // destin 移向新字符数组的下一位置
    }
    * destin = '\0';            // 在新字符串尾部添写一个结束符'\0'
}
```

分析　因为字符串是以'\0'为结束符的字符序列,所以复制字符串也只需复制到'\0'为止。由于 C++的表达式应用非常灵活,所以这段程序的循环部分也可以写成:

　　　　while((* destin + + = * source + +)! = '\0');

改写后的程序段只使用了半个语句(while 语句的后半部分被省略掉了),但是功能依然不变,甚至新字符串尾部的'\0'也已经被复制。C++的这种特点,是其程序比较精练的原因,受到程序员们的偏爱。但是过分的精练也会使程序难以理解,有悖于结构化程序设计的基本原则。

函数 mystrcpy( )的功能为将一个字符串的内容复制到另一个字符型数组中去。在复制字符串时要注意,一定要保证目标数组确实可以放得下整个字符串。初学者最易犯的一个错误是混淆指针与数组的概念,写出如下的语句:

```
char * string1 = "This is a sample.";
char * string2;
    ...
```

```
mystrcpy(string2, string1);
```

这时确实可以将字符串 string1 中的内容复制到从存放于指针 string2 中的地址开始的一段内存中去。但问题是指针 string2 中存放的究竟是谁的地址？由于没有对 string2 赋值，所以它可能指向任何地方，包括已经分配给其它变量、数组甚至函数的区域。向 string2 复制字符串会覆盖这些地方原来的内容，造成各种运行错误，包括突然死机；即使幸而指针 string2 指向一片未被使用的存储区，成功地复制了字符串，但由于没有合法的授权，也不能保证其后程序不再将这片存储区域分配给其它的变量或数组，从而造成刚刚复制的内容又被其它数据覆盖。

解决的方法之一就是可以在变量声明之后添加这样的一段代码：

```
charstring[100];
string2 = string;
```

这样 string2 就指向了数组 string，而数组一经定义，其首地址就已经确定。

上面的例子使用了字符类型的数组，其特点是每个数组元素的大小正好是一个字节。如果使用其它类型的数组，其指针的运算结果有无变化呢？

C++规定，对于指针变量来说，其运算的基本单位为其指向的数据类型的变量占用的字节数。因此，如果某指针是指向 int 类型变量的，由于 int 类型的变量占用 4 个字节，所以该指针运算时的基本单位为 4；如果某指针是指向 float 类型的，由于 float 类型变量的长度为 4 个字节，则该指针运算时的基本单位为 4。

例如有指针 ptr，qtr 以及整型数组 array：

```
int array[3];
int * ptr = array, * qtr;
qtr = ptr + 1;
```

如果 ptr = 0x0012FF74，则 qtr = 0x0012FF78，即在指针变量 ptr 原来的值上加 4，正好使 qtr 指向 array 的第二个数组元素；同样，语句

```
qtr = ptr + 3;
```

的结果是变量 qtr 恰好指向数组的末尾。

例 6 - 3　编写一个函数用于将一个 float 类型的数组清零（即将其所有元素全部置为 0）。

算法　通过引用下标变量很容易实现数组清零的功能，但在本例中，采用指针编写该函数。因为数组元素的类型为 float，所以必须使用指向 float 类型的指针。

程序

```
// Example 6 - 3:数组清零
void clear_array(float * ptr, int len)
{
    float * qtr = ptr + len;
    while(ptr<qtr)
    {
        * ptr = 0.0;
        ptr + + ;
    }
```

　　　　}

　　分析　由程序中可以看出,由于C++规定指针运算的基本单位为其指向的类型变量的存储字节数,所以使程序设计变得比较简单。在编写程序时,如果要使指针指向下一个数组元素,不必知道一个数组元素实际占用几个存储单元,只要简单地在指针上加 1 即可。而且如果要将该函数改为对 double 类型的数组清零,只要将指针类型由 float * 改为 double * 即可,其它不必改动。

6.4　指针和函数

6.4.1　指针作为函数的参数

　　在 C++ 中,函数的参数不仅可以是基本数据类型的变量、对象名、数组名或函数名,而且可以是指针。例 6.1～例 6.3 都使用了这一方法。

　　当以指针作为形参时,在函数调用过程中实参将值传递给形参,也就是使实参和形参指针变量指向同一内存地址。这样对形参指针所指变量值的改变也同样影响着实参指针所指向的变量的值,也就是说,通过使实参与形参指针指向共同的内存空间,达到了参数双向传递的目的。

6.4.2　返回指针的函数

　　一般来说,函数可以用返回值的形式为调用程序提供一个计算结果。在前面的各章中出现的函数返回值类型大都是 int、double 之类的简单类型。其实,也可以将一个地址（如变量、数组和函数的地址,指针变量的值等）作为函数的返回值。在说明返回值为地址的函数时,要使用指针类型说明符,例如

```
char * strchr(char * string, int c);
char * strstr(char * string1, char * string2);
```

　　这是两个用于字符串处理的库函数,其返回值均为地址。前者的功能为在字符串 string 中查找字符 c,如果字符串 string 中有字符 c 出现,则返回字符 c 的地址,否则返回 NULL。后者的功能为在字符串 string1 中查找子字符串 string2,如果字符串 string1 中包含有子字符串 string2,则返回 string2 在 string1 中的地址（即 string2 中第一个字符的地址）,否则返回空指针值 NULL。

　　例 6 - 4　将表示月份的数值(1～12)转换成对应的英文月份名称。

　　算法　首先说明一个字符串数组 month,用来存放月份的英文名称。在转换时只须按下标值返回一个字符串的地址即可。

　　程序

```
// Example 6 - 4:将月份数值转换为相应的英文名称
char * month_name(int n)
{
    static char * month[] =
    {
```

```
            "Illegal month",// 月份值错
            "January",// 一月
            "February",// 二月
            "March",// 三月
            "April",// 四月
            "May",// 五月
            "June",// 六月
            "July",// 七月
            "August",// 八月
            "September",// 九月
            "October",// 十月
            "November",// 十一月
            "December"// 十二月
        };
        return (n> = 1 && n< = 12)? month[n] : month[0];
    }
```

分析

(1)变量 month 是一个字符型指针数组。其初值必须是用双引号括起来的字符串。数组中各个指针变量的值,分别是 13 个字符串的首地址(也是字符串中第 1 个字符的地址),该数组中的第一个字符串表示输入错误的月份值时的提示。

(2)数组元素 month[i]是 month 中第 i 个字符型指针(0≤i<13),它指向了第 i 个字符串,即 month[i]存入的是第 i 个字符串的首地址。若想从第 i 个字符串中第 2 个字符开始输出部分子串,可以通过移动指针来实现:

```
        month[i]+1;      //指针加 1,指向字符串的第 2 个字符
```

(3)在处理多个长度不同的字符串时,使用指针数组要比二维数组节省空间。

6.4.3 指向函数的指针

程序只有装入内存储器以后才能运行。函数本身作为一段程序,其代码也在内存中占有一片存储区域,这些代码中的第一个代码所在的内存地址,称为首地址。首地址是函数的入口地址。主函数在调用子函数时,就是让程序转移到函数的入口地址开始执行。

所谓指向函数的指针,就是指针的值为该函数的入口地址。

指向函数的指针变量的说明格式为:

<函数返回值类型说明符> (*<指针变量名>)(<参数说明表>);

例如:

```
        int( * p)();                  // p 为指向返回值为整型的函数的指针
        float( * q)(float,int);       // q 为指向返回值为浮点型函数的指针
```

第 5 章讲过,函数名与数组名类似,表示该函数的入口地址,因此可以直接把函数名赋给指向函数的指针变量。

请注意,在说明指向函数的指针变量时,指针变量名前后的圆括号不能缺少。试比较:

```
int * func();                    // 返回地址的函数
int ( * func)();                 // 指向函数的指针
```

前者说明了一个函数,其返回值为指向整型的指针;后者说明了一个指向返回值为整型的函数的指针变量,意义完全不同。

如果已经将某函数的地址赋给了一个指向函数的指针变量,就可通过该指针变量调用函数。例如:

```
double ( * func)(double) = sin;   // 说明一个指向函数的指针
double y, x;                      // 说明两个双精度类型的变量
x = ...;                          // 计算自变量 x 的值
y = ( * func)(x);                 // 通过指针调用库函数求 x 的正弦
```

例 6 - 5 编写一个通用的、可计算一元函数数值积分的函数。

算法 可以采用梯形积分公式来计算积分,并将被积函数作为积分函数的参数设计。

程序

```
// Example 6 - 5:用梯形积分法求解定积分的通用积分函数
double integral(double a, double b, double ( * fun)(double), int n)
{
    double h   = (b - a)/n;
    double sum = (( * fun)(a) + ( * fun)(b))/2;
    int i;
    for(i = 1; i<n; i + +)
        sum + = ( * fun)(a + i * h);
    sum * = h;
    return sum;
}
```

分析 这个程序本身很简单。为了能够计算不同被积函数的定积分,将被积函数也设计为一个参数,实际上是将被积函数的调用地址传递给积分函数。在上述积分函数内部,通过指向函数的指针调用被积函数来计算相应的函数值。例如要计算

$$\int_0^1 \sin(x)\,\mathrm{d}x$$

可以这样调用函数 integral( ):

```
double s;
s = integral(0.0, 1.0, sin, 1000);   // 积分区间等分为 1000 分
```

6.5 动态存储分配

一般来说,程序中使用的变量和数组的类型、数目和大小是在编写程序时由程序员确定下来的,因此在程序运行时这些数据占用的存储空间数也是一定的。这种存储分配方法被称为静态存储分配。静态存储分配的缺点是程序无法在运行时根据具体情况(如用户的输入)灵活

调整存储分配情况。例如,无法根据用户的输入决定程序能够处理的矩阵的规模。

C++的动态存储分配机制为克服这种不便提供了手段。动态存储分配要使用指针、运算符 new 和 delete。

运算符 new 用来申请所需的内存。其用法为

　　　　＜指针＞ = new ＜类型＞;

或者

　　　　＜指针＞ = new ＜类型＞(＜初值＞);

new 运算符从堆(管理内存中的空闲存储块)中分配一块与＜类型＞相适应的存储空间,如果分配成功,将其首地址存入＜指针＞,否则置＜指针＞的值为 NULL(空指针值,即 0)。＜初值＞用于为分配好的变量置初值。

new 运算符也可以为数组申请内存。用法为

　　　　＜指针＞ = new ＜类型＞[＜元素数＞];

运算符 delete 用于释放先前申请到的存储块,并将其归还到堆中,其用法为

　　　　delete ＜指针＞;

其中＜指针＞中应为先前分配的存储块的地址。

若要释放数组的空间,必须放一个空的方括号[]在操作符 delete 和指向该类对象数组的指针之间。例如:

　　　　int ＊p = new int [size];

　　　　…

　　　　delete[]p;

动态存储分配的变量和数组通过指针来访问,例如:

　　　　int x, ＊ptr = new int(5);

　　　　x = ＊ptr;　　　　　　　//x 的值为 5

例 6 - 6　利用动态数组来求斐波那契数列的前 n 项。

程序

```
// Example 6-6:用动态数组来求斐波那契数列的前 n 项
# include ＜iostream＞
using namespace std;
int main()
{
    int n;
    cout＜＜"Please input n = ? ";
    cin＞＞n;
    int ＊p = new int[n+1];
    //如果没有申请到内存或数据输入有误,则返回
    if ( p= =0 || n＜=0 )
    {
        cout＜＜"Error!"＜＜endl;
    return -1;
```

```
        }
        p[0] = 0;
        p[1] = 1;
        cout<<p[0]<<endl;
        cout<<p[1]<<endl;
        for(int i = 2; i< = n; i + + )
        {
            p[i] = p[i - 2] + p[i - 1];
            cout<<p[i]<<endl;
        }
        delete []p;              //释放数组空间
        return 0;
    }
```

分析　在第 4 章习题中有一道要求用静态数组计算斐波那契数列的前 n 项的问题。由于不知道数组的元素个数,所以在处理时只好按最多的元素计算,而现在使用动态数组,就能够按实际所需进行存储单元的分配,避免不必要的浪费。在使用完存储单元后,还可以释放所占用的存储单元。

使用动态存储分配时要注意几个问题:一是要确认分配成功后才能使用,否则可能造成严重后果;二是在分配成功后不宜变动<指针>的值,否则在释放这片存储时会引起系统内存管理混乱;三是动态分配的存储空间不会自动释放,只能通过 delete 释放。因此要注意适时释放动态分配的存储空间。例如:

```
        void func()
        {
            int * ptr = new int(5);
            …
        }
```

由于 ptr 是局部变量,在退出 func( )函数后自动失效。如果在函数 func( )中没有及时释放动态分配的存储单元,则在退出 func( )函数后再也找不到这些单元的地址了。

◢ 自学内容

6.6　指针数组

指针数组也是数组,但它和一般数组不同,其数组元素不是一般的数据类型,而是指针,即内存单元的地址,这些指针必须指向同一种数据类型的变量。指针数组的声明方式和普通数组的声明方式类似,在数组名后加上维长说明即可。

声明一维指针数组的语法形式为:

数据类型　 * 数组名[常量表达式];

其中常量表达式指出数组元素的个数,数据类型名确定每个元素指针的类型,数组名是指针数组的名称,同时也是这个数组的首地址。例如,声明一个一维指针数组,其中包括 10 个数组元素,均为指向字符类型的指针:

```
char * ptr[10];
```

当然也可以声明二维以至多维指针数组,例如:

```
int * index[10][2];
```

例 6-7 编写一个查字典的函数。字典以词条为单位,词条的格式为:

knowledge:n. 知识,学问,认识.

每个词条使用一个字符型数组存放,整个词典使用一个指向字符类型的指针数组表示,其中每个指针指向一个词条。其拓扑结构如图 6-6 所示。

算法 在一个线性表(如数组)中进行查找是程序设计的经典题目,不同的查找算法的效率(可以从查找速度和需用的存储单元数目两个方面考查)相差很大。对于无序表来说,一般只能采用顺序查找法,其速度最慢。如果设表中元素数目为 n 个,则平均查找长度(查找长度是为了找到指定元素所进行的比较次数)为 $n/2$。如果所查找的内容不在表中,则必须将整个表中所有元素都浏览一遍后才能知道,即最大查找长度为 n。

图 6-6 词典的拓扑结构

对于有序表来说,则可以采用二分法进行查找。二分法查找的算法为:首先将关键字(即查找内容)与位于表正中的元素进行比较,此时不外四种情况(设表按升序排列,下同):

(1)关键字等于该中点元素:查找成功,结束查找过程;

(2)关键字小于该中点元素:说明关键字在表的前半部分,因此可以将表的前半部分作为一个新表(表长小于原来表的一半),继续应用本算法在新表中进行查找;

(3)关键字大于该中点元素:说明关键字在表的后半部分,因此可以将表的后半部分作为一个新表,继续应用本算法在新表中进行查找;

(4)表长已等于 0:说明表中没有要查找的内容,查找失败。

容易看出,这是一个递归算法,其最大查找长度为 $O(\log_2 n)$。在 n 比较大的场合,二分法查找明显优于顺序查找。例如,若表长为 1024,则顺序查找的平均查找长度为 512,最大查找长度为 1024;而二分法的最大查找长度不过为 10。表越长,二分法查找的优点越明显。

二分法查找的缺点是事先要将表排序,排序的代价很高。因此,为了一二次查找就对表进行排序是不值的,只有在查找次数频繁,而表中内容不经常变动时采用排序+二分法查找才是划算的。

词典的排列是有序的,而且其长度通常都比较大,内容相对固定,采用二分法查找正合适。设词典存放在长度为 n 的一维表 dict 中,表中元素为指向词条字符串的指针;待查单词为 word;并有三个工作变量 low、high 和 mid,分别用于记录待查表的低端、高端和中间元素的下标。使用伪代码将上述二分法算法细化如下:

```
low  = 0;              // 设置工作变量的值
```

```
high = n - 1;
do
{
    mid  = (low + high)/2;   // 算出表中点元素的下标
    if(word 等于 dict[mid])
    则 dict[mid]即为所要查找的词条,查找成功,结束查找;
    else if(word 在 dict[mid]之前)
        high = mid - 1;       // 把表缩小为原表的前一半
    else if(word 在 dict[mid]之后)
        low  = mid + 1;       // 把表缩小为原表的后一半
}while(表长度大于 0);
//如果循环正常结束,说明查找失败
```

程序

```
// Example 6 - 7:二分法查词典
char * search_word(char * word, char * dict[], int n)
{
    int low = 0, high = n - 1, mid, searchpos, wordlen = strlen(word);
    do
    {
        mid = (low + high)/2;     // 算出表中点元素的下标
        searchpos = strnicmp(word, dict[mid], wordlen);//利用字符串比较库函数
        if(searchpos = = 0)          // 查找成功
            return dict[mid];
        else if(searchpos<0)
            high = mid - 1;       // 把表缩小为原表的前一半
        else
            low  = mid + 1;       // 把表缩小为原表的后一半
    }while(high>low);
    return NULL;                     // 查找失败
}
```

　　分析　如果查找的关键字是数值,则可以简单地使用等于、大于和小于等比较运算符判断进一步查找的路线。但对于字符串查找来说,问题要稍微复杂些。字符串的大小是按 ASCII 码字典序确定的,排在前面的单词小,排在后面的单词大。C++的库函数 strcmp( )正好可以用来比较两个字符串。但在本例的词典查找任务中,还有几个问题需要认真考虑。一是在真正的词典中,大小写字母被认为是排在一起的,而在 ASCII 码表中所有的大写字母排在所有的小写字母之前。考虑到这种差别,如果不准备打乱通常词典中的词序重新排列,就必须在比较时忽略大小写字母的差别。二是在上述查找词典算法中是将待查单词和词典中的词条直接进行比较,如果直接使用 strcmp( )之类的比较函数,就会发现后者的长度大于前者的长度,从而认为这两个字符串不相等。解决的办法之一是在比较时只比较待查单词和词条的前几个

字符,如果相等就认为比较成功。符合上述要求的字符串比较库函数为 strnicmp( )。

6.7　指向指针的指针

指针也是变量,当然也有地址。其地址也可以使用地址运算符"&"求出。那么,指针的地址可否存储在某种变量中呢?答案是肯定的。能够存放指针地址的变量当然也是指针,是"指向指针的指针"。指向指针的指针的说明方法为:

　　　　＜数据类型＞ ＊ ＊＜指针变量名＞;

例如:

　　　　int x = 2;

　　　　int ＊ xp, ＊ ＊ xpp;

　　　　xp ＝ &x;

　　　　xpp ＝ &xp;

其内存分配情况见图 6 - 7。

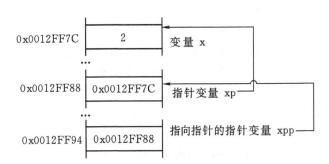

图 6 - 7　指向指针的指针内存分配示意图

对于指向指针的指针来说,用"＊"运算符可以求出其存储的地址的内容,因为该内容仍然是一个地址,所以可以再次应用"＊"运算符,求该地址存储的内容。对于前面的例子来说,＊ xpp 就是 xp 的内容,即 x 的地址,而 ＊ ＊ xpp 则是 x 的值。

指向指针的指针有什么用呢?

(1)可以用于指针数组的处理。例如,在例 6 - 7 中的词典查找程序中,使用了一个指针数组存放词典的条目。该数组的元素是指向字符类型变量的指针,所以可以说明一个指向指针的指针 nextword,存放词典 dict 的某个元素的地址:

　　　　char ＊ ＊ nextword = &(dict[i]);

则 ＊ nextword 为词典 dict 的某一元素的内容,也就是某词条字符串的地址。而通过

　　　　nextword + + ;

这样的运算,可以遍历 dict 的各个元素,对于设计查找同源词的程序相当有用。

(2)作为函数的参数。要修改作为参数的变量的值,必须使用指针;那么要修改作为参数的指针的值,就必须使用指向指针的指针。

(3)作为函数的返回值。

既然"指向指针的指针"还是一个指针变量,当然也有地址,那么有没有"指向'指向指针的指针'的指针"呢?

从理论上说,如果将指向指针的指针称为二级指针,则"指向指针的指针的指针"可以称为三级指针,在此基础上还可以定义四级指针、五级指针等多级指针。只是在一般的编程实践中,难得遇到使用多于二级指针的情况,加之多于二级的多级指针应用过于复杂,编程、调试都有困难,所以应用不多。

6.8　结构体与指针

因为结构体也是存储在内存单元中的,所以它也是有地址的,同样也可以用取地址运算符 & 来得到结构体类型变量的地址。这也就是说可以用指针来访问它,即可以声明指向结构体的指针。

声明指向结构体的指针方法与前面所讲的方法相同。例如:对于结构体类型

```
struct StudentType
{
    char id[10];          //学号
    double score[5];      //五门课程成绩
    double GPA;           //平均分
};
```

可以有

```
    StudentType xjtuStudent;
    StudentType * ptr = & xjtuStudent;
```

这里就定义了一个指向结构体的指针 ptr,并将 xjtuStudent 的地址赋给它,如图 6 - 8 所示。

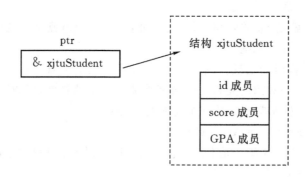

图 6 - 8　指向结构体的指针

但要注意的是:通过指针访问结构的成员要用箭头操作符"ー＞",例如:

```
    ptr - > score[1] = 90;
```

6.9　指针的初始化

声明一个指针变量后,如果没有对它赋初值,则它的值(即它所指向的内存位置)是不确定的,这时直接对指针指向的内存写入数据是极其危险的。为避免上述错误,一般需要在声明时对指针变量进行"初始化"。

(1)指针变量的初始化。

定义指针变量的同时,赋予该指针变量初值,其一般形式为:

　　　　数据类型标识符　　＊指针变量名 ＝ 初始地址值；

例如：

```
int   i;
int  * ptr = &i;
```

上面第一个语句定义一个整型变量 i，系统为 i 分配一个内存空间（因而相应有一个地址）；第二个语句定义 ptr 为指针变量，同时将 i 的地址赋予指针变量 ptr 作为初值。这两个语句的顺序不能颠倒。

　　指向字符类型的指针可以用字符串进行初始化，例如

```
char * string = "Hello, Visual C + + !";
```

　　实际上，在编程实践中，程序员经常使用如下的初始化语句：

```
int  * ptr = NULL;
```

这里指针 ptr 被初始化为 NULL，即空指针。NULL 是一个在头文件＜iostream. h＞中定义的符号化常量，将指针初始化为 NULL 就等于将指针初始化为 0。值为 NULL 的指针不指向任何变量。

　　在定义指针时将指针初始化为 NULL 是一个很好的编程习惯，这样做可以防止该指针变量指向某一个未知的内存区域而产生难以预料的错误。

　　(2)指针数组的初始化。

　　指针数组在声明的同时可以进行初始化，例如

```
char * func_namelist[] =
{
    "strcat", "strchr", "strcmp", "strcpy", "strlwr", "strstr", "strupr"
};
```

6.10　void 和 const 类型的指针

　　C++规定，可以说明指向 void 类型的指针，但其含义有所不同。指向 void 类型的指针是通用型的指针，可以指向任何类型的变量。可以直接对 void 型指针赋值或将其与 NULL 作比较，但是在求指针的对象变量的内容，或者进行指针运算之前必需对其进行强制类型转换。例如

```
int   x, y;
void * ptr;
ptr = &x;          // 任何类型变量的地址均可存入指向 void 类型的指针
y  = * ((int *)ptr);  // 通过 void 型指针求值时要用强制类型转换
```

用关键字 const 修饰一个指针时，根据其位置的不同有不同的含义。例如

```
const char * ptr = "Point to constant string";
```

表示定义了一个指针 ptr，它指向一个常数字符串。因此，运算

```
* ptr ='Q';
```

是非法的，因该字符串为常量。但指针 ptr 本身为变量，可以修改。例如

```
ptr + +;
```

合法。而

```
char * const qtr = "A constant pointer";
```

定义了一个常指针。在这种情况下，指针本身不能修改，但其指向的对象并非常量，允许修改。

实际上，修饰符 const 多用于修饰函数的指针或引用参数，以防止在编程中无意识地改变其值。例如

```
double func1(const double * x);
double func2(const double &x);
```

如果在编写函数 func() 的代码时改变了指针对象或引用对象的值，则会引起编译错误。

在函数说明

```
double &func3(double x) const;
```

中的 const 修饰符用于说明函数 func3() 的返回值是一常引用，即禁止如下赋值

```
func3() = 3.14;
```

▌程序设计举例

例 6 - 8 编写一个字符串比较函数，仅比较两个字符串的前面若干个字符，且在比较时不区分大小写字母。

算法 前面章节介绍的字符串比较函数 mystrcmp() 的编写方法是通过下标对数组进行操作的。实际上使用指针处理这类操作会更加方便。为了达到在比较时不区分大小写字母的目的，可以使用库函数 toupper()，其原型为：

```
int toupper(int c);
```

其中参数 c 为待转换的 ASCII 代码，如果 c 是一个小写字母，则该函数返回与其对应的大写字母。

程序

```
// Example 6 - 8:不区分大小写字母的部分字符串比较
int mystrnicmp(char * str1, char * str2, int n)
{
    while(toupper( * str1) = = toupper( * str2) && * str1! = 0 && * str2! = 0 && n>0)
    {
        str1 + + ;
        str2 + + ;
        n - - ;
    }
    return * str1 - * str2;
}
```

分析 该函数的核心是 while 语句中的条件。只有以下 3 个条件同时满足，循环才能继续执行：

(1)不计大小写字母的区别，两个字符串中对应位置上的字符相等；

(2)两个字符串均未结束；

(3)已经比较过的字符尚未达到指定的数目。

因此循环结束时的状况必然是以上条件中有一条或多条已不满足。通常,应对这些条件逐一进行判断,分别处理。但本函数是一个特例,无论因为什么原因结束循环,均返回表达式 * str2－ * str1 的值。如果返回值为 0,表示两个字符串相同(在忽略大小写字母的区别和仅比较两个字符串的前 n 个字符的前提下,下同);如果返回值大于 0,表示字符串 str2 大于 str1;否则表示 str2 小于 str1。

例 6－9 编写一个用于对整型序列进行排序的函数,排序方法使用简单选择排序法。

算法 选择排序法的思路是:每一趟在 $n-i+1(i=1,2,\cdots,n-1)$ 个记录中选取最小的元素作为有序序列的第 i 个元素,依此执行 $n-1$ 趟后就完成了整个元素序列的排序。

例如:如果待排序数据元素的排序码序列是(2,7,2,2,3,1),简单选择排序每一趟执行后的序列状态变化如下所示:

```
初始状态      [2  7  2  2  3  1]
第 1 趟(i＝1)   1 [7  2  2  3  2]
第 2 趟(i＝2)   1   2 [7  2  3  2]
第 3 趟(i＝3)   1   2  2 [7 3  2]
第 4 趟(i＝4)   1   2  2  2 [3  7]
第 5 趟(i＝5)   1   2  2  2  3 [7]
```

程序

```cpp
// Example 6－9:简单选择排序
#include <iostream>
using namespace std;
//函数 selectsort ():简单选择排序
void selectsort (int * list, int count)
{
    for(int i = 0; i<count－1; i＋＋)
    {
        int k = i;
        for(int j = i＋1; j< count; j＋＋)
            if( * (list＋j)< * (list＋k)) k = j;
        if(k! = i)
        {
            int tmp = * (list＋i);
            * (list＋i) = * (list＋k);
            * (list＋k) = tmp;
        }
    }
}
//测试排序的主程序
int main()
{
```

```
        int list[6] = {2, 7, 2, 2, 3, 1};
        selectsort (list,6);
        cout << "The result is :" << endl;
        for(int i = 0;i<6;i + +)
            cout << list[i] << " ";
        cout<<endl;
        return 0;
    }
```

　　输出　The result is :

　　　　1 2 2 2 3 7

　　分析　和前面所讲的冒泡排序一样,简单选择排序也是一种效率较低的排序方法,排序所用的时间与表长的平方成正比。

◣ 编程提示

　　1.指针可以随时指向任意类型的内存块,所以它很灵活方便,但同时它也很危险,容易出错,必须小心使用。

　　2.使用动态存储分配时,动态内存的申请与释放必须配对,以防止内存泄漏。

　　3.指针要及时初始化以防止它指向未知或未初始化的内存块,造成运行错误。

　　4.使用指针对数组进行运算时,要注意不要超出数组边界,否则会导致逻辑错误。

　　5.在使用指针变量前要对其赋以确定的值。

◣ 小结

　　1.地址是存放信息数据的内存单元的编号。

　　2.程序中定义的任何变量、数组或函数等,在编译时都会在内存中分配一个确定的地址单元。

　　3.指针是 C++语言中的一种数据类型,是专门用来处理地址的;也可以说:指针是包含另一个变量地址的变量。

　　4.用来存放地址的变量就叫作指针变量。定义指针变量是通过定义该指针所指向的变量类型进行的,一般格式为:

　　　　类型描述符 ∗ 指针变量名表;

　　5.指针在定义后必须初始化才能使用;否则,结果不确定。指针初始化的一般格式:

　　　　指针变量名 = 数据对象;

　　6.任何能由数组下标完成的操作都可由指针来实现,用指针处理数组及元素是最快捷的方式。

　　7.使用动态存储分配机制可以使程序在运行时根据具体情况(如用户的输入)灵活调整存储分配情况。它是使用指针、运算符 new 和 delete 完成的。

◣ 习题

　　1.用指针重新编写例 4 - 5 的冒泡排序程序。

2.编写程序,将某一个输入的位数不确定的正整数按照标准的三位分节格式输出,例如,当用户输入 82668634 时,程序应该输出 82,668,634。

3.编写程序,把 10 个整数 1、2、…、10 赋予某个 int 型数组,然后用 int 型指针输出该数组元素的值。

4.用指针编写一个程序,当输入一个字符串后,要求不仅能够统计其中字符的个数,还能分别指出其中大、小写字母、数字以及其它字符的个数。

5.编写一个函数,用于将一个字符串转换为整型数值。其原型为:

```
int atoi(char * string);
```

其中参数 string 为待转换的字符串(其中包括正、负号和数字),返回值为转换结果。

6.编写一个函数,用于生成一个空白字符串,其原型为:

```
char * mystrspc(char * string, int n);
```

其中参数 string 为字符串,n 为空白字符串的长度(空格符的个数)。返回值为指向 string 的指针。

7.设计一个函数 char * f(char * p, char * s),功能是在 p 指向的字符串中查找并删除 s 指向的子串。若找到多个子串则必须全部删除,删除完成后返回结果字符串的首地址。函数 main()输入字符串与子串,调用 f()后输出结果字符串。

8.输入若干有关颜色的英文单词,以 # 作为输入结束标志,其中单词数小于 20,每个单词不超过 10 个字母。要求对这些单词按字典顺序排序后输出。

第 7 章　类和对象

介绍面向对象程序设计基本原理及主要特点——抽象、封装、继承和多态，阐述类和对象的概念，以及如何利用类来解决具体问题。

7.1　面向对象的基本概念

在面向对象的程序设计技术出现前，程序员们一般采用面向过程的程序设计方法。面向过程的程序设计方法采用函数（或过程）来描述对数据结构的操作，但又将函数与其所操作的数据分离开来。作为对现实世界的抽象，函数和它所操作的数据是密切相关、相互依赖的，特定的函数往往要对特定的数据结构进行操作；如果数据结构发生改变，则必须改写相应的函数。这种实质上的依赖与形式上的分离使得用面向过程的程序设计方法编写出来的大程序不但难于编写，也难于调试和修改。

7.1.1　对象和面向对象

客观世界是由各种各样的对象（object）构成的。各种自然物体（如树木、飞鸟、汽车、建筑等）和逻辑结构（如国家、学校、班级等）都可以看成一个对象，所以面向对象首先是人们观察世界的自然方式。在现实世界和社会生活中，人们看到的客观世界是由各种各样的实体组成的，这些实体各具形态，或大或小，但作为一个对象而言，通过较高的抽象，它们通常都具有静态和动态两种特征。以汽车为例，它具有品牌、生产厂、型号、颜色等静态特征，称为属性（attribute）；又具有行驶、转弯、鸣笛、刹车等动态特征，称为行为（behavior）；人们驾驶汽车的各种动作，就是从外界向汽车发送信息，如踩油门、转动方向盘等，一般称之为消息（message）。

对象都是由一组属性和一组行为构成的，凡是具备属性和行为这两种要素的实体都可以看作是对象。现实世界中各种对象通过一定的渠道相互联系，对象实现某一种行为，必须向它传递相应的消息。对象之间通过发送和接收消息相互联系。

面向对象的程序设计方法和人们日常生活中处理问题的思路是一致的。使用软件对象模拟实际对象，这也是编写计算机程序的自然方式。当使用面向对象的方法设计一个软件系统时，首先要确定该系统是由哪些对象组成的，然后再设计并实现这些对象，每个对象有各自的内部属性和操作方法，整个程序是由一系列相互作用的对象构成的，对象之间的交互通过发送消息来实现。在 C++中，每个对象都是由数据和函数两个部分组成的，数据就是前面讨论的属性，函数则对应着行为，在程序设计中也称为方法（method），用来对数据操作，实现某些具体的功能。

　　在面向对象的编程中,外部的用户或对象向该对象提出的服务请求,可以称为向该对象发送消息;当该对象完成请求服务后,也可以向外部用户或对象发送服务完成或服务中断的消息。大多数 C++对象通过响应消息来工作,实际上是对象对方法的函数调用。

　　消息传递的语法随系统不同而不同,一般具有下面这些组成部分:

　　①接受者的名字,这个接受者又被称为目标对象;

　　②所请求的方法;

　　③一个或多个参数。

　　面向对象程序设计方法是对面向过程程序设计方法的继承和发展,它吸取了面向过程程序设计方法的优点,同时又考虑到现实世界与计算机解空间的关系。对象是由各个结构化程序段组成的,因此在前面 6 章中,首先介绍了程序设计的基本要素和结构化编程的基础。

7.1.2　面向对象的基本特征

　　面向对象程序设计方法是迄今为止最符合人类认识问题思维过程的方法,这种方法具有四个基本特征。

　　(1)抽象(abstract):抽象是将有关事物的共性归纳、集中的过程。在实际生活中,我们能看到的都是一些具体的事物,例如周围的人,男人、女人、大人、小孩、黑种人、白种人、中国人、美国人等,这些都是具体的人。如果把所有具有大学学籍的人归为一类,称为"大学生",这就是一个抽象。抽象的作用是表示同一类事物的本质,在抽象的过程中,通常会忽略与当前主题目标无关的那些方面,以便更充分地注意与当前目标有关的方面。抽象并不打算了解全部问题,而只是选择其中的一部分,忽略与主题无关的细节。例如,在设计一个学生成绩管理系统的过程中,只抽象出学生的姓名、班级、学号、成绩等,身高、体重等信息就可以忽略;而在校医院的学生医疗信息管理系统中,身高、体重等信息必须抽象出来,成绩则可忽略。

　　抽象是人类认识问题的最基本手段之一。面向对象程序设计中的抽象包括数据抽象和代码抽象两个方面,数据抽象定义了对象的属性和状态,也就是此类对象区别于彼类对象的特征物理量;代码抽象定义某类对象的共同行为特征或具有的共同功能。对于一组具有相同属性和行为的对象,可以把它们抽象成一种类型,在 C++中,这种类型就称为"类(class)"。类是对象的抽象,而对象是类的实例,是类的具体表现形式。

　　(2)封装(encapsulation):日常生活中我们操作某个对象时,只须了解其外部的功能,而不必知道对象内部的细节。例如我们使用数码相机时,对照相机的光学成像原理、镜头内部结构、电路组成以及压缩算法等可以一无所知,只需要调整取景框、按动快门即可照相,这是应用封装原理的典型例子。对象的一部分属性和功能对外界屏蔽,具体的操作细节在内部实现,对外界是不透明的,从外界看不到甚至感觉不到它的存在。这样把对象的内部实现和外部行为分割开来,人们在外部进行控制,可以大大降低人们操作对象的复杂程度。

　　封装性是面向对象程序设计方法的一个重要特性。封装包含有两层含义,一是将抽象得到的有关数据和操作代码相结合,形成一个有机的整体,对象之间相对独立,互不干扰;第二,封装将对象封闭保护起来,对象中某些部分对外隐蔽,隐藏内部实现细节,只留下一些接口接收外界的消息、与外界联系,这种方法称为信息隐蔽(information hiding)。信息隐蔽有利于数据安全,防止无关的人了解和修改数据。

封装保证了类具有较好的独立性,防止外部程序破坏类的内部数据,使得程序维护修改较为容易。对应用程序的修改仅限于类的内部,因而可以将应用程序修改带来的影响减少到最低限度。

(3)继承(inheritance):在面向对象程序设计中,如果已经建立了一个类 A,又需要建立另一个与 A 基本相同,但增加了一些属性和方法的类 B,这时没有必要从头设计一个新类,而只需在类 A 的基础上增加一些新的内容即可,也就是说,一个新类可以从现有的类中派生,这个过程称为类继承。新类继承了原来类的特性,新类称为原来类的派生类(子类),而原来类称为新类的基类(父类)。利用继承可以简化程序设计的步骤,程序员就能通过只对新类与已有类之间的差异进行编码而很快地建立新类,当然也可以对之进行修改或增加新的方法使之更适合特殊的需要。

继承是一种联结类与类的层次模型。继承机制可以方便地利用一个已有的类建立新类,这样可以重用已有软件中的一部分甚至很大的部分,减少了编程工作量,这就是软件重用(software reusability)的思想。继承提供了一种明确表述共性的方法,允许和鼓励类的重用,不仅可以利用自己建立的类,还可以使用别人建立的或者存放在类库中的类,从而大大缩短软件开发的周期;同时,这些已有的类通常都已经进行了反复的测试,无须再进行调试,可以提高软件的质量。

(4)多态性(polymorphism):多态性是指允许不同的对象对同一消息作出不同的响应,执行不同的操作。例如同样的加法,把两个时间加在一起和把两个整数加在一起的内涵肯定完全不同。

多态性是通过函数重载和虚函数等技术来实现的,第 5 章介绍的函数重载就是实现多态性的一种手段。利用多态性,可以在基类和派生类中使用同样函数名,而定义不同的操作,从而实现"一个接口,多种方法",这是一种在运行时出现的多态性,它通过派生类和虚函数来实现。第 10 章将对多态性进行详细介绍。

面向对象程序设计具有许多优点:开发时间短,效率高,可靠性高,所开发的程序更强壮。由于面向对象编程的编码可重用性,可以在应用程序中大量采用成熟的类库,从而缩短了开发时间,使应用程序更易于维护、更新和升级。继承和封装使得应用程序的修改带来的影响更加局部化。

7.2 类与对象的声明

7.2.1 类的声明

C++的类由 C 语言中的结构(struct)演变而来的,是一种用户自定义数据类型(user-defined type),或者称为抽象数据类型(abstract data type)。C++中类的声明方法和结构体类似,我们首先回顾一下结构体类型的声明方法:

```
struct Point
{
    unsigned x, y;
};
```

　　以上声明了一个名为 Point 的结构体类型,它包含两个 unsigned 类型的分量 x 和 y,分别表示屏幕上一点的两个坐标。

　　类的定义与结构体非常类似,只不过除了数据之外,类还包含操作数据的一组函数,类的数据部分称为数据成员(data member)或者属性(attribute);类的函数部分称为成员函数(member function),有时也称为方法(method)。在 C++中,使用关键字 class 来定义这种包含数据成员和成员函数的类型——类。下面的例子定义了一个屏幕坐标的点类,其形式如下:

```
class Point
{
private:
    unsigned x, y;
public:
    void  ShowMe()
    {
        cout << x << ", " << y << endl;
    }
};
```

　　类定义以关键字 class 开始,Point 为名字,类定义体放在左右花括号({})之间,用分号终止。Point 类定义包含两个无符号整形数据成员 x、y 和一个成员函数 ShowMe()。

　　类的声明中列出了类的全部成员,包括数据成员和对这些数据操作的函数,数据和操作封装在了一起。注意类的定义体必须用一对花括号({})括起来,类的声明以分号结束。

　　在 C++中,通过成员的访问控制属性来实现封装。类成员的访问控制权限有三种:私有的(private)、公有的(public)和保护的(protected)。

　　类的定义一般格式如下:

```
class  <类名>
{
private:
    <私有的数据成员和成员函数>;
protected:
    <保护的数据成员和成员函数>;
public:
    <公有的数据成员和成员函数>;
};
```

　　私有部分(private)的数据成员和成员函数只能在该类的范围内被本类的成员函数访问;保护部分(protected)的成员与私有成员的性质相似,也只能在该类的范围内被本类的成员函数访问,其差别在于通过继承对产生的派生类影响不同,这个问题将在第 9 章中详细讨论;公有部分(public)的成员既可以被本类的成员函数访问,也在类外被该类的对象访问。

　　在声明类时,声明为 private、protected 和声明为 public 的成员的顺序可以是任意的,可以先出现 private 部分,也可以先出现 public 部分,甚至可以包含多个 private、protected 和 public 部分,当然也可以只有 private 或只有 public 部分。如果没有显式指定,在类中声明的成员都是私有的。声明为 private 的成员对外界是隐蔽的，在类外不能直接访问，这体现了类的封装性，但如果一个类的所有成员都声明为私有的，即只有 private 部分，那么该类就完全与外界隔绝了，这样的类没有实际意义。一般而言，声明类时把数据隐藏起来，而把访问数据的成员函数声明为 public，作为对外界的接口。

例 7-1　根据各类人员所具有的共性，抽象出必要的数据成员和成员函数，定义一个 Person 类，用来说明人员类对象。

作为一个人，可能有许多特征：姓名、性别、年龄、身高、体重、民族、学历、职业……，类 Person 体现了对人的抽象，它集中了人所具有的共性，包含了姓名、性别、年龄等 3 个基本的属性。同时，在该类中还说明了对一个抽象人的属性进行操作的方法：登录一个人的信息的函数 Register()；将个人信息输出的函数 ShowMe()。

程序

```
// Example 7-1：定义 Person 类
class Person
{
private：
    char        Name[20];
    char        Sex;
    int         Age;
public：
    void        Register(char * name, int age, char sex);
    void        ShowMe();
};
```

分析　该例中，将数据成员说明为私有的以阻止外界对它们的随意访问，而成员函数则说明为公有的，它们便是外界访问类中数据成员的统一接口。例中的 private 关键字可以省略。另外，在类的定义中，不同访问权限的成员的书写顺序可以任意排列。在这种情况下，要注意使用关键字 private，不能随便省略。

7.2.2　对象的定义

对象是类的实例。声明了类之后，就可以用类名定义该类的对象。一般而言，一个对象就是一个具有某种类型的变量。与普通变量一样，对象也必须先经声明才可以使用。声明对象的方法也与声明基本数据类型的方法相似，声明一个对象的一般形式为

　　　　＜类名＞　＜对象₁＞，＜对象₂＞，…；

例如：

　　　　Person person1, person2;

声明了两个名为 person1 和 person2 的 Person 类的对象。

7.2.3　类和对象的关系

类是指具有相同的属性和操作方法，并遵守相同规则的对象的集合。类代表了某一批对

象的共性和特征,规定了这些对象的公共属性和方法,是对象集合的抽象;对象是类的一个实例。例如,苹果是一个类,而放在桌上的那个苹果则是一个对象。类在 C＋＋中是对象的类型,是抽象的,不占用内存单元,而对象是该类型的一个变量,是具体的,占用内存空间。对象和类的关系相当于一般的程序设计语言中变量和变量数据类型的关系。

7.3 成员函数

类的成员函数是函数的一种,它也有函数名、返回值类型声明和参数表,其操作与普通函数没有任何区别,只是它属于一个类的成员,可以被指定为私有的、保护的或公有的。其中私有的成员函数只能被本类中其它成员函数所调用,不能被类外调用。需要被外界调用的成员函数必须被指定为 public,它们是类的对外接口。某些情况下一些成员函数只用来支持本类中其它函数的操作,称为工具函数(utility function),这时可以将它们指定为 private,类外用户不能使用这些私有的工具函数。

成员函数是类十分重要和具有标志性特征的部分,如果一个类中不包含成员函数,它与结构体就没有区别了[①],只是定义了一种复合数据类型,不能体现类对于面向对象程序设计的重要作用。

7.3.1 成员函数的定义

成员函数可以在类的声明中就定义,如上述 Point 类的 ShowMe()成员函数。在例 9－1 类的定义中仅给出了成员函数的原型,没有定义函数体,这时可以在类声明的外部来定义成员函数。但为了能表示与类的关系,需要使用二元作用域运算符"∷"。

类的成员函数定义的一般格式为:

    ＜类型＞ ＜类名＞ ∷ ＜函数名＞(＜参数表＞)

    ｛＜函数体＞｝

其中作用域运算符"∷"指出成员函数的类属。

没有类属的函数称为普通函数,在前面各章中用到的函数均为普通函数。

前面曾讲过,作用域是指程序中标识符可以访问的区域,一般分为全局(global)和局部(local)两种,也介绍了作用域用于控制对变量的访问。对于类来说,一个类的所有数据成员和成员函数都在该类的作用域内,即使是在类声明的外部定义成员函数也不例外;一个类的任何成员可以直接访问该类的其它任何成员。C＋＋把类的所有成员都作为一个整体的相关部分,一个类的成员函数可以不受限制地访问该类的数据成员,而在该类作用域之外对该类的数据成员和成员函数的访问则要受到一定的限制,有时甚至是不允许的。这体现了类的封装功能。

例 7－2 补充例 7－1 中 Person 类成员函数的定义。

程序

    // Example 7－2:Person 类成员函数的定义

---

① 实际上在 C＋＋中类和结构体没有本质的区别,与 C 语言不同,C＋＋中的结构体也可以有成员函数,其访问权限也包括 private、protected 和 public,它与类的区别仅在于,如果没有显式指定访问权限,在类中声明的成员都是私有的,而在结构体中声明的成员都是公有的。

```
void Person∷Register(char * name, int age, char sex)
{   strcpy(Name, name);
    Age = age;
    Sex = (sex = = 'm'? 'm':'f');
}
void Person∷ShowMe()
{   cout << Name << '\t' << Age << '\t' << Sex << endl;}
```

7.3.2　内联成员函数

类中的成员函数有时很简单,这样的函数最适合写成内联成员函数以提高程序的执行效率。对于成员函数来说,除了可以采用关键词 inline 将其定义为内联函数外,还有一种更简单的方法,就是在类的声明中直接定义成员函数的函数体,这样说明的函数自动成为内联成员函数。

类的成员函数与普通函数一样,可以重载,也可以带有缺省参数。

通常将类的声明放在一个头文件中,而将成员函数的定义放在另一个源程序文件中,以提高编程的灵活性。在本章中,可将类的定义与成员函数的定义以及主函数放在同一文件中,如下面例 7 - 3 编程方法所示。

7.4　对象的访问

在程序中使用一个对象,通常是通过对体现对象特征的数据成员的操作实现的。当然,由于封装性的要求,这些操作又是通过对象的成员函数实现的。具体来说:

(1)在类的作用域内,成员函数访问同类中的数据成员,或调用同类中的其它成员函数,可直接使用数据成员名或成员函数名,请参看例 9 - 2 中各成员函数的定义。要注意的是,对于成员函数而言,无论是在类的声明内定义,还是在类的声明外定义,都是在类的作用域范围内,可以直接访问本类的其它成员。

(2)在类的作用域外,本类的对象可以访问其公有数据成员或成员函数,这时需使用运算符".",例如

```
person1.ShowMe();
```

(3)在类的作用域外直接访问一个对象中的私有成员和保护成员属于非法操作,将导致编译错误。

(4)同类对象之间可以整体赋值,例如

```
person1 = person2;
```

(5)对象用作函数的参数时属于赋值调用;函数可以返回一个对象。

例 7 - 3　完整的人事资料输入输出程序。

步骤

(1)程序文件中加入编译预处理命令:

```
# include <iostream>
# include <cstring>
```

```
using namespace std;
```

(2)将例 7 - 1 中 Person 类定义代码加入到程序文件中。

(3)将例 7 - 2 中 Person 类成员函数的定义代码加入到程序文件中。

(4)将下面主程序的代码加入到程序文件中。

```
// Example 7-3:人事资料的输入和输出
int main()
{
    char name[20], sex;
    int age;
    Person  person1, person2;
    cout << "Enter a person's name, age and sex:";
    cin  >> name >> age >> sex;
    person1.Register(name, age, sex);
    cout << "person1:\t";
    person1.ShowMe();//调用类的成员函数输出
    person1.Register("Zhang3", 19, 'm');
    cout << "person1:\t";
    person1.ShowMe();//调用类的成员函数输出
    person2 = person1;//对象之间的赋值
    cout << "person2:\t";
    person2.ShowMe();//调用类的成员函数输出
    return 0;
}
```

输入

```
Enter a person's name, age and sex:Wang2 20 f
```

输出

```
person1:  Wang2    20    f
person1:  Zhang3   19    m
person2:  Zhang3   19    m
```

下面再看几个简单的例子,说明怎样用类来设计程序,以及为什么要用 public 和 private 成员访问说明符控制对数据成员和成员函数的访问。

例 7 - 4　定义一个最简单的日期类,仅包含说明日期的数据成员。

程序

```
// Example 7-4  最简单的日期类
#include <iostream>
using namespace std;
class Date
{
```

```
public：
    int day,month,year;
};
int main()
{
    Date date1,date2;//声明 2 个日期对象
    cin >> date1.day >> date1.month >> date1.year;
    cout << date1.month << "-" << date1.day << "-" << date1.year
        << endl;
    cin >> date2.day >> date2.month >> date2.year;
    cout << date2.month << "-"<< date2.day << "-"<< date2.year
        << endl;
    return 0;
}
```

输入和输出：

28 3 2006

3 - 28 - 2006

38 13 2006

13 - 38 - 2006

说明　这是一个最简单的例子，类 Date 中只有数据成员，并且它们都被说明为 public，因此可以在类的外部对这些成员进行操作。在主函数中定义了 date1 和 date2 两个 Date 类的对象，从键盘输入了它们数据成员的值，并通过屏幕输出这些值。要注意不能直接使用类名访问数据成员，如 Date. day，Date. month，Date. year 等，因为类是一种抽象的数据类型，只有对象是实际存在的实体。

对象也可以作为函数的形式参数来调用。可以把例 7 - 4 中对象的输入输出操作用函数来完成。

例 7 - 5　定义最简单的日期类，用函数实现对象的输入输出操作。

程序

```
// Example 7-5:最简单的日期类用函数实现对象的输入输出操作
# include <iostream>
using namespace std;
class Date
{
public：
    int day,month,year;
};
void set_date(Date& d);
void show_date(Date d);
int main()
```

```
{
    Date date1,date2; //声明 2 个日期对象
    set_date(date1);//使用成员函数操作数据成员
    show_date(date1);
    set_date(date2);
    show_date(date2);
    return 0;
}
void set_date(Date& d)
{
    cin >> d.day >> d.month >> d.year;
}
void show_date(Date d)
{
    cout << d.month << "-" << d.day << "-" << d.year << endl;
}
```

输入和输出：

```
28 3 2006
3 - 28 - 2006
38 13 2006
13 - 38 - 2006
```

说明 这里的函数 set_date(Date&)和 show_date(Date)是在类外定义的普通函数,分别用来给对象的数据成员赋值和显示数据成员的值,它们的形参都是 Date 类型。尤其要注意的是,函数 set_date(Date&)的形参类型是 Date 类的引用,形参和实参将占用同一段内存单元,因为该函数需要向实参赋值,简单的值调用无法实现这一点。与例 7 - 4 一样,在输入时可能出现不合逻辑的数据,类本身无法处理,需要类的使用者进行判断。

当类的数据成员声明为 private,在类的外部无法对它们进行访问,这时就需要使用声明为 public 的成员函数来访问它们,并构成完整意义上的类。

例 7 - 6 定义简单的完整意义上的日期类。

程序

```
// Example 7 - 6:简单的完整意义上的日期类
# include <iostream>
using namespace std;
class Date
{
    int day,month,year;
public:
    void init(int,int,int);//初始化数据成员
    void print_ymd();
```

```
        void print_mdy();
    };
    void Date::init(int yy, int mm, int dd)
    {     month = ( mm >= 1 && mm <= 12 ) ? mm : 1;
          year = ( yy >= 1900 && yy <= 2100 ) ? yy : 1900;
          day = ( dd >= 1 && dd <= 31 ) ? dd : 1;
    }
    void Date::print_ymd()
    {     cout << year << " - " << month << " - " << day << endl;}
    void Date::print_mdy()
    {     cout << month << " - " << day << " - " << year << endl;}
    int main()
    {
          Date date1,date2;
          date1.print_ymd();//未初始化时的情况
          date1.init(2006,3,28);//正确的初始化数据
          date1.print_ymd();
          date1.print_mdy();
          date2.init(2006,13,38);//错误的初始化数据
          date2.print_ymd();
          date2.print_mdy();
          return 0;
    }
```

输出：
-858993460 - -858993460 - -858993460
2006 - 3 - 28
3 - 28 - 2006
2006 - 1 - 1
1 - 1 - 2006

　　说明　假设 Date 类的数据成员 year、month、day 被说明为 public，那么在 main()函数中实例化的 Date 类对象可以直接操作这些数据成员，由此带来的后果是可能输入一些不合逻辑的数据，例 7-5 和例 7-6 都说明了这一点。使用 init()成员函数访问说明为 private 的数据成员则可以提供数据验证功能，保证数据设置正确。此外，输出时可以对原始数据进行编辑，得到数据的不同形式。还有一点要注意的是，创建对象后必须对数据成员初始化后才能进行进一步的操作，否则其值是不可确定的，程序输出的第一行就显示了这一点。

7.5　对象的存储

　　使用类创建对象时，系统会为每一个对象分配一块存储空间。类中包含有数据成员和成

员函数,数据和函数的代码都应该有相应的存储空间。现在思考一下,如果用一个类声明了 5 个对象,系统是否需要分别为这 5 个对象分配存储数据和成员函数代码的存储空间呢?

从前面的分析可以看出,给对象赋值都是给对象的数据成员赋值,不同对象数据成员的值是不同的,而它们成员函数的代码是相同的,不论调用哪一个对象的成员函数,实际上调用的都是相同的代码,为每一个对象都开辟存储成员函数的空间是没有必要的。能否使用一段空间来存放这个公共的函数代码段,在调用各个对象的成员函数时,都去调用这个公共的函数代码呢?

事实上,C++ 的编译系统也正是这样做的。因此,每个对象的存储空间都只是该对象的数据成员所占用的存储空间,而不包括成员函数代码所占用的空间,函数代码是存储在对象空间之外的。而且,不论成员函数是在类的声明内部定义还是在类的外部定义,不论成员函数是否用 inline 声明,其代码段都不占用对象的存储空间。可以通过下面的程序进行验证:

```
#include <iostream>
using namespace std;
class Date
{
    int day,month,year;
public:
    void init(int yy, int mm, int dd)
    {
        month = ( mm >= 1 && mm <= 12 ) ? mm : 1;
        year = ( yy >= 1900 && yy <= 2100 ) ? yy : 1900;
        day = ( dd >= 1 && dd <= 31 ) ? dd : 1;
    }
    void print_ymd();
    void print_mdy();
};
void Date::print_ymd()
{    cout << year << "-" << month << "-" << day << endl;}
void Date::print_mdy()
{    cout << month << "-" << day << "-" << year << endl;}
int main()
{
    Date date1;
    cout << sizeof(date1) << endl;
    cout << sizeof(Date) << endl;
    return 0;
}
```

运行上面的程序,可以发现,无论成员函数定义在类的内部还是外部,或者是否声明为 inline,输出的值都为 12,即类对象所占空间的大小只取决于数据成员所占用的空间,而与成员函数无关。这也并不意味着成员函数不属于对象,因为对象的成员函数是一个逻辑角度的概念,而与物理上的具体实现并无矛盾与冲突之处。

7.6　静态成员

每当说明一个某类的对象时,系统为该对象分配一块内存用来存放类中的所有成员。也就是说,在每一个对象中都存放有其所属类中所有成员的拷贝。但在有些应用中,希望程序中同类对象共享某个数据。对此,一种解决方法是将所要共享的数据说明为全局变量,但这就破坏了数据的封装性;较好的解决办法是将所要共享的数据说明成类的静态成员。

类中用关键字 static 修饰的数据成员叫做静态数据成员。说明静态数据成员的方法与说明普通静态变量相同,只是静态成员变量的说明位于类的定义中。例如:

```
class MyClass
{   int x;
static int Count;
};
int MyClass::Count = 0;                          //在文件范围内定义 Count 成员
MyClass MemberX, MemberY;
```

类 MyClass 中有两个数据成员 x 和 Count,前者为普通数据成员,在对象 MemberX 和 MemberY 中都存在有各自的该数据成员的副本;后者为静态数据成员,所有类 MyClass 对象中的该成员实际上是同一个变量。C++编译器将静态数据成员存放在静态存储区,该存储区中的数据为类的所有对象所共享。

在类中说明的静态数据成员属于引用性说明,在使用静态数据成员之前,还必须对静态数据成员进行定义性说明,同时可对其初始化。上面程序的倒数第 2 行就是对静态数据成员 Count 的定义性说明。

与数据成员一样,成员函数也可以被说明成静态的。例如:

```
class MyClass
{public:
static int sfunc();
};
int MyClass:: sfunc(){…}
```

静态成员函数与其它成员函数一样,也可以说明为内联的,但不得说明为虚函数。

由于静态成员函数没有 this 指针,因此,静态成员函数只直接访问类中的静态成员,如果要访问类中的非静态成员时,必须借助对象名或指向对象的指针。

一个类中所有非静态成员函数均可以直接访问静态的和非静态的数据成员,且在 C++的具体实现中,为了节省内存而将一个类所有对象的成员函数只保存一个拷贝,因此,静态成员函数仅在逻辑上有意义,即一个属于所有对象共有的成员函数。通常,如果类中有静态数据成员,则将访问该成员的函数说明成静态的。

课外阅读

7.7 类的组合

一个类的对象可以作为另一个类的数据成员,这称为类的组合(composition)。例如,假如需要在例 7-1 的 Person 中增加一个属性 Birthday 表示人的生日,那么 Birthday 的类型可以是例 7-6 中声明的 Date 类:

```
class Date
{
    int day,month,year;
public:
    void init(int,int,int);
    void print_ymd();
    void print_mdy();
};
```

相应的 Person 类声明如下:

```
class Person
{
private:
    char        Name[20];
    char        Sex;
    Date        Birthday;
public:
    void        Register(char * name, Date bday, char sex);
    void        ShowMe();
};
```

注意,如果成员类也是在本程序中定义的,则应将成员类的定义或声明放在另一个类的前面。例如:

```
class   Date;
class   Person
{
    Date        Birthday;
    …
};
class Date
{…};
```

7.8　接口与实现方法的分离

　　C++通过类实现封装性,把数据和与之有关的操作封装在一个抽象数据类型中。在声明类时,一般把所有的数据声明为私有的,使它们与外界隔离,而把操作这些数据的成员函数声名为公有的,外界通过公有的成员函数实现对私有数据成员的操作。公有的成员函数是用户使用类的公有接口(public interface),在类外虽然不能直接访问私有的数据成员,但可以通过调用公有的成员函数来引用或修改私有的数据成员。

　　公有的成员函数对数据的操作称为类的实现(implementation),操作的功能在类的定义时就已确定,类的用户可以使用它们但不能修改它们。事实上,用户往往并不关心这些功能是如何实现的,只是需要知道调用这些函数需要哪些参数,会得到什么结果。因此,类中的数据通常是私有的,类的实现细节对用户是隐蔽的,这种类的接口和实现方法的分类就形成了信息隐蔽,这也是良好软件工程的一个基本原则。

　　到现在为止,本书中介绍的例子程序都包含在一个文件中,事实上,也已经涉及到了接口与实现方法分离,前面的程序几乎都用到了 iostream. h 这个头文件,后面就会讲到,这是 C++标准输入输出流类的接口。就类的用户而言,类实现方法的改变并不影响用户的使用,只要类的接口保持不变即可,而类的功能可能扩展到原接口以外。

　　类的声明一般放在一个头文件中,形成类的 public 接口,并向客户提供调用类成员函数所需的函数原型。类成员函数的定义放在源文件中,形成类的实现方法。类的用户使用类时不需要关心类的源代码,但客户需要连接类的目标码。对类接口很重要的信息应放在头文件中。只在类内部使用而类的用户不需要的信息应放在源文件中。

　　下面的例子把例 7-1 的程序分成了 3 个文件处理。

　　例 7-7　Person 类,多个文件组成的程序。

　　程序

```
// Person. h 文件 Person 类的声明
#ifndef PERSON_H
#define PERSON_H
class Person
{
private:
    char        Name[20];
    char        Sex;
    int         Age;
public:
    void        Register(char * name, int age, char sex);
    void        ShowMe();
};
#endif
```

```
// Person.cpp 文件 Point 类的成员函数定义
#include <iostream>
#include <cstring>
#include"person.h"
using namespace std;
void Person::Register(char *name, int age, char sex)
{   strcpy(Name, name);
    Age = age;
    Sex = (sex == 'm'? 'm':'f');
}
void Person::ShowMe()
{   cout << Name << '\t' << Age << '\t' << Sex << endl;}
// Example 7-7.cpp 文件:主函数,测试 Person 类
#include <iostream>
using namespace std;
#include"person.h"
int main()
{
    char name[20], sex;
    int age;
    Person  person1, person2;
    cout << "Enter a person's name, age and sex:";
    cin  >> name >> age >> sex;
    person1.Register(name, age, sex);
    cout << "person1:\t";
    person1.ShowMe();
    person1.Register("Zhang3", 19, 'm');
    cout << "person1:\t";
    person1.ShowMe();
    person2 = person1;              //对象之间的赋值
    cout << "person2:\t";
    person2.ShowMe();
    return 0;
}
```

分析　这个例子中,一个程序由 3 个文件构成,类的声明放在头文件中,成员函数的实现放在相同基本名字的源代码文件中,使用类的文件"Person.cpp"和"Example 9-7.cpp"通过包含头文件"person.h"获得了类中声明和定义的资源,直接访问相应的成员函数。要注意使用#include 包含的是头文件的名字,它和类的名字无关。

上述程序中类的声明包含在预处理指令#ifndef 和#endif 之间,这样,在定义了类的名

字(PERSON_H)时就不再包含♯ifndef 和♯endif 之间的代码。如果文件中原先没有包含头文件,则类的名字(PERSON_H)由♯define 指令定义,并使该文件包含头文件语句,这样可以避免多次包含头文件语句。多次包含头文件语句通常发生在大程序中,许多头文件本身已经包含其它头文件。另外要注意的是,预处理指令中符号化常量名使用的规则是把头文件名中圆点(.)换成下划线(_),当然这只是一种约定俗成的方法,如果使用其它的名字,只要不产生名字冲突,也都是合法的。

程序设计举例

　　例 7-8　点类和圆类。在二维平面空间上,使用 x-y 坐标可以确定一个点;确定了圆心坐标和半径可以确定一个圆。声明一个点类,并使用这个点类的对象为数据成员声明圆类。

```
// Point.h 文件 Point 类的声明
# ifndef POINT_H
# define POINT_H
class Point {
    int x, y;                    //点的 x 和 y 坐标
public:
    void SetPoint( int, int );   // 设置坐标
    int GetX() { return x; }     // 取 x 坐标
    int GetY() { return y; }     // 取 y 坐标
    void Print();                //输出点的坐标
};
# endif
// Point.cpp 文件 Point 类的成员函数定义
# include <iostream>
using namespace std;
# include "point.h"
void Point::SetPoint( int a, int b )
{   x = a;
    y = b;
}
void Point::Print()
{   cout << '[' << x << ", " << y << ']';}
// Circle.h 文件 Circle 类的声明
# ifndef CIRCLE_H
# define CIRCLE_H
# include <iostream>
using namespace std;
# include "point.h"
class Circle
```

```
{
    double Radius;
    Point Center;
public:
    void SetRadius(double);          //设置半径
    void SetCenter(Point);           //设置圆心坐标
    double GetRadius();              //取半径
    Point GetCenter();               //取圆心
    double Area();                   //计算面积 a
    void Print();                    //输出圆心坐标和半径
};
#endif
//Circle.cpp 文件 Circle 类的成员函数定义
# include <iostream>
using namespace std;
# include "circle.h"
void Circle::SetRadius(double r)
{
    Radius = ( r >= 0 ? r : 0 );
}
void Circle::SetCenter(Point p)
{
    Center = p;
}
Point Circle::GetCenter()
{
    return Center;
}
double Circle::GetRadius()
{
    return Radius;
}
double Circle::Area()
{
    return 3.14159 * Radius * Radius;
}
void Circle::Print()
{
    cout << "Center = ";
```

```
        Center.Print();
        cout << "; Radius = " << Radius << endl;
    }
// Example 7 - 8.cpp 文件：Circle Demo
# include <iostream>
using namespace std; # include "point.h"
# include "circle.h"
int main()
{
    Point p,center;
    p.SetPoint(30,50);
    center.SetPoint(120,80);
    Circle c;
    c.SetCenter(center);
    c.SetRadius(10.0);
    cout << "Point p: ";
    p.Print();
    cout << "\nCircle c: ";
    c.Print();
    cout << "The certre of circle c: ";
    c.GetCenter().Print();
    cout << "\nThe area of circle c: " << c.Area() << endl;
    return 0;
}
```

输出：

```
Point p: [30, 50]
Circle c: Center = [120, 80]; Radius = 10
The certre of circle c: [120, 80]
The area of circle c: 314.159
```

分析　这个例子由 5 个文件构成，Point 类和 Circle 类的声明放在头文件中，成员函数的实现放在相同基本名字的源代码文件中，在文件"Example 7 - 8.cpp"中编写主函数对两个类进行了测试。Circle 类的数据成员 Center 是 Point 类的对象，因此对 Center 的操作可以使用 Point 类的成员函数进行。

小结

1. 面向对象是人们观察世界的自然方式；面向对象的程序设计是编写计算机程序的自然方式；

2. 类是具有相同的属性和操作方法，并遵守相同规则的对象的集合；

3. 类是一种用户自定义数据类型，或者称为抽象数据类型，每个类包含数据和操作数据的一组函数；

　　4.类的数据部分称为数据成员或者属性,类的函数部分称为成员函数或者方法；

　　5.类成员的访问控制权限有三种：私有(private)、公有(public)和保护(protected)；

　　6.数据成员说明为私有可以阻止外界对它们的随意访问,说明为公有的成员函数是外界访问类中数据成员的统一接口；

　　7.一个类的任何成员可以访问该类的其它任何成员,而在该类作用域之外对该类的数据和成员函数的访问则受到一定的限制；

　　8.内联成员函数以提高程序的执行效率；

　　9.对象是类的实例；

　　10.同类对象之间可以整体赋值；

　　11.一个类的对象可以作为另一个类的数据成员。

习题

　　1.定义一个 Dog 类,包含 name、age、sex、weight 等属性以及对这些属性操作的方法。实现并测试这个类。

　　2.设计并测试一个名为 Ellipse 的椭圆类,其属性为外接矩形的左上角与右下角两个点的坐标,并能计算出椭圆的面积。

　　3.仿照 Date 类设计一个 Time 类,按各种可能的格式输出时间。

　　4.创建一个 Rectangle 类。这个类具有成员 length 和 width,以及包含成员周长(perimeter)和面积(area)。成员函数 Set 设置并验证 length 和 width 都是大于 0 且小于 20 的浮点数。编写该类计算周长和面积并验证。

　　5.创建一个 SavingAccount 类,一个静态成员 annualInterestRate 保存全部账户所有人的年利率。类的每个对象包含私有变量 savingBalance,表示该账户当前的存款余额。提供一个计算月利息的成员函数 CalculateMonthlyInterest,将 savingBalance 和 annaulInterestRate 相乘并除以 12,然后将该利息加到 savingBalance 中。提供一个静态成员函数 ModifyInterestRate,将 annualInterestRate 设置成一个新值。编写程序,测试该类。

第8章 类的构造与析构

▶ 本章目标

介绍两个特殊的成员函数:构造函数和析构函数。采用不同的方法初始化对象的数据成员,通过指针访问对象。

▶ 授课内容

8.1 构造函数

8.1.1 对象初始化和构造函数

类是一种抽象的数据类型,其数据成员不能在声明时初始化。下面的描述是错误的。

```
class Date
{
    int day = 28;
    int month = 3;
    int year = 2006;
};
```

前面在介绍变量时,我们强调了变量必须先赋值、后使用,对象也是如此。对象的初始化体现在对数据成员的赋值,创建对象时,如果一个数据成员没有被赋值,那么和普通变量一样,它的值是不可预知的。对象是一个实体,在使用一个对象时,它的数据成员应该有确定的值。

如果一个类中所有的成员(包括数据成员和成员函数)都是公有的,如

```
class Date
{
    pub lic:
    int day;
    int month;
    int year;
};
```

那么在定义对象时可以对数据成员进行初始化。如

Date d1 = {28,3,2006};   // 将 d1 初始化为 2006 年 3 月 28 日

这种情况类似于结构体。但是,如果类中包含私有的或保护的成员,就不能这样进行初始化。如果数据成员是公有的,还可以使用例 7-4 和例 7-5 中介绍的方法进行赋值,对于私有的数

据成员,则只能使用公有的成员函数对它们赋值(如例 7 - 6)。

C++还提供了构造函数(Constructor)来处理对象的初始化。构造函数是类的一个特殊的成员函数,在每次生成类对象(实例化)时自动调用。构造函数的说明格式为

　　　＜类名＞　(＜参数表＞);

即构造函数与类同名,且没有返回值类型。构造函数既可在类外定义,也可作为内联函数在类内定义。构造函数允许重载,提供初始化类对象的不同方法。在生成类对象时,其成员可以用类的构造函数自动初始化。例 8 - 1 在例 7 - 6 的基础上添加了构造函数。

例 8 - 1 定义一个带构造函数的日期类。

程序

```cpp
// Example 8-1:带构造函数的日期类
#include <iostream>
using namespace std;
class Date
{
    int day,month,year;
public:
    Date();      //构造函数
    void init(int,int,int);      //对数据成员赋值
    void print_ymd();
    void print_mdy();
};
Date::Date()
{
    year = 1900;
    month = 1;
    day = 1;
}
void Date::init(int yy, int mm, int dd)
{   month = ( mm >= 1 && mm <= 12 ) ? mm : 1;
    year = ( yy >= 1900 && yy <= 2100 ) ? yy : 1900;
    day = ( dd >= 1 && dd <= 31 ) ? dd : 1;
}
void Date::print_ymd()
{   cout << year << "-" << month << "-" << day << endl;}
void Date::print_mdy()
{   cout << month << "-" << day << "-" << year << endl;}
int main()
{
    Date date1,date2;      //创建 2 个日期类对象
```

```
        date1.print_ymd();        //输出使用 init 赋值前对象的内容
        date2.print_ymd();
        date1.init(2006,3,28);        //正确的赋值数据
        date1.print_ymd();
        date1.print_mdy();
        date2.init(2006,13,38);        //错误的赋值数据
        date2.print_ymd();
        date2.print_mdy();
        return 0;
    }
```

输出：

1900 − 1 − 1

1900 − 1 − 1

2006 − 3 − 28

3 − 28 − 2006

2006 − 1 − 1

1 − 1 − 2006

说明：可以发现，添加了构造函数之后，在创建对象时，对象的数据成员不再是不可确定的，构造函数自动执行，对数据成员进行赋值。也就是说，当遇到说明

```
        Date date1,date2;
```

时，编译器就自动调用构造函数

```
        Date::Date()
```

来创建对象 date1 和 date2 并初始化其数据成员。

与类的其他成员函数一样，构造函数也可以直接在类的声明中定义，这时候他们就是内联构造函数，如

```
    class Date
    {
        int day,month,year;
    public:
        Date()
        {
            year = 1900; month = 1; day = 1;
        }
        ...
    };
```

要注意这并不是在声明中直接对数据成员赋初值（前面已经讲过这是不允许的），所有的赋值语句都包含在构造函数的函数体中，只有在调用构造函数时才会执行这些语句，为对象的数据成员赋值。

有关构造函数的使用，要注意以下几点：

(1)构造函数在类的对象进入其作用域时调用,即在创建对象时调用;

(2)构造函数是在创建对象时由系统自动调用的,而且只执行一次,不需要也不能够被用户调用,下面的用法是错误的:

```
date1.Date();
```

(3)构造函数一般声明为 public。构造函数没有返回值,不需要在声明时指定返回值的类型,声明为

```
void Date()
{
    year = 1900; month = 1; day = 1;
}
```

是错误的,这是它和一般函数的一个重要的不同点。

(4)构造函数的作用是对对象进行初始化,通常由一系列赋值语句构成,但也可以包含其他语句,只是一般不提倡在构造函数中加入与初始化无关的内容。

(5)如果用户没有定义构造函数,则系统会自动生成一个默认构造函数在创建对象时调用,只是这个构造函数的函数体是空的,不执行对数据成员的初始化操作。

8.1.2　构造函数的重载

在 8.1.1 的例子中构造函数都不带参数,在函数体中对各数据成员赋一固定的值,这样该类的每一个对象都有相同的一组初值,如例 8-1 中 date1 和 date2 的初值均为 1900 年 1 月 1 日。

可以使用带参数的构造函数从外界将不同的数据传递给构造函数,以实现不同值的初始化。如上述 Date 类的构造函数可以写成

```
Date::Date(int yy, int mm, int dd)
{
    year = yy;
    month = mm;
    day = dd;
}
```

数据成员的值分别从参数 yy、mm、dd 中得到。

前面已经说明构造函数不能由用户调用,因此,实参在定义对象时给出,如

```
Date date1(2006,3,28),date2(2006,1,1);
```

创建对象时 date1 和 date2 分别被初始化为 2006 年 3 月 28 日和 2006 年 1 月 1 日。

在一个类中可以定义多个构造函数,为类的对象提供不同的初始化方法。这些构造函数有相同的名字,而参数的个数或参数的类型不同,这就是构造函数的重载。请看下面的例子。

例 8-2　定义一个带重载构造函数的日期类。

程序

```
// Example 8-2:重载构造函数的日期类
#include <iostream>
using namespace std;
class Date
```

```
{
    int day,month,year;
public:
    Date();       //构造函数
    Date(int,int,int);     //构造函数
    void init(int,int,int);
    void print_ymd();
    void print_mdy();
};
Date::Date()
{
    year = 1900;
    month = 1;
    day = 1;
}
Date::Date(int yy, int mm, int dd)
{
    init(yy,mm,dd);
}
void Date::init(int yy, int mm, int dd)
{
    month = ( mm >= 1 && mm <= 12 ) ? mm : 1;
    year = ( yy >= 1900 && yy <= 2100 ) ? yy : 1900;
    day = ( dd >= 1 && dd <= 31 ) ? dd : 1;
}
void Date::print_ymd()
{   cout << year << "-" << month << "-" << day << endl;}
void Date::print_mdy()
{   cout << month << "-" << day << "-" << year << endl;}
int main()
{
    Date date1,date2(2006,3,28);     //使用 2 个不同的重载构造函数创建 2 个
日期类对象
    date1.print_ymd();
    date2.print_ymd();
    date1.init(2006,3,28);
    date1.print_ymd();
    date2.init(2006,4,8);
    date2.print_ymd();
```

```
        return 0;
    }
```

输出：

1900 - 1 - 1

2006 - 3 - 28

2006 - 3 - 28

2006 - 4 - 8

说明：Date 类中定义了两个构造函数，第一个无参数，在函数体中对数据成员赋以固定的值；第二个有三个参数，函数体中分别把参数值赋给数据成员。主函数中创建对象时，date1 没有给出参数，因此调用无参的构造函数把 date1 初始化为 1900 年 1 月 1 日；date2 给出了三个参数，系统自动找到有三个参数的构造函数把 date2 初始化为 2006 年 3 月 28 日。在这个例子中，类的成员函数 init(int,int,int) 已经提供了带三个参数构造函数的所有功能，所以构造函数 Date(int,int,int) 直接调用 init(int,int,int) 实现，避免了重复代码。读者应该注意到，对象创建后仍可以使用成员函数 init(int,int,int) 重新为对象赋值。

在定义对象时没有给出参数，对象将通过默认构造函数创建，显然，无参的构造函数属于默认构造函数。一个类只能有一个默认构造函数。前面已经说明，如果在类中用户没有定义构造函数，系统会自动提供一个默认构造函数，只不过其函数体为空，不能对数据成员进行初始化。但是，并非所有的类都有默认的构造函数，例如在例 8 - 2 中，如果仅定义了构造函数 Date(int,int,int) 而没有定义 Date()，那么 Date 类就没有默认构造函数，这时使用

```
    Date date1;
```

来创建对象 date1 就是错误的，因为 Date 类只有一个包含三个参数的构造函数，系统仅在用户没有定义任何形式的构造函数时才会自动提供默认构造函数。

还要注意使用默认构造函数时，不能写成

```
    Date date1();
```

的形式，因为构造函数不能被显式调用。同时，尽管一个类可以包含多个构造函数，但对每一个对象而言，创建时只执行其中的一个构造函数。

8.1.3 数据成员的初始化方法

在构造函数中可以采用不同的形式对数据成员进行初始化。主要有：

(1)在构造函数的函数体中进行初始化，前面介绍的构造函数都使用了这种方法。例如：

```
    class Date
    {
        int day,month,year;
    public:
        Date(int yy, int mm, int dd);
        {
            year = yy;
            month = mm;
            day = dd;
```

```
        }
        ...
    };
```

当遇到声明

```
        Date date1(2006,3,28);
```

时，编译器就调用构造函数

```
        Date::Date(int yy, int mm, int dd)
```

来创建对象 date1 并用实参初始化其数据成员。

　　构造函数的形参还可以是本类的对象的引用，其作用是使用一个已经存在的对象去初始化一个新的同类对象，这也称为拷贝构造函数。例如，

```
        Date(Date &d)
        {
            year = d.year;
            month = d.month;
            day = d.day;
        }
```

当遇到声明

```
        Date date2(date1);
```

时，编译器就调用上面的构造函数来创建对象 date2，并用对象 date1 初始化 date2。

　　(2)在构造函数的头部使用参数初始化表实现对数据成员的初始化。其格式为：

＜类名＞::＜构造函数＞(＜参数表＞):＜变量$_1$＞(＜初值$_1$＞),…,＜变量$_n$＞(＜初值$_n$＞)

```
        {…}
```

例如

```
        Date::Date(int yy, int mm, int dd):year(yy),month(mm),day(dd)
        {}
```

即在函数首部的末尾加一个冒号，再列出参数的初始化表。上述初始化表的含义是，用形参 yy 初始化数据成员 year，用形参 mm 初始化数据成员 month，用形参 dd 初始化数据成员 day。

　　(3)混合初始化，即参数的初始化表和赋值语句相结合的方法。例如

```
        Date::Date():month(1),day(1)
        { year = 1900; }
```

　　(4)使用默认参数初始化。前面我们介绍过在函数中可以使用带默认值的参数，构造函数也可以包含默认参数，即参数的值既可以通过实参传递，也可以指定为某些默认值，如果用户不指定实参值，编译系统就给形参取默认值。例如，如果 Date 类的构造函数定义为

```
        Date(int yy, int mm = 1, int dd = 1)
        {
            year = yy;
            month = mm;
            day = dd;
        }
```

那么,当如下创建对象时

```
Date date1(2006);
Date date2(2006,4);
Date date3(2006,4,8);
```

date1 初始化为 2006 年 1 月 1 日,date2 初始化为 2006 年 4 月 1 日,date3 初始化为 2006 年 4 月 8 日。

下面的例子说明了数据成员初始化的各种方法。

例 8 - 3 构造函数中数据成员初始化的不同方法。

程序

```cpp
// Example 8-3:构造函数中数据成员初始化的不同方法
# include <iostream>
using namespace std;
class Date
{
    int day,month,year;
public:
    Date():year(1900),month(1),day(1)  //构造函数,无参数,使用参数初始化表
    {}
    Date(int yy,int mm = 1,int dd = 1);    //构造函数,3 个参数,2 个有默认值
    Date(Date& d)    //拷贝构造函数
    {
        year = d.year;
        month = d.month;
        day = d.day;
    }
    void print_ymd();
};
Date::Date(int yy,int mm,int dd):year(yy),month(mm),day(dd)
{}
void Date::print_ymd()
{   cout << year << "-" << month << "-" << day << endl;}
int main()
{
    Date date1;    //使用无参数的构造函数创建日期类对象
    cout << "date1:";
    date1.print_ymd();
    Date date2(2006);    //使用 3 参数的构造函数创建日期类对象,2 个默认值
    cout << "date2:";
    date2.print_ymd();
```

```
        Date date3(2006,4);      //使用 3 参数的构造函数创建日期类对象,1 个默认值
        cout << "date3:";
        date3.print_ymd();
        Date date4(2006,4,8);     //使用 3 参数的构造函数创建日期类对象
        cout << "date4:";
        date4.print_ymd();
        Date date5(date4);        //使用拷贝构造函数创建日期类对象
        cout << "date5:";
        date5.print_ymd();
        return 0;
    }
```

输出:

date1:1900 - 1 - 1

date2:2006 - 1 - 1

date3:2006 - 4 - 1

date4:2006 - 4 - 8

date5:2006 - 4 - 8

　　说明:本程序的 Date 类中定义了三个重载的构造函数,第一个无参数,是默认构造函数,使用参数初始化表将数据成员赋为固定值,对象 data1 用它构造;第二个构造函数有三个参数,其中的两个参数有默认值,对象 data2、data3、data4 是分别指定了不同个数的实参用它构造出来的对象;第三个构造函数为拷贝构造函数,可以看出用它创建出的对象 data5 和 data4 有相同的值。

　　使用构造函数初始化数据成员的不同形式时,还要注意以下几个问题:

　　(1)构造函数中使用默认参数时,它相当于几个重载的构造函数,如例 8 - 3 的构造函数 Date(int yy,int mm=1,int dd=1)就相当于 3 个分别为 1 个、2 个、3 个参数的构造函数。

　　(2)如果构造函数在类的声明外定义,那么构造函数的默认参数应该在类内声明构造函数原型时指定,而不能在构造函数定义时指定。虽然在任意一处指定都能得到正确的结果(不能两处都指定,否则会编译出错),但类的声明是类的外部接口,用户是可以看到的,而函数的定义作为类的实现细节用户往往是看不到的,因此声明时指定默认参数,可以保证用户在创建对象时怎样使用默认参数。

　　(3)如果构造函数的参数全部指定了默认值,则在创建对象时可以指定一个或几个实参,也可以不给出实参,这时的构造函数属于默认构造函数,例如

```
        Date(int yy = 1900,int mm = 1,int dd = 1);
```

前面介绍过,一个类只能有一个默认构造函数,这时就不能再声明无参的默认构造函数

```
        Date();
```

显然,如用下面的语句创建对象

```
        Date date1;
```

编译系统将无法判断应该调用哪个构造函数。事实上,对于参数全部指定了默认值的构造函数,不能再定义其他参数类型与之相同的重载构造函数,否则可能造成歧义,例如再声明 Date

类的一个重载构造函数

　　　　　Date(int,int);

如用下面的语句创建对象

　　　　　Date date2(2006,4);

编译系统也将无法判断应该调用哪个构造函数。因此,一般情况下,不要同时使用构造函数的重载和有默认参数的构造函数。

8.2　析构函数

　　与构造函数相对应,析构函数(Destructor)也是类的一个特殊的成员函数。析构函数在对象撤消时被调用,当一个对象的生存期结束时,系统将自动地调用析构函数。析构函数的说明格式为:

　　　　　～<类名>();

　　定义析构函数时应注意:

　　(1)析构函数名与类名相同,只是它的前边须冠以波浪号"～"以与构造函数区别开来。

　　(2)析构函数不带有任何参数,因此,析构函数不能重载。

　　(3)析构函数没有返回类型。

　　析构函数在对象撤销时被调用,但其本身并不实际删除对象,而是进行一些销毁对象前的扫尾工作,如用 delete 运算符释放动态分配的存储等。

　　例 8 - 4　为类 Person 增加构造函数和析构函数。

　　程序

```
// Example 8 - 4:为类 Person 增加构造函数和析构函数
# include <iostream>
# include <cstring>
using namespace std;
class Person
{private:
    char    Name[20];
    int     Age;
    char    Sex;
public:
    Person()                //构造函数
    {   strcpy(Name, "XXX");
        Age = 0;
        Sex = 'm';
    }
    ～Person()              //析构函数
    {   cout<<"Now destroying the instance of Person"<<endl;}
    void    Register(char * name, int age, char sex);
```

```
        void      ShowMe();
    };
    void Person∷Register(char * name, int age, char sex)
    {    strcpy(Name, name);
        Age = age;
        Sex = (sex = = 'm'? 'm':'f');
    }
    void Person∷ShowMe()
    {    cout << Name << '\t' << Age << '\t' << Sex << endl;}
    int main()
    {    Person   person1, person2;        //对象调用构造函数
        cout << "person1: \t";
        person1.ShowMe();
        person1.Register("Zhang3", 19, 'm');
        cout << "person1: \t";
        person1.ShowMe();
        cout << "person2: \t";
        person2.ShowMe();
        person2 = person1;              //对象之间的赋值
        cout << "person2: \t";
        person2.ShowMe();
        return 0;
    }
```

输出：

person1：	XXX	0	m
person1：	Zhang3	19	m
person2：	XXX	0	m
person2：	Zhang3	19	m

Now destroying the instance of Person

Now destroying the instance of Person

说明：在创建一个对象时，系统自动调用对象所属类的构造函数。程序结束前，需要清除对象 person1、person2，析构函数被自动调用。

8.3　对象与指针

在本书第 6 章介绍了指针的声明、使用方法及指向函数的指针。对象作为包含数据成员和成员函数的复合数据类型的变量，也可以通过指针来访问。

8.3.1　指向对象的指针

和基本数据类型的变量一样,对象在创建时也会分配存储空间用以保存对象的数据成员。可以声明指向对象的指针,存放对象存储空间的起始地址。指向对象的指针声明方法与声明指向基本数据类型变量的指针相同,例如,对于第 7 章中介绍的 Person 类,可以声明

```
Person person1;
Person * ptr = &person1;
```

这样,ptr 就是指向 Person 类对象的指针变量,它指向对象 person1。注意,对象的地址也使用取地址运算符"&"得到。

通过指向对象的指针访问对象的成员要用运算符"->",例如:

```
ptr->ShowMe();
```

这条语句和

```
person1.ShowMe();
```

是等价的。同样,"*"运算符出现在指向对象的指针变量前面,表示对象本身,下面的语句与前面两条语句也是等价的,

```
(*ptr)->ShowMe();
```

需要说明的是,使用指针也只能够访问对象的公有成员。

定义指向对象的指针变量的一般形式为

```
类名 * 对象指针名;
```

使用第 6 章中介绍的 new 运算符可以动态建立一个对象,如

```
Person * pPerson = new Person;
```

当然,用 new 建立的对象要用 delete 释放:

```
delete pPerson;
```

例 8-5　使用动态存储实现例 8-4 程序的功能。

程序

```
#include <iostream>
#include <cstring>
using namespace std;
int main()
{   Person  * p1, * p2;              //声明两个指向对象的指针
    p1 = new Person;                 //动态生成一个 Person 对象
    cout << "person1: \t";
    p1->ShowMe();
    p1->Register("Zhang3", 19, 'm');
    cout << "person1: \t";
    p1->ShowMe();
    p2 = new Person;                 //动态生成一个 Person 对象
    cout << "person2: \t";
    p2->ShowMe();
```

```
        * p2 = * p1;                    //对象之间的赋值
        cout << "person2：\t";
        p2->ShowMe();
        delete p1;                      //释放 p1 指针指向对象所占的空间
        delete p2;                      //释放 p2 指针指向对象所占的空间
        return 0;
    }
```

输出　与例 8-4 相同。

8.3.2　指向对象成员的指针

指向对象的指针存放着对象存储空间的起始地址,对象中的成员也有地址,可以声明指向对象成员的指针变量,指向对象中公有的数据成员或成员函数。

指向对象数据成员的指针变量的声明方法和指向普通变量的指针完全一样,例如,对于例 7-4 中声明的 Date 类,可以进行下面的操作:

```
    Date date1;          //声明对象
    int * p;             //定义指向整型数据的指针
    p = &date1.year;     //p 指向对象 date1 的数据成员 year
    * p = 2006;          //给 date1 的数据成员 year 赋值 2006
```

定义指向对象数据成员的指针变量的一般形式为

```
    数据类型名 * 指针变量名;
```

指向对象成员函数的指针变量的声明方法和指向普通函数的指针有所不同。对于指向普通函数的指针,可以通过下面的方法声明和调用:

```
    double (* p)();      //声明指向 double 类型函数的指针 p
    p = sin;             //p 指向函数 sin
    (* p)(3.1416/4);     //调用函数求 sin(π/4)
```

而声明指向对象成员函数的指针必须指明它所属于的类,例如,对于例 7-6 中声明的 Date 类,可以进行下面的操作:

```
    Date date1;          //声明对象
    void (Date :: * p)(int,int,int);//声明指向 Date 类成员函数的指针 p
    p = Date::init;      //p 指向 Date 类的成员函数 init
    (data1. * p)(2006,4,8);//调用对象 data1 中 p 所指的成员函数(即 init)
```

定义指向对象成员函数的指针变量的一般形式为

```
    数据类型名 (类名:: * 指针变量名)(参数表);
```

使指针变量指向对象成员函数的一般形式为

```
    指针变量名 = 类名::成员函数名;
```

例 8-6　编写程序,演示对象指针的使用方法。

程序

```
    // Example 8-6：对象指针的使用方法
    # include <iostream>
```

```cpp
using namespace std;
class Date
{
public：
    int day,month,year;
    void init(int,int,int);
    void print_ymd();
};
void Date∷init(int yy,int mm,int dd)
{
    year = yy;
    month = mm;
    day = dd;
}
void Date∷print_ymd()
{   cout << year << "-" << month << "-" << day << endl;}
int main()
{
    Date date1;
    Date * p1 = &date1;                 //指向对象的指针
    p1 - >init(2006,3,28);
    p1 - >print_ymd();
    int * p2;
    p2 = &date1.year;                   //指向对象数据成员的指针
    cout <<  * p2 << endl;
    void (Date∷ * p3)(int,int,int); //指向对象成员函数的指针
    void (Date∷ * p4)();                //指向对象成员函数的指针
    p3 = Date∷init;
    p4 = Date∷print_ymd;
    (date1. * p3)(2006,4,8);
    (date1. * p4)();
    return 0;
}
```

输出：

2006 - 3 - 28

2006

2006 - 4 - 8

　　说明：对象的指针只能访问对象的公有成员，而指向对象成员的指针也只能访问公有成员。要注意指向成员函数的指针声明、赋值、调用的方法，声明时要指明类属、返回值类型和参

数类型,赋值时指明类属和函数名(注意不含返回值类型和参数表),调用时通过对象取相应指针中的内容(" * "运算符)并给出实参。

8.3.3　this 指针

在本书第 7 章曾经提到,每个对象的存储空间都只是该对象的数据成员所占用的存储空间,而不包括成员函数代码所占用的空间,函数代码存储在对象空间之外,不同的对象调用同一个函数代码段。这样就产生了一个问题,成员函数的代码段如何区分不同对象中的数据呢?

C++为此设立了一个指针,用来指向不同的对象。C++中每一个类的成员函数都包含一个指向本类对象的指针,这个名为 this 的指针包含了当前被调用的成员函数所在对象的起始地址,通过这个地址可以获得该对象的数据和成员函数,甚至它本身。例如,声明了 Date 类的两个对象 date1 和 date2,执行下列语句

```
date1. init(yy,mm,dd);
```

即调用 date1 的成员函数 init,编译器把对象的起始地址先赋予 this 指针,然后调用 init 函数,执行

```
this - >year = yy;
this - >month = mm;
this - >day = dd;
```

因为当前 this 指针指向 date1,init 函数执行的实际是

```
date1.year = yy;
date1.month = mm;
date1.day = dd;
```

成员函数访问的是 date1 的数据成员;同样,如果执行

```
date2. init(yy,mm,dd);
```

即调用 date2 的成员函数 init,对象的起始地址也从 this 指针得到,init 函数执行

```
this - >year = yy;
this - >month = mm;
this - >day = dd;
```

因为当前 this 指针指向 date2,init 函数执行的实际是

```
date2.year = yy;
date2.month = mm;
date2.day = dd;
```

成员函数访问的是 date2 的数据成员。

this 指针隐式引用对象的数据成员和成员函数,也就是说,this 指针作为一个隐式参数传递给对象的成员函数。一般来说,this 指针用途不大,因为在成员函数中可以直接使用本对象内部的所有成员变量和成员函数。this 指针也可以显式使用,与隐式使用是等价的。

例 8 - 7　编写程序,演示 this 指针的使用。

程序

```
// Example 8 - 7:使用 this 指针
# include <iostream>
```

```
using namespace std;
class Test {
    int x;
public:
    Test( int = 0 );
    void print();
};
Test::Test( int a ) { x = a; }   // 构造函数
void Test::print()
{   cout << "          x = " << x << "\n  this->x = " << this->x
        << "\n( * this).x = " << ( * this ).x << endl;
}
int main()
{   Test testObject( 12 );
    testObject.print();
    return 0;
}
```

输出：
```
          x = 12
  this->x = 12
( * this).x = 12
```

说明：可以看出，显式使用 this 指针和直接访问数据成员的结果相同。

课外阅读

8.4　string 类的成员函数

4.2 节中介绍了用 string 类声明的字符串对象，可以用操作基本数据类型的方法操作字符串，即利用运算符操作，并且 string 对象会自动调整大小以存放相应的字符串，不可能出现字符串越界的情况，提高了使用的安全性。

string 的构造函数有多种重载形式，其中 3 个最常用的构造函数的原型如下：

```
string();
string(const char * str);
string(const string &str);
```

第一种形式创建一个空的 string 对象；第二种形式从 str 所指的以 NULL 结束的字符串中创建一个 string 对象，这种形式提供了一个从以 NULL 结束的字符串到 string 对象的转换；第三种形式从另一个 string 中创建一个 string。

8.4.1　string 类的成员函数

尽管利用字符串运算符可以实现最简单的操作，但是更复杂和精细的操作需要用 string

成员函数完成。这里介绍几个最常用的成员函数。

(1)assign():该函数把一个字符串赋给另一个字符串:

string &assign(const string &str, size_type start, size_type num);

string &assign(const char * str, size_type num);

在第一种形式中,函数将 str 中从 start 指定的下标开始计数的 num 个字符赋给调用对象。在第二种形式中,以 NULL 结束的字符串 str 的前 num 个字符被赋给调用对象。这两种形式的函数都返回一个对调用对象的引用。只有当把部分字符串赋给另一个字符串时才必须使用 assign()函数。

这里的 size_type 是 string 类定义的一个数据类型,实际上是无符号整数,表示字符串长度的数据类型。

(2)append():该函数把某个字符串的一部分添加到另一个字符串的末端:

string &append(const string &str,size_type start, size_type num);

string &append(const char * str, size_type num);

在第一种形式中,函数将 str 中从 start 指定的下标开始计数的 num 个字符添加到调用对象中。在第二种形式中,以 NULL 结束的字符串 str 的前 num 个字符被添加到调用对象中。这两种形式的函数都返回一个对调用对象的引用。只有当把部分字符串添加到另一个字符串时才必须使用 append()函数。

(3)insert()/replace():在一个字符串中插入或替换字符。这两个函数最常用的原型如下所示:

string &insert(size_type start,const string &str);

string &insert(size_type start,const string &str,

              size_type insStart, size_type num);

string &replace(size_type start,size_type num,const string&str);

string &replace(size_type start, size_type orgNum,conststring&str,

              size_type replaceStart,size_type replaceNum);

第一种形式的 insert()函数按 start 指定的下标位置把 str 插入到调用字符串中;第二种形式的 insert()函数按 start 指定的下标位置把 str 中从 insStart 开始的 num 个字符插入到调用字符串中。

第一种形式的 replace()用 str 替换调用字符串中从 start 开始的 num 个字符;第二种形式的 replace()用 str 指定的字符串从 replaceStart 开始的 replaceNum 个字符替换调用字符串中从 start 开始的 orgNum 个字符。这两种形式的 replace()函数都返回一个对调用对象的引用。

(4)erase():删除一个字符串中的字符,它的一种函数形式如下:

string &erase(size_type start = 0,size_type num = npos);

该函数从 start 开始删除调用字符串中的 num 个字符,并返回一个对调用字符串的引用。这里 npos 是 string 类定义的一个常量,它的值为 -1,该常量表示有可能出现的最长的字符串长度。

(5)substr():从字符串中提取一个子串:

string substr(size_type index = 0, size_type len = npos);

该函数从调用字符串中提取一个子串,index 是子串在原字符串中的开始下标,num 是子串的字符个数,并返回抽取出来的子串。

(6)find()/rfind():string 还提供了一组在字符串中查找的函数,find()从 string 对象的起始位置开始查找,rfind()从 string 对象的末尾位置开始查找,查找的对象可以是子串、单个字符或以 NULL 结尾的字符数组。函数返回查找对象在字符串中第一次出现开始位置的下标,如果没有找到,则返回 npos。两种最常用的函数形式如下:

```
size_type find(const string &str, size_type start = 0) const;
size_type rfind(const string &stroh, size_type start = npos) const;
```

8.4.2　字符串流处理

除了标准流 I/O 和文件流 I/O 外(这部分内容将在第 11 章讲述),C++的流 I/O 还可以从内存中的 string 输入和输出。这些功能通常称为内存中 I/O 或字符串流处理。

istringstream 类支持从 string 输入,ostringstream 类支持从 string 输出,提供与 istream 和 ostream 相同的功能,而且又有其他指定内存中格式化的成员函数。使用内存中格式化的程序应包括<sstream>和<iostream>头文件。

这些方法的一个应用是数据验证。程序可以一次一整行地从输入流读取到 string 中,接着验证程序可以检查 string 内容,并在需要时纠正或修复数据,然后程序可以继续从 string 输入,这时输入数据已经得到正确的格式。

string 输出也可以很好地利用 C++流强大的输出格式化功能。数据可以在 string 中准备,模拟编辑的屏幕格式。该 string 可以写入磁盘文件,保存屏幕映像。

8.5　运算符重载

在 C++中,运算符和函数一样,也可以重载,使它们完成和创建的类有关的特殊操作。运算符重载时,不会失去它原来的意义,相反,它适用的对象类型得到了拓宽。重载运算符的能力是 C++最强大的特征之一。在重载了合适的运算符后,可以在表达式中使用对象,就像使用 C++的基本数据类型一样。运算符重载也形成了 C++I/O 方法的基础。

通过创建运算符函数,可以重载运算符。运算符函数定义了重载运算符将要执行的操作,该操作与它作用的对象有关。运算符函数使用关键字 operator 创建。operator 函数的一般形式为

　　　　<类型> <类名>::operator <运算符>(<参数表>){...}

其中<类型>为函数的返回值类型,也就是运算符的运算结果值的类型;<类名>为该运算符重载所属类的类名;而<运算符>即所重载的运算符,可以是 C++中除了“::”“.”“ * ”(访问指针内容的运算符,与该运算符同形的指针说明运算符和乘法运算符允许重载)和“? : ”以外的所有运算符。

例 8 - 8　定义一个复数类,并重载加法运算符以适应对复数运算的要求。

程序

```
// Example 8-8：复数类
#include <iostream.h>
```

```cpp
class Complex
{   double real, imag;
public：
Complex(double r = 0, double i = 0)：real(r), imag(i){}
double Real(){return real;}
double Imag(){return imag;}
Complex operator + (Complex&);
Complex operator + (double);
Complex operator = (Complex);
};
Complex Complex∷operator + (Complex &c)      // 重载运算符 +
{
Complex temp;
temp.real = real + c.real;
temp.imag = imag + c.imag;
return temp;
}
Complex Complex∷operator + (double d)       // 重载运算符 +
{
Complex temp;
temp.real = real + d;
temp.imag = imag;
return temp;
}
Complex Complex∷operator = (Complex c)       // 重载运算符 =
{real = c.real;
imag = c.imag;
return * this;
}
//测试主函数
int main()
{Complex c1(3,4),c2(5,6),c3;
cout << "c1 = " << c1.Real() << " + j" << c1.Imag() << endl;
cout << "c2 = " << c2.Real() << " + j" << c2.Imag() << endl;
c3 = c1 + c2;
cout << "c3 = " << c3.Real() << " + j" << c3.Imag() << endl;
c3 = c3 + 6.5;
cout << "c3 + 6.5 = " << c3.Real() << " + j" << c3.Imag() << endl;
return 0;
```

```
    }
```

输出　　c1 = 3 + j4

　　　　　c2 = 5 + j6

　　　　　c3 = 8 + j10

　　　　　c3 + 6.5 = 14.5 + j10

分析　在本例中,对运算符"+"进行了两次重载,分别用于两个复数的加法运算和一个复数与一个实数的加法运算。

可以看出,运算符重载事实上也是一种函数重载,但运算符重载的参数个数有限制。例如,对于双目运算符的重载须有且仅能有一个参数,该参数即为运算的右操作数,而左操作数则为该类的对象本身。这一点可以从函数的定义中清楚地看出。

在运算符重载函数的定义中,由程序员给出了该运算符重载的具体操作。该具体操作并不要求与所重载之运算符的意义完全相同。

一个重载了的运算符虽然其具体操作发生了变化,但其用法与该运算符的原始定义完全一样。应当说明的是:无论运算符重载的具体定义如何,重载了的运算符的优先级与结合性仍保持与其原始运算符的相同。

程序设计举例

例 8 - 9　扩充例 8 - 6 的功能,使其能进行简单的日期计算。

程序

```cpp
//能计算的日期类
# include <iostream>
# include <cmath>
using namespace std;
class Date
{   int day,month,year;
    void IncDay();           //日期增加一天
    int DayCalc();           //距基准日期的天数
public:
    Date( int y = 1900, int m = 1, int d = 1 );      //构造函数
    void SetDate( int yy, int mm, int dd );          //日期设置
    bool IsLeapYear();           // 是否闰年?
    bool IsEndofMonth();         // 是否月末?
    void print_ymd();            //输出日期 yy_mm_dd
    void print_mdy();            //输出日期 mm_dd_yy
    void AddDay(int);            //日期增加任意天
    int Daysof2Date(Date ymd);   //两个日期之间的天数
};
Date::Date(int y,int m,int d)
{
```

```cpp
        SetDate(y,m,d);
}
void Date::SetDate( int yy, int mm, int dd )
{
    month = ( mm >= 1 && mm <= 12 ) ? mm : 1;      //月份的有效性判断
    year = ( yy >= 1900 && yy <= 2100 ) ? yy : 1900;//年份的有效性判断
    switch(month)
    {   //小月的天数判断
    case 4:
    case 6:
    case 9:
    case 11:
        day = ( dd >= 1 && dd <= 30 ) ? dd : 1;break;
    case 2:      //2月的天数判断
        if (IsLeapYear())
            day = ( dd >= 1 && dd <= 29 ) ? dd : 1;
        else day = ( dd >= 1 && dd <= 28 ) ? dd : 1;
        break;
    default:      //大月的天数判断
        day = ( dd >= 1 && dd <= 31 ) ? dd : 1;
    }
}
void Date::AddDay( int days )
{
    for ( int i = 0; i < days; i++ )
        IncDay();
}
bool Date::IsLeapYear()
{   if ( year % 400 == 0 || ( year % 100 != 0 && year % 4 == 0 ))
        return true;         // 闰年
    else
        return false;        // 不是闰年
}
bool Date::IsEndofMonth()
{   switch(month)    {   //每月的最后一天为月末
    case 4:
    case 6:
    case 9:
    case 11:return day == 30;
```

```
        case 2:
            if (IsLeapYear())
                return day = = 29;
            else return day = = 28;
        default: return day = = 31; }
    }
void Date∷IncDay()
{   if ( IsEndofMonth())
        if (month = = 12){   // 年末
            day = 1;
            month = 1;
            year + + ;}
        else {                 // 月末
            day = 1;
            month + + ;}
    else day + + ;
}
void Date∷print_ymd()
{cout << year << "-" << month << "-" << day << endl;}
void Date∷print_mdy()
{   char * monthName[ 12 ] = {"January","February", "March", "April",
    "May", "June","July", "August", "September", "October","November",
    "December" };
    cout << monthName[ month - 1 ] << ' '<< day << ", " << year <<
    endl;
}
int Date∷DayCalc()
{   int days;
    int yy = year - 1900;
    days = yy * 365;                  // 不计闰年的天数
    if(yy) days + = (yy - 1)/4;        // 每逢闰年增加一天
    switch(month){                    // 当前日期已过去月份的天数
    case 12:days = days + 30;
    case 11:days = days + 31;
    case 10:days = days + 30;
    case 9:days = days + 31;
    case 8:days = days + 31;
    case 7:days = days + 30;
    case 6:days = days + 31;
```

```
            case 5:days = days + 30;
            case 4:days = days + 31;
            case 3:if(IsLeapYear())
                      days = days + 29;
                 else days = days + 28;
            case 2:days = days + 31;
            default:break;}
            days = days + day;
            return days;
   }
   int Date::Daysof2Date(Date ymd)
   {    int days;
        days = abs(DayCalc() - ymd.DayCalc());
        return days;
   }
   int main()
   {    Date date1,date2;
        date1.print_ymd();
        date1.print_mdy();
        date1.SetDate(2006,4,8);
        cout << "the current date is: ";
        date1.print_ymd();
        date1.AddDay(365);
        cout << "After 365 days, the date is: ";
        date1.print_ymd();
        cout << "And after " << date1.Daysof2Date(Date(2008,8,8))
             << " days, the Beijing Olympic Games will open." <<endl;
        return 0;
   }
```

输出：

```
1900 - 1 - 1
January 1, 1900
the current date is:2006 - 4 - 8
After 365 days, the date is:2007 - 4 - 8
After 968 days, the Beijing Olympic Games will open.
```

　　分析：程序在例 8 - 6 的基础上增加了日期类的构造函数和一些用于计算的成员函数，日期合法性的判断算法也比例 8 - 6 更加严密。给日期增加天数的函数 AddDay()通过调用一个增加一天的函数 IncDay()来处理，主要是考虑到日期的增加会影响到月份和年份的变化；同样，为了处理方便，计算两个日期的差值是通过先把日期转换成距基准日期(1900 - 1 - 1)的

天数,然后做减法运算。在计算距基准日期的天数的函数 DayCalc()中,利用了 switch 语句的
"穿透"性质,即各个 case 条件之间没有 break 语句,读者可以考虑一下为什么这样处理。

　　例 8 - 10　职工档案管理系统。
　　程序

```
// Example:定义职工档案类
# include <iostream>
# include <string>
using namespace std;
class EmpSalary          // 定义工资类
{
public:
    floatWage;           // 基本工资
    floatSubsidy;        // 岗位津贴
    floatRent;           // 房租
    floatCostOfElec;     // 电费
    floatCostOfWater;    // 水费
public:
    floatRealSum()       // 计算实发工资
    {return Wage + Subsidy - Rent - CostOfElec - CostOfWater;};
};
enum Position            // 定义职务类型
{   MANAGER,             // 经理
    ENGINEER,            // 工程师
    EMPLOYEE,            // 职员
    WORKER               // 工人
};
class Date               //定义日期类
{   int day,month,year;
public:
    void init(int,int,int);
    void print_ymd();
};
class Employee           //定义职工类
{   string       Department;        // 工作部门
    string       Name;              // 姓名
    Date         Birthdate;         // 出生日期
    Position     EmpPosition;       // 职务
    Date         DateOfWork;        // 参加工作时间
    Emp          SalarySalary;      // 工资
```

```cpp
public：
    void Register(string Depart, string Name, Date tBirthdate,
        Position nPosition, Date tDateOfWork);
    void SetSalary(float wage, float subsidy, float rent, float elec,
        float water);
    float GetSalary();
    void ShowMessage();                    // 打印职工信息
};
void Date::init(int yy, int mm, int dd)
{   month = ( mm >= 1 && mm <= 12 ) ? mm : 1；
    year = ( yy >= 1900 && yy <= 2100 ) ? yy : 1900；
    day = ( dd >= 1 && dd <= 31 ) ? dd : 1；
}

void Date::print_ymd()
{   cout << year << "-" << month << "-" << day << endl;}
// 职工类的成员函数定义
void Employee::Register(string Depart, string Name, Date tBirthdate,
                        Position nPosition, Date tDateOfWork)
{   Department   = Depart;
    Name         = Name;
    Birthdate    = tBirthdate;
    EmpPosition  = nPosition;
    DateOfWork   = tDateOfWork;
}
void Employee::SetSalary(float wage, float subsidy, float rent,
                        float elec, float water)
{   Salary.Wage = wage；
    Salary.Subsidy = subsidy；
    Salary.Rent = rent；
    Salary.CostOfElec = elec；
    Salary.CostOfWater = water；
}
float Employee::GetSalary()
{   return Salary.RealSum();}
void Employee::ShowMessage()
{   cout << "Depart: " << Department << endl;
    cout << "Name: " << Name << endl;
    cout << "Birthdate: ";
    Birthdate.print_ymd();
```

```
        switch(EmpPosition)
        {
        case MANAGER：
            cout << "Position：" << "MANAGER" <<endl;break;
        case ENGINEER：
            cout << "Position：" << "ENGINEER" <<endl;break;
        case EMPLOYEE：
            cout << "Position：" << "EMPLOYEE" <<endl;break;
        case WORKER：
            cout << "Position：" << "WORKER" <<endl;break;
        }
        cout << "Date of Work：";
        DateOfWork.print_ymd();
        cout << "Salary：" << GetSalary() <<endl;
        cout << "——————————————————" <<endl;
}
#define MAX_EMPLOYEE      1000
int main()
{   Employee EmployeeList[MAX_EMPLOYEE];      // 定义职工档案数组
    int EmpCount = 0;
    Date birthdate,workdate;
    //输入第一个职工数据
    birthdate.init(1980,5,3);
    workdate.init(1999,7,20);
    EmployeeList[EmpCount].Register("销售处",
        "张弓长",birthdate,ENGINEER,workdate);
    EmployeeList[EmpCount].SetSalary(1000,200,100,50,20);
    EmpCount + +;
    //输入第二个职工数据
    birthdate.init(1979,4,8);
    workdate.init(2002,3,1);
    EmployeeList[EmpCount].Register("项目部",
        "李木子",birthdate,MANAGER,workdate);
    EmployeeList[EmpCount].SetSalary(1500,200,150,50,20);
    EmpCount + +;
    //输出所有职工的记录
    for(int i = 0;i<EmpCount;i + +)
        EmployeeList[i].ShowMessage();
    return 0;
```

```
          }
```

输出

Depart：销售处

Name：张弓长

Birthdate：1980 - 5 - 3

Position： ENGINEER

Date of Work：1999 - 7 - 20

Salary： 1030

――――――――――――――――――

Depart：项目部

Name：李木子

Birthdate：1979 - 4 - 8

Position： MANAGER

Date of Work：2002 - 3 - 1

Salary： 1480

――――――――――――――――――

分析　　程序中使用了 4.2 节介绍的 string 类声明字符串类型的变量，使用了例 7 - 6 中的 Date 类声明日期类型的变量。同样，在定义了工资类以后，就可以在定义职工类时使用工资类的对象作为数据成员。

定义职工类后，就可以用其说明整个企业的职工档案，职工档案数组 EmployeeList 共有 MAX_EMPLOYEE 个元素，每个元素可以用来存放一个职工的档案。当然，某个企业的职工人数可能发生变化，所以另外设置了一个变量 EmpCount，用来存放实际的职工人数。

也可以用例 10 - 6 中的日期类，这样对日期类型变量的操作将更加灵活。

小结

1. 构造函数在每次生成类对象（实例化）时自动调用；
2. 对象的生存期结束时，系统自动地调用析构函数来撤消该对象；
3. 构造函数允许重载，提供初始化类对象的不同方法，析构函数不能重载；
4. string 类是 C++的标准字符串类。

习题

1. 定义一个 Dog 类，包含 name、age、sex、weight 等属性，设计一个构造函数，可以对这些属性进行初始化。实现并测试这个类。

2. 设计并测试一个名为 Ellipse 的椭圆类，其属性为其圆心坐标以及半长轴和半短轴的长度。设计一个构造函数对这些属性进行初始化，并通过成员函数计算出椭圆的面积。

3. 仿照 Date 类设计一个 Time 类，设计多个重载的构造函数，可以设置时间、进行时间的加减运算、按各种可能的格式输出时间。

4. 合并 Date 类和 Time 类为一个 DateAndTime 类，修改相应的成员函数，当时间递增到新的一天时，应能够修改日期值。

5. 创建一个 Rational 类,执行带分数的算术运算。用 2 个整数的私有成员分别表示有理数的分子(numerator)和分母(denominator)。提供构造函数初始化类,构造函数保证分数已约为最简形式。同时也提供无参数的构造函数,默认分子值为 0,分母为 1。提供 6 个公开的方法(所有最后计算结果应为最简化形式):①相加;②相乘;③相减;④相除;⑤以 a/b 的形式显示有理数,其中 a 为分子,b 为分母;⑥以浮点数的形式显示有理数。

6. 三连棋(井字棋)游戏。该类包含一个 3 * 3 的私有整型数组;构造函数将全部棋盘初始化为 0;2 个人玩该游戏,一个人走棋时,将 1 放入指定的格子中,第二个人走棋时,将 2 放入指定的格子中;每次只允许在空格中下子;每次走棋后判断是否有人赢了(3 个连成一条线)。

7. 将第 6 题的程序改为人机游戏。

第 9 章 　继承

　　介绍 C++中的基类和派生类,在不同继承方式下的基类成员的访问控制问题,以及如何添加派生类的构造和析构函数。

9.1 　有关继承的基本概念

　　软件复用是软件开发的一个十分重要的手段。软件复用要求开发人员使用已经测试和调试好的高质量的软件,缩短了程序的开发时间,减少了系统投入使用后可能出现的问题。面向对象的程序设计十分强调软件的可重用性,其重要特征继承是软件复用的一种重要形式。在 C++中,也通过继承机制来实现可重用性,可以方便地利用一个已有的类建立新类,重用已有软件中的一部分甚至很大的部分。

　　前面已经介绍过,类是指具有相同的属性和操作方法,并遵守相同规则的对象的集合。类代表了某一批对象的共性和特征,规定了这些对象的公共属性和方法。不同的类中,数据成员和成员函数是不相同的,但有些时候,两个类的内容基本相同或部分相同,例如,在第 7 章声明过一个 Person 类

```cpp
class Person
{
    char Name[20];
    char Sex;
    int  Age;
public:
    voidRegister(char * name, int age, char sex)
    {
        strcpy(Name, name);
        Age = age;
        Sex = (sex = = 'm'? 'm':'f');
    }
    void ShowMe()
    { cout << Name << '\t' << Age << '\t' << Sex << endl;}
};
```

现在要声明一个学生类,除了包含姓名、年龄、性别等属性外,还有学号和班级信息。可以如下声明一个 Student 类:

```
class Student
{
    char Name[20];
    char Sex;
    int  Age;
    int  Number;            //新增加的数据成员
    char ClassName[10];     //新增加的数据成员
public:
    void Register(char * classname, int number,char * name,int age,char sex)
                                        //有所修改
    {
        strcpy(ClassName, classname);       //新增加的语句
        Number = number;                    //新增加的语句
        strcpy(Name, name);
        Age = age;
        Sex = (sex = = 'm'? 'm':'f');
    }
    void ShowMe()
    {
        cout << Number << '\t' << ClassName << endl;  //新增加的内容
        cout << Name << '\t' << Age << '\t' << Sex << endl;
    }
};
```

可以看出,Student 类中的内容很大部分是 Person 类中就有的,只是增加和修改了很少一部分内容。这样,人们自然会想到能否利用 Person 类作为基础,稍作修改和增加一部分新的内容来创建 Student 类,以减少重复的工作。

C++中通过继承机制来处理这样的问题。一个新类从现有的类那里获得其已有的特性,这种现象称为类的继承;换句话说,从已有的类产生一个新的类,称为类的派生。这里,已有的类称为"父类"或"基类",新建立的类称为"子类"或"派生类"。

类的继承是从现有的类建立新类的方法。在建立一个新类时,程序员可以让新类继承已定义基类的所有数据成员和成员函数,而不必重新编写这些数据成员和成员函数。派生类还可以对这些数据成员和成员函数进行增加和调整,使新类具备已有类没有的一些特定的功能。一个基类可以派生出多个派生类,派生类本身也可能作为基类派生出其他的派生类。派生类可以只有一个基类,这称为单继承;派生类也可以是从多个基类派生出来的,这些基类之间可能毫无关系,这称为多继承。

派生类通常需要添加基类所没有的数据成员和成员函数。派生类比基类更具体,它代表了一组外延较小的对象,而基类则是派生类的抽象。对于单继承,派生类和基类有相同的起

源。继承的巨大优势在于添加了基类所没有的特性并且改进了从基类继承来的特性。

9.2　派生类

9.2.1　派生类的声明

假设已经声明了一个 Person 类(如 7.2 节的介绍),在此基础上,可以通过继承的方法来建立一个派生类 Student:

```
class Student : public Person
{
    int Number;
    char ClassName[10];
public:
    void Register(char * classname,int number,char * name,int age,char sex)
    {
        strcpy(ClassName, classname);
        Number = number;
        ...;
    }
    void ShowStu()
    {
        cout << Number << '\t' << ClassName << endl;
        ShowMe();
    }
};
```

派生类声明的一般格式为:

class 派生类名:继承方式 基类名 1,继承方式 基类名 2,……,继承方式 基类名 n
{
新增加的成员声明;
};

其中,基类必须是已有的类的名称,派生类名则是新建的类名。继承方式有三种,即公有继承(public),私有继承(private)和保护继承(protected)。如果不显式地给出继承方式关键字,系统的默认值就是私有继承(private)。不同继承方式下,派生类自身及其对象对基类成员访问控制权限不同。

一个派生类可以只有一个基类,这种情形称为单继承,上面的 Student 类就是单继承的例子;也可以同时有多个基类,这种情形称为多继承,有关多继承可看下面的例子。

这个例子是有关航天飞机的。我们知道,飞机有机翼、起落架等部件,可以多次起飞和降落,但无法进入太空;火箭则因为安装了火箭发动机,可以垂直发射进入太空旅行,但无法着陆,只能一次性使用;而航天飞机同时拥有飞机和火箭的特性,能像火箭那样垂直发射进入太

空,像飞机那样水平着陆,在地球和太空间多次穿梭旅行。可以认为航天飞机是从飞机和火箭多重继承而来。类声明如下:

```
// 飞机类
class Plane
{
char      Wing;                 // 机翼
char      Undercarriage         // 起落架
public:
void      Land();               // 着陆方法
};
// 火箭类
class Rocket
{
char      RocketEngine;         // 火箭发动机
public:
void      Launch();             // 发射方法
};
// 航天飞机类
class SpaceShuttle : public Plane, public Rocket{   };
```

这是多继承的情形。航天飞机类拥有机翼、起落架和火箭发动机三个属性,同时有着陆和发射两个成员函数。

一个基类可以派生出多个派生类,如从 Person 类中还可以派生出教师类 Teacher

```
class Teacher : public Person
{
    char Department[10];
    float Salary;
public:
    void Register(char * dept, float salary, char * name, int age, char sex)
    {
        strcpy(Department, dept);
        Salary = salary;
        ...
    }
    void ShowMe()
    {
        cout << Department << '\t' << Salary << endl;
    }
};
```

9.2.2　派生类的构成

派生类一经声明,就继承了基类除构造函数和析构函数以外的所有成员,实现了代码重用,这些从基类继承的成员也体现了派生类从基类继承而获得的共性。派生类在继承基类成员的基础上,一般都会有所变化,主要体现在两个方面:一方面是增加新的成员,另一方面是对基类的某些成员进行改造或调整,这些变化体现了派生类和基类的不同,体现了不同派生类之间的区别。图 9-1 就以 Person 类、Student 类和 Teacher 类为例说明了派生类和基类之间的关系。

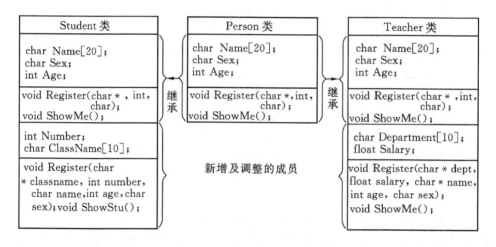

图 9-1　派生类和基类的关系

对于派生类的构造而言,并不是把基类的成员和增加的成员简单地加在一起,而是包含三部分的工作:

(1)从基类接收成员。派生类继承了基类除构造函数和析构函数以外的所有成员,是没有选择的,不能选择接收基类的一部分成员而舍弃另一部分成员。

(2)派生类对基类的扩充。增加新的成员是派生类对基类的扩充,体现了派生类功能的扩展。在图 9-1 中派生类 Student 增加了数据成员 Number 和 ClassName、成员函数 ShowStu(),Teacher 类增加了数据成员 Department 和 Salary,扩充了基类。派生类 SpaceShuttle 虽然没有直接增加新的成员,但它将 Plane 类和 Rocket 类的成员集中在一起,也是对基类扩充的一种方式。

(3)派生类对基类成员的改造。派生类不能对接收基类的成员进行选择,但是可以对这些成员进行某些调整。一方面,派生类通过继承方式,可以改变对基类成员的访问权限;另一方面,派生类可以对基类成员函数进行重定义。如果派生类定义了一个与基类函数名称相同,而参数表不同的成员函数,则称派生类重载了基类成员函数。这时与普通的函数重载的情况一样,系统会根据函数参数的不同而调用不同函数版本,图 9-1 中派生类 Student 和 Teacher 的 Register()函数就都是对 Person 类的 Register()函数的重载。如果派生类定义的成员函数名称和参数表与基类的成员函数完全一致,则称派生类覆盖了基类同名成员函数,这样新成员就取代了基类的成员函数,如上面 Teacher 类中的 ShowMe()就是这样,它取代了基类 Person

类的 ShowMe()函数。派生类对基类成员函数的重载或同名覆盖与多态性关系密切,在下一章中将做更详细的介绍。

9.3 派生类的继承方式和访问属性

派生类继承了基类除构造函数、析构函数之外的全部成员,同时可以增加一部分成员;通过不同的继承方式,派生类能调整自身及其使用者对基类成员的访问控制权限,这样,基类和派生类的成员访问就比较复杂,大致可分为以下几种情况:

(1)在类的内部,根据类的作用域规则,基类的成员函数可以访问基类的成员,不能访问派生类的成员;派生类的成员函数可以访问派生类自己增加的成员;

(2)在类的外部,根据对象访问的原则,派生类对象可以访问派生类自己增加的公有成员,不能访问派生类的私有成员,基类对象也只能访问自己的公有成员;

(3)派生类的成员函数访问基类的成员,以及派生类的对象访问基类的成员,不仅要考虑到基类成员所声明的访问属性,还要考虑派生类声明时对基类的继承方式,由这两个因素共同决定基类成员在派生类中的访问属性。

9.3.1 公有继承

在声明派生类时,将基类的继承方式指定为 public 称为公有继承。以公有继承方式创建的派生类对基类各种成员访问权限如下:

(1)基类公有成员相当于派生类的公有成员,即派生类可以像访问自身公有成员一样,访问从基类继承的公有成员。

(2)基类保护成员相当于派生类的保护成员,即派生类可以像访问自身的保护成员一样,访问基类的保护成员。

(3)对于基类的私有成员,派生类内部成员无法直接访问,在派生类外部也无法通过派生类对象直接访问。

简单地说,对于公有继承,基类的公有成员和保护成员在派生类中保持原有的属性,而基类的私有成员仍然为基类私有,不能被派生类的成员函数或派生类对象访问,成为派生类中不可访问的成员。例如,对于 9.1 节中声明的 Person 类,通过公有继承的方法来建立一个派生类 Student:

```
class Student : public Person
{
    int Number;
    char ClassName[10];
public:
    void Register(char * classname,int number,char * name,int age,char sex)
    {
        strcpy(ClassName, classname);
        Number = number;
        strcpy(Name, name);            //错误,引用基类的私有成员
```

```
        Age = age;                    //错误,引用基类的私有成员
        Sex = (sex = = 'm'? 'm':'f');//错误,引用基类的私有成员
    }
    void ShowStu()
    {
        cout << Number << '\t' << ClassName << endl;
        ShowMe();                     //正确,引用基类的公有成员
    }
};
```

　　因为基类的私有成员对派生类来说是不可访问的,因此派生类成员函数直接引用基类的私有成员 Name、Age 和 Sex 是不允许的,而只能通过基类的公有成员函数来引用基类的私有成员。如在 ShowStu()函数中调用基类的 ShowMe()函数就是正确的用法。

　　同样,如果在 main()函数中声明了

```
        Student stu;
```

那么在 main()函数中出现以下语句

```
        strcpy(stu.Name,"张弓长");
        stu.Age = 18;
```

也是不对的,派生类的对象也无法访问基类的私有成员。

　　下面的例子进一步说明了公有继承中派生类对基类成员的访问:

　　例 9 - 1　演示公有继承中派生类对基类成员的访问。

　　程序

```
    //Example 9 - 1:公有继承中派生类对基类成员的访问
    # include<iostream>
    # include<cstring>
    using namespace std;
    class Person
    {
        char Name[20];
        char Sex;
        int  Age;
    public:
        void Register(char * name, int age, char sex)
        {
            strcpy(Name, name);
            Age = age;
            Sex = (sex = = 'm'? 'm':'f');
        }
        void ShowMe()
        {
```

```
            cout << Name << '\t' << Age << '\t' << Sex << endl;
        }
    };
    class Student : public Person        // 公有继承
    {
        int Number;
        char ClassName[10];
    public:
     void RegisterStu(char * classname, int number, char * name, int age, char sex)
        {     // 下面直接使用了
            strcpy(ClassName, classname);
            Number = number;
            Register(name, age, sex); // 派生类成员函数直接使用基类的公有成员
        }
        void ShowStu()
        {
            cout << Number << '\t' << ClassName << '\t';
            ShowMe();        // 直接使用基类的公有成员
        }
    };
    int main()
    {
        Student stu;
        stu.RegisterStu("计算机 51", 85071011, "张弓长", 18, 'm');
        stu.ShowStu();
        stu.ShowMe();        // 派生类对象直接使用基类的公有成员
        return 0;
    }
```

输出：

```
85071011    计算机 51    张弓长    18    m
张弓长    18    m
```

分析：派生类 Student 继承了基类 Person 中除构造和析构函数之外的全部成员。Student 类的 RegisterStu()成员函数能直接访问新增的私有数据成员 ClassName 和 Number,同时调用基类公有的 Register()成员函数对基类的私有成员 Name、Age 和 Sex 赋值,说明派生类的成员函数可以访问自身新增的成员和基类的公有成员,但不能直接访问基类的私有成员。

第一行输出表明派生类对象 stu 可调用派生类的成员函数 ShowStu(),直接访问新增的私有数据成员 ClassName 和 Number,并在函数 ShowStu()函数中调用基类公有的 ShowMe()成员函数访问基类的私有成员 Name、Age 和 Sex,说明派生类对象通过派生类的成员函数可以访问自身新增的成员和基类的公有成员,但不能直接访问基类的私有成员。

第二行输出表明派生类对象 stu 可直接调用基类的公有成员函数 ShowMe(),通过基类公有成员函数可以间接访问基类私有成员。

再来看另外一种情况。如基类的成员声明为保护的:

```
class Person
{
protected:
    char Name[20];
    char Sex;
    int  Age;
public:
    ...
};
```

则派生类可以如下定义:

```
class Student : public Person
{
    int Number;
    char ClassName[10];
public:
    void Register(char * classname,int number,char * name,int age,char sex)
    {
        strcpy(ClassName, classname);
        Number = number;
        strcpy(Name, name);              // 正确,引用基类的保护成员
        Age = age;                       // 正确,引用基类的保护成员
        Sex = (sex = = 'm'? 'm':'f');    // 正确,引用基类的保护成员
    }
    ...
};
```

因为基类的保护成员在派生类中仍然保持保护成员的属性,派生类的成员函数可以像访问自身保护成员一样直接访问基类的保护成员,但值得注意的是,派生类的外部使用者(例如 main()函数)仍无法通过派生类对象访问保护成员。

9.3.2　私有继承

在声明派生类时,将基类的继承方式指定为 private 称为私有继承。以私有继承方式创建的派生类对基类各种成员访问权限如下:

(1)基类公有成员和保护成员在派生类中的访问属性都相当于派生类的私有成员,派生类可以通过自身的成员函数访问它们;

(2)基类的私有成员仍然为基类私有,无论派生类成员函数或派生类对象都无法直接访问,是派生类中不可访问的成员。

　　例如,对于例 9－1 中声明的派生类 Student,如果通过私有继承的方法来建立,那么程序能否顺利执行呢?

　　考察例 9－1 中的 main()函数中的两条语句:

　　　　　　stu. ShowStu();

　　　　　　stu. ShowMe();

　　第一句派生类对象 stu 调用派生类的成员函数 ShowStu(),直接访问新增的私有数据成员 ClassName 和 Number,根据私有继承中派生类对基类成员访问权限,Person 类公有的 ShowMe()成员函数相当于 Student 类的私有成员,所以在成员函数 ShowStu()函数中,可以通过 ShowMe()访问基类的私有成员 Name、Age 和 Sex,也就是说,派生类对象通过派生类的成员函数可以访问自身新增的成员、基类的公有成员和保护成员,但不能直接访问基类的私有成员。由基类继承来的作为派生类私有成员的 ShowMe()函数,能顺利执行编译。

　　第二句派生类对象 stu 直接调用由基类继承来的作为派生类私有成员的 ShowMe(),违反了私有成员的访问规则,不能编译通过。

　　对于私有继承,可以得出以下三点结论:①派生类的成员函数只能访问基类的公有或保护成员(如 ShowMe(),Register()),不能访问基类的私有成员(如 Name,Age 等);②不能通过派生类对象访问从私有基类继承过来的任何成员(如 stu. ShowMe()等);③可以通过派生类的成员函数访问基类的公有或保护成员函数(对派生类而言是私有成员函数),间接访问基类的私有成员。

　　派生类可以继续派生子类。如果派生类本身是通过私有继承产生的,则基类的公有及保护成员都已成为当前派生类的私有成员。所以,当由派生类继续派生子类时,基类的公有及保护成员就会成为新子类难于访问的成员,也就失去了派生类的意义。正因为此,私有继承一般不常使用。

9.3.3　保护继承

　　在第 7 章介绍过,类成员的访问控制权限除了公有的(public)和私有的(private)以外,还有保护的(protected)。由 protected 声明的成员称为"保护成员"。保护成员不能在类外被类的对象访问,这点和私有成员类似,保护成员对类的用户而言是私有的。但是,保护成员可以被派生类的成员函数引用,这一点与私有成员不同,在前面有关公有继承和私有继承的叙述中也有所说明。

　　基类中的私有成员是任何派生类都不能访问的,而保护成员一方面像私有成员一样不能被类外的对象访问,另一方面又能被派生类的成员函数访问。因此,一旦类中声明了保护成员,就意味着该类可能要作为基类,派生类中要访问这些成员。

　　在声明派生类时,将基类的继承方式指定为 protected 称为保护继承。以保护继承方式创建的派生类对基类各种成员访问权限如下:

　　(1)基类的公有成员和保护成员都相当于派生类的保护成员,派生类可以通过自身的成员函数访问它们;

　　(2)基类的私有成员仍然为基类私有,无论派生类成员函数或派生类对象都无法直接访问,是派生类中不可访问的成员。

　　从以上叙述可知,在保护继承中,基类的公有成员和保护成员可以被派生类的成员函数访问,在类外不能直接访问,在这一层次上,保护继承和私有继承没有差别。请看下面的例子。

例 9 - 2　演示保护继承中派生类对基类成员的访问。

程序

```cpp
//Example 9-2:保护继承中派生类对基类成员的访问
#include<iostream>
#include<cstring>
using namespace std;
class Person
{
protected:
    char Name[20];
    char Sex;
    int  Age;
public:
    void Register(char *name, int age, char sex)
    {
        strcpy(Name, name);
        Age = age;
        Sex = (sex == 'm'? 'm':'f');
    }
    void ShowMe()
    {
        cout << Name << '\t' << Age << '\t' << Sex << endl;
    }
};
class Student : protected Person
{
    int Number;
    char ClassName[10];
public:
    void Register(char *classname,int number,char *name,int age,char sex)
    {
        strcpy(ClassName, classname);
        Number = number;
        strcpy(Name, name);            //正确,引用基类的保护成员
        Age = age;                     //正确,引用基类的保护成员
        Sex = (sex == 'm'? 'm':'f');   //正确,引用基类的保护成员
    }
    void ShowStu()
```

```
        {
            cout << Number << '\t' << ClassName << '\t';
            ShowMe();
        }
};
int main()
{
    Student stu;
    stu.Register("计算机 51",85071011,"张弓长",18,'m');
    stu.ShowStu();
//  stu.ShowMe();                        //错误,对象不能访问保护成员
    return 0;
}
```

输出:

计算机　　5185071011　　张弓长　　18　　m

分析:基类 Person 中的数据成员声明为 protected,因此,派生类 Student 的 Register()成员函数能直接访问新增的私有数据成员 ClassName 和 Number,也能访问从基类继承下来的保护成员 Name、Age 和 Sex。注意 main()函数中被注释掉的那条语句,派生类对象不能直接访问基类的成员,因为经过保护派生,即使是基类的公有成员也被保护了。如果这个例子使用私有派生,结果是完全一样的。

保护继承与私有继承的差别在当前派生类进一步派生的子类中体现。保护继承中基类的公有成员和保护成员都成了派生类的保护成员,进一步派生的子类是可以通过成员函数访问的;而私有继承中基类的公有成员和保护成员都成了派生类的私有成员,在进一步派生的子类中成为不可访问的成员。

例如,如果 A 类保护派生 B 类,B 类公有派生 C 类;同时 A 类私有派生 B1 类,B1 类公有派生 C1 类。示意性代码为:

```
class A                 //基类定义
{   int myPrivate;      //私有成员
protected:
int myProtect;          //保护成员
public:
    int myPublic;       //公有成员
};
class B : protected A    //保护派生类 B
{ void SetNum(); };
class C : public B      //二级派生类 C
{ void SetNum(); };
class B1 : private A     //私有派生类 B1
{ void SetNum(); };
```

```
class C1 : public B1        //二级派生类 C1
{ void SetNum(); };         //这个函数不成立
```

假定所有 SetNum() 的函数体都是如下形式：

```
{   myProtect = 1;
    myPublic = 1;
}
```

因为不论 A 类的成员作为 B 类的保护成员或 B1 类的私有成员，都可以被本类的函数成员访问，所以 B 类和 B1 类的成员函数 SetNum() 都是成立的；同时，B 类和 B1 类的使用者都不可能通过 B 或 B1 类的对象直接访问 A 类中被继承的成员。例如在某个函数中有如下代码段：

```
B       b1;
B1      b2;
b1.myPublic = 2;            //错误，myPublic 为 B 类保护成员
b2.myPublic = 2;            //错误，myPublic 为 B1 类私有成员
```

上面两行赋值语句都是错误的，这是由保护和私有属性决定的。因此，B 和 B1 类的对象在使用上并无差别。

但是，C 类和 C1 类却有很大差别。A 类中被 B 类继承的保护成员在 C 类中仍为保护成员，所以 C 类的成员函数 SetNum() 是成立的。C1 类却不能直接访问 A 类中被 B1 类私有继承的成员，因为它们在 B1 类中变为了私有成员。所以 C1 类的成员函数 SetNum() 是不成立的。

综上所述，基类成员在派生类中的访问属性见表 9-1。

表 9-1　基类成员在派生类中的访问属性

基类中的成员	在公有派生类中的访问属性	在私有派生类中的访问属性	在保护派生类中的访问属性
私有成员	不可访问	不可访问	不可访问
公有成员	公有	私有	保护
保护成员	保护	私有	保护

可以看出，在派生类中，成员有 4 种不同的访问属性：

(1)公有的，在派生类内和派生类外部都可以访问；

(2)保护的，在派生类内可以访问，派生类外部不能访问，下一层派生类内可以访问；

(3)私有的，在派生类内可以访问，派生类外部不能访问；

(4)不可访问的，在派生类内和派生类外部都不可以访问。

还有一点要注意的是，引入派生类后，类的成员不仅属于其所属的基类，还属于各个不同层次的派生类；类的成员在不同的作用域中有不同的属性，表现出不同的特征。

9.4　派生类的构造函数和析构函数

基类的构造函数和析构函数不能被继承。在派生类中，如果对派生类新增的成员进行初

始化,就必须加入新的构造函数,与此同时,对所有从基类继承下来的成员的初始化工作,还是应由基类的构造函数完成,因此必须在派生类中对基类的构造函数所需要的参数进行设置。同样,对派生类对象的扫尾、清理工作也需要加入析构函数。首先看下面的例子:

假定派生类 B 公有继承基类 A,其示意代码如下:

```
class A                    //默认构造函数为空
{public:
    int  x;
};
class B : public A         //默认构造函数为空
{public:
    int  y;
};
```

当创建 B 类对象 b 后,对象 b 可以访问 x,y 这两个成员。那么,是否可以认为 b 实际上是下面 c 类的对象呢?

```
class c
{public:
    int x, y;
};
```

从逻辑上看,可以将 b 看作 c 类的一个对象,但从本质上讲,b 并不是 c 类的一个对象。实际上,对象 b 创建过程中,会先创建一个基类 A 的隐含对象,从而使对象 b 可以访问属于隐含对象的成员 x。

由于在使用派生类时,只明确说明了要创建的派生类对象,而不可能明确说明需要同时创建的隐含基类对象,因此,派生类的构造函数需要对派生类对象和隐含基类对象的创建负责,由此必然带来派生构造函数的复杂性。

9.4.1　构造函数

派生类构造函数的一般形式为:

派生类名∷派生类名(参数总表):基类名 1(参数表 1),……,基类名 n(参数表 n),
　　　　内嵌对象名 1(对象参数表 1),……,内嵌对象名 m(对象参数表 m)

{　　派生类新增加成员的初始化;}

这个声明形式较为复杂,应注意以下几点:

(1)当派生类属于多继承形式时,声明中才会出现多个基类名,若是单继承,则只有一个基类名出现;

(2)若基类使用缺省构造函数或不带参数的构造函数,则在派生类声明中可略去"基类名(参数表)";若此时派生类及内嵌对象都不需初始化,则可以不定义派生类构造函数,即使用缺省构造函数;

(3)参数总表包含了全部基类和全部内嵌对象的所有参数,同时也应包含派生类新增成员初始化的参数;

(4)派生类构造函数名后面括号内的参数总表包括参数的类型和参数名,而基类构造函数名和内嵌对象名后面括号内的参数表只有参数名而不包括参数类型。这里不是定义基类的构造函数,而是调用基类的构造函数,这些参数是实参而不是形参。

有两种情况必须定义派生类构造函数:一种是派生类本身需要,另一种是基类的构造函数带有参数。

派生类构造函数的执行次序为:

首先,调用基类构造函数,调用顺序按照它们被继承时声明的基类名顺序执行。

其次,调用内嵌对象构造函数,调用次序按各个对象在派生类内声明的顺序。

最后,执行派生类构造函数体中的内容。

9.4.2 析构函数

析构函数的功能是在类对象消亡之前释放占用的资源(如内存)。由于析构函数无参数、无类型,因而派生类的析构函数相对简单得多。

派生类与基类的析构函数没有什么联系,彼此独立,派生类或基类的析构函数只作各自类对象消亡前的善后工作,因而在派生类中有无显式定义的析构函数与基类无关。

派生类析构函数执行过程恰与构造函数执行过程相反。首先执行派生类析构函数,然后执行内嵌对象的析构函数,最后执行基类析构函数。

下面的例子对前文 Person-Student 类进行了简化,并定义了构造函数和析构函数。

例 9 - 3　派生类构造函数和析构函数。

程序

```cpp
//Example 9 - 3:派生类构造函数和析构函数
#include<iostream>
#include<cstring>
using namespace std;
class Person
{
    char Name[10];          //姓名
    int  Age;               //年龄
public:
    Person(char * name,int age)
    {
        strcpy(Name, name);
        Age = age;
        cout<<"constructor of person"<<Name<<endl;
    }
    ~Person()
    { cout<<"deconstrutor of person"<<Name<<endl;}
};
class Student : public Person
{
```

```
        char      ClassName[10];          //班级
        Person    Monitor;                //班长
    public:
        Student(char * name, int age, char * classname, char * name1, int age1)
            : Person(name,age), Monitor(name1,age1)
        {
            strcpy(ClassName, classname);
            cout<<"constructor of Student "<<endl;
        }
        ~Student()
        { cout<<"deconstrucor of Student "<<endl; }
    };
    int main()
    {
        Student stu("张弓长",18,"计算机 51","李木子",20);
        return 0;
    }
```

输出：

constructor of person 张弓长

constructor of person 李木子

constructor of Student

deconstrucor of Student

deconstrutor of person 李木子

deconstrutor of person 张弓长

分析：从输出结果可以清楚地看出，构造函数执行顺序为先祖先（Person 张弓长），后客人（Person 李木子），最后是自己（Student）。

同时，从上述输出结果中可以看出，析构函数的执行次序恰好与构造函数相反，先执行自身的析构函数（Student），而后是客人（Person 李木子）的析构函数，最后执行祖先（Person 张弓长）的析构函数。

课外阅读

9.5　显式访问基类成员

类成员被访问时，一般常见形式为"对象名.成员名"或直接写出成员名。例如 stu.Register()以及 strcpy(Name, name)语句中的 Name 等。这些都属于隐式访问方法。显式方法的形式一般为：

　　　　类名∷成员名；

或

　　　　类名::成员函数(参数表);

例如在例 9-2 中:main()函数的语句

　　　　stu.Register("计算机 51",85071011,"张弓长",18,'m');

可以写成

　　　　stu.Student::Register("计算机 51",85071011,"张弓长",18,'m');

同样的,Student 类的成员函数 Register()中语句

　　　　strcpy(Name, name)

也可以写成

　　　　strcpy(Person::Name, name);

　　派生类对基类成员的显式访问常用于解决以下两个方面的问题。

　　(1)同名覆盖情况下,访问基类同名成员。

　　在派生类中覆盖了基类同名成员后,如果要在派生类中访问基类同名成员,必须用显式访问方法。例如在例 9-1 中,Student 类的成员函数 RegisterStu()和 ShowStu()可以声明为与基类成员函数 Register ()和 ShowMe()同名,程序修改如下:

　　例 9-4 公有继承中派生类对基类成员的访问。

　　程序

```
//Example 9-4:派生类访问基类同名成员
#include<iostream>
#include<cstring>
using namespace std;
class Person
{
    略,与例 9-1 相同
};
class Student : public Person
{
    int Number;
    char ClassName[10];
public:
    void Register (char * classname,int number,char * name,int age,char sex)
    {
        strcpy(ClassName, classname);
        Number = number;
        Person::Register(name, age, sex);
    }
    void ShowMe()
    {
        cout << Number << '\t' << ClassName << '\t';
        Person::ShowMe();
```

```
            }
        };
        int main()
        {
            Student stu;
            stu.Register("计算机 51",85071011,"张弓长",18,'m');
            stu.ShowMe();
            stu.Person::ShowMe();
            return 0;
        }
```

输出：

85071011　　　计算机 51　　　张弓长　　　18　　　m

张弓长　　　18　　　m

分析： 派生类 Student 的成员函数可以访问基类的同名成员，但必须显式指定其类属；派生类对象也可访问基类的同名成员，同样必须显式指定其类属，默认状态下访问的是派生类自身的成员。

(2) 多继承情况下，多个基类拥有的同名成员在派生类中具有二义性。

假定学生类 Student 的基类有两个，分别为 Person1 和 Person2，示意代码如下：

```
        class Person1
        {public：
        char    Name[10];        //姓名
        int     Age;             //年龄
        };
        class Person2
        {public：
        char    Name[10];        //姓名
        int     Sex;             //性别
        };
```

那么下面 Student 的声明是有问题的

```
        class Student：public Person1, public Person2
        {public ：
            char    ClassName [10];
        };
```

Student 从 person1 和 person2 都得到了一个公有 Name 成员，若 stu 为 Student 对象，当执行类似 return stu.Name 语句时就无法正确执行。解决方法可以在派生类中声明一个同名的指针成员，并在构造函数中显式指明其来源，如下所示：

```
        class Student：public Person1, public Person2
        {public ：
        char *   Name;
```

```
char      ClassName [10];
Student () { Name = Person1:: Name; }
};
```

这样就把 Student 中 Name 指针指向了 Person1 的 Name 字符数组。若 stu 为 Student 类的对象，则 stu. Name 就和 stu. Person1::Name 等价。当然也可以用 stu. Person1::Name 以及 stu. Person2::Name 直接访问基类的 Name 字符数组。

程序设计举例

修改例 7-8，Circle 类从 Point 类继承而来。

例 9-5　从 Point 类继承的 Circle 类。

程序

```cpp
// Point.h 文件 Point 类的声明
#ifndef POINT_H
#define POINT_H
class Point
{
int x, y;                    //点的 x 和 y 坐标
public:
Point( int = 0, int = 0 );   //构造函数
void SetPoint( int, int );   //设置坐标
int GetX() { return x; }     // 取 x 坐标
int GetY() { return y; }     // 取 y 坐标
void Print();                //输出点的坐标
};
#endif
// Point.cpp 文件 Point 类的成员函数定义
#include <iostream>
using namespace std;
#include "point.h"
Point::Point( int a, int b )
{
SetPoint( a, b );
}
void Point::SetPoint( int a, int b )
{
x = a;
y = b;
}
void Point::Print()
```

```cpp
{
cout << '[' << x << ", " << y << ']';
}
// Circle.h 文件 Circle 类的声明
#ifndef CIRCLE_H
#define CIRCLE_H
#include <iostream>
using namespace std;
#include "point.h"
class Circle : public Point
{    double radius;
public:
Circle(int x = 0, int y = 0,  double r = 0.0);
void SetRadius( double );     //设置半径
double GetRadius();           //取半径
double Area();                //计算面积
void Print();                 //输出圆心坐标和半径
};
#endif
// Circle.cpp 文件 Circle 类的成员函数定义
#include <iostream>
using namespace std;
#include "circle.h"
Circle::Circle(int a,int b,double r):Point(a,b)
{
SetRadius( r );
}
void Circle::SetRadius( double r )
{
radius = ( r >= 0 ? r : 0);
}
double Circle::GetRadius()
{
return radius;
}
double Circle::Area()
{
return 3.14159 * radius * radius;
}
```

```
void Circle::Print()
{
cout << "Center = ";
Point::Print();
cout << "; Radius = " << radius << endl;
}
// Example 9-5.cpp 文件：Circle Demo
# include <iostream>
using namespace std;
# include "point.h"
# include "circle.h"
int main()
{
Point p(30,50);
Circle c(120,80,10.0);
cout << "Point p: ";
p.Print();
cout << "\nCircle c: ";
c.Print();
cout << "The certre of circle c: ";
c.Point::Print();
cout << "\nThe area of circle c: " << c.Area() << endl;
return 0;
}
```

输出：

Point p：[30, 50]

Circle c：Center = [120, 80]; Radius = 10

The certre of circle c：[120, 80]

The area of circle c：314.159

分析：与例 7-8 一样，这个例子也由 5 个文件构成，Point 类和 Circle 类的声明放在头文件中，成员函数的实现放在相同基本名字的源代码文件中，在文件"Example 9-5.cpp"中编写主函数对两个类进行了测试。不同的是，Point 类和 Circle 类都添加了构造函数，Circle 类由 Point 类的继承而来。程序的输出结果是相同的。

例 9-6　一个基类应有多个派生类才有存在的意义。本例定义了一个基类（Person）及其两个派生类（Teacher）和（Student）。

程序

```
// Example 9-6：教师和学生类
# include <iostream>
# include <cstring>
```

```cpp
using namespace std;
class Person
{
protected:
char Name[10];
char Sex;
int  Age;
public:
Person(char * name, int age,char sex)
{
    Register(name,age,sex);
}
void Register(char * name,int age,char sex)
{
    strcpy(Name, name);
    Sex = (sex = ='m'?'m':'f');
    Age = age;
}
void ShowMe()
{
    cout<<"  姓    名:"<<Name<<endl;
    cout<<"  性    别:"<<(Sex = ='m'?"男":"女")<<endl;
    cout<<"  年    龄:"<<Age<<endl;
}
};
class Teacher : public Person
{
char Dept[20];
int  Salary;
public:
Teacher(char * name,int age,char sex,char * dept,int salary);
void ShowMe()
{
    Person::ShowMe();
    cout<<"  工作单位:"<<Dept<<endl;
    cout<<"  月    薪:"<<Salary<<endl<<endl;
}
};
Teacher::Teacher(char * name,int age,char sex,char * dept,int salary)
```

```
        : Person(name,age,sex)
        {
        strcpy(Dept, dept);
        Salary = salary;
        }
        class Student : public Person
        {
        char ID[12];
        char Class[12];
        public:
        Student(char * name,int age,char sex, char * id,char * classid);
        void ShowMe() {
            cout<<"  学    号:"<<ID<<endl;
            Person::ShowMe();
            cout<<"  班    级:"<<Class<<"\n\n";}
        };
        Student::Student(char * name,int age,char sex,char * id,char * classid)
        : Person(name,age,sex)
        {
        strcpy(ID, id);
        strcpy(Class, classid);
        }
        int main()
        {    Teacher emp1("章立早",38,'m',"电信学院",2300);
        Student std1("李木子",22,'f',"02035003","能动 01");
        emp1.ShowMe();
        std1.ShowMe();
        return 0;
        }
```

输出:
姓　　名:章立早
性　　别:男
年　　龄:38
工作单位:电信学院
月　　薪:2300

学　　号:02035003
姓　　名:李木子
性　　别:女

年　　龄：22

班　　级：能动 01

分析　本例中 Teacher 类和 Student 类都从 Person 类公有派生而来，这两个类的成员函数都可以直接访问 Person 类保护的数据成员和公有的成员函数。

例 9 - 7　多重继承，从多个基类派生出来的类。

程序

```cpp
// base1.h 文件
#ifndef BASE1_H
#define BASE1_H
class Base1 {
int value;
public：
Base1( int x ) { value = x; }
int getData() const { return value; }
};
#endif
// base2.h 文件
#ifndef BASE2_H
#define BASE2_H
class Base2 {
char letter;
public：
Base2( char c ) { letter = c; }
char getData() const { return letter; }
};
#endif
// derived.h 文件
#ifndef DERIVED_H
#define DERIVED_H
#include "base1.h"
#include "base2.h"
// 多继承
class Derived : public Base1, public Base2 {
double real;    // 继承的私有变量
public：
Derived( int, char, double );
double getReal() const;
void Output();
};
```

```
#endif
// derived.cpp 文件
#include <iostream.h>
#include "derived.h"
Derived::Derived( int i, char c, double f): Base1(i), Base2(c), real (f) { }
double Derived::getReal() const { return real; }
void Derived::Output()
{    cout << "Integer: " << Base1::getData() << "\nCharacter: "
     << Base2::getData()
     << "\nReal number: " << real << endl;
}
// Example 9 - 7.cpp 文件    多重派生
#include <iostream.h>
#include "base1.h"
#include "base2.h"
#include "derived.h"
int main()
{    Base1 b1( 10 ), * base1Ptr = 0;
Base2 b2('Z'), * base2Ptr = 0;
Derived d( 7, 'A', 3.5 );
// 对象输出各自的数据成员
cout << "Object b1 contains integer " << b1.getData()
     << "\nObject b2 contains character " << b2.getData()
     << "\nObject d contains:\n";
d.Output();
// 派生类对象对基类成员函数的访问
cout << "Data members of Derived can be" << " accessed individually:"
     << "\nInteger: " << d.Base1::getData() << "\nCharacter: "
     << d.Base2::getData()
     << "\nReal number: " << d.getReal() << endl;
cout <<"Derived can be treated as an"<<"object of either base class:\n";
// 派生类对象作为 Base1 对象
base1Ptr = &d;
cout <<"base1Ptr - >getData() yields"<<base1Ptr - >getData()<<'\n';
// 派生类对象作为 Base2 对象
base2Ptr = &d;
cout<<"base2Ptr - >getData() yields"<<base2Ptr - >getData()<<endl;
return 0;
}
```

输出：

Object b1 contains integer 10

Object b2 contains character Z

Object d contains：

Integer：7

Character：A

Real number：3.5

Data members of Derived can be accessed individually：

Integer：7

Character：A

Real number：3.5

Derived can be treated as an object of either base class：

base1Ptr－＞getData() yields 7

base2Ptr－＞getData() yields A

分析　类 Derived 通过多重继承机制继承了类 Base1 和类 Base2,构造函数 Derived 按指定的继承顺序显式地调用了每个基类(即 Base1 和 Base2)的构造函数。

使用基类的成员函数进行输出时,因为该对象包含两个 getData()函数,一个是从类 Base1 继承来的,另一个是从 Base2 继承来的,所以存在着歧义性问题,因此使用了二元作用域运算符。程序中把派生类对象 d 的地址赋给了基类指针 Base1Ptr,用该指针调用 Base1 的成员函数 getData()打印出 value 值;把 d 的地址赋给基类指针 Base2Ptr,用该指针调用 Base2 的成员函数 getData()打印出 letter 的值。

例 9－8　定义一个棋子类,再定义一个棋子类的派生类——中国象棋棋子类,并写出测试主函数。

程序

```cpp
//Example 9－8
#include <iostream>
#include <cstring>
using namespace std;
//棋子类
class Stone{
protected:
int   Color;          // 颜色
int   Col;            // 列
int   Row;            // 行
bool bShow;           // 是否显示
bool Selected;        // 是否被选择
public:
Stone(int color, int col, int row);
void MoveTo(int col, int row) { Col = col, Row = row; }
```

```
void KillIt() { bShow = false; }
void Select() { Selected = ! Selected; }
};
Stone::Stone(int color, int col, int row)    // 棋子类的构造函数
{   Color = color;
bShow = true;
Selected = false;
Col = col;
Row = row;
}
// 中国象棋棋子类
class ChineseStone  : public Stone{
char    strType[10];    // 棋子类型
int     R;              // 棋子半径
public:
ChineseStone (int color, int col, int row, char * type);   // 构造函数
void   Show();          // 显示信息
};
ChineseStone ::ChineseStone (int color, int col, int row, char * type):Stone
(color, col, row)
{   strcpy(strType, type);
R = 23;
}
void ChineseStone ::Show()
{   cout<<"— 这是一个象棋棋子 —"<<endl;
cout<<"    棋子类型:"<<strType<<endl;
if(Color = = 0)
{ cout<<"    棋子颜色:红色"<<endl; }
else{ cout<<"    棋子颜色:黑色"<<endl; }
cout<<"    棋子位置:("<<Col<<","<<Row<<")"<<endl;
if(bShow = = true)
{ cout<<"    是否显示:是"<<endl; }
else{ cout<<"    是否显示:否"<<endl; }
if(bShow = = true && Selected = = true)
{ cout<<"    是否被选:是"<<endl; }
else{ cout<<"    是否被选:否"<<endl; }
cout<<"    棋子半径:"<<R<<endl<<endl;
}
int main() // 测试主函数
```

```
{    ChineseStone    c1(1,3,6,"炮");        //建立一个棋子对象
c1.Show();                //显示棋子信息
c1.Select();              //选中棋子
c1.MoveTo(3,2);           //移动棋子
c1.Show();                //显示棋子信息
c1.KillIt();              //棋子被吃掉
c1.Show();                //显示棋子信息
return 0;
}
```

输出

— 这是一个象棋棋子 —

　　棋子类型:炮

　　棋子颜色:黑色

　　棋子位置:(3,6)

　　是否显示:是

　　是否被选:否

　　棋子半径:23

— 这是一个象棋棋子 —

　　棋子类型:炮

　　棋子颜色:黑色

　　棋子位置:(3,2)

　　是否显示:是

　　是否被选:是

　　棋子半径:23

— 这是一个象棋棋子 —

　　棋子类型:炮

　　棋子颜色:黑色

　　棋子位置:(3,2)

　　是否显示:否

　　是否被选:否

　　棋子半径:23

分析　棋子类具有很多棋类棋子的共同特征,这使其易于被象棋棋子类或围棋棋子类继承。因此,如果要同时编写很多种棋类游戏,那么这里的棋子类是有价值的。

◣ 小结

1. 继承是软件复用的一种形式,从现有的类建立新类;

2. 继承方式有三种,即公有继承、私有继承和保护继承;

3. 派生类对基类成员函数可以重载或同名覆盖；

4. 基类的构造函数和析构函数不能被继承；

5. 良好软件工程的一个基本原则是将接口与实现方法分离；

6. 预处理指令 ♯ifndef 和 ♯endif 可以避免多次包含头文件语句；

7. this 指针包含了某个类对象的地址，通过这个地址可以获得该对象的数据和成员函数，甚至它本身。

习题

1. 从类 Person 中派生出一个教师类，新增的属性有：专业、职称和主讲课程（一门），并为这些属性定义相应的方法。

2. 许多研究生既有学生的属性，又有教师的属性。试通过多重继承说明一个研究生类。

3. 修改例 7-8，从 Point 类中派生出一个 Line 类。Line 类增加一个数据成员 EndPoint，计算线的长度。试比较一下与直接使用 Point 类来构造 Line 类的不同之处。

4. 从 Date 类和 Time 类派生一个 DateAndTime 类，修改相应的成员函数，当时间递增到新的一天时，应能够修改日期值。

5. 邮局或快递公司投递包裹，提供不同的投递类型，如 3 日内送达或次晨达，不同的类型费用不同。创建一个继承层次来表示不同类型的包裹。将 Package 类作为基类，将 ThreeDayPackage 类和 OvernightPackage 类作为它的派生类。基类 Package 包含发件人和收件人的姓名，地址，城市，省，邮政编码及包裹的重量（单位克），以及包裹投递标准费用（单位是元/克）。这些变量为 Protected。Package 类包含必要的构造函数来初始化这些变量，并保证变量的值具有一定的合理性，如重量需要大于 0 等。Package 类包含一个 Public 的函数 CalculateCost，计算包裹的基本费用公式是重量 * 投递标准费用。ThreeDayPackage 继承自 Package，含有一个固定费率的成员变量。最终的投递费用为固定费率＋标准费率（标准费率通过 Package 类的 CalculateCost 方法计算出）。OvernightPackage 和 ThreeDayPackage 相似，只是固定费率较高。编写测试程序，创建不同类型的包裹，计算投递费用。

6. 创建一个继承层次，用来表示银行客户的账户情况。所有客户可以用其账户存款和取款。此外，还有更具体的账户类型。例如，储蓄账户可以收取存款利息，而支票账户则需要为每一笔交易付给银行服务费。创建基类 Account、派生类 SavingsAccount 和 CheckingAccount。基类 Account 包括一个 decimal 类型的实例变量，表示账户结余。这个类提供一个构造函数，接收初始结余并初始化实例变量。构造函数要检验初始结余，确保其大于或等于0.0，否则将初始结余设置为 0.0 并显示一个错误消息，表示初始结余无效。类提供两个方法。Credit 方法将一定数量的资金存入账户，而 Debit 方法从账户中取款，确保取款的量不超过账户结余，否则结余保持不变，并打印一个消息"Debit amount exeeded account balance"。类要提供一个函数，返回当前结余。

派生类 SavingsAccount 继承 Account 的功能，包括一个 decimal 实例变量，表示 Account 指定的利率（百分率）。SavingsAccount 的构造函数接收初始结余和利率初值。SavingsAccount 提供公用函数 CalculateInterest，返回一个 decimal 值，表示账户得到的利息。CalculateInterest 方法将利率乘以账户结余求出利息值。SavingsAccount 应该继承 Credit 与 Debit 方法而不需要重新定义。派生类 CheckingAccount 继承 Accout 的功能，但包括一个 decimal

实例变量,表示每笔交易的费用。CheckingAccount 的构造函数接收初始结余和表示费用的参数。CheckingAccount 类要重定义 Credit 与 Debit 函数,使事务执行成功时账户结余中减去手续费。CheckingAocount 的 Debit 方法只在实际取钱时才扣除费用(即确保所取的量不超过账户结余)。[提示:定义 Account 的 Debit 方法,使其返回一个布尔值,表示是否取了钱,然后用返回值确定是否扣除费用。]定义这个层次中的类之后,写一个程序,创建每个类的对象并测试其方法。用 CalculateInterest 方法将利息加进 SavingsAccount 对象,然后将返回的利息值传入对象的 Credit 方法。

第 10 章　多态性

■ 本章目标

　　介绍面向对象理论中多态性的基本概念,主要讲解虚函数和抽象类。

■ 授课内容

10.1　多态性概述

　　多态性(polymorphism)的英文单词 polymorphism 源于希腊词根 poly(意为"很多")和 morph(意为"形态"),顾名思义,是指一个事物有多种形态。在现实生活中,有许多多态性的例子。例如,当上课的铃声响起时,同学们坐到了座位上,而老师则站上了讲台;对于不同班级的同学,也会走进不同的教室。这里,对于"上课的铃声"这个相同的消息,不同的对象作出了不同的响应,即使他们都是"人"类的对象。

　　在 C++中,多态性的含义也是如此,即指某类的对象在接受同样的消息时,所做出的响应不同。这里"接受同样的消息"指调用名称相同的成员函数,"所做出的响应不同"指函数实现的功能不同。

　　多态性是面向对象程序设计的重要特征。在 C++中,多态性有两种不同的形式:编译时多态性和运行时多态性。

　　编译时多态性指同一类的不同对象或是同一个对象在不同环境下,调用名称相同的成员函数,所完成功能不同。函数(包括类成员函数)的重载和运算符的重载都属于这一类。这种确定操作具体对象的过程就是绑定(binding),也就是把一个标识符和一个存储地址联系在一起的过程;用面向对象的术语讲,就是把一条消息和一个对象的方法相结合的过程。这种在编译连接阶段完成绑定工作的情况称为静态绑定。

　　静态绑定的优点是在访问方法时没有运行时间开销,函数的调用与函数定义的绑定在程序执行前进行。因此,一个成员函数的调用并不比普通函数的调用更费时。然而,静态绑定存在几个严重的限制。主要限制是,不经过重新编译程序,将无法实现。

　　运行时多态性是指同属于某一基类的不同派生类对象,在形式上调用自基类继承的同一成员函数时,实际调用了各自派生类的同名函数成员。运行时多态性是通过使用继承和虚函数实现的,在程序运行阶段完成绑定工作,称为动态绑定,又称晚期绑定或后绑定。

　　动态绑定使绑定可以从一个调用改变为另一个调用。因此,如果一个类层次在调用之间发生变化,这个变化将被反映在最终的绑定中。结果,动态绑定无需重新编译程序就能够实现。动态绑定的主要不足是运行时的时间开销稍大于静态绑定。但尽管如此,动态绑定几乎在所有的面向对象的语言和系统中都给予了实现,动态绑定提供的灵活性是一个面向对象的环境所期望的关键特征之一。

为了加深对这两种多态性的理解,下面举两个例子。

第一个例子是关于兔子的。将兔子抽象化为一个类后,可以具有许多成员函数。其中"逃生"成员函数,表达了兔子逃命的不同方法。当遇到老鹰袭击时,兔子会使用"兔子蹬鹰"的绝招;当遇到狼的攻击时,兔子则采用"动如脱兔"的逃跑方法。类的伪代码如下:

```
class  兔子
{
    public:
        void  逃生(老鹰 a){"兔子蹬鹰";}
        void  逃生(狼  b){"动如脱兔";}
        …
};
```

显而易见,这就是函数重载。在使用这些函数时,它们的参数都是在编码时设定好的。也就是说,当调用"兔子"类的"逃生"函数时,传入的参数是"老鹰"或是"狼"的对象,是在编译时就确定了,不会改变。因而在代码编译时使用哪一个版本的函数,也可以确定。这种多态性就是编译时的多态性。

第二个例子是关于宠物的。一个小孩得知邻居家养了几个宠物,但不知是猫是狗。于是,小孩丢一块石头到邻居家院中,以探明真相。这里,宠物作为基类,拥有一个 speak()函数,即发声函数。而猫类和狗类是宠物类的派生类,并各有一个基类 speak()函数的同名覆盖。示意代码如下:

```
class  宠物
{
public:
    void speak() { cout<< "zzz"; };
    …
};
class  猫 : public 宠物
{public:
    void speak() { cout<< "miao! miao!"; }
    …
};
class  狗 : public 宠物
{public:
    void speak() { cout<< "wang! wang!"; }
    …
};
```

小孩丢石块,相当于调用了宠物类对象的 speak()函数,因为小孩并不知是猫是狗,只知道是宠物。然而实际接受此消息的却是宠物的派生类对象,如果是猫则发出"miao! miao!"字符串;如果是狗,则发出"wang! wang!"字符串。调用过程的伪代码如下:

```
void main()
{    宠物  * p;          //p 为宠物类指针
     猫    cat1;         //定义猫类对象
     狗    dog1;         //定义狗类对象
     根据用户输入将猫或狗对象地址赋给 p 指针,
     例如用户输入 1,则执行 p = &cat1;用户输入 2,则执行 p = &dog1;
     p->speak();
     …
}
```

由于小孩只知道对象是宠物类,所以 main()函数定义了宠物类指针 p。按照我们的设想:指针 p 应根据实际情况指向猫类或狗类对象;最后,语句 p->speak()调用的应该是 p 所指向派生类的 speak()函数。按照这种设想,程序在编译阶段并不知道指针 p 将指向什么对象,所以在编译阶段就无法确定 p 将调用哪个类的 speak()函数。只有在运行阶段才能确定 p 的值,从而动态决定调用哪一个类的 speak()成员函数。这正是运行时多态性的典型形式。

然而,上面的程序段并不会按照我们的设想运行。实际上,上面的程序段执行时,不论指针 p 所指对象是宠物类还是其派生类,p->speak()只能调用基类——宠物类的 speak()方法。这是由派生类替代基类对象的原则所决定的。因此,为了学习运行时多态性的实现机制,需要首先了解派生类对象替代基类对象的原则。

10.2　派生类对象替换基类对象

公有派生类全盘继承了基类的成员及其访问权限,因此公有派生类对象可以替代基类对象做本来由基类对象所做的事情。派生类对象替换基类对象的原则是:凡是基类对象出现的场合都可以用公有派生类对象替换。

对象替换常见的形式有:

(1)派生类对象给基类对象赋值。

(2)派生类对象可以初始化基类对象的引用。

(3)可以令基类对象的指针指向派生类对象,即将派生类对象的地址传递给基类指针。

下面的例子,综合说明了这三种情形。

例 10-1　派生类对象替换基类对象。

程序

```
#include <iostream>
using namespace std;
class Pet                      //基类
{public:
void Speak() { cout<<"How does a pet speak ?"<<endl; }
};
class Cat : public Pet         //派生类
{public:
```

```
void Speak() { cout<<"miao! miao!"<<endl; }
};
class Dog : public Pet          //派生类
{public:
void Speak() { cout<<"wang! wang!"<<endl; }
};
int main()
{
Petobj, * p1;          //基类对象指针 p1,基类对象 obj
Dog dog1;
Cat cat1;
obj = dog1;          //用 Dog 类对象给 Pet 类对象赋值
obj.Speak();
p1 = &cat1;          //用 Cat 类对象地址给基类指针赋值
p1 ->Speak();
p1 = &dog1;          //用 Dog 类对象地址给基类指针赋值
p1 ->Speak();
Pet&p4 = cat1;          //以 Cat 类对象初始化 Pet 类引用
p4 .Speak();
return 0;
}
```

输出　　　How does a pet speak？

　　　　　　How does a pet speak？

　　　　　　How does a pet speak？

　　　　　　How does a pet speak？

　　分析　　主函数依次调用 Speak 函数。派生类对象 cat1 给基类对象 obj 赋值,而后通过 obj 调用 Speak 函数,得到第一行输出。令基类类型指针 p1 分别指向派生类对象 cat1 和 dog1,而后通过 p1 调用 Speak 函数,得到第二和第三行输出。派生类对象 cat1 初始化基类引用 p4 后,通过 p4 调用 Speak 函数,得到最后一行输出。

　　显而易见,三种方式调用的都是基类 Speak 函数。因而可以得到下面论断:不论哪一种情形,派生类对象替代基类对象后,只能当作基类对象来使用。不论派生类是否存在同名覆盖成员,这样的基类对象所访问的成员都只能来自基类。

10.3　虚函数

10.3.1　虚函数定义

　　根据派生类替代基类对象的原则,可以用基类对象指针指向派生类对象,但只能访问基类的成员。为了实现多态性,也就是能够通过指向派生类的基类指针,访问派生类中同名覆盖成员函数,需要将基类的同名函数声明为虚函数。

虚函数是一个成员函数,该成员函数在基类内部声明并且被派生类重新定义。为了创建虚函数,应在基类中该函数声明的前面加上关键字 virtual。当继承包含虚函数的类时,派生类将重新定义该虚函数以符合自身的需要。从本质上讲,虚函数实现了"一个接口,多种方法"的理念,而这种理念是多态性的基础。基类内部的虚函数定义了该函数的接口形式,而在派生类中对虚函数重新定义,创建一个具体的方法。

"正常"访问时,虚函数就像所有其他类型的类成员函数一样。然而,虚函数之所以能够支持运行时的多态性,就在于当基类指针指向包含虚函数的派生对象时,C++会根据该指针所指的对象类型决定调用的虚函数版本。这一决定是在运行时做出的,因此,当指针指向不同的对象时,就执行该虚函数的不同版本。这同样适用于基类引用。

虚函数的语法为:

    virtual 函数返回类型　函数名(参数表){函数体}

也就是说,只需要简单地在基类同名函数前加上 virtual 关键字,就可以将函数设置为虚函数。

下面的例子将上一节关于宠物的例子用 C++的虚函数来实现。

例 10 - 2　虚函数实现多态性。

程序

```cpp
#include <iostream>
using namespace std;
class Pet                    //基类
{
public:
    virtual void Speak() { cout<<"How does a pet speak ?"<<endl; }
};
class Cat : public Pet      //派生类
{
public:
    virtual void Speak() { cout<<"miao! miao!"<<endl; }
};
class Dog : public Pet      //派生类
{
public:
    virtual void Speak() { cout<<"wang! wang!"<<endl; }
};
int main()
{
    Petobj, * p1;           //基类对象指针 p1,基类对象 obj
    Dog dog1;
    Cat cat1;
```

```
    obj = dog1;              // 用 Dog 类对象给 Pet 类对象赋值
    obj.Speak();
    p1 = &cat1;              // 用 Cat 类对象地址给基类指针赋值
    p1 -> Speak();
    p1 = &dog1;              // 用 Dog 类对象地址给基类指针赋值
    p1 -> Speak();
    Pet &p4 = cat1;          // 以 Cat 类对象初始化 Pet 类引用
    p4.Speak();
    return 0;
}
```

输出

How does a pet speak ?

miao! miao!

wang! wang!

miao! miao!

分析　主函数分别调用 Speak() 函数,因为 obj 为基类的对象,所以输出基类的 Speak(),得到第一行输出;指针 p1 指向派生类,通过它们调用 Speak() 函数,这时系统需要选择,是调用基类的 Speak() 函数,还是调用派生类的 Speak() 函数? 在本程序中 Speak() 函数的声明中加了关键字"virtual",而 p1 又是指向派生类的指针,因此调用派生类的 Speak() 函数,得到第二、三行的输出;p4 是对 Cat 对象的引用,得到第四行输出。

例 10-2 也说明了动态绑定可以在不重新编译的情况下,确定调用哪一个对象的成员函数。

10.3.2　虚函数的使用限制

关于虚函数的使用,要注意以下几点:

(1)应通过指针或引用调用虚函数,而不要以对象名调用虚函数。

从替换原则出发,派生类对象可以赋值给基类对象。例如:

```
    Pet     obj;             // 基类对象指针 p1,基类对象 obj
    Dog     dog1;
    obj = dog1;              // 用 Dog 类对象给 Pet 类对象赋值
    obj.Speak();
```

以派生类对象 dog1 赋值给基类对象 obj 之后,语句 obj.Speak()虽然仍可以顺利执行,所调用的函数却是基类的 Speak() 函数。所以在 C++中一定要用指针或引用来调用虚函数,才能保证多态性的成立。

另外,引用有其自身的特点,即引用一旦初始化后,就无法重新赋值。例如在 main() 函数中,采用下面语句

```
    Dog     d1;
    Cat     c1;
    Pet &p2 = d1;      // 定义引用 p2 为 Pet 类型,且初始化为 d1
```

```
        p2.Speak();
        p2 = &c1;           //错误
        p2.Speak();
```

上面语句 p2 = &c1 错误，因为 p2 被初始化为 d1 后，不能修改，所以采用引用实现方式显然不够灵活，最好的方式是使用指针调用。

（2）在派生类中重定义的基类虚函数仍为虚函数，同时可以省略 virtual 关键字。虚函数重定义时，函数的名称、返回类型、参数类型、个数及顺序与基类虚函数完全一致。

乍看上去，利用派生类对虚函数进行的重新定义类似于函数重载，然而实际上却并非如此。重新定义的虚函数原型必须完全符合基类中指定的原型，而重载一个函数时，不是参数个数不同，就是参数类型不同，二者之中必须至少有一个不同！C++正是通过这些差异才能够选出正确的重载函数版本。如果在重新定义虚函数时改变了它的原型，那么该函数只能被认为是由 C++编译器重载的，其虚函数特性也将丧失。如果修改例 10-2 中 Cat 类的 Speak函数为

```
        void  Speak(int i)  { cout << "miaomiao!"; }
```

则此函数就变为一般函数重载，考虑下列程序段：

```
        Cat         cc;
        Pet *       ptr;
        ptr = &cc;
        ptr->Speak();              //调用 ptr 类成员函数
```

其中，最后一句就调用了基类的成员。

（3）不能定义虚构造函数，可以定义虚析构函数。

多态性是指对象对同一消息的不同反应。在对象产生之前或消亡之后，多态性都没有意义。而构造函数只在对象产生之前调用一次，所以虚构造函数没有意义。而析构函数的作用是在对象消亡之前进行的资源回收等收尾工作，因而定义虚析构函数是有意义的，其语法为

```
        virtual  ~类名();
```

定义了虚析构函数，可以利用多态性，保证基类类型指针能调用适当的析构函数，对不同的对象进行善后工作。

10.4 抽象类

类是从相似对象抽取共性而得到的抽象数据类型。当把类看作一种数据类型时，通常认定该类型的对象是要被实例化的。但是，在许多情况下，定义不实例化为任何对象的类是很有用处的，这种类称为"抽象类"（abstract class）。因为抽象类要作为基类被其他类继承，所以通常也把它称为"抽象基类"（abstract base class）。抽象类不能用来建立实例化的对象。

这些抽象类表述的含义因为太广泛而定义不出实在的对象，如果要建立实例对象，则需要含义更加明确的类，这就是所谓的"具体类（concrete class）"。抽象类的惟一用途是为其他类提供合适的基类，其他类可从它这里继承和（或）实现接口。能够建立实例化对象的类称为具体类，具体类具有足以建立实例化对象的明确含义。

类的抽象化程度越高，离现实中的具体对象就越远，同时也就能概括更大范围事物的共同

特性。有时侯,从软件使用者的角度看,某个软件只需要用到一些具体事物的类,例如例10-1中的猫类、狗类等;但从软件设计者的角度看,增加一个更加抽象的基类效果更好。例如例10-1中的宠物类。通过设置基类,实现了代码重用。同时,当基类的抽象化程度提高之后,某些成员函数在基类中的实现变得没有意义了,但成员函数在基类中的声明仍有意义。在例10-1中,Speak 函数的声明实现了多态性,但 Speak 在宠物类里的具体实现并无实际意义。因为无人知道抽象的宠物会如何发声。有没有办法将这样的成员函数在基类中只作声明,而将其实现留给派生类呢? 在 C++中,这样的办法是有的,就是利用纯虚函数将基类改造为抽象类。

1. 纯虚函数

纯虚函数是没有在基类中定义的虚函数。纯虚函数的语法定义为:

　　　virtual 返回类型　函数名(参数表)=0

容易看出,纯虚函数与虚函数的不同,就是在虚函数的最后加上"=0"。纯虚函数在基类声明后,不能定义其函数体。纯虚函数的具体实现只能在派生类中完成。纯虚函数是为了实现多态性而存在的。

当一个虚函数变为纯虚函数时,任何派生类都必须给出自己的定义,覆盖该纯虚函数,否则将导致编译错误。

2. 抽象类

至少包含一个纯虚函数的类称为抽象类。抽象类为其所有子类提供了统一的操作界面,使其派生类具有一系列统一的方法。

关于抽象类的使用有几点要求:

(1)抽象类不能实例化,即不能声明抽象类对象。如果 Pet 为抽象类,则语句 Pet p1 是错误的。

(2)抽象类只作为基类被继承,无派生类的抽象类毫无意义。

(3)可以定义指向抽象类的指针或引用,这个指针或引用必然指向派生类对象,从而实现多态性。

实际上,只要将例 10-2 中 Pet 类的 Speak 函数声明修改为 virtual char ＊ Speak() ＝ 0 的形式,并且去掉 Speak 函数在 Pet 类中的具体实现,就可将 Pet 类改为抽象类。修改后程序运行结果不变。

下面的抽象类例子是在例 10-2 的基础上作了一点扩充。

例 10-3　抽象宠物类的实现。

程序

```
// Example 10-3：抽象宠物类
# include  <iostream>
# include  <cstring>
using namespace std;
class Pet                    //基类
{
char Name[20];
```

```
int Age;
char Color[12];
public:
char Type[10];
Pet(char * ,int, char * );
char * GetName(){ return Name; }
int GetAge(){ return Age;  }
char * GetColor(){ return Color; }
virtual void Speak() = 0;
virtual void GetInfo() {}
};
Pet::Pet(char * name,int age,char * color)
{
strcpy(Name,name);
Age = age;
strcpy(Color,color);
strcpy(Type,"pet");
}
class Cat : public Pet          //派生类
{
public:
Cat(char * name,int age, char * color):Pet(name,age,color) {}
void Speak() { cout<<" Sound of speak : miao! miao!"<<endl<<endl; }
void GetInfo();
};
void Cat::GetInfo()
{
cout<<" The cat's name : "<<GetName()<<endl;
cout<<" The cat's age   : "<<GetAge() <<endl;
cout<<" The cat's color: "<<GetColor()<<endl;
}
class Dog : public Pet          //派生类
{
public:
Dog(char * name,int age, char * color):Pet(name,age,color) {}
void Speak() { cout<<" Sound of speak : wang! wang!"<<endl<<endl; }
void GetInfo();
};
void Dog::GetInfo()
```

```
    {
    cout<<" The dog's name : "<<GetName()<<endl;
    cout<<" The dog's age   : "<<GetAge() <<endl;
    cout<<" The dog's color: "<<GetColor()<<endl;
    }
    int main()
    {Pet * p1;                              //基类对象指针 p1
    p1 = new Cat("MiKey",1,"Blue");        //动态生成 Cat 类对象
    p1 - >GetInfo();
    p1 - >Speak();
    delete p1;
    p1 = new Dog("BenBen",2,"Black");      //动态生成 Dog 类对象
    p1 - >GetInfo();
    p1 - >Speak();
    delete p1;
    return 0;
    }
```

输出

```
The cat's name  :  MiKey
The cat's age   :  1
The cat's color :  Blue
Sound of speak  :  miao! miao!


The dog's name  :  BenBen
The dog's age   :  2
The dog's color :  Black
Sound of speak  :  wang! wang!
```

　　分析　抽象类 Pet 有一个纯虚函数 Speak，同时还含有虚函数 GetInfo 和普通函数 Get-Name 等。所以一个抽象类可以同时拥有各种函数。这里通过抽象类 Pet 为派生类 Dog 和 Cat 提供了统一的接口，并通过抽象类指针实现了对派生类对象的统一处理，实现了多态性。

　　面向对象编程的核心内容之一是遵循"一个接口，多个方法"的原则。也就是说，可以定义一个一般的功能类，该类的接口是固定的，每一个派生类可以定义各自特有的操作。用 C++ 的术语来说，可以用基类定义一般类的接口特性，当涉及到派生类所用的数据类型时，每一个派生类将执行其特有的操作。

　　实现"一个接口，多个方法"原则的最有效和最灵活的方法之一是利用虚函数、抽象类以及运行时多态性。利用这些特性，可以创建一个从一般到特殊（从基类到派生类）的类层次结构。按照这种理念，可以在一个基类中定义所有的通用功能和接口。在一些操作只能通过派生类实现的情况下，应该使用虚函数。从本质上讲，可以在基类中创建和定义与一般情况有关的所有事物，派生类则详细填充具体的内容。

10.5　const 修饰符

在第 1 章介绍过可以使用预处理命令 #define 来定义一个常量,后来也介绍了定义常量还有另一种方法,即使用 const 修饰符,其定义格式如下:

　　　　const　＜类型说明符＞　＜常量名＞ = ＜常量值＞;
例如,声明一个代表无穷小的常量:

　　　　const　double　eps = 1.0E-10;

注意,使用 const 修饰的变量实际上是常量,不能被程序改变,因此在声明时一定要赋初值。例如,

　　　　const　int　maxsize = 255;

　　　　maxsize = 500;　　　　　 //错!常量不能被赋值

如果在说明引用时用 const 修饰,被修饰的引用称为常引用。常引用所引用的对象不能被更新。如果用常引用做形参,便不会发生对实参意外的更改。常引用的声明如下:

　　　　const　＜类型说明符＞　&＜引用名＞
例如,"void ShowMe(const double& r);"。常引用做形参,在函数中不能更新 r 所引用的对象,因此对应的实参不会被破坏。

与普通变量一样,可使用关键字 const 修饰对象。C++规定,对于 const 对象,只能访问其中也用 const 修饰的成员函数,即 const 成员函数,在 const 成员函数中不得修改类中的任何数据成员的值。例如

```
class MyClass
{
    int x;
public:
    MyClass(int a = 0): x(a){    }
    int NormalFunc(){return ++x;}
    int ConstFunc() const{return x+1;}
};
```

其中成员函数 ConstFunc( )就是 const 成员函数。请注意修饰符 const 的位置。在其他地方(如主函数中)定义了一个 MyClass 类的 const 对象:

　　　　const MyClass ConstObj(3);
则调用

　　　　int i = ConstObj.ConstFunc();
合法,而调用

　　　　int j = ConstObj.NormalFunc();
非法,会导致编译错误。但是,如果定义一个 MyClass 类的普通对象,则无论成员函数是否为 const 均可调用。因此,如果一个类的对象可能被说明为 const 对象,则应将不改动数据成员

的那些成员函数说明为 const 的。

程序设计举例

例 10-4　抽象宠物类的另一种用法。
程序

```
//Example 10-4:抽象宠物类
#include <iostream>
using namespace std;
class Pet                    //基类
{
public:
virtual void Speak() = 0;
void ShowMe();
};
void Pet::ShowMe()
{
cout<<"我的声音:";
Speak();
}
class Cat : public Pet       //派生类
{
public:
virtual void Speak()
{
cout<<"miao! miao!"<<endl; }
};
class Dog : public Pet       //派生类
{
public:
virtual void Speak()
{
cout<<"wang! wang!"<<endl; }
};
void main()
{
Cat cat1;
Dog dog1;
cat1.ShowMe();
dog1.ShowMe();
```

```
        }
```

输出：

我的声音:miao! miao!

我的声音:wang! wang!

分析　在基类 Pet 中定义了纯虚函数 Speak() 和一个普通成员函数 ShowMe()，Pet 成为一个抽象类，在派生类 Cat 和 Dog 中分别给出 Speak() 函数的具体定义。在基类 Pet 中给出的成员函数 ShowMe() 的实现对 Speak() 进行了调用，派生类的对象直接使用从基类继承下来的这个成员函数，可以调用各自的 Speak() 函数输出特定的信息。

例 10-5　从例 9-5 的 Point、Circle 类中抽象出基类 Shape，研究抽象类和具体类的接口和实现。

程序

```cpp
// shape.h 文件  定义抽象基类 Shape
#ifndef SHAPE_H
#define SHAPE_H
#include <iostream>
using namespace std;
class Shape
{
public：
virtual double Area() const { return 0.0; }
//纯虚函数，在派生类中重载
virtual void PrintShapeName() const = 0;
virtual void Print() const = 0;
};
#endif
// point.h 文件  定义类 Point
#ifndef POINT_H
#define POINT_H
#include "shape.h"
class Point : public Shape
{
int x, y;        //点的 x 和 y 坐标
public：
Point( int = 0, int = 0 );        //构造函数
void SetPoint( int, int );        //设置坐标
int GetX() { return x; }          //取 x 坐标
int GetY() { return y; }          //取 y 坐标
virtual void PrintShapeName() const { cout << "Point："; }
virtual void Print() const;        //输出点的坐标
```

```cpp
};
#endif
// Point.cpp 文件　Point 类的成员函数定义
#include <iostream>
#include "point.h"
using namespace std;
Point::Point( int a, int b ) { SetPoint( a, b ); }
void Point::SetPoint( int a, int b ){x = a;y = b;}
void Point::Print() const {cout << '[' << x << ", " << y << ']';}
// circle.h 定义类 Circle
#ifndef CIRCLE_H
#define CIRCLE_H
#include <iostream>
#include "point.h"
using namespace std;
class Circle : public Point{
double radius;
public:
Circle(int x = 0, int y = 0,  double r = 0.0);
void SetRadius( double );          //设置半径
double GetRadius() const;          //取半径
virtual double Area() const;       //计算面积 a
virtual void Print() const;        //输出圆心坐标和半径
virtual void PrintShapeName() const { cout << "Circle: "; }
};
#endif
// circle.cpp 文件　circle 类的成员函数定义
#include "circle.h"
Circle::Circle(int a,int b,double r): Point(a,b) { SetRadius( r ); }
void Circle::SetRadius( double r ) { radius = ( r >= 0 ? r : 0 ); }
double Circle::GetRadius() const { return radius; }
double Circle::Area() const{ return 3.14159 * radius * radius; }
void Circle::Print() const
{
cout << "Center = ";
Point::Print();
cout << "; Radius = " << radius << endl;
}
// Rectangle.h 文件　定义类 Rectangle
```

```
#ifndef RECTANGLE_H
#define RECTANGLE_H
#include <iostream>
#include "point.h"
using namespace std;
class Rectangle : public Point
{    double length, width;
public:
Rectangle(int x = 0, int y = 0, double l = 0.0, double w = 0.0);
void SetLength( double );          // 设置长度
void SetWidth( double );           // 设置宽度
double GetLength() const;          // 取长度
double GetWidth() const;           // 取宽度
virtual double Area() const;       // 计算面积 a
virtual void Print() const;        // 输出坐标和尺寸
virtual void PrintShapeName() const { cout << "Rectangle: "; }
};
#endif
// Rectangle.cpp 文件    Rectangle 类的成员函数定义
#include "Rectangle.h"
Rectangle::Rectangle(int a, int b, double l, double w) : Point(a,b)
{    SetLength(l); SetWidth(w); }
void Rectangle::SetLength( double l ) { length = ( l >= 0 ? l : 0 ); }
void Rectangle::SetWidth( double w )
{ width = ( w >= 0 ? w : 0 ); }
double Rectangle::GetLength() const { return length; }
double Rectangle::GetWidth() const { return width; }
double Rectangle::Area() const
{ return length * width; }
void Rectangle::Print() const
{    cout << "Left Top Vertex = ";
Point::Print();
cout << "; Length = " << length << ", Wigth = " << width << endl;
}
// Example 10 - 5.cpp 文件    演示图形类
#include <iostream>
#include "shape.h"
#include "point.h"
#include "circle.h"
```

```cpp
#include "rectangle.h"
using namespace std;
void virtualViaPointer( const Shape * );
void virtualViaReference( const Shape & );
int main()
{    //创建 point、circle、rectangle 对象
Point point(30,50);
Circle circle(120,80,10.0);
Rectangle rectangle(10,10,8.0,5.0);
//输出 point、circle、rectangle 对象信息
point.PrintShapeName();
point.Print();
cout << endl;
circle.PrintShapeName();
circle.Print();
rectangle.PrintShapeName();
rectangle.Print();
//定义基类对象指针
Shape * arrayOfShapes[ 3 ];
arrayOfShapes[ 0 ] = &point;
arrayOfShapes[ 1 ] = &circle;
arrayOfShapes[ 2 ] = &rectangle;
//通过基类对象指针访问派生类对象
cout << "Virtual function calls made off " << "base-class pointers\n";
for ( int i = 0; i < 3; i++ )
    virtualViaPointer( arrayOfShapes[ i ] );
cout << "Virtual function calls made off " << "base-class references\n";
for ( int j = 0; j < 3; j++ )
    virtualViaReference( * arrayOfShapes[ j ] );
return 0;
}
//通过基类对象指针访问虚函数,实现动态绑定
void virtualViaPointer( const Shape * baseClassPtr )
{    baseClassPtr -> PrintShapeName();
baseClassPtr -> Print();
cout << "Area = " << baseClassPtr -> Area() << endl;
}
//通过基类对象引用访问虚函数,实现动态绑定
void virtualViaReference( const Shape &baseClassRef )
```

```
    { baseClassRef.PrintShapeName();
    baseClassRef.Print();
    cout << "Area = " << baseClassRef.Area() << endl;
    }
```

输出：

Point：[30, 50]

Circle：Center = [120, 80]; Radius = 10

Rectangle：Left Top Vertex = [10, 10]; Length = 8, Wigth = 5

Virtual function calls made off base-class pointers

Point：[30, 50]Area = 0

Circle：Center = [120, 80]; Radius = 10

Area = 314.159

Rectangle：Left Top Vertex = [10, 10]; Length = 8, Wigth = 5

Area = 40

Virtual function calls made off base-class references

Point：[30, 50]Area = 0

Circle：Center = [120, 80]; Radius = 10

Area = 314.159

Rectangle：Left Top Vertex = [10, 10]; Length = 8, Wigth = 5

Area = 40

分析　类 Shape 中有两个纯虚函数 PrintShapeName()和 Print()，所以是一个抽象基类。类 Shape 中还包含另一个虚函数 Area，它有默认的实现（返回 0 值）。类 Point 从类 Shape 中继承了这个函数的实现，由于点的面积是 0，所以这种继承是合理的。类 Circle 从类 Point 中继承了函数 Area()，但 Circle 本身提供了函数 Area()的实现。

尽管 Shape 是一个抽象基类，但是仍然可以包含某些成员函数的实现，并且这些实现是可继承的。类 Shape 以三个虚函数的形式提供了一个可继承的接口，该类还提供了要在类层次结构头几层的派生类中使用的一些实现。

例 10 - 6　较完整的日期类。

修改例 8 - 9 能计算的日期类，完成基本的日期处理功能。

程序

```
    // date.h 文件    日期类定义
    #ifndef DATE_H
    #define DATE_H
    #include <iostream>
    using namespace std;
    class Date {
    int day,month,year;
    void IncDay();                    //日期增加一天
    int DayCalc() const;              //距基准日期的天数
```

```
static const int days[];          //每月的天数
public：
Date( int y, int m, int d);       //构造函数
Date( int m, int d);              //构造函数,年默认为系统当前年份
Date();                           //构造函数,默认为系统日期
void SystemDate();
void SetDate( int yy, int mm, int dd );    //日期设置
void SetDate( int mm, int dd );            //日期设置,年默认为系统年份
bool IsLeapYear(int yy) const;             // 是否闰年?
bool IsEndofMonth() const;                 // 是否月末?
void print_ymd() const;                    //输出日期 yy_mm_dd
void print_mdy() const;                    //输出日期 mm_dd_yy
const Date &operator + (int days);         //日期增加任意天
const Date &operator + = (int days);       //日期增加任意天
int operator - (const Date& ymd)const;     //两个日期之间的天数 add days,
                                              modify object
};
#endif
// Date.cpp 文件   Date 类成员函数定义
# include <iostream>
# include <time>
# include "date.h"
using namespace std;
//静态成员初始化
const int Date::days[] = { 0, 31, 28, 31, 30, 31, 30, 31, 31, 30, 31, 30, 31 };
//构造函数
Date::Date(int y,int m,int d) { SetDate(y,m,d); }
Date::Date(int m,int d) { SetDate(m,d); }
Date::Date() {SystemDate();}
void Date::SystemDate()
{    //取得系统日期
tm  * gm;
time_t t = time(NULL);
gm = gmtime(&t);
year = 1900 + gm->tm_year;
month = gm->tm_mon +1;
day = gm->tm_mday;
}
void Date::SetDate( int yy, int mm, int dd )
```

```
{    month = ( mm >= 1 && mm <= 12 ) ? mm : 1;
year = ( yy >= 1900 && yy <= 2100 ) ? yy : 1900;
if ( month == 2 && IsLeapYear( year ) )
    day = ( dd >= 1 && dd <= 29 ) ? dd : 1;
else day = ( dd >= 1 && dd <= days[ month ] ) ? dd : 1;
}
void Date::SetDate(int mm, int dd )
{    tm * gm;
time_t t = time(NULL);
gm = gmtime(&t);
month = ( mm >= 1 && mm <= 12 ) ? mm : 1;
year = 1900 + gm->tm_year;
if ( month == 2 && IsLeapYear( year ) )
    day = ( dd >= 1 && dd <= 29 ) ? dd : 1;
else day = ( dd >= 1 && dd <= days[ month ] ) ? dd : 1;
}
const Date &Date::operator + ( int days )
{    //重载 +
for ( int i = 0; i < days; i++ )
    IncDay();
return * this;
}
const Date &Date::operator + = ( int days )
{    //重载 + =
for ( int i = 0; i < days; i++ )
    IncDay();
return * this;
}
int Date::operator - (const Date& ymd )const
{    //重载 -
int days;
days = DayCalc() - ymd.DayCalc();
return days;
}
bool Date::IsLeapYear( int y ) const{
if ( y % 400 == 0 || ( y % 100 != 0 && y % 4 == 0 ) ) return true;
return false;
}
bool Date::IsEndofMonth() const
```

```
{
if ( month = = 2 && IsLeapYear( year ) )
    return day = = 29; // 二月需要判断是否闰年
else return day = = days[ month ];
}
void Date::IncDay()
{    // 日期递增一天
if ( IsEndofMonth())
    if (month = = 12){   // 年末
        day = 1;month = 1;year + + ;}
    else {              // 月末
        day = 1;month + + ;}
    else day + + ;
}
int Date::DayCalc() const
{
int dd;
int yy = year - 1900;
dd = yy * 365;
if(yy) dd + = (yy - 1)/4;
for(int i = 1;i<month;i + + ) dd + = days[i];
if(IsLeapYear(year)&&(month>2)) dd + + ;
dd + = day;
return dd;
}
void Date::print_ymd() const{cout << year << "-" << month << "-" <<
day << endl;}
void Date::print_mdy() const
{   char * monthName[ 12 ] = {"January", "February", "March", "April",
    "May", "June","July", "August", "September", "October", "November",
    "December" };
cout << monthName[ month - 1 ] << '' << day << ", " << year << endl;
}
// Example 10 - 6.cpp 文件   演示较完整的日期类
# include <iostream>
# include "date. h"
using namespace std;
int main()
{
```

```
        Date today,Olympicday(2004,8,13);
        cout << "Today (the computer's day) is：";
        today.print_ymd();
        cout << "After 365 days, the date is：";
        today + = 365；
        today.print_ymd();
        Date testday(2,28);
        cout << "the test date is：";
        testday.print_ymd();
        Date nextday = testday + 1;
        cout << "the next date is：";
        nextday.print_ymd();
        today.SystemDate();
        cout << "the Athens Olympic Games openday is：";
        Olympicday.print_mdy();
        cout << "And after " << Olympicday-today
            << " days, the Athens Olympic Games will open." <<endl;
        return 0；
        }
```

输出

Today (the computer's day) is：2004 − 2 − 29

After 365 days, the date is：2005 − 2 − 28

the test date is：2004 − 2 − 28

the next date is：2004 − 2 − 29

the Athens Olympic Games openday is：August 13, 2004

And after 166 days, the Athens Olympic Games will open.

　　分析　　与字符串处理不同,C++标准库中除了从 C 语言中继承下来的几个时间、日期处理函数外,没有提供专门用于日期处理的类。本例在例 8 − 9 的基础上增加了运算符重载函数,利用 time() 函数从系统获取日期,并对例 8 − 9 的代码进行了优化,使用了一批静态变量和const 成员函数,程序更加简洁、高效、实用。在函数返回对象时使用了 this 指针,对象作为函数的参数时使用了常量引用,提高了效率,也避免了对作为参数的对象的修改。

▲ 小结

　　1. 多态性是指某类的对象在接受同样的消息时,所做出的响应不同;

　　2. C++中的多态性有两种形式:编译时多态性和运行时多态性;

　　3. 函数重载和运算符重载属于编译时多态,在编译连接阶段完成绑定工作,称为静态绑定;

　　4. 运行时多态性是通过使用继承和虚函数实现的,在程序运行阶段完成绑定工作,称为动态绑定;

5. 凡是基类对象出现的场合都可以用公有派生类对象取代，派生类对象替代基类对象后，只能当作基类对象来使用；

6. 虚函数在基类内部声明并且被派生类重新定义；

7. 虚函数重定义时，函数的名称、返回类型、参数类型、个数及顺序与基类虚函数完全一致；

8. 抽象类的惟一用途是为其他类提供合适的基类，抽象类不能用来建立实例化的对象；

9. 纯虚函数在基类声明后，不能定义函数体，纯虚函数的具体实现只能在派生类中完成；

10. 运算符和函数一样，也可以重载；

11. const 对象，只能访问其中也用 const 修饰的成员函数，即 const 成员函数；

12. 在 const 成员函数中不得修改类中的任何数据成员的值；

13. 所有类对象中的静态成员是同一个变量；

14. 静态成员函数没有 this 指针，静态成员函数只直接访问类中的静态成员。

习题

1. 定义一个类 Base，该类含有虚函数 display，然后定义它的两个派生类 FirstB 和 SecondB，这两个派生类均含有公有成员函数 display。在主程序中，定义指向基类 Base 的指针变量 ptr，并分别定义 Base、FirstB、SecondB 的对象 b1、f1、s1，让 ptr 分别指向 b1、f1、s1 的起始地址，然后执行这些对象的成员函数 display。

2. 扩充例 9-5，从中派生出一个正方形类和圆柱体类，写一个测试程序，输出正方形的面积和圆柱体的体积。

提示：正方形数据成员：一个顶点和边长；圆柱体数据成员：圆和高。

3. 扩充实例编程中的日期类，为 Date 类增加一个成员函数，可以判断一个日期是否是系统当前日期。从键盘输入你的生日，如果今天是你的生日则显示："Happy Birthday!"，否则显示"还有 xx 天是你的生日"或"你的生日已经过去了 xx 天，明年的生日要再等 yy 天"。

第11章 标准库和输入输出流

本章目标

介绍 C++ 标准库的组成和使用,重点掌握标准库中的输入输出功能。

授课内容

11.1 标准库概述

C++ 语言软件库提供了很多预先编制并经过测试的代码,这就是 C++ 的标准库。在学习 C++ 语言本身的同时,必须学习如何利用 C++ 标准库中已有的类和函数来编程,而不是事事从零开始。这是编制高质量代码的一个非常有效的方法,也是面向对象编程中进行软件复用的核心。

C++ 标准库是用 C++ 语言编写的类和函数库,支持大多数程序设计所涉及的常规功能。其他程序设计语言中作为固有内容的许多特性,在 C++ 中都是由类或函数来完成的。例如,基本的输入输出、数据转换、字符串操作和输出格式化等,标准 C++ 类和函数都支持,但它们并不是 C++ 的语言特性。

标准库通常是由编译器厂商提供,但它与操作系统平台、厂商和编译器版本无关,因此,使用 C++ 标准库编写的 C++ 程序,可以在任意的操作系统平台(DOS、Windows、Linux 等)下使用任意的支持标准 C++ 的编译器编译、运行(注意这一点和一些 C++ 编译器所提供的库函数不同,如微软的 MFC 类库中的类就不能在 Linux 平台下运行)。

C++ 的标准库中包含常量、变量、函数、类等,主要有标准函数库和标准类库。标准函数库是从 C 语言中继承下来的,其中包含 C 格式的输入输出函数、字符与字符串处理函数、数学函数、时间日期函数、动态分配函数以及一些实用函数等;标准类库中则包含有标准 C++ 的 I/O 流类、字符串类、数字类、异常处理和杂项类以及 STL 容器类等。本章主要介绍 C++ 的 I/O 流类,没有详细介绍的标准库函数和类请读者参考其他的 C++ 参考书或手册。

为了使用由 C++ 提供的标准库函数或类,必须包含相应的头文件,这样,标准库提供的函数和类就可以像自己文件中定义的函数和类一样使用。C++ 的头文件有三种来源:

(1)标准 C 语言库函数的头文件,如<string. h>、<ctype. h>和<stdlib. h>等,它们带有. h 后缀;

(2)标准 C++ 语言类库的头文件,如<iostream>、<string>和<vector>等,它们不带. h 后缀;

(3)由标准 C 语言库函数头文件变成的标准 C++ 的头文件,如<cstring>、<cctype>和<cstdlib>等,它们把原有标准 C 语言库函数头文件去掉. h 后缀而加上 c 前缀。

对于最初的 C++版本而言,I/O 库由头文件<iostream. h>支持,即标准 C++类库的头文件也加上 . h 后缀。事实上,新版本的 I/O 库是老版本 I/O 库的超集,老版本的标准库采用了全局名字空间,而新的标准 C++库采用 std 名字空间。在本书中,为了和 C 语言兼容,大量的例子仍然采用老式的头文件,并且弱化了名字空间的概念。但即使对于从 C 语言继承下来的库函数,C++标准也不赞成在 C++程序中使用标准 C 的头文件< * . h>来代替标准 C++的头文件<c * >,这意味着在今后的版本中可能不再支持这种头文件。

11.2　流

C++语言没有把输入/输出操作当作语言的内在组成部分。C 语言依赖于函数库,用输入输出函数来扩展语言,与此类似,C++依赖输入/输出类库来扩展语言。

C++的输入/输出是以字节流的形式实现的,流实际上就是一个字节序列。在输入操作中,字节从输入设备(如键盘、磁盘、网络连接等)流向内存;在输出操作中,字节从内存流向输出设备(如显示器、打印机、磁盘、网络连接等)。输入/输出系统的任务实际上就是以一种稳定、可靠的方式在设备与内存之间传输数据,应用程序把字节的含义与字节关联起来,字节可以是 ASCII 字符、内部格式的原始数据、图形图像、数字音频、数字视频或其他任何应用程序所需要的信息。

C++的输入/输出功能都是面向对象的,有两组类提供了两个级别的 I/O 功能。一组从 streambuf 派生而来,提供基本的低级输入/输出操作,并对整个 C++的 I/O 系统提供底层支持。低级 I/O 通常只在设备和内存之间传输一些字节,是无格式的 I/O,使用起来不太方便,但能提供大容量、高速度的传输;另一组类从 ios 派生而来,可以提供格式化、错误检查和状态信息,是高级的 I/O。

高级的 I/O 把若干个字节组成有意义的单位,如整数、浮点数、字符、字符串以及用户自定义的数据类型,各种 I/O 操作都是以对数据类型敏感的方式来执行的,如果函数被设计成处理某种特定的数据类型,而实际的数据类型与函数不匹配,就会产生编译错误,因此,C++使用的是类型安全(type safe)的 I/O 操作(C 语言则不然)。

除了基本的输入/输出流外,文件和字符串也可以看成有序的字节流,使用 ios 派生的类进行处理,分别称为文件流和字符串流。

11.3　输入输出流

11.3.1　iostream 类库的头文件

C++的 iostream 类库提供了数百种 I/O 功能,iostream 类库的接口部分分别包含在几个头文件中。

头文件 iostream 包含了操作所有输入/输出流所需的基本信息,因此大多数 C++程序都应该包含这个头文件。头文件 iostream 中含有 4 个对象:cin、cout、cerr、clog,对应于标准输入流、标准输出流、非缓冲和经缓冲的标准错误流。该头文件提供了无格式 I/O 功能和格式化 I/O 功能。

在执行格式化 I/O 时,如果流中带有含参数的流操纵符,需包含头文件 iomanip。

头文件 fstream 包含由用户控制的文件处理操作的信息,在文件处理程序中将使用这个头文件。

每一种 C++版本通常还包括其他一些与 I/O 相关的库,这些库提供了特定系统的某些功能,如控制专门用途的音频和视频设备。

11.3.2　输入/输出流类和对象

iostream 类库包含了许多用于处理大量 I/O 操作的类,其中,类 istream 支持流输入操作,类 ostream 支持流输出操作,类 iostream 同时支持流输入和输出操作。

类 istream 和类 ostream 是通过单一继承从基类 ios 派生而来的。类 iostream 是通过多重继承从类 istream 和 ostream 派生而来的。继承的层次结构见图 11-1。

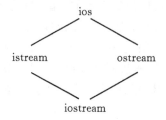

图 11-1　输入/输出流类的继承层次结构

一个 C++程序开始运行时将自动打开 4 个内置的标准流对象:cin、cout、cerr 和 clog。重载的左移位运算符(<<)表示流的输出,称为流插入运算符;重载的右移位运算符(>>)表示流的输入,称为流读取运算符。这两个运算符可以和标准流对象以及用户自定义的流对象一起使用,实现 C++的基本输入输出。

cin 是类 istream 的对象,它与标准输入设备(通常指键盘)连在一起。下面的语句用流读取运算符把变量 a 的值从 cin 输入到内存中:

cin >> a;

流读取运算符完全能够识别所处理数据的类型。假设已经正确地声明了 a 的类型,那么没有必要为指明数据类型而给流读取运算符添加类型信息。

cout 是类 ostream 的对象,它与标准输出设备(通常指显示设备)连在一起。下面的语句用流插入运算符把整型变量 a 的值从内存输出到标准输出设备上:

cout << a;

同样,流插入运算符完全能够识别变量 a 的数据类型,假定已经正确地声明了该变量,那么没有必要再为指明数据类型而给流插入运算符添加类型信息。

cerr 是类 ostream 的对象,它与标准错误输出设备连在一起。到对象 cerr 的输出是非缓冲输出,也就是说插入到 cerr 中的输出会被立即显示出来,非缓冲输出可迅速把出错信息告诉用户。

clog 是类 ostream 的对象,它与标准错误输出设备连在一起。到对象 clog 的输出是缓冲输出,即每次插入 clog 可能使其输出保持在缓冲区,要等缓冲区刷新时才输出。

11.3.3　输入输出流的成员函数

虽然直到本章才开始系统介绍输入输出流,但事实上从第 1 章开始,就已经在使用 cin、cout 进行输入输出,这一方面的内容在此不再赘述。

在第 4 章也已经提到了,使用 cin 和读取运算符"＞＞"有一个限制,它会跳过空格。如果在某一行输入字符,"＞＞"将读出字符,只有那些非空格字符进入接收字符的变量中,空格将被跳过。同样,如果程序使用"＞＞"来读字符串中的文字,那么当它发现空格字符时,输入就会停止,后面的文字被读到下一个使用"＞＞"运算符的 istream 对象中,中间的所有空格都丢失。

程序有时需要克服类似的限制,这就需要使用 istream 类和 ostream 类的成员函数。

(1)get():istream 类的成员函数 get()像"＞＞"运算符一样工作,不同处在于它可读取输入的空格。成员函数 get()经常使用的形式有以下 3 种:

int get();

istream & get(char & ch);

istream & get(char * buf, int size, char delim = '\n');

不带参数的 get()成员函数从指定的输入流中读取一个字符(包括空白符),并返回该字符作为函数调用的值;当遇到输入流中的文件结束符时,函数返回 EOF(文件结束符);

带一个字符型参数的 get()成员函数自动读取输入流中的下一个字符(包括空白字符),当遇到文件结束符时,函数返回 0,否则返回对 istream 对象的引用;

带有三个参数的 get()成员函数的参数分别是接收字符的字符数组、字符数组的大小和分隔符(默认值为'\n')。函数或者在读取比指定的最大字符数少一个字符后结束,或者在遇到分隔符时结束。为使字符数组中输入的字符串能够结束,字符数组中会自动插入一个空字符作为字符串结束符。函数不把分隔符放到字符数组中,但是分隔符仍然会保留在输入流中。例 11-1 比较了 cin(与流读取运算符一起使用)和 cin.get 的输入结果。

例 11-1　比较 cin 和 cin.get 的输入。

程序

```
// Example 11-1
#include <iostream>
using namespace std;
int main()
{   const int SIZE = 80;
char ch1,ch2,ch3,buffer1[SIZE],buffer2[SIZE];
cout << "Enter a sentence:\n";
cin >> buffer1;
cout << "The string read with cin is:\n" << buffer1;
ch1 = cin.get();
ch2 = cin.get();
cout << "\nThe result of cin.get() is:\n" << ch1 << ch2;
cin.get(ch3);
```

```
        cout << "\nThe result of cin.get(ch3) is:\n" << ch3;
        cin.get(buffer2,SIZE);
        cout << "\nThe string read with cin.get(buffer2,SIZE) is:\n" << buffer2
        << endl;
        return 0;
        }
```

输入输出：

```
Enter a sentence:
this is a sample
The string read with cin is:
this
The result of cin.get() is:
i
The result of cin.get(ch3) is:
s
The string read with cin.get(buffer2,SIZE) is:
a sample
```

(2)getline()：成员函数 getline()与带三个参数的 get()函数类似，它读取一行信息到字符数组中，然后插入一个空字符。与 get()函数不同的是，getline()要除去输入流中的分隔符（即读取字符并删除它），但是不把它存放在字符数组中。

(3)put()：ostream 类的 put()成员函数用于输出一个字符，例如语句：

```
        cout.put('A');
```

将字符 A 显示在屏幕上，它与语句

```
        cout << 'A';
```

等价，所不同的是还可以用 ASCII 码值表达式调用 put 成员函数，语句

```
        cout.put(65);
```

也将字符 A 显示在屏幕上。

(4)ignore()：istream 类中成员函数 ignore()用于在需要时跳过流中指定数量的字符（默认个数是 1），或在遇到指定的分隔符（默认分隔符是 EOF，避免 ignore 在读文件的时候跳过文件末尾）时结束。

(5)putback()：成员函数 putback()将最后一次用 get()从输入流中提取的字符放回到输入流中。对于某些应用程序，该函数是很有用的。例如，如果应用程序需要扫描输入流以查找用特定字符开始的域，那么当输入该字符时，应用程序要把该字符放回到输入流中，这样才能使该字符包含到要被输入的数据中。

(6)peek()：成员函数 peek()返回输入流中的下一个字符，但并不将其从输入流中删除。

(7)read()/write()：调用成员函数 read()、write()可实现无格式输入/输出。这两个函数分别把一定量的字节写入字符数组和从字符数组中输出。这些字节都是未经任何格式化的，仅仅是以原始数据形式输入或输出，因此遇到空白符、字符串结束符等时也不会停止。

(8)gcount()：成员函数 gcount()统计最后输入的字符个数。

这些成员函数的具体使用方法可以参考相关的手册,在 11.5 节也会有一些例子。

11.4　格式化 I/O

为了控制输入输出的格式,C++的 I/O 流允许对 I/O 操作进行格式化,例如,可以设置域宽度、指定数字基数以及决定显示小数点后面的数字位数。有两种相互关联但概念上不同的格式化数据的方式。第一种方式是直接访问 ios 类的成员,确切地说,可以设置 ios 类内定义的各种格式状态标志或调用各种 ios 成员函数;第二种方式是使用称为操纵算子(manipulator)的特殊函数,该函数是 I/O 表达式的一部分。

11.4.1　流格式状态标志和格式化函数

每一个流都与一组格式状态标志相关联,这组标志可以控制输入输出流的格式。这些标志通过逻辑运算符“|”或起来,可以形成一个掩码,定义成 fmtflags 枚举类型(有些编译器是 long 型)。流格式状态标志及其含义见表 11-1。

表 11-1　流格式状态标志

标志	说明
ios∷skipws	跳过输入流中的空白字符
ios∷left	在域中左对齐输出,必要时在右边显示填充字符
ios∷right	在域中右对齐输出,必要时在左边显示填充字符
ios∷internal	表示数字的符号应在域中左对齐,而数字值应在域中右对齐(即在符号和数值之间填充字符)
ios∷adjustfield	left,right 和 internal 可以通称为对齐域
ios∷dec	指定整数作为十进制(基数 10)值
ios∷oct	指定整数作为八进制(基数 8)值
ios∷hex	指定整数作为十六进制(基数 16)值
ios∷basefield	oct,dec 和 hex 通称为基数域
ios∷showbase	指定在数值前面输出进制(O 表示八进制,0x 或 0X 表示十六进制)
ios∷showpoint	指定浮点数输出时应带小数点。通常和 ios∷fixed 一起使用,保证小数点后面有一定位数
ios∷uppercase	指定表示十六进制的 x 应为大写,表示浮点数科学计数法的 e 应为大写
ios∷showpos	指定正数和负数前面分别加上＋和－号
ios∷scientific	指定浮点数输出采用科学计数法
ios∷fixed	指定浮点数输出采用定点符号,保证小数点后面有一定位数
ios∷floatfield	scientific 和 fixed 域可以称为浮点域
ios∷boolalpha	指定可以用关键字 true 和 false 输入或输出布尔值
ios∷unitbuf	指定缓冲区在每次插入操作之后都被刷新

（1）setf()/unsetf()：为了设置一个标志，可以使用 setf() 函数。这个函数是一个 ios 成员，其最常用的形式如下所示：

```
fmtflags setf(fmtflags flags);
```

这个函数开启由 flags 指定的那些标志，并返回先前设置的格式标志。例如，为了开启 showpos 标志，可以使用下面的语句：

```
stream.setf(ios::showpos);
```

这里，stream 是希望影响的流。由于 showpos 是 ios 类定义的枚举常量，所以使用时必须用 ios 域加以限定。

setf() 是 ios 类的成员函数并且对该类创建的流产生影响，理解这一概念非常重要。对 setf() 的所有调用都与一个特定的流相关。setf() 不能被自己调用，即在 C++ 中没有全局格式状态的概念，每一个流都单独维护自己的格式状态信息。

对于一次要设置多个标志值，可以简单地利用 |（按位或）运算符把想要设置的标志值放在一起，而不是多次调用 setf()。例如，下面仅通过一个调用就可以实现显示正数和负数前面分别加上＋和－号，以及浮点数输出采用科学计数法：

```
cout.setf(ios::scientific | ios::showpos);
```

unsetf() 与 serf() 互补，这个 ios 成员函数用于清除一个或多个格式标志。该函数的一般形式如下所示：

```
void unsetf(fmtflags flags);
```

flags 指定的标志将被清除（所有其他标志则不受影响）。

下面的程序说明了 unsetf() 的用法。该程序先是设置了 uppercase 和 scientific 标志，然后用科学计数法输出 100.12，此时，科学计数法使用的是大写的“E”。接下来，该程序清除了 uppercase 标志并再次以科学计数法用小写的“e”输出 100.12。

```
#include <iostream>
using namespace std;
int main()
{   cout.setf(ios::uppercase | ios::scientific);
    cout<<100.12;
    cout.unsetf(ios::uppercase);
    cout << "\n" << 100.12;
    return 0;
}
```

输出结果：

```
1.001200E+002
1.001200e+002
```

setf() 有一种重载形式，有两个参数，具体用法参考相关手册。

（2）flags()：成员函数 flags() 返回流格式标志的当前设置。其原型如下所示：

```
fmtflags flags();
```

flags() 函数还有一种形式，它可以设置与某个流相关的所有格式标志。这种 flags() 版本的原型如下所示：

fmtflags flags(fmtflags *f*);

当使用这种版本时,*f* 中的位模式用于设置与流相关的格式标志,因而所有格式标志都将受到影响。该函数返回先前的设置。

(3)width()/precision()/fill():除格式化标志之外,ios 还定义了三个成员函数 width(),precision()和 fill(),这些函数可以分别设置域宽、精度和填充字符。

默认情况下,当输出一个值时,它所占据的空间只是显示时占据的字符个数。然而,可以利用 width()函数指定一个最小域宽。该函数的原型如下所示:

streamsize width(streamsize *w*);

这里,*w* 是将要设定的域宽,先前的域宽被返回。在具体实现中,域宽必须在每个输出之前被设置,否则将采用默认域宽。streamsize 被编译器定义为某种整型形式。

设置了最小域宽之后,当某个值小于指定的宽度时,则域将用当前的填充字符(默认情况下为空格)填充以达到指定的域宽。如果某个值超出了最小域宽,域将会超出限度,此时不会截去该值。

当输出浮点值时,可以使用 precision()函数确定数字的精度位数。该函数的原型如下所示:

streamsize precision(streamsize *p*);

这里,精度设置为 *p*,先前的值将被返回。精度的默认值为 6。在具体实现中,精度必须在输出每个浮点值之前设置,否则将采用默认精度。

默认情况下,当需要填充一个域时将使用空格填充,也可以利用 fill()函数指定填充字符。该函数的原型如下所示:

char fill(char *ch*);

在调用 fill()后,*ch* 将变成新的填充字符,先前的填充字符被返回。下面的程序说明了这些函数的用法:

```cpp
#include <iostream>
using namespace std;
int main()
{   cout.precision(4);
cout.width(10);
cout << 10.12345 << "\n";
cout.fill('*');
cout.width(10);
cout << 10.12345 << "\n";
cout.width(10);
cout << "Hi!" << "\n";
cout.width(10);
cout.setf(ios::left);
cout << 10.12345;
return 0;
}
```

程序的输出如下：

```
        10.12
 * * * * 10.12
 * * * * * * Hi!
10.12 * * * *
```

11.4.2　流操纵符

进行格式化输入输出的另一种方法是使用称为流操纵符（manipulator）的一些特殊函数，这些函数可以包含在 I/O 表达式中。标准 C++流操纵符如表 11-2 所示。

表 11-2　C++流操纵符

流操纵符	用途	输入/输出
boolalpha	开启 boolalpha 标志	输入/输出
dec	开启 dec 标志	输入/输出
endl	输出一个换行符并刷新流	输出
ends	输出一个 null	输出
fixed	开启 fixed 标志	输出
flush	刷新一个流	输出
hex	开启 hex 标志	输入/输出
internal	开启 internal 标志	输出
left	开启 left 标志	输出
noboolalpha	关闭 boolalpha 标志	输入/输出
noshowbase	关闭 showbase 标志	输出
noshowpoint	关闭 showpoint 标志	输出
noshowpos	关闭 showpos 标志	输出
noskipws	关闭 skipws 标志	输入
nounitbuf	关闭 unitbuf 标志	输出
nouppercase	关闭 uppercase 标志	输出
oct	开启 oct 标志	输入/输出
resetiosflags(fmtflags f)	关闭 f 中指定的标志	输入/输出
right	开启 right 标志	输出
scientific	开启 scientific 标志	输出
setbase(int $base$)	将基数设置为 $base$	输入/输出
setfill(int ch)	将填充字符设置为 ch	输出
setiosflags(fmtflags f)	开启 f 中指定的标志	输入/输出
setprecision(int p)	设置数字精度	输出
setw(int w)	将域宽设置为 w	输出

流操纵符	用途	输入/输出
showbase	开启 showbase 标志	输出
showpoint	开启 showpoint 标志	输出
showpos	开启 showpos 标志	输出
skipws	开启 skipws 标志	输入
unitbuf	开启 unitbuf 标志	输出
uppercase	开启 uppercase 标志	输出
ws	跳过开始的空格	输入

为了访问带参数的流操纵符,必须在程序中包含头文件<iomanip>。

C++流操纵符提供了许多功能,如设置域宽、设置精度、设置和清除格式化标志、设置域填充字符、刷新流、在输出流中插入换行符并刷新该流、在输出流中插入空字符、跳过输入流中的空白字符,等等。下面的例子介绍这些特征。

例 11 - 2　设置整数流的基数。

程序

```
//Example 11 - 2:设置整数流的基数
# include <iostream>
# include <iomanip>
using namespace std;
int main()
{
    int n;
    cout << "Enter a decimal number: ";
    cin >> n;
    cout << n << " in hexadecimal is: "
         << hex << n << '\n'
         << dec << n << " in octal is: "
         << oct << n << '\n'
         << setbase( 10 ) << n << " in decimal is: "
         << n << endl;
    return 0;
}
```

输入输出:

```
Enter a decimal number:  20
20 in hexadecimal is:  14
20 in octal is:  24
20 in decimal is:  20
```

　　分析:整数通常被认为是十进制(基数为 10)整数。插入流操纵符 hex 可设置十六进制基数(基数为 16),插入流操纵符 oct 可设置八进制基数(基数为 8),插入流操纵符 dec 可恢复十进制基数,也可以用流操纵符 setbase 来改变基数。流操纵符 setbase 带有一个整数参数 10、8 或 16。因为流操纵符 setbase 是带有参数的,所以也称之为参数化的流操纵符。使用 setbase 或其他任何参数化的操纵算子都必须在程序中包含头文件 iomanip。如果不明确地改变流的基数,流的基数是不变的。

　　例 11 - 3　设置浮点数精度。

程序

```
//Example 11-3:设置浮点数精度
#include <iostream>
#include <iomanip>
#include <cmath>
using namespace std;
int main()
{   double root2 = sqrt( 2.0 );
int places;
cout << setiosflags( ios::fixed)
    << "Precision set by the precision member function:" << endl;
for ( places = 0; places <= 5; places++ )
{   cout.precision( places );
    cout << root2 << '\n';}
cout << "Precision set by the " << "setprecision manipulator:\n";
for ( places = 0; places <= 5; places++ )
    cout << setprecision( places ) << root2 << '\n';
return 0;
}
```

输出结果:

```
Precision set by the precision member function:
1
1.4
1.41
1.414
1.4142
1.41421
Precision set by the setprecision manipulator:
1
1.4
1.41
1.414
```

1.4142

1.41421

分析:在 C++ 中可以使用流操纵符 setprecision 或成员函数 precision 控制浮点数小数点后面的位数,设置了精度以后,该精度对之后所有的输出操作都有效,直到下一次设置精度为止。事实上,使用流操纵符或成员函数都能够实现大多数控制 I/O 格式的功能,它们的执行结果是完全一致的,而使用流操纵符的主要优点是程序代码看起来更加紧凑。

11.5　文件处理

在前面各章的举例程序中,数据的输入输出工作均使用 cin 和 cout 通过标准输入设备(一般设置为键盘)和标准输出设备(一般设置为显示器)进行。一般来说,键盘和显示器适合于处理少量数据和信息的输入输出工作,它们方便、快捷,是最常用的输入输出设备。但是,如果要进行大量数据的加工处理,键盘和显示器的局限就很明显了。通常的做法是,利用磁盘作为数据存放的中介,应用程序的输入模块通过键盘或其他输入设备将数据读入磁盘,处理模块对存放在磁盘中的数据进行加工,加工后的数据或者仍然存放在磁盘上,以备今后再处理,或者由输出模块通过打印机等设备以报表等格式输出。对于少量数据(如查询结果等)也可以直接显示在屏幕上。

数据在磁盘中是以文件的方式存放的。所谓文件,就是逻辑上有联系的一批数据(可以是一批实验数据,或者一篇文章、一幅图像,甚至一段程序等),用文件名作为标识。每个文件在磁盘中的具体存放位置、格式以及读写等工作都由操作系统管理。

操作系统命令一般是将文件作为一个整体来处理的,例如删除文件、复制文件等,而应用程序往往要求对文件的内容进行处理。由于文件的内容可能千变万化,文件的大小各不相同,为了以统一的方式处理文件,人们在 C++ 中引入了流式文件(stream)的概念,即无论文件的内容是什么,一律看成是由字符(或字节)构成的序列,即字符流。流式文件中的基本单位是字节,磁盘文件和内存变量之间的数据交流以字节为基础。

下面介绍文件处理中的几个基本概念:

(1)打开和关闭文件:对文件操作前,要为其准备相应的缓冲区、缓冲区管理变量和文件指针等,还要将文件和一个特定的变量联系起来,这个工作就叫做打开文件。如果应用程序不再使用某个文件了,就应该及时将其占用的缓冲区等资源释放,这个工作就叫做关闭文件。

(2)读:从文件中将数据复制到内存变量中来。根据情况不同,一次可以读一个字节,也可以根据内存变量的大小读相应数量的字节,甚至可以一次将一批数据读到一片连续的存储区(如数组或动态分配的存储块)中。

(3)写:将内存变量中的数据复制到文件中去。和读文件的情况相似,一次可以将一个变量或者一片连续存储区中的数据写入文件。

(4)文件指针:由于通常文件中的数据很多,所以在读写时应该指明是对哪些数据进行操作。在流式文件中采用的方法是设立一个存放文件读写位置的变量,又称文件指针。在开始对某文件进行操作时将文件指针的值设置为 0,表示读写操作应从文件首部开始执行;每次读、写之后,自动将文件指针的值加上本次读、写的字节数,作为下次读写的位置。

(5)缓冲区:由于磁盘的读写速度比内存的处理速度要慢一个数量级,而且磁盘驱动器是机电设备,定位精度相对比较差,所以磁盘数据存取以扇区(sector,磁盘上某磁道中的一个弧形段,通常存放固定数量的数据。扇区之间有间隙隔开)或者簇(cluster,由若干连续的扇区组成)为单位。具体做法是在内存中划出一片存储单元,称为缓冲区,从磁盘中读取数据时先将含有该数据的扇区或簇读到缓冲区中,然后再将具体的数据复制到应用程序的变量中去。下次再读数据时,首先判断数据是否在缓冲区中,如果在,则直接从缓冲区中读,否则就要从磁盘中再读另一个扇区或簇。向磁盘中写数据也是这样,数据总是先写入缓冲区中,直到缓冲区写满之后再一起送入磁盘。为了能使应用程序同时处理若干个文件,就必须在内存中开辟多个缓冲区。对缓冲区的管理是操作系统的基本功能之一。

在 C++程序中对文件的处理由以下步骤组成:打开文件,数据定位,读写数据,关闭文件。

C++中的文件处理用类 ifstream 执行文件的输入操作,用类 ofstream 执行文件的输出操作,用类 fstream 执行文件的输入/输出操作。虽然多数系统所支持的完整的输入/输出流类层次结构中还有很多类,但这里列出的类能够实现 C++编程所需要的绝大部分功能。如果想更多地了解有关文件处理的内容,可参看 C++系统中的类库指南。

11.5.1　文件和流

C++语言把每一个文件都看成一个有序的字节流,每一个文件或者以文件结束符(eof,end of file)结束,或者在特定的字节号处结束(结束文件的特定的字节号记录在由系统维护和管理的数据结构中)。当打开一个文件时,该文件就和某个流关联起来。前面曾介绍过 cin、cout、cerr 和 clog 这 4 个对象会自动生成,与这些对象相关联的流提供程序与特定文件或设备之间的通信通道。例如,cin 对象(标准输入流对象)使程序能从键盘输入数据,cout 对象(标准输出流对象)使程序能向屏幕输出数据,cerr 和 clog 对象(标准错误流对象)使程序能向屏幕输出错误消息。

要在C++中进行文件处理,就要包括头文件<iostream. h>和<fstream. h>。<fstream. h>头文件包括流类 ifstream(从文件输入)、ofstream(向文件输出)和 fstream(从文件输入/输出)的定义。生成这些流类的对象即可打开文件。这些流类分别从 istream、ostream和 iostream类派生(即继承它们的功能)。这样,前面介绍的 C++输入/输出流成员函数、运算符和流操纵算子也可用于文件流。I/O 类的继承关系见图 11-2。

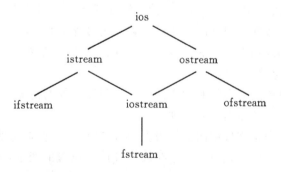

图 11-2　文件 I/O 流类的继承层次结构

11.5.2　打开和关闭文件

在 C++中,可以通过把文件链接到一个流来打开该文件。在打开一个文件之前,先要获得一个流。有三种类型的流:输入流、输出流和输入/输出流。为了创建一个输入流,必须将流声明为 ifstream 类;为了创建一个输出流,必须将其声明为 ofstream 类;既执行输入操作又执行输出操作的流必须声明为 fstream 类。例如,下面这段程序创建了一个输入流、一个输出流和一个既能输入又能输出的流:

```
ifstream in;        // 输入流
ofstream out;       // 输出流
fstreamio;          // 输入输出流
```

一旦创建了一个流,就可以将它与一个文件联系起来,一种联系方法就是使用 open()函数,该函数是这三个流类的成员,其中每一个原型如下所示:

　void ifstream::open(const char * *filename*, ios::openmode *mode* = ios::in);

　void ofstream::open(const char * *filename*, ios::openmode *mode* = ios::out | ios::tmnc);

　void fstream::open(const char * *filename*, ios::openmode *mode* = ios::in | ios::out);

这里,*filename* 是文件名,它可以包括一个路径说明符。*mode* 的值决定文件打开的方式,它必须是由 openmode 定义的表 11-3 中所示值中的一个或多个,openmode 是由 ios(通过其基类 ios_base)定义的枚举值。

表 11-3　文件打开方式

openmode	说明
ios::app	将所有输出写入文件末尾
ios::ate	打开文件以便输出,并把文件指针移到文件末尾(通常用于添加数据),数据可以写入文件中的任何地方
ios::in	打开文件以便输入
ios::out	打开文件以便输出
ios::trunc	删除文件现有内容(是 ios::out 的默认操作)
ios::binary	用二进制而不是文本模式打开文件
ios::nocreate	如果文件不存在,则文件打开失败
ios::noreplace	如果文件存在,则文件打开失败

可以通过对这些值进行"按位或"操作而把它们结合起来使用。

通过包括 ios::app,会使所有输出到相应文件的内容都添加到文件末尾,该值只能用于具有输出功能的文件。通过包括 ios::ate 使得在打开文件时能够定位到文件末尾。尽管 ios::ate 最初定位到文件尾,I/O 操作仍然可以在文件内的任何地方进行。

ios::in 值可以将文件指定为具有输入功能;ios::out 值可以将文件指定为具有输出功能。

ios::binary 值可以使文件以二进制方式打开。默认情况下,所有文件都以文本方式打开。在文本方式中,可能发生各种字符转换,例如,回车/换行序列被转换为新行(即换行)。然而,当文件以二进制方式打开时,将不发生这样的字符转换。任何文件(无论是包含格式化文本,还是包含原始数据)都既可以用二进制方式打开,也可以用文本方式打开,它们之间惟一的区别是是否发生了字符转换。

ios::trunc 值将销毁具有相同名字的先前文件的内容,并且将文件长度截断为 0。当使用 ofstream 创建一个输出流时,任何先前存在的具有该文件名的文件将被自动截断。

mode 参数对每种类型的流都提供默认值。正如它们各自的原型所示,ifstream 的 mode 参数默认为 ios::in;ofstream 的 mode 参数默认为 ios::out|ios::trunc;fstream 的 mode 参数默认为 ios::in|ios::out。

如果 open()运行失败,相应流的值将为假(当在布尔表达式中使用时),因此,在使用文件之前,应该先对其进行测试以确保打开文件的操作取得成功。

ifstream,ofstream 和 fstream 类都有能够自动打开文件的构造函数,这些构造函数具有与 open()函数相同的参数和默认值,因此,最常见的文件打开方式如下所示:

```
ifstream mystream("myfile");
```

除了通过测试相应流的值来确定文件是否被真正打开外,还可以利用 is_open()函数检查文件是否被成功打开,该函数是 fstream、ifstream 和 ofstream 的一个成员,其原型如下:

```
bool is_open();
```

如果流被链接到一个打开的文件,该函数返回 true;否则,返回 false。

为了关闭一个文件,可以使用成员函数 close()。例如,为了关闭与一个称为 mystream 的流相链接的文件,可使用如下语句:

```
mystream.close();
```

close()函数没有参数并且不返回任何值。

11.5.3　文件读写

前面已经讲过,C++语言把每一个文件都看成一个有序的字节流,因此,处理控制台 I/O 时所用的方法都能够用来处理文件,只使用一个链接到文件的流取代了标准输入输出流对象 cin 和 cout。

例 11-4　创建一个名为"grade"的文本文件,并写入 3 门课程的名字和成绩。

程序

```
//Example 11-4:写文件
# include <iostream>
# include <fstream>
using namespace std;
int main()
{
    ofstream out("grade");
    if(! out)
    {   cout << "Cannot open the grade file.\n";
```

```
            return 1;
        }
        out << "C + + " << 89.5 << endl;
        out << "English " << 93.5 << endl;
        out << "Maths " << 87 << endl;
        out.close();
        return 0;
    }
```

分析:这个程序执行后,计算机磁盘的当前目录下产生一个名为"grade"的文本文件,用记事本打开该文件,其内容如下:

```
    C + + 89.5
    English 93.5
    Maths 87
```

可以把例 11 - 4 的程序进行简单的修改,把程序倒数第 6 行到第 4 行改为

```
    cout << "C + + " << 89.5 << endl;
    cout << "English " << 93.5 << endl;
    cout << "Maths " << 87 << endl;
```

再次运行程序,可以发现在屏幕上输出:

```
    C + + 89.5
    English 93.5
    Maths 87
```

而"grade"文件中没有任何内容。通过这个例子可以看出,事实上,文件输出和屏幕输出本质上是一样的,只是具体的输出"设备"不同而已(一个是标准输出设备 cout,一个是对应于文件"grade"的输出文件设备 out)。

例 11 - 5　读取例 11 - 4 创建的"grade"文件,并将文件内容显示在屏幕上。

程序

```
//Example 11 - 5:读文件
# include <iostream>
# include <fstream>
using namespace std;
int main()
{
    ifstream in("grade");
    if(! in){
        cout << "Cannot open the grade file. \n";
        return 1;
    }
    char course[20];
    float grade;
```

```
    in >> course >>  grade;
    cout << course << " " << grade << "\n";
    in >> course >> grade;
    cout << course << " " << grade << "\n";
    in >> course >> grade;
    cout << course << " " << grade << "\n";
    in.close();
    return 0;
}
```

输出：

C++ 89.5

English 93.5

Maths 87

11.5.4　二进制文件

虽然读写格式化文本文件非常简单，但有时它并不是最有效的文件处理方式，而且，有时会需要存储无格式（原始）的二进制数据，而不是文本数据。例如，在前面讲过，使用>>运算符读取文本文件时，会发生一些字符转换，空白字符将被忽略。如果想要阻止进行字符转换，必须打开一个以二进制的方式访问的文件，并且需要使用 11.3.3 节介绍的输入输出流成员函数。

另一方面，虽然无格式文件函数可以处理以文本方式打开的文件，但这样也会发生一些字符转换，而违背了二进制文件操作的目的。

当对一个文件执行二进制操作时，要确保用方式说明符 ios::binary 打开该文件。

例 11-6　文件显示。

程序

```
//Example 11-6:文件显示
#include <iostream>
#include <fstream>
using namespace std;
int main(int argc, char *argv[])
{   char ch;
    if(argc!=2) {
        cout << "Usage：ProgramName <filename>\n";
        return 1;}
    ifstream in(argv[1], ios::in | ios::binary);
    if(! in) {
        cout << "Cannot open the file.";
        return 1;}
    while(in) { // 当遇到 eof 结尾标记时，变量 in 的值为 false
```

```
            in.get(ch);
            if(in) cout << ch;
        }
        return 0;
    }
```

分析:该程序可以将任何文件的内容显示到屏幕上,无论该文件是包含文本数据还是包含二进制数据。该程序使用了 get()函数。如果在输入过程中遇到文件尾,与该文件相链接的流将为 false,因此,in 到达文件尾时其值变为 false,while 循环终止。程序代码的第 7 行给出了该程序的使用提示,即在程序名后面跟上需要打印的文件名,包括文件后缀名。

二进制文件还可以使用前面介绍的输入输出流成员函数 read()和 write()实现无格式输入输出。这两个函数分别把一定量的字节写入字符数组和从字符数组中输出。这些字节都是未经任何格式化的,仅仅是以原始数据形式输入或输出,因此遇到空白符、字符串结束符等时也不会停止。这两个成员函数的原型为:

```
    istream & read(char * buffer, int size);
    ostream & write(const char * buffer, int size);
```

字符指针 buffer 指向存放输入输出对象的内存地址,size 是读写的字节数。注意 read 函数并不知道文件是否结束,可用状态函数 ios::eof()判断文件是否结束。read 函数在读入 size 个字节或遇到文件结束符 EOF 后停止读入。

例 11 - 7　将 3 门课程的名字和成绩以二进制的形式存放在磁盘中,然后读出该文件,并将内容显示在屏幕上。

程序

```
// Example 11 - 7:读写二进制形式文件
# include <iostream>
# include <fstream>
using namespace std;
struct list
{
    char course[10];
    int score;
};
int main()
{
    list l1[3],l2[3];
    int i;
    ofstream out("grade", ios::binary);
    if(! out)
    {   cout << "Cannot open the grade file.\n";
        return 1;
    }
```

```
for (i = 0;i<3;i+ +) {
    cin >> l1[i].course >> l1[i].score;
    out.write((char *)&l1[i], sizeof(l1[i]));}
out.close();
ifstream in("grade", ios::binary);
if(! in)
{    cout << "Cannot open the grade file.\n";
    return 1;
}
cout << "File grade:" << endl;
for (i = 0;i<3;i+ +) {
    in.read((char *)&l2[i], sizeof(l2[i]));
    cout << l2[i].course << '' << l2[i].score << endl;}
in.close();
return 0;
}
```

输入及输出：

```
C+ + 89
English 93
Maths 87
File grade:
C+ + 89
English 93
Maths 87
```

分析： 这个程序执行后，计算机磁盘的当前目录下产生一个名为"grade"的文件，键盘输入的内容以二进制的形式写入该文件；文件再次以二进制的形式打开后，读出的内容与键盘输入的内容一致。

11.5.5 随机访问文件

前面的例子介绍了文件的顺序访问。顺序访问文件不适合快速访问应用程序，即找到特定记录的信息。快速访问应用程序是用随机访问文件(random access file)实现的。随机访问文件的各个记录可以直接快速访问，而不需要进行搜索。

在 C++的 I/O 系统中，可以利用 seekg()和 seekp()函数执行随机访问。这两个函数的一般形式如下：

```
istream & seekg(off_type offset, seekdir origin);
ostream & seekp(off_type offset, seekdir origin);
```

其中，off_type 是 ios 定义的一个整型类型，可以包含 offset 具有的最大有效值。seekdir 是一个 ios 定义的枚举类型，用来决定查找方式。

C++的 I/O 系统管理两个与文件相关的指针：一个是获取指针(get pointer)，指定文件中下一个输入操作发生的位置；另一个是放置指针（put pointer），指定文件中下一个输出操作发生的位置。每一次发生输入或输出操作后，相应的指针将自动地顺序前移。利用 seekg( ) 和 seekp( )函数可以以非顺序的方式访问文件。

seekg( )函数可以把相关文件当前的获取指针从指定的 origin 处偏移 offset 个字符，origin必须是以下三个值中的一个：

ios::beg　　　文件头

ios::cur　　　当前位置

ios::end　　　文件尾

seekp( )函数可以把相关文件当前的放置指针从指定的 origin 处偏移 offset 个字符，origin必须是上面所列的三个值中的一个。一般来说，只有对那些用二进制操作方式打开的文件才应执行随机访问 I/O，对文本文件操作时发生的字符转换可能导致想要的位置与真正的文件内容不一致。

例 11 - 8　模拟电视频道的存储和选择。创建一个文件，通过键盘输入电视频道序号和名称，并写入文件；文件中的内容可以输出到屏幕上。

程序

```
// Example 11 - 8:模拟电视频道的存储
#include <iostream>
#include <fstream>
#include <iomanip>
#include <cstdlib>
using namespace std;
struct TVChannel
{
int channelNum;
char channelName[20];
};
void outputLine( ostream &output, const TVChannel &c );
int main()
{    ofstream outTV( "tv.dat", ios::ate | ios::binary);
     if ( ! outTV ) {
         cerr << "File could not be opened." << endl;
         return 1;
     }
     cout << "Enter channel number " << "(1 to 100, 0 to end input)\n? ";
     TVChannel tv;
     cin >> tv.channelNum;
     while ( tv.channelNum > 0 && tv.channelNum <= 100 ) {
         cout << "Enter Channel Name\n? ";
         cin >> tv.channelName;
```

```
        outTV.seekp( ( tv.channelNum - 1 ) * sizeof( TVChannel ) );
        outTV.write( (char *)( &tv ), sizeof( TVChannel ) );
        cout << "Enter channel number\n? ";
        cin >> tv.channelNum;
    }
    outTV.close();
    ifstream inTV( "tv.dat", ios::in );
    if ( ! inTV ) {
        cerr << "File could not be opened." << endl;
        return 1;
    }
    cout << setiosflags( ios::left ) << setw( 10 ) << "ChannelNum"
        << setw( 20 ) << "Channel Name" << endl;
    inTV.read( (char *)( &tv ), sizeof( TVChannel ) );
    while ( inTV&& ! inTV.eof() ) {
        if ( tv.channelNum != 0 )
            outputLine( cout, tv );
        inTV.read( (char *)( &tv ),sizeof( TVChannel ) );
    }
    return 0;
}
void outputLine( ostream &output, const TVChannel &tv )
{   output << setiosflags( ios::left ) << setw( 10 )
        << tv.channelNum << setw( 20 ) << tv.channelName << '\n';
}
```

说明:程序首先创建一个名为"tv.dat"的文本文件,根据提示通过键盘可以输入电视频道序号和名称,并写入文件;结束输入后可以把文件中的内容在屏幕上打印出来,并且跳过空记录。用写字板打开"tv.dat",可以发现与屏幕上显示的内容一致。

▨ 课外阅读

11.6 对象的输入/输出

前面介绍了 C++的面向对象式的输入/输出,但介绍的例子主要考虑传统数据类型的I/O而不是用户自定义类对象的 I/O。通过对相应的 istream 重载流读取运算符>>进行对象输入,对相应的 ostream 重载流插入运算符<<进行对象输出,两种情况下都只输入和输出对象的数据成员,而且都是以对特定的抽象数据类型对象有意义的方式进行。对象成员函数在计算机内部提供,在数据输入时通过重载流插入运算符而与数据值组合。

对象的数据成员输出到磁盘文件时,就会丢失对象的类型信息,存盘的内容只有数据,而没有类型信息。如果读取这个数据的程序,知道其对应的对象类型,则数据读取到该类型的对象。

例 11－9　修改第 7 章的 Date 类,重载<<运算符,输出 Date 对象。

在 Date.h 文件中添加如下代码:

```
class Date {
friend ostream &operator<<( ostream &, const Date & );
    int day,month,year;
```

在 Date.cpp 文件中添加如下代码:

```
ostream &operator<<( ostream &output, const Date &d )
{    static char * monthName[ 12 ] = {"January", "February", "March", "April",
    "May", "June", "July", "August", "September", "October", "November",
    "December" };
    output << monthName[ d.month－1 ] << '' << d.day << ", " << d.year;
    return output;
}
```

主程序

```
// Example 11－9.cpp　演示完整的日期类
# include <iostream>
# include "date.h"
using namespace std;
int main()
{    Date today,Olympicday(2004,8,13);
    cout << "Today (the computer's day) is: " << today<< endl;
    today + = 365;
    cout << "After 365 days, the date is: " << today << endl;
    Date testday(2,28);
    cout << "the test date is: " << testday << endl;
    Date nextday = testday + 1;
    cout << "the next date is: " << testday << endl;
    today.SystemDate();
    cout << "the Athens Olympic Games openday is: " << Olympicday << endl;
    cout << "And after " << Olympicday－today
        << " days, the Athens Olympic Games will open." <<endl;
    return 0;
}
```

输出:

```
Today (the computer's day) is: February 29, 2004
After 365 days, the date is: February 28, 2005
the test date is: February 28, 2004
```

the next date is：February 29，2004

the Athens Olympic Games openday is：August 13，2004

And after 166 days, the Athens Olympic Games will open.

分析：重载<<运算符后，可以直接使用 cout 语句输出日期对象。

程序设计举例

例 11-10　改写例 11-6 的程序，分别以十六进制的形式和 ASCII 码的形式显示文件的内容。

说明　二进制格式的文件中包含有很多不可显示的字符，使用例 11-4 给出的程序虽然能够正确读入并输出，但是可能不会得到所需要的结果。以十六进制格式可以显示出二进制文件的实际代码值。

程序

```
//Example 11-10：以十六进制和 ASCII 码的形式显示文件的内容
# include <iostream>
# include <fstream>
# include <cctype>
# include <iomanip>
using namespace std；
int main(int argc，char * argv[])
{    if(argc! = 2) {
     cout << "Usage：ProgramName <filename>\n"；
     return 1；
}
ifstream in(argv[1], ios::in | ios::binary)；
if(! in) {
     cout << "Cannot open input file.\n"；
     return 1；
}
int i，j；
int count = 0；
char c[16]；
cout. setf(ios::uppercase)；
while(! in.eof()) {
     for(i = 0; i<16 && ! in.eof(); i++) in.get(c[i])；
     if(i<16) i--；// 去掉 eof 标记
     for(j = 0; j<i; j++) cout << '' << setw(2) << setfill('0') << hex
<< (int) c[j]；
     for(; j<16; j++) cout << "   "；
     cout << "\t"；
```

```
    for(j = 0; j<i; j + + )
        if(isprint(c[j])) cout << c[j];
        else cout << ".";
    cout << endl;
    count + + ;
    if(count = = 16) {
        count = 0;
        cout << "Press ENTER to continue: ";
        cin. get();
        cout << endl;
    }
}
in. close();
return 0;
}
```

分析 本例中综合应用了流格式化设置的各种方法,包括使用流操纵符设置域宽、填充字符和十六进制输出标志、使用 setf() 函数设置流格式状态标志等,利用成员函数 eof() 检测是否到达了文件末尾,利用标准库函数 isprint() 判断输出的字符是否可打印。

小结

1. C++的标准库提供了很多预先编制并经过测试的代码;

2. C++的标准库中包含常量、变量、函数、类等,主要有标准函数库和标准类库;

3. 标准函数库是从 C 语言中继承下来的,其中包含 C 格式的输入输出函数、字符与字符串处理函数、数学函数、时间日期函数、动态分配函数以及一些实用函数等;

4. 标准类库中则包含有标准 C++的 I/O 流类、字符串类、数字类、异常处理和杂项类以及 STL 容器类等;

5. 为了使用由 C++提供的标准库函数或类,必须包含相应的头文件;

6. C++的输入/输出是以字节流的形式实现的;

7. C++的输入/输出功能都是面向对象的,各种 I/O 操作以对数据类型敏感的方式来执行;

8. 4 个内置的标准流对象 cin、cout、cerr 和 clog,流插入运算符(<<)、流读取运算符(>>)以及用户自定义的流对象一起使用,实现 C++的基本输入输出;

9. 输入输出流的成员函数可以克服标准流对象输入输出的限制;

10. 流格式状态标志可以控制输入输出流的格式;格式化函数可以改变这些状态标志,设置域宽、精度和填充字符;

11. 进行格式化输入输出的另一种方法是使用流操纵符;

12. C++语言把每一个文件都看成一个有序的字节流;

13. C++输入/输出流成员函数、运算符和流操纵算子也可用于文件流;

习题

1. 编写一个程序，分别用不同的域宽(0～10)打印出整数 12345 和浮点数 1.2345。观察当域宽小于数值实际需要的域宽时会发生什么情况。

2. 编写一个程序，将华氏温度 0～212℉转换为浮点型摄氏温度，浮点数精度为 3。转换公式如下：

Celsius = 5.0 / 9.0 * (Fahrenheit - 32);

输出用两个右对齐列，摄氏温度前面加上正负号。

3. 编写一个程序，打印出 ASCII 字符集中码值为 33～126 的字符的 ASCII 码表。要求输出十进制值、八进制值、十六进制值以及码值所表示的字符。

4. 修改例 11-9 的程序，重载＞＞运算符，使其能够直接使用 cin 语句输入 Date 类对象。

5. 编写一个程序，可以读入一个 C++语言的源文件，每一行加上行号后保存到另一个后缀为 .prn 的同名文件中。

第 12 章　模板与异常处理

本章目标

学习并掌握模板概念,了解异常处理机制。

授课内容

使用模板能够用一个代码段来指定一组相关的函数或类,从而帮助程序员写出通用的代码。

异常处理能够使程序具备捕获和处理错误的功能,而不至于任其发生导致恶果,增加了程序的健壮性。同时,异常处理机制也提高了程序的可读性和可维护性。

12.1　模　　板

在程序设计中往往存在这样的两种情况,一种是两个或多个函数的程序结构相同,区别仅在于其参数类型或函数返回类型不同;另一种是几个相关的类的结构相同,差别仅在于类的成员的类型或成员函数的类型及参数的类型不同。不论哪种情况,其特点是:程序框架相同,而具体细节不同。

C++提供了模板(template)机制处理上述情况,利用这一机制,可简化代码,实现软件复用。C++中一共有两种模板类型:

(1)函数模板:是一种抽象通用的函数,用它可生成一批具体的函数。这些由函数模板经实例化生成的具体函数称为模板函数。

(2)类模板:是一种抽象通用的类,用它可生成一批具体的类。这些由类模板经实例化生成的具体类称为模板类。

12.1.1　函数模板

函数模板可以用来定义通用的函数,其作用类似函数重载,但其编码却要比函数重载简单得多。

定义一个函数模板的形式为:

template <<模板参数表>>
    <类型> <函数名>(<参数表>)
{
    …
}

其中<模板参数表>中的模板参数的形式为 class <类型参数>,这里关键字 class 与一般所讲的类无关,而是与<类型参数>一起说明这是一个内部类型或用户自己定义的数据类型。<类型参数>可以是任何一个合法的标识符。在使用模板函数时,模板中的类型参数可用一个实际类型替换,从而达到了类型通用的目的。

例 12 - 1　定义一个求两个数据最大值的函数模板。

程序

```
// Example 12 - 1:求两个数据最大值的函数模板
# include <iostream>
# include <string>
using namespace std;
template <class T>
T Max(T a, T b)
{
    return a>b? a:b;
}
//测试用主函数
int main()
{
        int i1 = 3, i2 = 5;
        double d1 = 3.3, d2 = 5.2;
        string  str1("xjtu"), str2("xian");
        cout << "Type int: " << Max(i1, i2) << endl;
        cout << "Type double: " << Max(d1, d2) << endl;
        cout << "Type string: " << Max(str1, str2) << endl;
        return 0;
}
```

输出　　Type int: 5

　　　　　Type double: 5.2

　　　　　Type string: xjtu

分析　在测试主函数中,分别用模板函数求两个 int 类型数的最大值、两个 double 类型数的最大值和两个字符串的最大值。可以看出,编译器会根据实参的类型自动确定模板函数中的类型参数。

定义函数模板时要注意以下几点:

(1)在函数模板的参数表中,至少有一个参数的类型为模板的类型参数。另外,函数的返回值的类型也可以是该类型参数(如例 12 - 1)。

(2)模板中可以带有多个参数类型。例如:

```
template <class T1, class T2, class T3>
void func1(T1 arg1,T2 arg2, T3 arg3)
{
    …
```

```
        }
```

(3)函数可以带有模板参数表中未给出的、已存在的数据类型的参数。例如：

```
    template <class T>
    T func2(T arg1,int arg2)
    {
        …
    }
```

当然，例 12-1 的功能也可以利用函数重载来实现。但使用函数重载需要编写多个函数，而利用模板则只需要一个函数即可。事实上，例 12-1 的函数模板 Max( )还可以对长整型、浮点型等数据进行操作。C++的代码重用性在这里得到了充分的表现。

由函数模板产生的相关函数都是同名的，所以模板函数和重载是密切相关的，编译器使用重载的方法来调用相应的函数。

函数模板本身可以用多种方法重载，也可以用其他非模板函数重载，只要它们满足函数名相同而函数参数不同的重载条件就可以了。

在对函数模板重载时，C++规定，编译器首先匹配重载的函数，只有在重载的函数类型无法匹配时才使用函数模板。如果编译器通过这样的匹配过程之后，结果却找不到或产生多个匹配，就会产生编译错误。

恰当运用这种机制，可以很好地处理一般与特殊的关系。

12.1.2 类模板

类是对问题空间的抽象，而类模板则是对类的抽象，即更高层次上的抽象。与函数模板相似，程序中可以通过高度抽象首先定义一个类模板，然后通过使用不同的实参生成不同的类。类模板的定义方法为：

```
    template <class <类型参数>>
    class <类名>
    {
        …
    };
```

模板类的具体内容与普通类没有本质上的区别，只是在其成员中要用到模板类型参数。例如定义任意类类型 AnyType：

```
    template <class T>
    class AnyType
    {
        T   x, y;
    public:
        AnyType(T a, T b): x(a), y(b){}
        T GetX(){return x;}
        T GetY(){return y;}
    };
```

上面定义的模板类中,所有的成员函数都是内联函数。如果在类外定义模板类的成员函数,因为类模板的成员函数被认为是函数模板,所以在给出类模板函数成员的定义时,要遵循函数模板的定义,必须使用以下的语法结构:

```
template <class <类型参数>>
<返回值类型> <类名> <<类型参数>>::<函数名>(<参数表>)
{
    …
}
```

如果模板中有多个类型参数,则无论具体的成员函数是否用到它们,所有的参数类型必须在类名后一一列出。

使用模板类的第一步就是说明一个模板类的对象,其方法为:

```
<类名> <<类型实参>> <对象>;
```

其中<类型实参>是任何已存在的数据类型,也可以是非模板类。如果模板类带有多个参数类型,则除缺省参数外的所有参数都必须给出其实参类型。

例 12 - 2 定义一个通用的栈类。

说明 栈是一种重要的线性结构,计算机就是用它来实现函数调用的。其特点是数据的插入和删除只能从线性表的一端(栈顶)进行,所以总是后进栈的元素先出来,因此栈又称为后进先出(Last In First Out)表(简称 LIFO 结构)。栈的主要操作有压入(即将一个元素添加到栈中)和弹出(即将栈顶元素从栈中删除)。

程序

```
// Example 12 - 2:通用的栈类
    #include <iostream>
    template <class T, int n = 10>
    using namespace std;
    class AnyStack
    {
    T    m_tStack[n];
    int  m_nMaxElement;
    int  m_nTop;
    public:
        AnyStack() : m_nMaxElement(n), m_nTop(0){}
        int  GetTop() {return m_nTop;}
        bool Push(T);                 //入栈函数
        bool Pop(T&);                 //出栈函数
    };
    template <class T, int n>
    bool AnyStack <T, n>::Push(T elem)
    {
    if(m_nTop< = m_nMaxElement)
```

```
{
    m_tStack[m_nTop] = elem;
    m_nTop + + ;
    return true;
}
else
    return false;
}
template <class T, int n>
bool AnyStack <T, n>::Pop(T &elem)
{
if(m_nTop > 0)
{
    m_nTop - - ;
    elem = m_tStack[m_nTop];
    return true;
}
else
    return false;
}
//测试用主函数
int main()
{
int n;
char * s1;
AnyStack <int> iStack;          //定义一个整数栈
iStack.Push(5);
iStack.Push(6);
iStack.Pop(n);
cout << "第一个出栈整数 = " << n << endl;
iStack.Pop(n);
cout << "第二个出栈整数 = " << n << endl;
AnyStack <char * > strStack;          //定义一个字符串栈
strStack.Push("It's first string");
strStack.Push("It's second string");
strStack.Pop(s1);
cout << "第一个出栈字符串 = " << s1 << endl;
strStack.Pop(s1);
cout << "第一个出栈字符串 = " << s1 << endl;
```

```
        return 0;
    }
```

输出

　　第一个出栈整数 = 6

　　第二个出栈整数 = 5

　　第一个出栈字符串 = It's second string

　　第一个出栈字符串 = It's first string

　　分析　　本例定义了一个通用的栈类模板,使用缺省参数 n 给出栈大小。在测试主函数中,使用该模板说明了一个整数栈和一个字符串栈对象,将两个整数和两个字符串分别压入栈中,然后逐一弹出并打印。

12.2　异常处理机制

　　一个好的软件不仅要保证正确性,而且要安全可靠,有一定的容错能力。也就是说,一个程序不仅要在正常的环境和输入下运行正确,也要在环境条件出现意外或用户使用操作不当的情况下,能够有所处理和防范。例如,允许用户排除环境错误后继续运行程序,或给出适当错误提示信息,而不至于出现死机等灾难性的后果。

　　换句话说,程序可能按程序员的意愿终止(例如使用 return 语句或调用 exit()函数),也可能因为程序中发生了错误而终止。例如程序执行时遇到除数为 0 的除法运算或数组下标越界(注意 C++是不理会数组下标越界的),这时将产生系统中断,从而导致正在执行的程序提前终止。

　　异常处理(exception handling)机制是 C++中用于管理程序运行期间错误的一种结构化方法。异常处理机制将程序中的正常处理代码与异常处理代码明显地区别开来,提高了程序的可读性和可维护性。

　　C++的异常处理机制的基本思想是将异常的检测与处理分离。当在一个函数体中检测到异常条件存在,但无法确定相应的处理方法时,将引发一个异常,并由函数的直接或间接调用者检测并处理这个异常。

　　这一基本思想用三个保留字实现:throw、try 和 catch。在一般情况下,被调用函数直接检测到异常条件并使用 throw 引发一个异常;在上层调用函数中使用 try 检测函数调用是否引发了异常,被检测到的各种异常由 catch 语句捕获并作相应处理。

　　需要检测异常的程序段(包括函数调用)必须放在 try 语句块中执行,异常由紧跟着 try 语句块后面的 catch 语句捕获并处理。因而 try 与 catch 总是结合使用的,其形式为:

```
    try
    {
    ...
    }
    catch (<类型 1> <参数 1>)
    {
    ...
```

```
    }
    …
    catch (<类型 n> <参数 n>)
    {
    …
    }
    catch(…)
    {
    …
    }
```

在上述结构中,一个 try 语句可与多个 catch 语句相联系。如果某个 catch 语句的参数类型与引发异常的信息数据类型相匹配,则执行该 catch 语句的异常处理(捕获异常),此时由 throw 语句抛出的异常信息(值)传送给 catch 语句中的参数。

在多个 catch 语句的最后可以使用 catch(…)捕获所有其他类型的异常。其中的省略号表示可与任何数据类型匹配。

引发异常的 throw 语句必须在 try 语句块内,或是由 try 语句块中直接或间接调用的函数体执行。throw 语句的一般形式为:

```
    throw exception;
```

这里 exception 表示一个异常值,它可以是任意类型的变量、对象或值。

注意,catch 语句的类型匹配过程中不作任何类型转换,例如 unsigned int 类型的异常值不能被 int 类型的 catch 参数捕获。

例 12-3　异常处理机制的使用。

程序

```cpp
//Example 12-3:异常处理机制的使用
# include <iostream>
using namespace std;
void testfun(int test)
{
    try
    {
        if(test)
            throw test;
        else
            throw "it is a zero";
    }
    catch(int i)
    {
        cout<<"Except occurred: "<<i<<endl;
    }
```

```
        catch(const char * s)
        {
            cout<<"Except occurred: "<<s<<endl;
        }
    }
    int main()
    {
        testfun(10);
        testfun(100);
        testfun(0);
        return 0;
    }
```

输入输出：

Except occurred: 10

Except occurred: 100

Except occurred: it is a zero

分析   由程序结果可以看出，每条 catch 语句只对相同的类型做出响应，只有和异常相匹配的语句才会被执行，其他的 catch 语句块都被忽略。

在很多例子中，编程者并没有向函数使用者给出所有可能抛出的异常，这种做法一般被认为是非常不友好的，因为这意味着使用者无法知道该如何编写程序来捕获所有潜在的异常情况，这是由于库通常不以源代码方式提供，所以使用者无法得知异常抛出的说明。为此 C++语言提供了异常规格说明，可利用它清晰地告诉使用者函数抛出的异常的类型，这样使用者就可方便地进行异常处理。

异常规格说明存在于函数说明中，位于参数列表之后。它再次使用了关键字 throw，函数的所有潜在异常类型均随着关键字 throw 而插入函数说明中。如：

    void SetElem(int i, int j, double val) throw(InvalidIndex);

而传统的函数声明，如：

    void SetElem(int i, int j, double val);

则意味着函数可能抛出任何一种异常。

所以，好的编程习惯应该是：对于每一个有异常抛出的函数都应当加入异常规格说明。

常见的异常例子有 new 无法取得所需内存，运算溢出，除数为零，数组下标超界和无效函数参数等。

■ 课外阅读

12.3 友 元

虽然封装机制所带来的好处是极其明显的，然而如果绝对不允许类外的函数访问类中私有成员的话，确实也有许多不便之处。为此，C++提供了友元这种机制，允许类外部的函数或者类具有该类私有成员的特权。通过关键字 friend 可以把其他类或类的非成员函数声明为一个类的友元。作为一个类的友元的类外函数，可以像本类的成员函数一样自由地访问类中的任何成员，并且对类的公用部分的访问没有任何限制。

12.3.1 友元函数

一个类的友元函数是在该类中说明的、用关键字 friend 修饰的函数，该函数有权访问类中所有的成员。说明一个友元的一般形式为

```
friend ＜类型＞ ＜函数名＞(＜参数表＞);
```

例如

```
class Person
{
    …
public：
    friend void FriFunc(Person& person);
    …
};
void FriFunc(Person &person)
{
    …
}
```

注意友元函数 FriFunc() 带有一个参数——对类 Person 的引用，在函数的定义中可利用该参数来访问对象 person 中的私有成员。注意，这是友元函数访问类成员的唯一方法，因为友元虽在类中说明，但它并不是类的成员函数，因此不带 this 指针。

友元实际上就是一个一般的函数，与其他普通函数不同之点在于：友元须在某个类中说明，它拥有访问说明它的类中所有成员的特权，而其他普通函数只能访问类中的公有成员。

虽然友元是在类中说明的，但它的作用域却在类外。友元说明可以出现在类的私有部分、保护部分和公有部分。在某类中说明友元只是说明该类允许这个函数随意访问它的所有成员，但友元函数并不是它的成员函数，指定对该函数的访问权限是没有意义的。使用友元主要目的是提高程序运行效率。

除了可以将一个全局函数说明为某类的友元外，也可以将一个类的成员函数说明为另一个类的友元，例如：

```
class Person
{
    …
public：
    friend void Government::FriFunc(Person& person);
    …
};
```

由此可见，一个类的友元可以是类外的任何函数，包括不属于任何类的函数和属于某个类

的成员函数。

12.3.2　友元类

当一个类成为另一个类的友元时,就构成了友元类。这意味着该类的每一个成员函数都是另一个类的友元函数。如:

```
class Person
{
    …
public:
    friend class Government;
    …
};
```

应强调说明:使用友元虽然可以提高程序的运行效率,但却破坏了类的封装性。友元就如同在封装类中成员的容器上打了一些洞,一个类拥有的友元越多,这种洞就越多,类的封装性就越差。因此,为了保证数据的完整性及数据的封装性与隐藏的原则,在实际应用中应尽量少用或不用友元。另外,友元是不可继承的,也就是说,一个类的友元并不是其派生类的友元。

程序设计举例

例 12-4　定义一个求幂函数的函数模板。

程序

```
// Example 12-4:求幂函数的函数模板
# include <iostream>
using namespace std;
template <class T>
T Power(T a, int exp)
{
    T ans = a;
    while( --exp>0) ans *= a;
    return ans;
}
//测试用主函数
int main()
{
    cout << "3^5 = " <<Power(3, 5) << endl;
    cout << "1.1^2 = " << Power(1.1, 2) << endl;
    return 0;
}
```

输出

```
3^5 = 243
```

　　　1.1^2 = 1.21

　　分析　本例所定义的幂函数可以对多种数据类型进行运算。

　　例 12 - 5　用函数模板实现顺序查找算法。

　　算法　顺序查找又称线性查找,对于给定查找的关键字,从表的一端开始,依次查找表中每一个元素,直至找到所需的元素或到达表的另一端。如果查找成功,返回所需元素的下标;如果查找不成功,返回－1。

　　程序

```
//Example 12 - 5:顺序查找算法
# include <iostream>
using namespace std;
template <class T>
int sequentialsearch(T a[], const T& k, int n)
{
    int i = 0;
    while(k! = a[i]&&i< = n - 1)
        i + + ;
    if(i>n - 1)i = - 1;
    return i;
}

    //测试用主函数
int main()
{
    int i1[] = {3, 2, 5, 0, - 1, 7};
    double d1[] = {3.3, 2.1, 0.3, 1.5, 10.6, 5.2};
    char * c1 = "xjtu";
    cout <<sequentialsearch(i1, 15, 6)<< endl;
    cout <<sequentialsearch(d1, 3.3, 5)<< endl;
    cout <<sequentialsearch(c1, 'j', 4)<< endl;
    return 0;
}
```

　　输出

```
- 1
 0
 1
```

　　分析　顺序查找的速度很慢,其平均查找长度大约为表的一半,最大查找长度为表长。

　　例 12 - 6　除 0 异常。

　　程序

```
//Example 12 - 6:除 0 异常
# include <iostream>
```

```cpp
using namespace std;
double Div(double a, double b);
    //测试用主函数
int main()
{
    double n1, n2, result;
    cout<<"Input two number(other characters will terminate the program):"<<
endl;
    while(cin>>n1>>n2)
    {
        try
        {
            result = Div(n1,n2);
            cout<<n1<<"/"<<n2<<" = "<<result<<endl;
        }
        catch(double)
        {
            cout<<"Except occurred: attempted to divide by zero."<<endl;
        }
        cout<<"Input two number(other characters will terminate the program):"
<<endl;
    }
    cout<<"That is ok."<<endl;
    return 0;
}
double Div(double a, double b)
{
    if(b = = 0.0)
        throw b;
    return a/b;
}
```

输入输出

```
Input two number(other characters will terminate the program):
16.5   21.2
16.5/21.2 = 0.778302
Input two number(other characters will terminate the program):
3.2   0
Except occurred: attempted to divide by zero.
Input two number(other characters will terminate the program):
```

7.2   3.1

7.2/3.1 = 2.32258

Input two number(other characters will terminate the program)：

c

That is ok.

分析　由于除法运算有可能会出现除零异常,所以将除法放在 try 块中,一旦某些分母的输入为零,将导致函数 Div()中发生除数为零异常,异常随即被抛出,然后被相应的 catch 所捕获,执行相应的异常处理。

例 12 - 7　求一元二次方程 $ax^2+bx+c=0$ 的根。其中系数 a,b,c 为实数,由键盘输入,要求使用异常机制。

程序

```
//Example 12-7:解一元二次方程
    #include <iostream>
    #include <cmath>
    using namespace std;
    void Root(double a,double b,double c)
    {
    double x1, x2, delta;
    delta = b * b - 4 * a * c;
    if(a = = 0) throw "divide by zero";
    if(delta<0)   throw 0;
    x1 = ( - b + sqrt(delta))/(2 * a);
    x2 = ( - b - sqrt(delta))/(2 * a);
    cout<<"x1 = "<<x1<<endl<<"x2 = "<<x2<<endl;
    }
    int main( )
    {
    double a, b, c;
    cout << "please intput a, b, c = ? ";
    cin >> a >> b >> c;
    try
    {
        Root(a,b,c);
    }
    catch(char * )
    {
        cout<<"Except occurred：it is not a quadratic equation. "<<endl;
    }
    catch(int)
```

```
            {
                cout<<"Except occurred：the real root of this equation does not exist."
<<endl；
            }
        return 0；
        }
```

　　　　输入　　please intput a, b, c = ? 1　3　2

　　　　输出　　x1 = −1

　　　　　　　　　x2 = −2

　　　　输入　　please intput a, b, c = ? 0 1 2

　　　　输出　　Except occurred：it is not a quadratic equation.

　　　　输入　　please intput a, b, c = ? 1 2 3

　　　　输出　　Except occurred：the real root of this equation does not exist.

　　　　分析　　由于一元二次方程有可能无实数根，或者用户输入的二次项系数为零，都会导致简单的套用求根公式的算法失败。而将求根放在 try 块中，一旦判别式小于零时，求根函数 Root() 将抛掷一个异常 0，异常捕获处理函数 catch(int) 会捕获此异常信息，输出相应的无实根信息；如果输入的二次项系数为零，将抛掷一个异常"divide by zero"，异常捕获处理函数 catch(char ＊) 会捕获此异常信息，输出相应的信息。

◣ 小结

　　1. 使用模板能够用一个代码段来指定一组相关的函数或类，从而可以帮助程序员写出通用的代码。

　　2. C＋＋中提供了两种模板类型：函数模板是一种抽象通用的函数，用它可生成一批具体的函数；类模板是一种抽象通用的类，用它可生成一批具体的类。

　　3. 函数模板的定义方法为：

```
        template < class <类型参数>>
        <类型> <函数名>(<参数表>)
        {
            ...
        }
```

　　4. 类模板的定义方法为

```
        template <class <类型参数>>
        class <类名>
        {
            ...
        };
```

　　5. 异常处理能够使程序具备捕获和处理错误的功能，增加了程序的健壮性，同时也提高了程序的可读性和可维护性。

习题

1．编写一个求绝对值的函数模板，并测试。

2．请将例 4－5 的冒泡排序函数改写成为模板函数并编写一个程序进行测试。

3．在 12.1.2 类模板一节中，我们定义了一个任意类类型 AnyType，请编写一个程序来使用该 AnyType 类模板。

4．例 12－2 中所定义的通用栈类实际上是不完善的，如无法根据用户需求改变栈的大小，没有提供栈满溢无法压入和空栈无法弹出提示等，请改进该程序。

5．C＋＋中的数组类型比较简单，它的下标只能从 0 开始，没有负数下标，而且没有数组越界检查。请用类模板设计一个 newArray 类，该类的对象可以是整型、浮点型、字符型等任何元素类型的数组，而且当访问数组成员时，如果下标越界，程序可以报错并终止。如下是一些例子：

newArray ＜int＞ A1(3)　　//同传统类型的整型数组

//包含 5 个元素的浮点型数组，其成员为 A2[－2]，A2[－1]，A2[0]，A2[1]，A2[2]

newArray ＜float＞ A2(－2，3)

请编写一个测试程序。

6．例 5－2 给出的求阶乘 $n!$ 的函数，当用户的输入太大时（如 51），会出现错误，请编写一个程序，使用异常处理机制来解决这一问题。

7．编程并观察当库函数 sqrt() 的参数为负数，log() 的参数为 0 时，系统会出现什么情况，请解决之。

第 13 章　基本数据结构

本章目标

掌握数据与数据结构的基本概念；掌握线性表的基本结构及其上的运算；掌握栈和队列的基本概念；了解树和图的基本概念；掌握查找和排序的初步技术；熟悉基本的数据结构类型；掌握线性表的使用。

授课内容

13.1　数据与数据结构

我们知道用计算机解决一个具体问题时，首先要从具体问题抽象出一个适当的数学模型，然后设计一个解此数学模型的算法，最后编出程序，进行测试、调整，直至得到最终解答。如果一个问题可以用数学的方程来描述，如人口增长可以用微分方程来描述，只需要输入相应的数据，然后通过计算机求解该方程即可，这一般称为数值计算。然而，很多问题是无法用数学方程来描述的，如计算机和人的对弈问题。这类非数值计算问题需要用其他的方式来描述和求解，其核心是数据结构和算法。

13.1.1　数据

什么叫数据？数据是描述客观事物的信息符号的集合，这些信息符号能被输入到计算机中存储起来，又能被程序处理、输出。事实上，数据这个概念本身是随着计算机的发展而不断扩展的。在计算机发展的初期，由于计算机主要用于数值计算，数据指的就是整数、实数等数值；在计算机用于文字处理时，数据指的就是由英文字母和汉字组成的字符串；随着计算机硬件和软件技术的不断发展，计算机的应用领域扩大了，诸如表格、图形、图像、声音等也属于数据的范畴。目前非数值问题的处理占用 90% 以上的计算机时间。

数据类型是程序设计中的概念，程序中的数据都属于某个特殊的数据类型，它是指具有相同特性的数据的集合。数据类型决定了数据的性质，如取值范围、操作运算等。常用的数据类型有整型、浮点型、字符型等。数据类型还决定了数据在内存中所占空间的大小，如字符型占 1 个字节，而长整型一般占 4 个字节等。

对于复杂一些的数据，仅用数据类型无法完整地描述，如表示教师得分，要描述教师的姓名、各项得分，这时需要用到数据元素的概念。数据元素中可能用到多个数据类型（称为数据项）共同描述一个客体，如教师。数据元素有时也被称为记录或结点。在程序设计中，前面所说的数据类型又被称为基本数据类型，由基本数据类型组成的数据元素的定义被称为构造数据类型（结构和类都属此列）。

教师得分登记表				
姓　　名	教学得分	科研得分	其他得分	合计
张　　力	35	34	11	80
王　　五	36	35	12	83
⋯	⋯	⋯	⋯	⋯

教师得分登记表的数据元素是姓名、教学得分、科研得分、其他得分、合计,也就是说每个数据元素由姓名、教学得分、科研得分、其他得分、合计五个数据项组成。这五个数据项含义明确,若再细分就无明确独立的含义,属于基本数据类型(字符型和整型或浮点型)。

13.1.2　数据结构

什么是数据结构? 数据结构在计算机科学界至今没有标准的定义,根据各自理解的不同而有不同的表述方法。

Sartaj Sahni 在他的《数据结构、算法与应用》一书中称:"数据结构是数据对象,以及存在于该对象的实例和组成实例的数据元素之间的各种联系。这些联系可以通过定义相关的函数来给出。"他将数据对象(data object)定义为"一个数据对象是实例或值的集合"。

Clifford A. Shaffer 在《数据结构与算法分析》一书中对数据结构的定义是:"数据结构是ADT(Abstract Data Type,抽象数据类型)的物理实现。"

Lobert L. Kruse 在《数据结构与程序设计》一书中,将一个数据结构的设计过程分成抽象层、数据结构层和实现层。其中,抽象层是指抽象数据类型层,它讨论数据的逻辑结构及其运算,数据结构层和实现层讨论一个数据结构的表示和在计算机内的存储细节以及运算的实现。

由此可见,在任何问题中,构成数据的数据元素并不是孤立存在的,它们之间存在着一定的关系,以表达不同的事物及事物之间的联系。所以,可以简单地说数据结构就是研究数据及数据元素之间关系的一门学科,它包括三个方面的内容:

■　数据的逻辑结构;

■　数据的存储结构;

■　数据的运算(即数据的处理操作)。

一般认为,一个数据结构是由数据元素依据某种逻辑联系组织起来的。对数据元素间逻辑关系的描述称为数据的逻辑结构;数据必须在计算机内存储,数据的存储结构是数据结构的实现形式,是其在计算机内的表示;此外,讨论一个数据结构必须同时讨论在该类数据上执行的运算才有意义。

1.数据的逻辑结构

数据的逻辑结构就是数据元素之间的逻辑关系。这里,我们对数据所描述的客观事物本身的属性意义不感兴趣,只关心它们的结构及关系,将那些在结构形式上相同的数据抽象成某一数据结构,比如线性表、树和图,等等。

根据数据元素之间关系的不同特性,数据结构又可分为以下四大类(见图 13-1):

(1)集合:数据元素之间的关系只有"是否属于同一个集合";

(2)线性结构:数据元素之间存在线性关系,即最多只有一个前导和后继元素;

(3)树形结构:数据元素之间呈层次关系,即最多有一个前导和多个后继元素;

(4)图状结构:数据元素之间的关系为多对多的关系。

其中树和图又被统称为非线性数据结构。

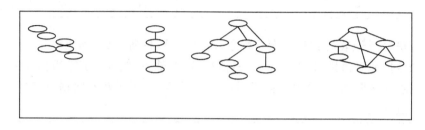

图 13-1　四种逻辑结构示意图

2.数据的存储结构

数据的逻辑结构是从逻辑上来描述数据元素之间的关系的,是独立于计算机的。然而讨论数据结构的目的是为了在计算机中实现对它的处理,因此还需要研究数据元素和数据元素之间的关系如何在计算机中表示,这就是数据的存储结构,又称数据的映象。

计算机的存储器是由很多个存储单元组成的,每个存储单元有唯一的地址。数据的存储结构要讨论的就是数据结构在计算机存储器上的存储映象方法。根据数据结构的形式定义,数据结构在存储器上的映象,不仅包括数据元素集合如何存储映象,而且还包括数据元素之间的关系如何存储映象。

一般来说,数据在存储器中的存储有四种基本的映象方法。

(1)顺序存储结构。就是把数据元素按某种顺序放在一块连续的存储单元中,其特点是借助数据元素在存储器中的相对位置来表示数据元素之间的关系。顺序存储的问题是,如果元素集合很大,则可能找不到一块很大的连续的空间来存放。

(2)链式存储结构。有时往往存在这样一些情况:存储器中没有足够大的连续可用空间,只有不相邻的零碎小块存储单元;或是在事前申请一段连续空间时,因无法预计所需存储空间的大小,需要临时增加空间。所有这些情况,要得到一块合适的连续存储单元并非易事,即这种情况下顺序存储结构无法实现。链式存储结构的特点就是将存放每个数据元素的结点分为两部分:一部分存放数据元素(称为数据域),另一部分存放指示存储地址的指针(称为指针域),借助指针表示数据元素之间的关系。结点的结构如下:

数据域	指针域

链式存储结构可用一组任意的存储单元来存储数据元素,这组存储单元可以是连续的,也可以是不连续的。链式存储因为有指针域,增加了额外的存储开销,并且实现上也较为麻烦,但大大增加了数据结构的灵活性。

(3)索引存储结构。在线性表中,数据元素可以排成一个序列: R_1, R_2, R_3, $\cdots$, R_n,每个数据元素 R_i 在序列里都有对应的位置码 i,这就是元素的索引号。索引存储结构就是通过数据元素的索引号 i 来确定数据元素 R_i 的存储地址。一般索引存储结构有两种实现方法：a. 建立附加的索引表，索引表里第 i 项的值就是第 i 个元素的存储地址；b. 当每个元素所占单元数都相等时，可用位置码 i 的线性函数值来确定元素对应的存储地址，即

$$Loc(R_i) = (i-1) * L + d_0$$

（4）散列存储结构。这种存储方法就是在数据元素与其在存储器上的存储位置之间建立一个映象关系 F。根据这个映象关系 F，已知某数据元素就可以得到它的存储地址，即 D＝F(E)，这里 E 是要存放的数据元素，D 是该数据元素的存储位置。可见，这种存储结构的关键是设计这个函数 F，但函数 F 不可能解决数据存储中所有问题，还应有一套意外事件的处理方法，它们共同实现数据的散列存储结构。哈希表是一种常见的散列存储结构。

3. 数据的运算

数据的运算是定义在数据逻辑结构上的操作，如插入、删除、查找、排序、遍历等。每种数据结构都有一个运算的集合。

13.2　线性表

13.2.1　线性表概述

计算机的处理效率与数据的组织形式和存储结构密切相关。这类似于人们所用的《英语词典》《新华字典》等工具书，它们都是由按字母或拼音字母的顺序组织排列的"词条"组成，当然也有按笔划、偏旁顺序排列的。这样人们查阅工具书时可以按照自己所熟悉的排列顺序去查找，查找的速度较快。假如"词条"不是按字母顺序组织排列，而是任意顺序组织排列，那么查词速度一定很低。另外，在当今网络世界中，数据通信更加依赖于数据的组织形式和存储结构。因此，很有必要研究数据的组织形式和存储结构。总之计算机处理数据要追求"时间"和"空间"上的效率，而"时空效率"与数据的组织形式和存储结构密切相关。

现在探讨日常生活中常见的表格形式数据，例如列车时刻表、学生成绩单和英文周名缩写名称表等，如表 13－1、表 13－2、表 13－3 所示。

表 13－1　列车时刻表

车次	火车种类	始发站	终点站	始发时间	到达时间
140	特快	西安	上海	20：30	19：45
42	特快	西安	北京	17：30	7：45
361	普快	西安	铜川	9：45	13：10
……	……	……	……	……	……

这些表格形式数据具有如下共同特点：①表中每一行信息虽然组成的内容不同，但都代表某个明确独立的含义，表中每一行信息称为一个数据元素；②每个数据元素在表中的位置固定，除了第一个元素和最后一个元素外，其余元素都有唯一一个前驱元素和唯一一个后继元素；③表中数据元素的个数不相同，有长有短；④大多数表中数据元素会增加或减少，是动态变化的，如表 13－1 和表 13－2，但也有一些表是固定不变，如表 13－3。将这些表格形式的数据

表 13 - 2　学生成绩单

学号	姓名	性别	分数
99011001	周　敏	女	86
99011002	苏伊诗	女	92
99011003	王苏朋	男	76
……	……	……	……

表 13 - 3　英文周名缩写名称表

Sun.
Mon.
Tue.
Wen.
Thu.
Fri.
Sat.

加以抽象,统称为线性表。

线性表是由 $n(n \geqslant 0)$ 个数据元素 $a_1, a_2, a_3, \cdots, a_n$ 组成的有限序列,记为:$(a_1, a_2, a_3, \cdots, a_n)$。线性表中当前存储的数据元素个数叫做表的长度,用 n 表示,当线性表中不包含任何数据元素时,称为空表,显然 $n = 0$ 时为空表。

对于线性表的理解要注意两点:①数据元素 $a_i (1 \leqslant i \leqslant n)$ 表示某个具体意义的信息,它可以是一个数,或者是一个字符串,或者是由数和字符串组成的更复杂的信息,但同一个线性表中的所有数据元素必须具有相同的属性(或者说具有相同的数据类型);②若线性表是非空表,则有:a. 第一个元素 a_1 无前趋元素;b. 最后一个元素 a_n 无后继元素;c. 其他元素 $a_i (1 < i < n)$ 均只有一个直接前趋 a_{i-1} 和一个直接后继 a_{i+1}。

根据线性表的定义,除了表 13-1、表 13-2 和表 13-3 属于线性表外,不难发现人类社会中有许许多多的信息数据可以用线性表组成。例如某校 1998—2003 年在校学生人数(2500,3450,5000,5100,5400,5500)是一个线性表,每个数据元素是一个正整数,表长为 6;每个月份英文缩写名称组成一个线性表(JAN.,FEB.,MAR.,APR.,MAY.,JUN.,JUL.,AUG.,SEP.,OCT.,NOV.,DEC.),表中数据元素是一字符串,表长为 12;屏幕上若干像素((50,50,RED),(100,150,RED),(200,200,BLUE),(200,250,GREEN))亦是一线性表,表中数据元素是由行坐标、列坐标和颜色三个数据项组成的一个像素信息,表长为 4。像电话号码簿、股票市场里的信息列表、航班时刻表,等等,都是线性表。

线性表有许许多多的操作,但常用的、共用的基本操作有如下几种:

(1)统计线性表里总共有多少个元素,简称求表长,记作 Length(L),L 代表某个线性表。例如股民要了解有多少种股票,学校要掌握控制学生招生规模等。

(2)获取线性表中某个数据元素的信息,简称取元素,记作 Get(L,i),i 为线性表中元素的位置或序号,仅当 $1 \leqslant i \leqslant$ Length(L) 时,可取得线性表 L 中的第 i 个元素 a_i(或 a_i 的存储位置),否则无意义。例如找到最高分数的学生,获取某趟列车的信息等。

(3)置换或修改线性表中某个数据元素信息,简称置换元素,记作 Replace(L,i,x)。

(4)在线性表中某个位置上增加一个数据元素,简称插入元素,记作 Insert(L,i,x),在线性表 L 的第 i 个位置上插入元素 x。此运算的前提是表还没装满,运算结果使得线性表长度增加 1。例如春运增加一趟列车,某班转来一名新学生,股票市场发行新股票等。

(5)删除线性表中某个位置上的一个数据元素,简称删除元素,记作 Delete(L,i),删除线性表 L 的第 i 个位置上的元素 a_i,此运算的前提应是 Length(L)$\neq$0,运算结果使得线性表的长度减 1。例如减掉某一趟列车,某班一名学生退学或留级等。

(6)查找某个数据元素是否在线性表中存在,简称查找元素,记作 Locate(L,x),x 为要查找的数据元素。若在 L 中有多个 x,则只返回第一个 x 的位置,若在 L 中不存在 x,则返回 0。例如查找电话号码,查找某趟列车,查询某个学生的成绩等。

(7)求前驱元素,记作 Prior(L,i),取元素 a_i 的直接前驱,当 $2 \leqslant i \leqslant$ Length(L)时,返回 a_i 的直接前趋 a_{i-1}。注意表头元素 a_1 无前驱。

(8)求后继元素,记作 Succ(L,i),取元素 a_i 的直接后继,当 $1 \leqslant i \leqslant$ Length(L)-1 时,返回 a_i 的直接后继 a_{i+1}。注意表尾元素 a_n 无后继。

(9)对线性表中的数据元素按某个数据项的值递增(或递减)的顺序排列,简称排序,记作 Sort(L)。

对线性表还有一些更为复杂的操作,如:将两个线性表合并成一个线性表,将一个线性表分解为两个线性表等。这些运算都可以通过上述九种基本运算的组合来实现。

如何将线性表存放到存储器中呢?即线性表的存储结构是怎样的呢?有两种存储结构:顺序存储结构和非顺序存储结构。下面讲述用 C++ 中的类来描述定义顺序存储结构和非顺序存储结构,分别称为顺序表类和链表类。

13.2.2　顺序表类

线性表的顺序存储结构就是将线性表的每个数据元素按其逻辑次序依次存放在一组地址连续的存储器空间里。由于逻辑上相邻的数据元素存放在内存的相邻单元中,所以线性表的逻辑关系蕴含在存储单元的物理位置中。也就是说,在顺序存储结构中,线性表的逻辑关系的存储是隐含的,并没有额外开辟存储空间去存放关系集合,只存放了数据元素集合。

假设线性表中每个数据元素占用 C 个存储单元,用 Loc(a_i)表示元素 a_i 的存储位置,则顺序存储结构的存储示意图如图 13-2 所示。

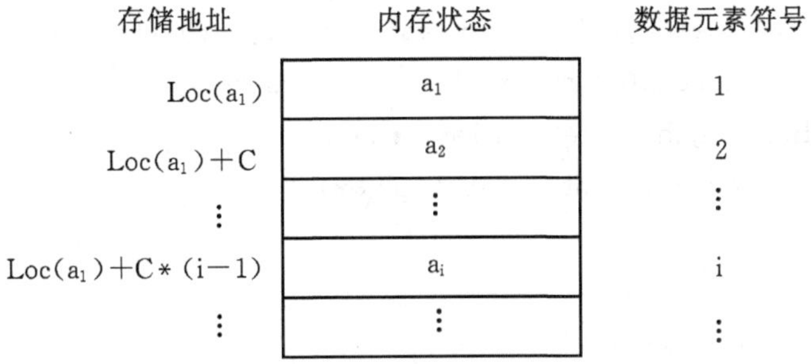

存储地址	内存状态	数据元素符号
Loc(a_1)	a_1	1
Loc(a_1)$+$C	a_2	2
⋮	⋮	⋮
Loc(a_1)$+$C$*$(i$-$1)	a_i	i
⋮	⋮	⋮

图 13-2　线性表的顺序存储结构示意图

从图 13-2 可以看出,若已知线性表中第一个元素的存储位置是 Loc(a_1),则第 i 个元素存储位置为:

$$Loc(a_i) = Loc(a_1) + C * (i-1) \quad 1 \leqslant i \leqslant n$$

可见,线性表中每个元素的存储地址是该元素在表中序号的线性函数,只要知道某个数据元素在线性表中的序号就可以确定其在内存中的存储地址,存取数据元素非常快捷。所以说线性表的顺序存储结构是一种随机存取结构,即表中任何一个数据元素可以直接存取。

为保证通用性,假设线性表中数据元素为一个模板数据类型 DataType,线性表顺序存储结构用 C++可描述如下：

```cpp
#include <iostream>
template <class datatype>
using namespace std;
class seqlist
{   private:
        datatype * data;
        int maxsize;            //maxsize 为线性表的最大可能长度
        int last;               //last 为线性表中表尾元素的下标
    public:
        seqlist()               //创建 100 个元素的线性表的构造函数
        {   maxsize = 100;
            data = new datatype[maxsize];
            last = -1;          //last 为 -1 表示为空表
        }
        seqlist(int sz)         //创建 sz 个元素的线性表的构造函数
        {   if(sz>0)
                maxsize = sz;
            else
                maxsize = 100;
            data = new datatype[maxsize];
            last = -1;          //last 为 -1 表示为空表
        }
        bool isempty(){ return last = = -1? true:false; }      //判空表
        bool isfull(){ return last = = maxsize-1; }            //判表满
        int length(){ return last+1; }                        //求表长
        bool getdata(int i,datatype &x)                       //取元素
        {   i--;
        if (i> = 0&&i< = last)
        {   x = data[i];
            return true;
        }
            else
            {   cout<<"非法位置读取元素,不能读取！\n";
                return false;
            }
        }
        bool get_prior(int i,datatype &x);                    //取前驱元素
        bool get_succ(int i,datatype &x);                     //取后继元素
```

```
            bool replace(int i,datatype x)              //置换元素
            {    i--;
                 if (i>=0&&i<=last)
                 {    data[i]=x;
                      return true;
                 }
                 else
                 {    cout<<"非法位置修改元素,不能修改! \n";
                      return false;
                 }
            }
            bool insert_data(int i,datatype x);          //插入元素
            bool delete_data(int i);                     //删除元素
            void print_list();                           //显示表中所有元素
            int find_data(datatype x);                   //查找元素
            void sort();                                 //排序元素
            ~seqlist(){   delete[] data;   }             //析构函数
        };
```

　　在上面顺序表类定义中,maxsize 为线性表中数据元素个数最大可能值,last 为线性表中当前实际存入的最后一个数据元素下标。注意 C++中数组下标从 0 算起。构造函数有两个重载形式 seqlist()和 seqlist(int sz),前者创建了一个可以存放最多 100 个元素的空表;后者创建了一个可以存放最多 sz 个元素的空表。实际上构造函数创建了 datatype 类型的一维数组,数据元素在数组里按次序紧密存放。析构函数~seqlist()将申请的存储空间释放,data 指针指向该空间的首地址。数据元素的类型定义为模板是为了定义一个通用类型的线性表,也就是说数据元素的类型可以是整型数,可以是浮点数,也可以是复杂的构造类型,例如学生成绩单定义为:

```
        struct student_score_table
        {    long num;
             char name[9];
             char sex;
             float score;
        }
```

　　这样一来声明某个顺序表类的对象就灵活方便。下面声明了三个顺序表类的对象,其数据元素类型分别是整型、字符串、学生结构体,表长均为 2000:

```
        seqlist <int> la(2000);
        seqlist <string> lb(2000);
        seqlist <struct student_score_table> lc(2000);
```

　　在顺序表类中成员函数选取了 13.2.1 中九个基本操作,还增加了判空表函数、判表满函数和打印表中全体元素的函数。成员函数除了插入、删除、查找、排序四个函数没有定义函数

体,其他函数都定义为内联函数。

下面以顺序表类的插入和删除函数为例,讨论在顺序存储结构下,这两个函数的算法实现。查找和排序函数的算法实现放在下一章讨论。

已知线性表的当前状态是$(a_1,a_2,\cdots,a_{i-1},a_i,\cdots,a_n)$,在第 i 个位置插入一个元素 x,线性表成为$(a_1,a_2,\cdots,a_{i-1},x,a_i,\cdots,a_n)$。

插入算法的主要步骤为:

第 1 步：　判定表满否,不满方可插入;

第 2 步：　判定插入位置 i 的合法性,插入位置正确方可插入;

第 3 步：　将第 n 至第 i 个元素后移一个元素存储位置;

第 4 步：　将 x 插入到 a_{i-1} 之后;

第 5 步：　线性表长度加 1。

C++描述如下:

```
template<class datatype>
bool seqlist<datatype>::insert_data(int i,datatype x)
{    if (isfull())                      //判定表满否
    {
        cout<<"表已满,不能插入! \n";
        return false;
    }
    if ( i>=1 && i<=last+2 )     //判定插入位置 i 的合法性
    {
        //第 n 至第 i 个元素循环后移一个存储位置
        for (int j=last;j>=i-1;j--)
        data[j+1]=data[j];
            data[j+1]=x;               //x 成为线性表中第 i 个元素
        last++;                        //线性表的长度加 1
        return true;
    }
    else
    {   cout<<"插入位置错误,不能插入! \n";
        return false;
    }
}
```

已知线性表的当前状态是$(a_1,a_2,\cdots,a_{i-1},a_i,a_{i+1},\cdots,a_n)$,若删除第 i 个元素 a_i,则线性表成为$(a_1,a_2,\cdots,a_{i-1},a_{i+1},\cdots,a_n)$。需要提醒的是首先应该检查 i 的合法性,即位置 i 上是否存在元素。

删除算法的主要步骤为:

第 1 步：　判定表不空方可删除;

第 2 步：　判定删除位置 i 值的合法性;

第 3 步：　将位置 i+1,i+2,…,n 上的元素依次向前移动一个存储位置；

第 4 步：　将线性表的长度减 1。

C++描述如下：

```
template<class datatype>
bool seqlist<datatype>::delete_data(int i)
{   if(isempty())                          //判定表空否
    {   cout<<"表已空,不能删除! \n";
        return false;
    }
    if ((i> = 1)&&(i< = last+1))            //判定删除位置 i 的合法性
    {
        //第 i+1 至第 n 个元素循环前移一个存储位置
        for (int j = i-1;j<last;j++)
        data[j] = data[j+1];
        last--;                            //线性表的长度减 1
        return true;
    }
    else
    {   cout<<"删除位置错误,不能删除! \n";
        return false;
    }
}
```

从上述算法中不难看出,在某一个位置上插入或删除一个数据元素时,其时间主要耗费在移动元素上,而移动元素的个数取决于插入或删除元素位置,平均地看,每插入(或删除)一个元素需要移动表中一半元素,而插入和删除又是使用频率较高的操作。一般情况下,线性表的顺序存储结构适合于表中元素个数变动较少的线性表。

下面给出测试验证的主函数：

```
template<class datatype>
void seqlist<datatype>::print_list()       //打印输出线性表中所有元素
{   datatype x;
    for(int i = 0;i< = last;i++)
    {   getdata(i+1,x);
        cout<<x<<"    ";
    }
    cout<<endl;
}
int main()
{   seqlist<int> linear_list0(-10);        //建立长度为 100 的空表
    seqlist<int> linear_list1(10);         //建立长度为 10 的空表
```

```
for(int i = 0;i<6;i + +)                //测试从表头及表中间位置插入元素
{    linear_list1.insert_data(i + 1,(i + 1) * 100);
     linear_list0.insert_data(i + 1,(i + 1) * 1000);
}
linear_list0.print_list();              //打印表中所有数据元素
linear_list1.print_list();              //打印表中所有数据元素
linear_list1.insert_data( - 1,1000);    //测试插入位置错误调用插入函数
linear_list1.insert_data(9,1000);       //测试插入位置错误调用插入函数
linear_list1.print_list();              //打印结果
linear_list1.insert_data(7,1000);       //测试从表尾插入元素
linear_list1.print_list();              //打印结果
return 0;
}
```

不难看出上面主函数只测试验证了插入函数的正确性,对表头插入、表尾插入、表的中间位置插入、错误位置插入都进行了验证,对两个构造函数也进行了验证。实际上还应该测试一直插入,直到表满的情况,看是否正确运行。读者可以模仿上面函数,去编写测试验证删除函数的程序。

综合分析线性表的顺序存储结构有五个特点:①可以随机存取线性表中每一个元素,存取元素的速度与它在表中的位置无关;②不需要额外开辟空间存储关系集合,其逻辑关系隐含在物理存储结构中;③插入和删除元素速度较慢;④扩充性差,注意顺序表类定义中 maxsize 值的确定是件困难的事,maxsize 值太大造成存储空间冗余,太小不利于扩充;⑤需要一整块连续空间,但表中元素进进出出,不可能一下子放满,有存储空间空闲不能作为它用。因此需要设计一种非顺序存储结构来克服顺序结构的缺点。

13.2.3　链表类

线性表的顺序存储结构是把整个线性表存放在一片连续的存储区域,其逻辑关系上相邻的两个元素在物理位置上也相邻,因此可以随机存取表中任一元素,每个元素的存储位置可用一个简单、直观的公式来表示。然而,如果需要对某一线性表中的元素频繁进行插入和删除操作时,为了保持元素在存储区域的连续性,在插入元素时必须移动大量元素给新插入的元素"腾位置",而在删除时,又必须移动大量后继元素"补缺",因而在操作执行时要花大量时间去移动数据元素。此外顺序表类在创建时需要开辟较大的连续空间,而表中元素进进出出不可能一下子占满这块连续空间,所以存储空间的使用效率不高。

能否设计一种新的存储结构来弥补顺序表类的不足,尤其在元素插入、删除时无须改变已存储元素的位置? 这就是我们将讨论的另一种存储结构——非顺序存储结构,又称链式存储结构。

链式结构用一组任意的存储区域存储线性表,此存储区域可以是连续的,也可以是分散的。这样,逻辑上相邻的元素在物理位置上就不一定是相邻的,为了能正确反映元素的逻辑次序,就必须在存储每个元素 a_i 的同时,存储其直接后继(或直接前驱)的存储位置。因此在链式结构中每个元素都由两部分组成:存储数据元素的数据域(data),存储直接后继元素存储位

置的指针域(next),其存储结构示意如下:

data	next

在下面讨论中将这样存储的每个数据元素称为结点。下面给出每个数据元素存储结构的定义,又称结点类的定义:

```
template<class datatype>
class NODE
{   public:
        datatype  data;                        //数据域
        NODE<datatype> * next;                 //指针域
};
```

由于线性表每个元素都有唯一的后继(除了末尾元素),所以开辟指针域记录后继元素的地址。末尾元素的指针域为空,即为 NULL。数据元素本身存储类型同顺序表类一样定义成模板类型。线性表的非顺序存储结构如图 13-3 所示。

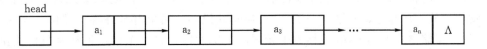

图 13-3　线性表的非顺序存储结构示意图

非顺序存储结构中每个结点的存储既不是连续的,也不是顺序的,而是散落在存储器的各个区域,通过指针将线性表中每个结点有机地连接起来。指针就好像自行车链条一样,因此图 13-3 所示的线性表存储结构被称为单向链表,简称单链表。

有了结点类的定义,就可以将整个线性表定义成如下单链表类:

```
template<class datatype>
class LIST
{   private:
        NODE<datatype> * head;
    public:
        LIST(){ head = NULL; }                      //构造函数
        int length();                               //求表长
        bool get_data(int i,datatype &x);           //取元素
        bool get_succ(int i,datatype &x);           //取前驱元素
        bool get_proc(int i,datatype &x);           //取后继元素
        bool replace_data(int i,datatype x);        //置换元素
        NODE<datatype> * find_data(int i);          //查找元素
        void sort();                                //排序
        bool insert_data(datatype data,int i);      //插入元素
        bool delete_data(int i);                    //删除元素
        void print_list();                          //打印所有元素
```

```
bool insert_rear(datatype data);          //从表尾插入元素
bool insert_head(datatype data);          //从表头插入元素
~LIST()                                   //析构函数
{   NODE<datatype> * p;
    while(head)                           //将链表中所有元素占用空间释放
    {   p = head;
        head = head->next;
        delete p;
    }
}
};
```

上述结点类定义中数据成员全是公有成员,其目的是为了在下面定义的单链表类中可以直接访问结点类中的数据成员。如果不这样,还需要在结点类定义中提供访问数据成员的接口函数,书写调用格式较为繁琐,程序中对结点的各种操作比较麻烦。

单链表类的特点是:①线性表中实际有多少元素就存储多少个结点;②元素存放可以不连续,其物理存放次序与逻辑次序不一定一致,换句话说,a_{i-1}可能存放在存储器的下半区,而 a_i 可能存放在存储器的上半区;③线性表中元素的逻辑次序通过每个结点指针有机地连接来体现;④插入和删除不需要大量移动表中元素。

要在链表中插入一个新结点怎样实现呢?设有线性表$(a_1,a_2,\cdots,a_{i-1},a_i,\cdots,a_n)$,采用单链表存储结构,头指针为 head,要求在数据元素 a_i 的结点之前插入一个数据元素为 data 的新结点。插入前单链表的逻辑状态如图 13-4 所示。

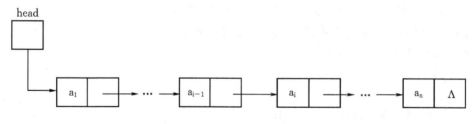

图 13-4　插入前单链表的存储结构

设新插入的结点指针是 s,插入后单链表的逻辑状态如图 13-5 所示。

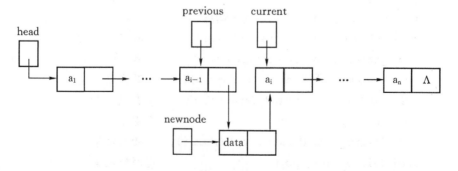

图 13-5　插入后单链表的存储结构

若已知 previous 指向为 a$_i$ 的前趋 a$_{i-1}$ 结点，newnode 指向新结点，只要执行以下两步操作即可完成插入新结点：

①　令新结点指针域指向 a$_i$ 结点（newnode－＞next＝previous－＞next）；

②　令 a$_{i-1}$ 结点的指针域指向新结点（previous－＞next＝newnode）。

这就使得单链表成为如图 13－5 所示的插入后的逻辑状态。

由此可见，插入操作执行之前，首先就是要得到单链表中插入位置的前一个结点的指针（存储位置）。插入算法的主要步骤和 C＋＋程序描述如下：

第 1 步：　判定插入位置是否正确，若正确继续下一步，否则结束算法；

第 2 步：　申请一个新结点，判定内存有无空间（即表满否）；

第 3 步：　元素放入数据域，NULL 放入指针域；

第 4 步：　判定是否为插入在表头，若是表头，则修改 head 和新结点指针；

第 5 步：　寻找插入位置，指向 a$_{i-1}$ 结点；

第 6 步：　修改 a$_{i-1}$ 结点的指针域和新结点的指针域。

```cpp
template<class datatype>
bool LIST<datatype>::insert_data(datatype data,int i)
//data 为要插入的元素值,i 为插入位置
{   NODE<datatype> * current, * previous, * newnode;
    int j = 1;
    if((i>length() + 1)||(i<0))              //判定插入位置正确与否
    {
        cout<<"插入位置不正确,不能插入! \n";
        return false;
    }
    newnode = new NODE<datatype>;            //申请新结点空间
    if(newnode = = NULL)
    {   cout<<"内存无空间,表已满,不能插入! \n";
        return false;
    }
    newnode - >data = data;
    newnode - >next = NULL;
    if(i = = 1)                              //插入表头,另做处理
    {   newnode - >next = head;
        head = newnode;
        return true;
    }
    current = previous = head;
    while(current! = NULL&&j<i)              //寻找插入位置
    {   previous = current;
        current = current - >next;
```

```
        j + + ;
    };
    newnode - >next = current;                //修改新结点的指针域
    previous - >next = newnode;               //修改 a_{i-1} 结点的指针域
    return true;
}
```

删除操作和插入操作一样，首先要搜索单链表以找到指定删除结点的前趋结点（假设为previous），然后只要将待删除结点的指针域内容赋予 previous 所指向的结点的指针域就可以了。

已知单链表的头指针为 head，删除前单链表的逻辑状态如图 13 - 6 所示。

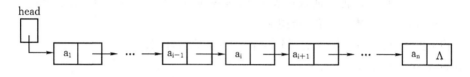

图 13 - 6　删除前单链表的存储结构

删除结点之后，单链表的逻辑状态如图 13 - 7 所示。

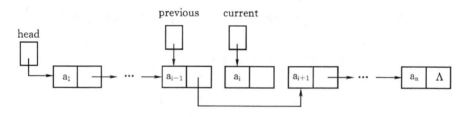

图 13 - 7　删除后单链表的存储结构

若已知 previous 指向为 a_i 的前趋 a_{i-1} 结点，只要执行以下两步操作即可完成删除结点：

①　令 a_{i-1} 结点指针域指向 a_{i+1} 结点（previous ->next = current ->next）；

②　释放 a_i 结点所占存储空间（delete current）。

这就使得单链表成为如图 13 - 7 所示的删除后的逻辑状态。

删除算法的主要步骤为：

第 1 步：　判定是否为空表，若为空表，删除错误，结束算法，否则继续下一步；

第 2 步：　判定删除位置是否正确，若正确继续下一步，否则结束算法；

第 3 步：　寻找删除位置，指向 a_{i-1} 结点；

第 4 步：　若删除表头元素，修改 head 指针；

第 5 步：　若删除非表头元素，修改 a_{i-1} 结点指针域；

第 6 步：　释放被删结点的存储空间。

C++描述如下：

```
template<class datatype>
bool LIST<datatype>::delete_data(int i)
```

```
{    NODE<datatype> * current, * previous;
     int j = 1;
     if(head = = NULL)                          //判定是否为空表
     {    cout<<"表已空,不能删除。\n";
          return false;
     };
     if((i<1)||(i>length()))                    //判定删除位置是否正确
     {    cout<<"删除位置不正确,不能删除! \n";
          return false;
     }
     current = previous = head;
     while(current&&j<i)                        //寻找删除位置
     {    previous = current;
          current = current ->next;
          j + +;
     };
     if(head = = current)                       //删除表头元素另做处理
     {    head = head ->next;
          delete current;
     }
     else
     {    previous ->next = current ->next;     //修改 a_{i-1} 结点指针域
          delete current;                       //释放被删结点的存储空间
     }
     return true;
}
```

现在可以编写测试主函数,测试插入函数和删除函数的正确性。参照前面测试顺序表类的思路,分别对链表头插入和删除、链表尾插入和删除、链表的中间位置插入和删除、错误位置插入和删除进行验证,对不同类型的数据元素(如浮点型、字符串类)的链表也进行验证。print_list()函数用于打印整个链表中的所有数据元素,length()函数完成求链表的长度。

```
# include<iostream>
# include<string>
using namespace std;
template<class datatype>
int LIST<datatype>::length()                    //求表长函数
{    int counter = 0;                            //设置计数器
     NODE<datatype> * current = head;
     while(current! = NULL)                      //循环计数每一个结点
     {    current = current ->next;
```

```
            counter + + ;
        }
        return counter;                          //返回表长值
    }
    template<class datatype>
    void LIST<datatype>::print_list()            //顺次打印输出链表中所有元素
    {   NODE<datatype> * current;
        current = head;
        while(current)                           //链表不空就循环
        {   cout<<current - >data<<"   ";        //显示当前结点值
            current = current - >next;           //指向下一个结点值
        }
        cout<<endl;
    }
    int main()
    {   int i;
        LIST<int> non_linear_list1;              //声明一个整数链表对象
        for (i = 1;i< = 5;i + + )                 //循环向链表插入5个元素
            non_linear_list1. insert_data(i * 100,1);
        cout<<"output data:\n";
        non_linear_list1. print_list();          //输出整个链表
        cout<<"list length = "<< non_linear_list1. length()<<endl;
        non_linear_list1. insert_data(404,4);    //验证中间位置插入
        non_linear_list1. print_list();
        non_linear_list1. insert_data(707,7);    //验证表尾位置插入
        non_linear_list1. print_list();
        non_linear_list1. insert_data( - 404, - 4);   //验证非法位置插入
        non_linear_list1. print_list();
        non_linear_list1. delete_data(8);        //验证非法位置删除
        non_linear_list1. print_list();
        non_linear_list1. delete_data(1);        //验证表头位置删除
        non_linear_list1. print_list();
        non_linear_list1. delete_data(3);        //验证中间位置删除
        non_linear_list1. print_list();
        non_linear_list1. delete_data(5);        //验证表尾位置删除
        non_linear_list1. print_list();
        LIST<float> non_linear_list2;            //声明一个浮点数链表对象
        for (i = 1;i< = 5;i + + )                 //循环向链表插入5个元素
            non_linear_list2. insert_data(i * 100 + .14,i);
```

```
cout<<"output data:\n";
non_linear_list2.print_list();                    //输出整个浮点数链表
string str[5] = {"abc1","abc2","abc3","abc4","abc5"};
LIST<string> non_linear_list3;                    //声明一个字符串链表对象
for (i = 1;i <= 5;i ++)                            //循环向链表插入 5 个元素
{
    non_linear_list3.insert_data(str[i-1],i);
}
cout<<"output data:\n";
non_linear_list3.print_list();                    //输出整个字符串链表
return 0;
}
```

　　注意:插入和删除函数时都要先判断是否在表头插入和删除。因为在表头插入和删除与其他位置不一样,表头插入和删除需要修改 head 的值,而其他位置插入和删除需要修改结点的 next 的值。为了统一起来,在单链表第一个元素所在的结点之前增设一个结点,称之为头结点。头结点的指针域存储第一个元素所在的存储位置,数据域可以不存储任何信息。此时,单链表的头指针就指向这个增设的头结点。带头结点单链表的一般存储结构如图 13 - 8 所示。

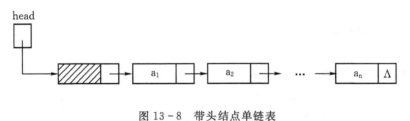

图 13 - 8　带头结点单链表

　　要注意线性表中第一个数据元素所在的存储位置应该存储在 head->next 中。
　　带头结点的单链表为空时的存储结构如图 13 - 9 所示。

图 13 - 9　空表

　　这样一来,带头结点的单链表把空表和非空表在任意位置上的插入和删除处理统一起来,简化了单链表的插入和删除等操作的算法。在程序设计举例中给出了带头结点链表类的详细定义。

　　如果在单链表的结点类定义中加一个指针变量成员,用于指向前驱元素的位置,就构成了双向链表类。双向链表类中的各成员函数可以参照单链表中相应的成员函数,作适当的修改,读者不妨自己编写插入、删除等函数。

13.2.4　List 类

在.NET 中,线性表除了使用数组(类模板)自己编程实现外,还可以通过 List 类来实现。按照使用类的方法,应该先声明一个 List 类的对象,这样就有了一个线性表对象。需要注意的是 List 类是一个泛型类,泛型是一个较复杂的概念,在此,可简单地理解为创建一个 List 对象时需要指明将在 List 中存储何种类型的数据(类似于模板)。List 类在名字空间 System∷Collections∷Generic 中声明。如声明一个整数类型的 List 对象的格式:

```
using namespace System∷Collections∷Generic;
List<int>^ listA = gcnew List<int>();
```

例 13 - 1　一个简单的整数的线性表。

步骤:新建一个 CLR 的控制台程序,项目名称为 CPP13 - 1。

代码:

```
// CPP13 - 1.cpp:主项目文件。

#include "stdafx.h"

using namespace System;
using namespace System∷Collections∷Generic;

void Print(List<int>^ L);

int main(array<System∷String ^> ^args)
{
    List<int>^ listA = gcnew List<int>();
    //插入 10 个元素并显示
    for(int i = 0;i<10;i++)
    {
        listA->Add(i);
    }
    Print(listA);
    //在位置 5 插入 99 并显示
    listA->Insert(5, 99);
    Print(listA);

    //删除第 8 个元素
    listA->RemoveAt(8);
    Print(listA);

    //排序
```

```
    listA->Sort();
    Print(listA);

    //反转
    listA->Reverse();
    Print(listA);

    return 0;
}


void Print(List<int>^ L)
{
    for each(int i in L)
    {
        Console::Write(i.ToString()+" ");
    }
    Console::WriteLine("表长为:{0}",L->Count);
}
```

程序的运行结果如图 13－10 所示。

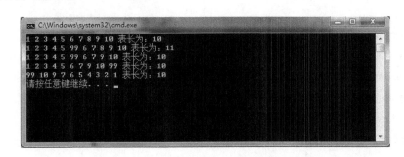

图 13－10　使用 List 类实现的线性表

List 类并没有提供前驱或者后继方法,但这通过表的操作很容易实现。其次,List 类提供了排序方法,简单的调用该方法可以对 List 中的元素排序。但是需要注意的是,在排序时,程序要知道如何比较 List 中两个元素的大小。由于可以将自定义的数据类型存储到 list 中,此时程序就不清楚如何比较大小了,因而也无法排序(或者说排序需要自己提供一个比较的方法,这已超出了本书的讨论范围)。最后,还可以看到由于使用了提供的 List,程序短小而功能却更强大。List 类中常用的方法如下:

■ Add 将对象添加到 List 的结尾处。

■ Clear 从 List 中移除所有元素(置空表)。

■ Contains 确定某元素是否在 List 中。如在,Contains 返回 True,否则返回 False。

■ FindIndex 搜索与指定条件相匹配的元素,返回 List 或它的一部分中第一个匹配项的从零开始的索引。

- IndexOf 返回 List 或它的一部分中某个值的第一个匹配项的从零开始的索引。
- Insert 将元素插入 List 的指定索引处。
- LastIndexOf 返回 List 或它的一部分中某个值的最后一个匹配项的从零开始的索引。
- Remove 从 List 中移除特定对象的第一个匹配项。
- RemoveAt 移除 List 的指定索引处的元素。
- Reverse 将 List 或它的一部分元素的顺序反转。
- Sort 对 List 或它的一部分的元素进行排序。

List 中最常用的属性只有一个：Count 表示 List 表中的元素个数（表长）。

13.2.5　LinkedList 类

和 List 类一样，.NET 提供了 LinkedList 类用以帮助实现链表。LinkedList 类通常还需要和 LinkedListNode 类一起使用，LinkedListNode 类用以表示链表中的一个节点。在本节中只以一个简单的例子来说明一下，读者要是有兴趣请在微软的网站（MSDN）上搜索进一步的资料。

例 13 - 2　字符链表简单的实现。

分析：链表中每一个节点存储的数据类型是一个字符串。先生成一个空的链表，然后用给的名字创建每一个节点，并加入到链表中。程序还编写了一个 DisPlay 过程用于显示链表的内容。项目的名称为 CPP13 - 2。

程序：

```
#include "stdafx.h"

using namespace System;
using namespace System::Collections::Generic;
void DisPlay(LinkedList<String ^>^ L);
int main(array<System::String ^> ^args)
{
    //定义一个空的链表
    LinkedList<String ^>^ linkedListA = gcnew LinkedList<String ^>();

    //生成链表的 4 个节点
    LinkedListNode<String ^>^ linkedListNodeA =
        gcnew LinkedListNode<String ^>("张三");
    LinkedListNode<String ^>^ linkedListNodeB =
        gcnew LinkedListNode<String ^>("李四");
    LinkedListNode<String ^>^ linkedListNodeC =
        gcnew LinkedListNode<String ^>("王五");
    LinkedListNode<String ^>^ linkedListNodeD =
        gcnew LinkedListNode<String ^>("赵六");
```

/＊将节点加入到链表中,实际运用中不一定要依照下面的顺序加入在此,为了演示
AddFirst、AddLast、AddAfter 和 AddBefore 的用法而这么做的。在首尾加入链表时
(调用 AddFirst 和 AddLast),也可以不用声明 LinkedListNode 对象,而直接加入,
如:linkedListA.AddFirst("张三")＊/

```
linkedListA－＞AddFirst(linkedListNodeA);
linkedListA－＞AddLast(linkedListNodeD);
linkedListA－＞AddAfter(linkedListNodeA, linkedListNodeB);
linkedListA－＞AddBefore(linkedListNodeD, linkedListNodeC);
DisPlay(linkedListA);

//移除第一个节点
linkedListA－＞RemoveFirst();
DisPlay(linkedListA);

//移除节点 C
linkedListA－＞Remove(linkedListNodeC);
DisPlay(linkedListA);

return 0;
}


void DisPlay(LinkedList＜String ^＞^ L)
{
    for each(String ^ name in L)
    {
        Console∷Write(name＋" ");
    }
    Console∷WriteLine("表长为:{0}",L－＞Count);
}
```

13.3　栈和队列

栈和队列也是线性结构,线性表、栈和队列这三种数据结构的数据元素以及数据元素间的
逻辑关系完全相同,差别是线性表的操作不受限制,而栈和队列的操作受到限制。栈的操作只
能在表的一端进行,队列的插入操作在表的一端进行而其它操作在表的另一端进行,所以,把
栈和队列称为操作受限的线性表。

13.3.1　栈

栈是只能在某一端插入和删除的特殊线性表。它按照后进先出的原则存储数据,先进入的数据被压入栈底,最后的数据在栈顶,需要读数据的时候从栈顶开始弹出数据(最后一个数据被第一个读出来)。

栈是允许在同一端进行插入和删除操作的特殊线性表。允许进行插入和删除操作的一端称为栈顶(top),另一端为栈底(bottom);栈底固定,而栈顶浮动;栈中元素个数为零时称为空栈。插入一般称为进栈(PUSH),删除则称为出栈(POP)。栈也称为先进后出表。

图 13-11 是一个栈的示意图。

栈顶始终指向栈顶最后一个元素之后的空位置。在图 13-11 中,栈里面共有 5 个元素,入栈的次序依次是 ABCDE。栈底始终等于 0,而栈顶等于 5。图 13-12 则描述了最后 2 个元素出栈,F 进栈的情形。

当栈中没有元素的时候,称为空栈,空栈的条件是栈顶=栈底。栈的大小一般是预先定义好的,当栈顶=栈的大小时,称为栈满。很显然的,当栈为空的时候,不能进行出栈操作,而当栈满的时候不能进行入栈操作。一般的,对栈有如下几个操作:

■　GetLength:求栈的长度,返回栈中数据元素的个数。

■　IsEmpty:判断栈是否为空,如果栈为空返回 true,否则返回 false。

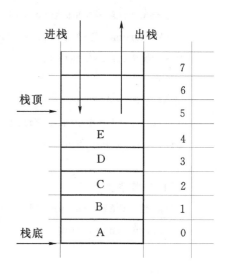

图 13-11　栈的示意图

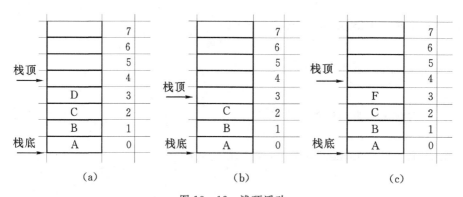

(a)　　　　　　　　　(b)　　　　　　　　　(c)

图 13-12　浅顶浮动

(a)最后一个元素 E 出栈,栈顶=4;(b)D 出栈,栈顶=3;(c)元素 F 进栈,栈顶=4

■　Clear:清空栈,使栈为空。

■　Push:入栈操作将新的数据元素添加到栈顶,栈发生变化。

■　Pop:出栈操作将栈顶元素从栈中取出,栈发生变化。

■　GetTop:取栈顶元素返回栈顶元素的值,栈不发生变化。

　　同样的,栈在计算机中的存储结构,也有顺序存储和链式存储结构。栈的顺序存储结构是利用一组地址连续的存储单元依次存放从栈底到栈顶的若干数据元素。根据栈的逻辑定义可知:一个栈的栈底位置是固定的,栈顶位置随着进栈和出栈操作而变化。习惯上用一个称为栈顶位置的变量 top 来指示栈顶的当前位置。图 13-13 展示了顺序栈中数据元素和栈顶位置变量 top 之间的对应关系(top 就好像游标)。

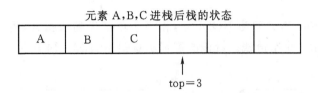

图 13-13　栈顶位置变量 top 和栈中元素之间的关系

　　类似于线性表的顺序存储结构,顺序栈类的 C++ 描述请参看例 12-2。

　　前面已经分析过线性表采用顺序存储结构的 5 个特点。由于堆栈是一个特殊线性表,其插入和删除只能在表的一端进行,所以顺序栈类的主要缺点有:①扩充性差,顺序栈类定义中 maxsize 值的确定是件困难的事,maxsize 值太大造成存储空间冗余,太小不利于扩充;②需要一整块连续空间,但栈中元素进进出出,不可能一下子放满,有存储空间空闲不能作为它用。采用链式存储结构是有效的方法。

　　类似于单链表,先定义堆栈的结点类,再定义整个链栈类。仍然从通用性出发,具体链栈类的 C++ 描述如下:

```
template<class datatype>
class NODE
{   public:
        datatype   data;                  //数据域
        NODE<datatype> * link;            //指针域
};
template<class datatype>
class STACK
{   private:
        NODE<datatype>    * top;
    Public:
        STACK(){ top = NULL;};
        bool isempty(){ return top = = NULL? true:false;};      //判栈空函数
        bool push(const datatype &x);                            //元素进栈函数
        bool pop(datatype &element);                             //元素出栈函数
        bool gettop(datatype &element);                          //读栈顶元素函数
        ~STACK()                                                 //析构函数
        {   NODE<datatype> * p;
            while(top)                    //将链表中所有元素占用空间释放
```

```
    {   p = top;
        top = top->next;
        delete p;
    }
}
};
```

栈顶指针仍是 top,其类型为 NODE *,相当于单链表的头指针,可唯一确定一个链栈。当 top=NULL,表示一个空链栈。链栈的逻辑示意图如图 13-14 所示。

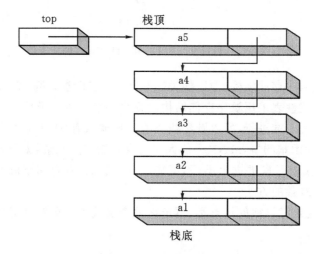

图 13-14　链栈示意图

由于数据元素进栈和出栈都不需要指出位置,所以进栈算法和出栈算法相对链表而言要简单得多。要注意图 13-14 中每个结点的指针指向与链表恰好相反,图中指针指向的顺序就是数据元素出栈的次序。

链栈类的进栈算法主要步骤为:

第 1 步: 申请一个新结点,若无可用内存空间,则表示栈满,无法进栈;

第 2 步: 数据元素值存入数据域,栈顶指针值存入指针域;

第 3 步: 修改栈顶指针值,使之指向新结点。

C++描述如下:

```
template<class datatype>
bool STACK<datatype>::push(const datatype &x)
{   NODE<datatype> * newnode;
    newnode = new NODE<datatype>;           //申请新结点空间
    if(newnode = = NULL)                     //判栈满否
    {   cout<<"内存中无可用空间,栈溢出(上溢)\n";
        return false;
    }
    else
```

```
{    newnode - >data = x;                    //元素值存入数据域
     newnode - >link = top;
     top = newnode;                          //新结点为栈顶元素
     return true;
}
```

链栈类的出栈算法的主要步骤为：

第 1 步：　若链栈为空，则无元素可以出栈；

第 2 步：　修改栈顶指针，使之指向栈顶元素的下一个元素；

第 3 步：　释放原栈顶元素的结点空间。

C++描述如下：

```
template<class datatype>
bool STACK<datatype>::pop(datatype &element)
{    NODE<datatype> * p;
     if (top = = NULL)                       //判栈空否
     {
          cout<<"栈空，栈溢出（下溢）\n";
          return false;
     }
     else
     {
          p = top;
          top = top - >link;                 //栈顶指针指向下一个元素
          element = p - >data;
          delete p;                          //释放原栈顶元素的结点空间
     }
     return true;
}
```

根据上面出栈函数不难写出读栈顶元素函数。区别在于读栈顶元素的函数体中不需要修改栈顶指针 top，只要执行 x = top->data 语句即可。

13.3.2　Stack 类

正如所期望的那样，.NET 也提供了一个 Stack 类用来完成栈的运算。和前面的 List 类相似，Stack 类是面向对象的泛型类，可以在声明的时候指定栈中的数据类型。Stack 类主要提供了以下方法：

■ Clear 从 Stack 中移除所有对象。

■ Contains 确定某元素是否在 Stack 中。

■ Peek 返回位于 Stack 顶部的对象但不将其移除。

■ Pop 移除并返回位于 Stack 顶部的对象。

■　　Push 将对象插入 Stack 的顶部。

还有一个重要的属性 Count,指出栈中元素的个数。注意:并没有一个单独的判断栈是否为空的方法,可以通过 Count 属性是否大于 0 来判断。

例 13 - 3　使用 Stack 类实现一个简单的栈。

程序:

```cpp
# include "stdafx. h"

using namespace System;
using namespace System::Collections::Generic;

int main(array<System::String ^> ^ args)
{
    Stack<Strin g^>^ stackExamp = gcnew Stack<Strin g^>();
    //初始栈,置为空栈
    stackExamp - >Clear();

    //将一些字符串压入栈
    stackExamp - >Push("西安");
    stackExamp - >Push("交通");
    stackExamp - >Push("大学");

    //只要栈不空,将栈里的字符串全部弹出栈并显示
    while (stackExamp - >Count > 0)
    {
        Console::Write(stackExamp - >Pop() + " ");
    }

    return 0;
}
```

下面再举一个说明栈的应用的例子。

例 13 - 4　检查表达式的括号是否匹配。

分析: 从键盘输入一个表达式如 $(a+b)*(5+c)*((22-c)/23+56)$,现在要检查输入的表达式中括号是否是匹配的。这可以用栈来实现。从左至右逐一读取表达式中的每一个字符,如果是左括号(则将其压入栈中,如果遇到一个右括号)则从栈中弹出一个左括号。当处理完表达式的字符串时如果栈恰好也是空的,则表达式是匹配的;否则:①如果处理完表达式栈不空;②表达式未处理完,需要出栈时栈是空的;此时可以断定,括号是不匹配的。

程序:

```cpp
# include "stdafx. h"
```

```cpp
using namespace System;
using namespace System::Collections::Generic;

int main(array<System::String ^> ^ args)
{
    String^ expression;
    Console::WriteLine("请输入表达式");
    expression = Console::ReadLine();

    //声明一个栈
    Stack<wchar_t>^ s = gcnew Stack<wchar_t>();

    //初始栈,置为空栈
    s->Clear();

    wchar_t ch;
    //循环处理表达式中的每一个字符
    for(int i = 0;i<expression->Length;i++)
    {
        ch = expression[i];
        if(ch == '(')
        {
            s->Push(ch);    //是左括号则压栈
        }
        if(ch == ')')
        {
            if(s->Count>0)
            {
                s->Pop();      //是右括号则弹栈
            }
            else
            {
            //是右括号,但栈是空的,说明没有与之匹配的左括号
                Console::WriteLine("括号不匹配");
                return -1;
            }
        }
    }
```

```
    if(s - >Count = = 0)
        Console::WriteLine("括号匹配");
    else
        //栈非空,说明有左括号没有与之匹配的右括号
        Console::WriteLine("括号不匹配");


    return 0;
}
```

程序的运行结果如图 13 - 15 所示。

图 13 - 15　括号匹配检查的程序,给出了 2 种运行情形:匹配和不匹配的

13.3.3　队列

和栈相似,队列是一种特殊的线性表,它只允许在表的前端(front)进行删除操作,而在表的后端(rear)进行插入操作。进行插入操作的端称为队尾,进行删除操作的端称为队头。队列中没有元素时,称为空队列。在队列这种数据结构中,最先插入的元素将是最先被删除的元素;反之最后插入的元素将是最后被删除的元素,因此队列又称为"先进先出"(FIFO,first in first out)的线性表。

队列可以用数组来存储,数组的上界即是队列所容许的最大容量。在队列的运算中需设两个索引下标:front,队头,存放实际队头元素的前一个位置;rear,队尾,存放实际队尾元素所在的位置。一般情况下,两个索引的初值设为 0,这时队列为空,没有元素。图 13 - 16 是一个队列的示意图。

元素只能从队尾进入队列,只能从队头出队,也就是说要得到第 3 个元素 C,必须 A 和 B 先出队才可以。

当队头和队尾相等时,表示队列是空的;队尾到达了数组的上界,则队是满的。图 13 - 17 是一个队列变化的示意图。

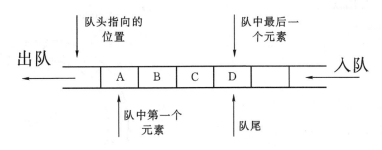

图 13-16　队列的示意图

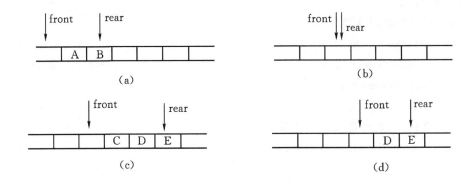

图 13-17　队列变化

(a)队列中有 2 个元素的情形；(b)当 A 和 B 出队后，队列为空，此时队头等于队尾；
(c)队中依次进入了 3 个元素 C、D 和 E；(d)C 出队后队列的情形

一个队列，常用的操作有：

■　GetLength：求队列的长度，得到队列中数据元素的个数；

■　IsEmpty：判断队列是否为空，如果队列为空返回 true，否则返回 false；

■　Clear：清空队列，使队列为空；

■　EnQueue：入队，将新数据元素添加到队尾，队列发生变化；

■　DeQueue：出队，将队头元素从队列中取出，队列发生变化；

■　GetFront：取队头元素，返回队头元素的值，队列不发生变化。

仔细观察图 13-17 的过程，会发现随着元素的出队和入队，队头和队尾均会不断地向后
移动。当队尾移动到整个队列存储空间的最后一个位置时，如果还有元素要入队，则会发生溢
出，因为队尾已经移到最后，没法再向后移动了。但实际上，队列中还是有空间的，因为有元素
出队，也就是说，队头之前的空间是可以再用来存储数据的。如何利用空间呢？最直观的方法
是将队列整个向前移动，但这样做效率并不高。一个较好的办法是将队列的头尾相连形成一
个圆圈，这就是所谓的循环队列，循环队列的示意图如图 13-18 所示。当队尾和队头重叠时，
队列为空还是满呢？我们约定，当队头和队尾相等时，队空。当队尾加 1 后等于队头时，队满。
这样虽然浪费了一个存储空间(为什么？)但可以较为容易的区别队空和队满的情形。

一个队列的 C++的简单实现如下：

```
template <class T>
class Queue
{
private：
    T * t;
    int maxsize;
    int front;
    int rear;
public：
    //构造函数
    Queue(int max = 100){
        maxsize = max;
        t = new T(maxsize);
        front = rear = 0;
    }
    //清空队列,也就是头尾均为 0
    void Clear(){front = rear = 0;}

    //入队操作。注意:为简单起见,并没有判断队满的情形
    void EnQueue(T t1){
        rear = rear + 1;
        t[rear] = t1;
    }

    //出队操作,判断了队列是否为空
    T DlQueue(){
        if(! IsEmpty()){
            front + + ;
            return t[front];
        }
        else
            return;
    }

    //判断队列是否为空
    bool IsEmpty(){
        return rear = = front;
    }
```

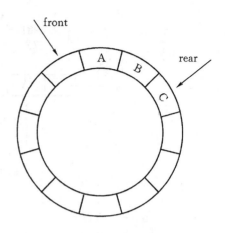

图 13 - 18 一个循环队列的示意图,
空间可以反复利用

```
// 得到队列的长度
int GetLength(){
    return rear - front;
}
};
```

以下是循环队列的一个简单实现。这里的代码和一般队列基本是相同的,只是在入队、出队和打印等操作上注意对队头和队尾就队列的总长度取余。

```
template <class T>
class Queue
{
private:
    T * t;
    int maxsize;
    int front;
    int rear;
public:
    // 构造函数
    Queue(int max = 100){
        maxsize = max;
        t = new T(maxsize);
        front = rear = 0;
    }
    // 清空队列,也就是头尾均为 0
    void Clear(){front = rear = 0;}

    // 入队操作
    void EnQueue(T t1){
        if((rear + 1) % maxsize = = front){
            cout<< "队列已满,无法完成入队操作"<<endl;
        else{
            rear = (rear + 1) % maxsize;
            [rear] = t1;
            }
        }

    // 出队操作,判断了队列是否为空
    T DlQueue(){
        if(! IsEmpty()){
            front = (front + 1) % maxsize;
```

```
            return t[front];
        }
        else
            return;
    }

    //判断队列是否为空
    bool IsEmpty(){
        return rear = = front;
    }

    //得到队列的长度
    int GetLength(){
        if(rear>front)
            return rear - front;
        else
            return maxsize + rear - front + 1;
    }
};
```

13.3.4　Queue 类

和 Stack 类相似,.NET 也提供了类,该类实现了队列的常用算法,并且当队列容量不足时会自动增加队列的大小。下面是一些主要的方法:

■　Clear:从 Queue 中移除所有对象。

■　Contains:确定某元素是否在 Queue 中。

■　CopyTo:从指定数组索引开始,将 Queue 元素复制到现有一维 Array 中。

■　Dequeue:移除并返回位于 Queue 开始处的对象。

■　ToArray:将 Queue 元素复制到新数组。

■　Enqueue:将对象添加到 Queue 的结尾处。

■　Peek:返回位于 Queue 开始处的对象但不将其移除。

和 Stack 类一样,Queue 类的唯一一个重要的属性是 Count,表示队列中含有元素的个数。

例 13 - 5　使用 Queue 类的简单例子。

代码:

```
# include "stdafx. h"

using namespace System;
using namespace System::Collections::Generic;
```

```
void PrintQueue(Queue<wchar_t>^ q);

int main(array<System::String ^> ^ args)
{
    Queue<wchar_t>^ que = gcnew Queue<wchar_t>();
    que->Clear();   //清空队列

    //入队操作,3 个元素进入队列
    que->Enqueue('A');
    que->Enqueue('B');
    que->Enqueue('C');

    //打印队列
    PrintQueue(que);

    //一个元素出队
    wchar_t ch = que->Dequeue();

    //打印队列
    PrintQueue(que);

    //出队 1 个入队 3 个元素后打印队列
    ch = que->Dequeue();
    que->Enqueue('D');
    que->Enqueue('E');
    que->Enqueue('F');

    PrintQueue(que);

    return 0;
}
//从队头开始打印全部队列元素及队列长度
void PrintQueue(Queue<wchar_t>^ q)
{
//先将队列中的所有元素复制到一个数组中
        array<wchar_t>^ queArray = gcnew array<wchar_t>(q->Count);
        q->CopyTo(queArray,0);
        for each(wchar_t m in queArray)
            Console::Write(m + " ");
```

```
        Console::Write("队列的长度是{0}\n",q->Count);
    }
```

13.4　图和树

前几节讲述了一些线性结构的数据,而图和树则是非线性的数据结构。同时,现实中的很多问题也是用线性数据结构无法描述的,需要借助非线性的数据结构来描述。

13.4.1　图的基本概念

1736 年,著名数学家欧拉(Euler)发表的著名论文《柯尼斯堡七座桥》中,首先使用图的方法解决了柯尼斯堡七桥问题,从而欧拉也被誉为图论之父。这个问题是基于一个现实生活中的事例:当时东普鲁士柯尼斯堡(Königsberg,今日俄罗斯加里宁格勒)市区跨普列戈利亚河(Pregel)两岸,河中心有两个小岛,小岛与河的两岸有 7 座桥连接。于是,7 座桥将 4 块陆地连接了起来,如图 13-19 所示。而城里的居民想在散步的时候从任何一块陆地出发,经过每座桥 1 次且仅经过 1 次,最后返回原来的出发点。当地的居民和游客做了不少尝试,却都没有成功,而欧拉最终解决了这个问题并断言这样的回路是不存在的。

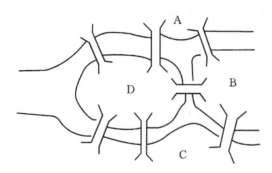

图 13-19　柯尼斯堡七桥问题示意图

欧拉在解决问题时,用 4 个结点来表示陆地 A、B、C 和 D,凡是陆地间有桥连接的,便在 2 点间连一条线,于是图 13-19 转换为图 13-20。

而此时,问题则转化为从图 13-20 中的 A、B、C、D 任一点出发,通过每条边一次且仅一次后回到原出发点的回路是否存在。欧拉断言了这个回路是不存在的,理由是从图 13-20 中的任一点出发,为了能够回到原出发点,则要求与每个点关联的边数均为偶数。这样才能保证从一条边进入某点后可以从另外一条边出来。而图 13-20 中的 A、B、C、D 全部都与奇数边关联,因此回路是不存在的。

而由上面的例子我们也看到,所谓图(graph)是由结点或称顶点(vertex)和连接结点的边(edge)所构成的图形。使用 V(G)表示图 G 中所有结点的集合,E(G)表示

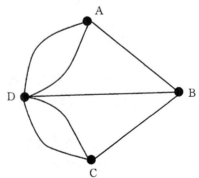

图 13-20　柯尼斯堡七桥问题抽象为图后的表示

图 G 中所有边的集合,则图 G 可记为<V(G),E(G)>或<V,E>。有 n 个顶点和 m 条边的图记为(n,m)图或称为 n 阶图。

例 13－6 4 个城市 v1、v2、v3 和 v4,v1 和其他 3 个城市都有道路连接,v2 和 v3 之间有道路连接,画出图并用集合表示该图。

显然结点集合 V＝{v1,v2,v3,v4},边集合 E＝{v1 和 v2 之间的边,v1 和 v3 之间的边,v1 和 v4 之间的边,v2 和 v3 之间的边}。画出的图如图 13－21 所示。

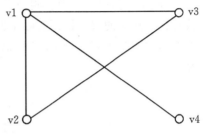

更一般的,边可以用结点对来表示,或者说用结点 V 的向量积来表示:

$$V = \{v1,v2,v3,v4\}$$
$$E = \{(v1,v2),(v1,v3),(v1,v4),(v2,v3)\}$$

在图中,如果边不区分起点和终点,这样的边称为无向边,所有边都是无向边的图称为无向图,图 13－21 就是一个无向图。反之,若边区分起点和终点,则为有向边,所有边都是有向边的图称为有向图。在图中,有向边使用带有箭头的线段表示,由起点指向终点,在集合中则用有序对<v1,v2>来表示,图 13－22 是一个示例。

图 13－21 例 13－6 中的图

在图 13－22 中:

$$V = \{v1,v2,v3,v4\}$$
$$E = \{<v1,v2>,<v1,v4>,<v3,v1>,<v2,v3>\}$$

结点的度则是指和结点关联的边的个数。如在图13－22 中,v1 的度是 3,v2 和 v3 的度是 2,v4 的度是 1。对于有向图,则区分为出度和入度,由结点指向外的边的个数为出度,反之为入度。如图 13－22 中,v1 的出度为 2,入度为 1,v4 的出度为 0,入度为 1。

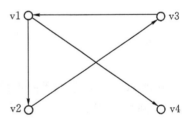

图在计算机中如何存储,是人们普遍关心的一个问题。简单的方法是将图用一个二维矩阵来表示,这样的矩阵通常称为邻接矩阵,在此我们不系统讨论,仅以图 13－22 的存储为例来说明。

图 13－22 一个有向图的示例

例 13－7 将简单有向图(图 13－22)以邻接矩阵的方式存储到计算机中。

要以邻接矩阵的方式存储,首先需要对结点指定一个次序。在此,我们就以结点的下标从小到大为序,排列为 v1,v2,v3,v4,然后使用一个 4 * 4 的矩阵来存储该图。矩阵中的元素只有 2 个取值:0 或者 1。对于 2 个结点 vi 和 vj,若 vi 和 vj 之间存在一条边,则对应的矩阵元素 aij＝1,反之则为 0。图 13－22 示例的有向图存储矩阵如图 13－23 所示。

容易看出,矩阵中 1 的个数对应图中边的个数,而对角线的元素则全为 0。

$$\begin{array}{c@{\ }c@{\ }c@{\ }c}
 & v1 & v2 & v3 & v4 \\
\end{array}$$

$$\begin{array}{c}
v1 \\ v2 \\ v3 \\ v4
\end{array}
\begin{bmatrix}
0 & 1 & 0 & 1 \\
0 & 0 & 1 & 0 \\
1 & 0 & 0 & 0 \\
0 & 0 & 0 & 0
\end{bmatrix}$$

图 13－23 存储的邻接矩阵

13.4.2　带权图和最短路径

图的问题异常复杂,甚至形成一门完整的学科——图论,在此无法对图进行完整系统的讨论。而为了使读者对图有进一步的认识,引入一个例子,简单介绍带权图及最短路径的算法,并以此结束对图的讨论。

在处理有关图的实际问题时,往往有值的存在,比如距离、运费、城市、人口数以及电话部数等,一般这些值称为权值。将每条边都有一个非负实数对应的图称为带权图或赋权图,这个实数称为这条边的权。根据实际情况的不同,权数的含义可以各不相同。例如,可用权数代表两地之间的实际距离或行车时间,也可用权数代表某工序所需的加工时间等。图 13-24 所示便是一个带权图。

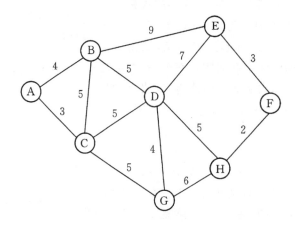

图 13-24　带权的图

对图 13-24 所示的无向带权图求最短路径是一个经常遇到的很实际的问题。假设在图中的 A 到 G 点表示 8 个村庄,边表示村庄之间的道路,边上的权值表示距离,那么从 A 到 F 最短的距离是多少?

求最短路径的算法是 E.W.Dijkstra 于 1959 年提出来的,这是至今公认的求最短路径的最好方法,我们称它 Dijkstra 算法。假定给定带权图 G,要求 G 中从 v0 到 v 的最短路径,Dijkstra算法的基本思想是:

将图 G 中结点集合 V 分成两部分:一部分称为具有 P 标号的集合,另一部分称为具有 T 标号的集合。所谓结点 a 的 P 标号是指从 v0 到 a 的最短路的路长;而结点 b 的 T 标号是指从 v0 到 b 的某条路径的长度。Dijkstra 算法中首先将 v0 取为 P 标号结点,其余的结点均为 T 标号结点,然后逐步地将具有 T 标号的结点改为 P 标号结点,当目的结点也被改为 P 标号时,就找到了从 v0 到 v 的一条最短路径。下面通过一个例子给出实际的算法步骤。

例 13-8　计算图 13-24 所示的带权图中,从 A 点到 F 点的最短路径。

(1)首先,将起点 A 划归为 P 标号集合,其余的节点均为 T 结点。A 到 A 的距离为 0,所以 A 的 P 标号为 0。

(2)更新 T 中节点到 A 的距离,如和 A 相邻(有边连接)则就是边的权值;如和 A 没有直接的边连接则距离是无穷大。

(3)在 T 中找到一个值最小的节点,并将其划归到 P 集合。此时,计算的结果如图 13 – 25 所示(C 结点进入 P 集合):

(4)根据新进入的 C 节点,更新与 C 相连的结点的值。新值等于 C 的 P 节点值加上到与其相连的结点的距离(边的权值)。更新的算法是如果新值小于原有的值,则用新的值取代,否则保持原有值不变。

(5)重复步骤(3)和(4)直到目标点进入 P 集合。

图 13 – 25～图 13 – 31 演示了这一过程。

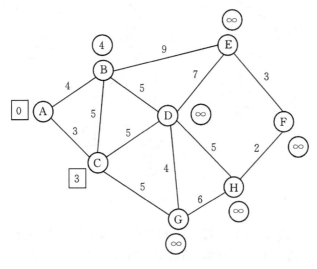

图 13 – 25

结点 A 到 B 的距离为 4,到 C 的距离为 3,到其余结点的距离为无穷大。由于 C 节点的值最小,因此 C 进入 P 集合(P 集以方框表示,T 集用圆圈表示)。

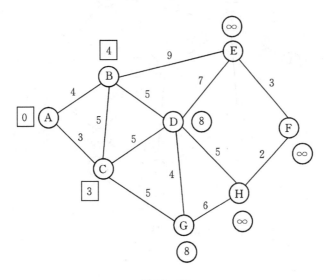

图 13 – 26

　　结点 C 进入 P 集合后,到 B 的距离为 3+5=8,大于 B 原来的 4,因此 B 的值不变。而到 D 和 G 的值均为 8,均小于原来的无穷大,因此用 8 取代原来的值。之后,在 T 集中,B 的值为 4 最小,B 进入 P 集合。

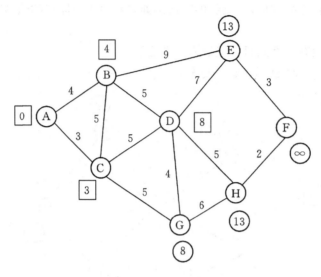

图 13－27

　　结点 B 进入 P 集合后更新与 B 连接的 D 和 E 值。其中 D 的值不变,E 为 13。此时 D 和 G 均有最小值 8,任取一进入 P 集,在此取的是 D。然后又更新了 H 的值。G 的原值小于 8+4,因此保持不变。

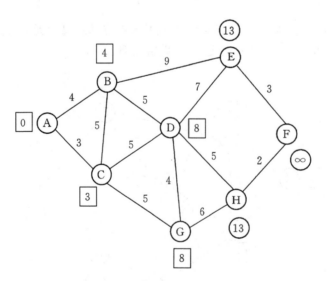

图 13－28

结点 G 的值最小,进入 P 集,H 的值未变。

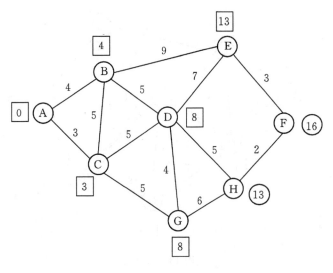

图 13 - 29

任选 E 进入 P 集,F 值变为 16。

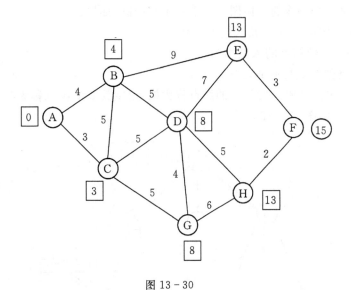

图 13 - 30

结点 H 进入 P 集,F 的值变为 15。

F 进入 P 集合,运算结束。从 A 到 F 的最短距离为 15。而事实上,对于每一个 P 中的结点,都计算出了从 A 到该结点的最短距离,如到 E 的最短距离为 13。而找到最短路径的方法是用 F 点的 P 值减去边的权值,倒推回 A 点。如 F 的值 15－2＝13 和 H 吻合,而不是 E(因为 15－3＝12 不等于 E 的 13)。

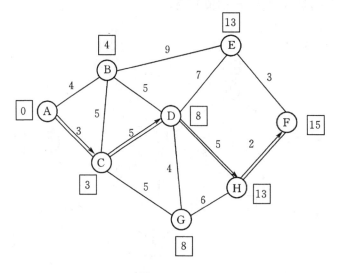

图 13 - 31

13.4.3 树的基本概念

树可以看作是一个特殊的有向图。对于一个有向图,如果:

(1)存在一个特殊的节点 r,其入度等于 0;

(2)除了 r 外的其他结点的入度均为 1;

(3)r 到图中其他结点均有路可达。

满足这样的图称为树。其中入度为 0 的结点称为根,出度为 0 的结点称为叶子,出度不为 0 的结点称为分枝结点,如图 13 - 32 所示。

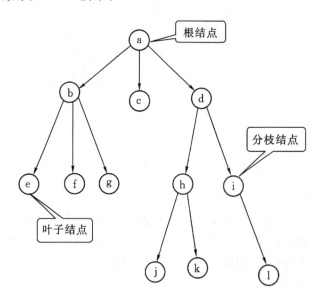

图 13 - 32 树

在画树的图的时候,由于所有的箭头方向都是一致的,所以箭头常常省略,如图 13 - 33 有层次的,指的是从根到该结点的距离。称距根最远的叶子的层数为树的高度,图 13 - 33 所示树的高度为 3。同一层次之间的结点称为兄弟,上一层次的为父亲,下一层次是儿子,如图 13 - 33 的描述。

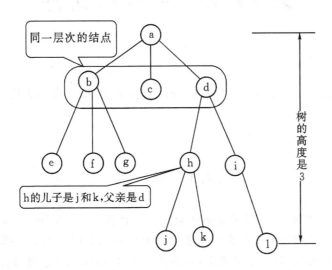

图 13 - 33 树的高度及层次关系

对于一棵树而言,若所有结点的出度均小于等于 m,则称此树为 m 叉树。如果每个结点的入度都相等且都等于 m,则称此树为完全 m 叉树。在计算机学科经常应用的是二叉树。

习题

1. 编写程序,将线性表中的数据元素逆转,假设线性表采用顺序表类来存储。

2. 编写程序,将线性表中的数据元素逆转,假设线性表采用带头结点链表类来存储。

3. 设计一个算法,将一个带头结点的单链表 A 分解为两个带头结点的单链表 B 和 C,使得 B 表中含有 A 表中序号为奇数的元素,而 C 表中含有 A 表中序号为偶数的元素,且保持其相对顺序。

4. 设有两个有序带头结点的单链表,编写程序,将这两个有序链表归并为一个有序带头结点的链表。

5. 设有一个带头结点的单链表,其结点值均为浮点数,编写程序,将此链表中的结点按值从小到大链接。

6. 设有一个带头结点的单链表,其结点值均为整数,编写程序,反复找出链表中最小的结点,并输出其值,然后将其从链表中删除,直到链表为空为止。

7. 编写程序,实现两个堆栈共享一维数组空间 A[N] 的进栈函数 push(i,data) 和出栈函数 pop(i)。其中 i 用来指示栈的序号,分别取 0 和 1。data 为数据元素值。0 号栈从数组的头开始进栈,1 号栈从数组的尾开始进栈。

第14章　查找和排序

◤ 本章目标

领会和掌握查找和排序的概念，了解 HASH 查找方法，以及常用的几种排序方法。

◤ 授课内容

14.1　查　找

在给出查找定义之前，先介绍关键字的概念。所谓关键字（keyword）就是数据元素中可以标识该数据元素的数据项。如列车时刻表中每个数据元素里的车次数据项，学生成绩单中每个数据元素里的学号数据项、姓名数据项，而像性别这样的数据项，其查找意义不大，就不作为关键字。另外，关键字有时不是单个数据项，而是组合若干数据项构成的，例如学号＋姓名、车次＋火车种类都是关键字。

查找就是根据给定的关键字值，在一组数据元素中确定一个其关键字值等于给定值的数据元素。若存在这样的数据元素，则称查找是成功的，否则称查找不成功。一组待查数据元素的集合又称为查找表。查找表的存储结构可采用第 13 章中顺序表类 C＋＋描述结构，当然也可以采用单链表类 C＋＋描述结构。对于查找，需要探讨采用什么样的查找方法及某个查找算法如何评价。

查找某个数据元素依赖于该数据元素在查找表中所处的位置，即该查找表中数据元素的组织方式。按照数据元素在查找表中的组织方式来决定所采用的查找方法；反过来，为了提高查找方法的效率，又要求数据元素采用某些特殊的组织方式来存储。因此，在研究各种查找方法时，必须弄清各种查找方法所适用的组织方式。

一般来说，衡量一个算法的标准主要有两个：时间和空间。就查找算法而言，通常只需要一个或几个辅助空间，因此更注重的是查找算法的查找速度（即时间）。而在查找算法中，基本运算是给定值与关键字值的比较，即算法的主要时间是花费在"比较"上的。所以评价一个查找算法的好坏主要看比较次数的多少。

在下面讨论的查找方法中，查找表一般采用顺序存储结构，即为顺序查找表类，参照第 13 章顺序表类的定义，查找表类的定义说明为：

```
template <class datatype>
class search_list                    //查找表类的定义
{
    private:
        datatype * data;             //数据元素数组的首地址
```

```
        int maxsize;                    //查找表的最大可能长度
        int last;                       //表尾数据元素的下标
public:
        search_list()                   //创建 100 个元素的线性表的构造函数
        {   maxsize = 100;
            data = new datatype[maxsize];
            last = -1;                  //last 为 -1 表示为空表
        }
        search_list(int sz)             //创建 sz 个元素的线性表的构造函数
        {   if(sz>0)                    //判定 sz 是否大于 0
                maxsize = sz;
            else
                maxsize = 100;
            data = new datatype[maxsize];
            last = -1;                  //last 为 -1 表示为空表
        }
        bool isempty(){ return last = = -1? true:false; }   //判空表
        bool isfull(){ return last = = maxsize-1; }          //判表满
        int length(){ return last+1; }                       //求表长
        bool getdata(int i,datatype &x)                      //取元素
        {   i--;
            if (i> = 0&&i< = last)
            {
                x = data[i];
                return true;
            };
            return false;
        }
        bool get_prior(int i,datatype &x);      //取前驱元素
        bool get_succ(int i,datatype &x);       //取后继元素
        bool replace(int i,datatype x);         //置换元素
        bool insert_data(int i,datatype x);     //向查找表中插入一个元素
        bool delete_data(int i);                //从查找表中删除一个元素
        void print_list();                      //打印查找表中所有元素
        bool create_hash1(datatype * pa,int n); //创建线性探测哈希表
        bool create_hash2(datatype * pa,int n); //创建二次探测哈希表
        bool create_hash3(datatype * pa,int n); //创建链地址法哈希表
        int hash_find1(datatype x);             //线性探测的哈希查找
        int hash_find2(datatype x);             //二次探测的哈希查找
```

```
    int hash_find3(datatype x);                    //链地址的哈希查找
    ～search_list(){  delete[]data;  }             //析构函数
};
```

注意这个查找表类的定义实际上就是顺序表类。其内有一个修改数据元素值的成员函数 replace(int i,datatype x),另外成员函数 insert_data()和 delete_data()及 print_list()的算法与第 13 章中描述完全相同,读者可以自己补充完整。为下面讨论简单起见,将数据元素整体值当作关键字值。目前有许多查找算法,如顺序查找、折半查找、分块查找、二叉排序树查找、哈希查找等。前面章节已介绍了几种查找方法,本章重点介绍哈希查找。

14.2　哈希查找

14.2.1　哈希表

顺序查找和折半查找都要通过一系列比较才能确定被查元素在查找表中的位置,而哈希查找的思想与这几种查找方法截然不同。哈希查找方法是对关键字进行某种函数公式运算后直接得到数据元素的存储位置,所以哈希查找方法是用关键字进行转换计算确定元素存储位置的查找方法。在讨论哈希查找之前,先讨论适用于哈希查找的查找表的组织方式。在一块连续的内存空间采用哈希法将所有数据元素重新组织建立起来的查找表就称为哈希表。

14.2.2　哈希表的建立

哈希表中数据元素是这样组织的:某一个关键字为 keyword 的数据元素在放入哈希表时,根据 keyword 确定了该数据元素在哈希表中的位置,从数学的观点看就是产生一个函数变换

$$D = H(keyword)$$

其中:keyword 是数据元素的关键字;D 是在哈希表中的存储位置;H 就是所谓的哈希函数。问题的关键在于是否存在这样的哈希函数公式,使所有待查数据元素都能无"冲突"地存放到给定的存储区域(即放入查找表中)。现在举例说明这个问题。假设有一个线性表,即为机械专业某班学生成绩单,共 32 名学生,其关键字为学号。这里假定地址码连续分布在 6001～6032,一个学生的信息占用一个地址码的单元,如表 14-1 所示。

表 14-1　学生成绩单

学号	姓名	性别	分数
98031001	侯琳娜	女	95
98031002	康淼	女	87
98031003	王慧	女	90
98031004	王颖	女	75
98031005	崔凯	男	76
……	……	……	……
98031032	赵建伟	男	88

从表中不难看出存在一个函数公式：D＝keyword－98031000＋6000，当然还有公式：D＝keyword ％ 98031000＋6000。这样一来查找某个学生成绩，只要给出该学生的学号，通过计算而不是比较就能立即得到表中的位置，显然这样的查找速度非常快。读者不禁会问如果姓名是关键字，是否存在哈希公式？答案是肯定没有。所以要分析原查找表中的数据元素，确定能否转化成哈希表。在建立一个哈希表之前需要解决如下两个主要问题。

1. 构造一个合适的哈希函数

分析数据元素的关键字集合之特性，找出适当的函数 H，使得计算出的存储地址尽可能均匀分布在哈希表中。同时也希望函数 H 尽量简单，以提高关键字到存储地址的转换速度。常用的一些构造方法有：数字分析法、平方取中法、折叠法、除留余数法、直接定址法。

2. 冲突的处理

在哈希法中，不同的关键字值对应到同一个存储位置的现象称为冲突，即 K1≠K2，但 H(K1)＝H(K2)。K2 和 K1 发生冲突时，就是在存放关键字为 K2 的数据元素时，同一存储位置已经存放了关键字为 K1 的数据元素。解决的办法只有重新为关键字是 K2 的数据元素寻找新的存储地址，这就是冲突处理要完成的工作。在建立哈希表时，冲突现象在所难免，因为选取哈希函数不可能兼顾到每个数据元素。若已知哈希函数及冲突处理方法，哈希表的建立分两步进行：

第一步：取出一个数据元素的关键字 key，计算其在哈希表中的存储地址 D＝H(key)。若存储地址为 D 的存储空间还没有被占用，则将该数据元素存入；否则发生冲突，执行第二步。

第二步：根据已知的冲突处理方法，计算关键字为 key 的数据元素的下一个存储地址。若该存储地址的存储空间没有被占用，则存入数据元素；否则继续执行第二步，直到找出一个存储空间没有被占用的存储地址为止。

14.2.3　解决地址冲突的方法

利用哈希法建立哈希表时，发生冲突是不可避免的，所以如何处理冲突是建立哈希表的关键。处理冲突的方法多种多样，常用的方法有：开放地址法、链地址法、再哈希法和公共溢出区法。本节介绍开放地址法和链地址法。

假设一数据元素的关键字为 keyword，其在哈希表中的存储地址是 D＝H(keyword)，此时在哈希表中该地址的存储位置非空，发生了冲突，那么关键字为 keyword 的数据元素在哈希表中的下一个存储位置应该是：

$$ND＝(D＋d_i)％m \qquad (i＝1,2,\cdots,K(K\leqslant m-1))$$

这里：m 是哈希表的表长；d_i 是增量序列。按照增量序列的不同取法，开放地址法又分为：线性探测再散列和二次探测再散列等。现在来探讨线性探测再散列方法是如何建立哈希表的。利用下面两个公式：

$$D＝H(keyword)$$
$$ND＝(D＋d_i)％m \qquad d_i \text{ 依次为 } 1,2,3,\cdots,m-1$$

假定某个数据元素的关键字为 keyword，根据第 1 个公式计算出存储地址 D(即有 H(keyword))；若 D 单元中有元素(即发生冲突)，则根据第 2 个公式计算出新的存储地址(D＋1)％m；若又发生冲突，则再计算下一个新地址(D＋2)％m；若再发生冲突，则再计算下一个新地址(D+3)％m；……；直到碰到第一个为空的存储地址(D+i)％m，则将数据元素存放在该存储空间。从增量序列可以看出，线性探测再散列只沿着一个方向一个单元一个单元去搜索寻找空闲单元，数据元素散列到表中的效率较低，因此查找效率也较低。

现举例说明线性探测再散列建立哈希表的方法。设哈希函数 H(K)＝K％7，哈希表的存储空间地址码为 0～6，对关键字序列(32,13,49,55,22,38,21)按上述线性探测再散列解决冲突的办法构造出哈希表。

计算 32％7＝4，地址不冲突，32 存入地址为 4 的单元空间；

计算 13％7＝6，地址不冲突，13 存入地址为 6 的单元空间；

计算 49％7＝0，地址不冲突，49 存入地址为 0 的单元空间；

计算 55％7＝6，发生冲突；

计算下一个存储地址是(6+1)％7＝0，发生冲突；

计算下一个存储地址是(6+2)％7＝1，地址不冲突，55 存入地址为 1 的单元空间；

计算 22％7＝1，发生冲突；

计算下一个存储地址是(1+1)％7＝2，地址不冲突，22 存入地址为 2 的单元空间；

计算 38％7＝3，地址不冲突，38 存入地址为 3 的单元空间；

计算 21％7＝0，发生冲突；

计算下一个存储地址是(0+1)％7＝1，发生冲突；

计算下一个存储地址是(0+2)％7＝2，发生冲突；

计算下一个存储地址是(0+3)％7＝3，发生冲突；

计算下一个存储地址是(0+4)％7＝4，发生冲突；

计算下一个存储地址是(0+5)％7＝5，地址不冲突，21 存入地址为 5 的单元空间；

根据上面计算操作，所得的哈希表如图 14-1 所示。

0	1	2	3	4	5	6
49	55	22	38	32	21	13

图 14-1　用线性探测再散列法处理冲突产生的哈希表

值得注意两点：①若在利用开放地址法处理冲突所产生的哈希表中删除一个元素，不能简单地直接删除，因为这样将截断其他具有相同哈希地址的元素的查找地址，所以应设定一个特殊的标志以表明该元素已被删除；②哈希表的长度必须比实际数据元素个数要大一点。因为如果哈希表的长度与实际元素个数相同，那么查找一个不在表中的元素，就会出现死循环，即查找失败无法判定。

下面是用线性探测再散列解决冲突去建立哈希表的算法的主要步骤和用 C++编写的函数。设实际数据元素个数为 n，这 n 个数据元素存放在一维数组中，数据元素均为大于 0 的整数。注意 n 要小于 maxsize，本算法取一个经验值，maxsize 比 n 大 10％。

第 1 步：检验 n 的合法性，若 n 不合法，结束算法；

第 2 步：计算哈希表的长度 n＋n/10＋1；

第 3 步：将整个哈希表的元素置 0；

第 4 步：last 置成哈希表的长度减 1；

第 5 步:下面步骤循环 n 次;

第 6 步:计算第 i 个数组元素地址,地址不冲突存放该元素,返回第 5 步;

第 7 步:地址冲突,循环计算新地址,直到不冲突,存放该元素,返回第 5 步。

```
template<class datatype>
bool search_list<datatype>::create_hash1(datatype * pa,int n)
//n 个数据元素存放在一维数组中,pa 指向数组的首地址
{    int addr,new_addr,di;
     int hashlist_length;
     if(n<0||(n+n/10+1)>maxsize)                        //检验 n 的合法性
     {
          cout<<"n 的值有错误,不能创建哈希表! \n";
          return false;
     }
     hashlist_length = n+n/10+1;                         //保证哈希表长大于 n 十个百分点
     for(int i = 0;i<hashlist_length;i++)  data[i] = 0;//先将哈希表中元素置 0
     last = hashlist_length - 1;                         //last 为表尾元素下标
     for(i = 0;i<n;i++)
     {
          addr = pa[i] % hashlist_length;                //计算哈希地址
          new_addr = addr;                               //又假设为新地址
          di = 1;
          while(data[new_addr])                          //循环搜索表中空闲单元
          {
               new_addr = (addr+di) % hashlist_length; //地址冲突,计算新地址
               di++;                                      //分量增 1
          }
          data[new_addr] = pa[i];                        //元素存入哈希表中
     }
     return true;
}
```

14.2.4　线性探测的哈希查找

在哈希表上进行查找的过程与构造哈希表的过程基本一致。设哈希表的长度为 m,哈希函数为 H(key),解决冲突的方法为 R(x),则哈希查找步骤是:

第一步:对给定值 keyword,计算哈希地址 I＝H(keyword);

第二步:若表中 I 地址的单元为 0,则查找失败,否则执行第三步;

第三步:若表中 I 地址的单元值等于 k,则查找成功,否则,执行第四步;

第四步:重复计算冲突后的下一个存储地址 $d_k＝R(d_{k-1})$ 直到表中 d_k 的单元为 0 或单元值等于 keyword 为止,若 d_k 地址的单元值等于 keyword,则查找成功,否则查找失败。

下面给出用线性探测再散列解决冲突的查找算法。Find_hash1()为线性探测再散列的C++查找函数。函数返回值若为−1,表明查找失败,否则为查找成功。

```
template<class datatype>
int search_list<datatype>::hash_find1(datatype x)
{    int addr,new_addr,di;
     datatype data_key = x;
     addr = data_key % (last + 1);                //计算哈希地址
     new_addr = addr;
     di = 1;                                       //分量从 1 开始
while ((data[new_addr]! = x)&&(data[new_addr]! = 0))
     //当表中元素不等于 x,并且不等于零,则计算出新地址再比较
     {
         new_addr = (addr + di) % (last + 1);
         di + + ;
     }
     if(data[new_addr] = = x)
         return new_addr + 1;                      //查找成功,返回表中位置
     else
         return − 1;                               //查找不成功,返回 − 1 值
}
```

从哈希表的查找过程可知,尽管哈希表在关键字与数据元素的存储位置之间建立了映射关系,但由于"冲突"的产生,使得哈希表的查找过程仍然需要用给定值与元素的关键字值进行比较,所以比较次数依然可以作为评价哈希查找效率的标准。

下面给出测试主函数,用于验证上面介绍的哈希建立函数和哈希查找函数的正确性。

```
# include<iostream. h>
# include<stdlib. h>
template<class datatype>
void search_list<datatype>::print_list()    //打印查找表中所有元素
{
    for(int i = 0;i< = last;i + + )
    {
        cout<<data[i]<<"     ";
    }
    cout<<endl;
}
int main()
{    int a[7] = {32,13,49,55,22,38,21};        //7 个元素数组
     int i,j;
     search_list<int> hash_list1(10);           //声明元素类型为整数的对象
```

```cpp
hash_list1.create_hash1(a,7);                        //用线性探测建立哈希表
for(i = 0;i<7;i + +) cout<<a[i]<<"  ";  //输出原始数据
cout<<endl;
hash_list1.print_list();                             //打印哈希表
for(i = 0;i<7;i + +)
    cout<<hash_list1.hash_find1(a[i])<<"  ";      //循环查找每一个数据
cout<<hash_list1.hash_find1 (320)<<"  ";         //验证查找不成功
cout<<hash_list1.hash_find1(9)<<"  ";            //验证查找不成功
cout<<endl;
const int array_length = 80;
int aa[array_length];
int data_key;
j = 1;
for(i = 0;i<array_length;i + +)                      //随机生成 80 个元素
{
    aa[i] = 1000 + rand();
    if(j>10)
    {
        cout<<endl;
        j = 1;
    }
    cout<<aa[i]<<"  ";
    j + +;
}
search_list<int> hash_list2(100);                   //声明元素类型为整数的对象
hash_list2.create_hash1(aa,array_length);           //创建哈希表
cout<<endl<<endl;
j = 1;
for(i = 0;i<hash_list2.length();i + +)              //输出哈希表所有元素
{
    hash_list2.getdata(i + 1,data_key);
    if(j>10)
    {
        cout<<endl;
        j = 1;
    }
    cout<<data_key<<"  ";
    j + +;
}
```

```
    cout<<endl;
    for(i = 0;i<array_length;i + + )                      //循环查找每个元素
        cout<<hash_list2.hash_find1(aa[i])<<"  ";
    cout<<endl;
    return 0;
}
```

14.2.5　链地址法的哈希查找

　　链地址法处理冲突的基本思想是:将所有具有相同哈希地址($H(K_1) = H(K_2) = H(K_3) = \cdots = H(K_i)$)的 i 个数据元素存储在同一个单链表中,这样一来哈希表中每个地址都有可能需要建立单链表。

　　链地址法处理冲突所产生的哈希表,其存储结构是:哈希表中每个存储地址单元除了存储相应数据元素值以外,还需增加一个指针域,用来存放指向单链表的指针,而单链表中存放的是具有相同哈希地址的数据元素。假设哈希表的存储空间的地址码为 0~6,对关键字序列(32,13,49,55,22,38,21),运用链地址法构造出相应的哈希表如图 14-2 所示。

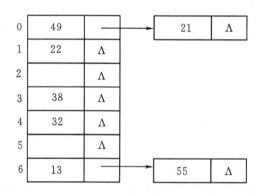

图 14-2　用链地址法处理冲突产生的哈希表

　　显然链地址法是以额外开辟空间为代价来解决冲突,该方法适合于大部分数据元素能均匀散列在主表中,少部分数据元素散落在单链表中的情况。

　　链地址法查找元素的过程很简单。先根据被查元素的关键字计算出哈希地址,再与表中相应地址的元素比较,若相等,查找结束;若不相等,则与相应地址的单链表中每个元素相比较,若相等则查找结束,若不相等查找失败。在程序设计举例中详细给出了用 C++编写的链地址法查找程序。

14.3　排　　序

14.3.1　排序概述

　　假设含 n 个数据元素的序列为$\{R_1,R_2,\cdots,R_n\}$,其相应的排序码为$\{K_1,K_2,\cdots,K_n\}$。所谓排序就是将数据元素按排序码非递减(或非递增)的次序排列起来,形成新的有序序列的过程。可见排序的依据是排序码。排序码是数据元素的一个(或多个)数据项,可以是关键字,也可以不是关键字。

在实际待排序的元素序列中,会存在多个具有相同排序码的数据元素,若运用某个排序算法排序后,这些数据元素相对次序保持不变,则称这种排序算法是稳定的;若经过排序这些记录的相对次序发生了改变,则称这种排序算法是不稳定的。

由于排序是比较频繁使用的操作,因此时间效率是衡量排序算法好坏的最重要的标志之一。目前排序方法很多,不同的排序方法有其不同特点,应根据所排数据元素序列的分布特点及数据元素本身的类型,选择合适的排序方法。

本章采用顺序存储结构存放待排序的数据元素序列。同第 13 章顺序表类相似,其存储结构的 C++描述为:

```cpp
template <class datatype>
class seqlist              //排序表类的定义
{   private: //数据成员定义等同于顺序表类
        datatype * data;
        int maxsize;
        int last;
    public:  //函数成员定义类似于顺序表类
        seqlist()                        //创建 100 个元素的线性表
        {   maxsize = 100;
            data = new datatype[maxsize];  //一维数组,长度为 maxsize
            last = - 1;                    //last 为 - 1 表示为空表
        }
        seqlist(int sz)                  //创建 sz 个元素的线性表
        {   if(sz>0)
                maxsize = sz;
            else
                maxsize = 100;           //如果 sz 给错,默认 100
            data = new datatype[maxsize];
            last = - 1;                  //last 为 - 1 表示为空表
        }
        bool isempty(){ return last = = - 1; }        //判空表
        bool isfull(){ return last = = maxsize - 1;}  //判表满
        int length(){ return last + 1; };            //求表长
        bool getdata(int i,datatype &x)              //取元素
        {   i - - ;
            if (i> = 0&&i< = last)
            {
                x = data[i];
                return 1;
```

```
        };
        return 0;
    }
    datatype getdata1(int i)              // 不加检验地取出元素的函数
    {   i--;
        return data[i];
    }
    bool replace(int i,datatype x)         // 置换元素
    {   i--;
        if (i> = 0&&i< = last)
        {
            data[i] = x;
            return true;
        };
        else
        {
            cout<<"非法位置修改元素,不能修改! \n";
            return false;
        }
    }
    void setdata(int i,datatype x)         // 不检验地修改元素的函数
    {   i--;
        data[i] = x;
    }
    void insert_data(int i,datatype x);    // 插入元素
    void delete_data(int i);               // 删除元素
    void print_list();                     // 显示表中所有元素
    void insertsort();                     // 插入排序函数
    void selectsort();                     // 选择排序函数
};
```

　　注意,这个排序表类定义实际上就是顺序表类。为了后面描述简单起见,排序表类增加了一个不加检验修改数据元素值的成员函数 setdata(int i,datatype x),还增加了一个不加检验读取元素的函数 getdata1(int i)。其他成员函数(如 insert_data()和 delete_data()等)的函数体与第 13 章中描述完全相同。类中简单选择排序、冒泡排序函数已在前面章节介绍,读者可以自己将这些函数补充完整。为下面讨论简单起见,将数据元素整体的值当作排序码的值。

14.3.2　简单插入排序

　　简单插入排序基本思想是:把 n 个元素的序列划分为两部分:一部分为有序部分;另一部分为无序部分。将无序部分的元素依次取出插入到有序部分,直到无序部分为空,整个排序结

束。具体地说,在涉及第 i 个元素 R_i 时,$(R_1,\cdots,R_{i-1})$ 是已排好序的有序部分,$(R_i,R_{i+1},\cdots,R_n)$ 属于未排序部分。这时,用 R_i 依次与 $R_{i-1},R_{i-2},\cdots,R_1$ 进行比较,找出在此有序序列中 R_i 应插入的位置 j,将 j 位置上的元素 R_j 至 R_{i-1} 均顺序后移一个元素位置,再将 R_i 插入。此时有序部分增加一个元素,无序部分减少一个元素。反复进行上述操作,直到无序部分为空为止。那么,拿到任意一个元素序列怎样划分有序和无序呢? 有一个简单的划分办法,将序列第一个元素当作有序部分,其余 $n-1$ 个元素为无序部分。这样一来将上述过程从 $i=2$ 到 $i=n$ 执行 $n-1$ 趟,就完成了数据元素序列的排序。

若待排序数据元素的排序码序列是 $(18,12,10,12,30,16)$,简单插入排序每一趟,执行后的序列状态变化如下所示:

```
初始状态      〔18〕 12   10   12   30   16
第 1 趟(i=2)  〔12   18〕 10   12   30   16
第 2 趟(i=3)  〔10   12   18〕 12   30   16
第 3 趟(i=4)  〔10   12   12   18〕 30   16
第 4 趟(i=5)  〔10   12   12   18   30〕 16
第 5 趟(i=6)  〔10   12   12   16   18   30〕
```

注意排序码序列中有两个 12,在插入排序过程中其相对次序可以改变,也可以不改变,这取决于具体插入算法中,每趟寻找插入位置的判定条件。用 C++ 编写简单插入排序的算法如下:

```cpp
template<class datatype>
void seqlist<datatype>::insertsort()        //简单插入排序函数
{   int i,j;
    datatype temp;
    insert_data(1,temp);
    for(i=2;i<=last;i++)
    {
        data[0]=data[i];                     //每趟需插入的元素放表头
        j=i-1;
        while(data[0]<data[j])               //确定有序表中的插入位置
        {
            data[j+1]=data[j];               //有序表后移一个元素位置
            j--;
        }
        data[j+1]=data[0];                   //插入一个元素
    }
    delete_data(1);                          //排序完毕,删除表头元素
}
```

算法中函数 insert_data() 用于在表头插入一个空元素,其下标为 0。这样一来每趟一开始将欲插入的元素先放表头,实际上可以起监视哨的作用。因为从有序序列的尾部往前比较,假如欲插入的元素是最小的,则碰到表头元素就停止比较,执行插入动作。值得注意是,算法中每次插入之前要确定插入位置,所采用的是顺序查找。其实可以采用折半查找,以便提高整

个排序算法的效率。直接插入排序算法是稳定的。

■ 课外阅读

14.4　二次探测的哈希查找

在建立哈希表时,利用开放地址法能够有效地解决地址冲突。问题是元素散列到哈希表中的速度太慢,也就是搜寻空闲单元的过程太慢,这样就导致了查找元素的速度也较慢。究其原因是计算新地址的公式中的增量 d_i 变化幅度太小。如果改变增量 d_i 序列的取值,使之变化幅度加大,就能很快搜寻到空闲单元,从而提高建表速度和查找速度。现采用如下公式来解决地址冲突:

$$D = H(\text{keyword})$$
$$ND = (D + d_i) \% m$$
$$d_i \text{ 取 } 1^2, -1^2, 2^2, -2^2, 3^2, -3^2, \cdots, K^2, -K^2 (K \leqslant \frac{m}{2})$$

这就是所谓二次探测再散列方法。二次探测再散列处理冲突的基本思想是:若数据元素在存储地址 D 发生冲突则放到存储地址 $(D+1^2)\%m$;若又发生冲突则放到存储地址 $(D-1^2)\%m$;若再发生冲突则放到存储地址 $(D+2^2)\%m$;……;直到碰到第一个为空的存储地址 $(D+d_i)\%m$,将数据元素存放在该存储空间内。从增量序列可以看出,二次探测再散列是沿着两个方向,步伐较大地去搜索空闲单元,因而散列表中元素的效率较高。所以二次探测再散列的查找速度比线性探测再散列的查找速度快。

假设有关键字序列(32,13,49,55,22,38,21),存储空间地址码为0~6,哈希函数 $H(K) = K\%7$。按照二次探测再散列法处理冲突,所得哈希表如图14-3所示,具体计算过程与线性探测再散列相似。

0	1	2	3	4	5	6
49	22	21	38	32	55	13

图14-3　用二次探测再散列法处理冲突产生的哈希表

二次探测再散列与线性探测再散列都属于开放地址法,区别在于增量序列取值不同。所以编写二次探测再散列的建立算法和查找算法,可以仿照线性探测再散列的两个算法,只要将线性探测再散列的算法中关于增量 d_i 的处理修改一下,就得到二次探测再散列的算法。下面给出用 C++ 编写的二次探测再散列的建立函数和查找函数。设实际数据元素个数为 n,这 n 个数据元素存放在一维数组中,数据元素均为大于 0 的整数。注意 n 要小于 maxsize,本算法取一个经验值,maxsize 比 n 大 20%。

```
template<class datatype>            //二次探测再散列的建立函数
bool search_list<datatype>::create_hash2(datatype * pa, int n)
//n个数据元素存放在一维数组中,pa指向数组的首地址
{    int addr,new_addr,di,j;
```

```
    bool flag;
    int hashlist_length;
    if(n<0||(n+2*n/10+1)>maxsize)          //保证哈希表长大于 n 二十个百分点
    {
        cout<<"n 的值有错误,不能创建哈希表! \n";
        return false;
    }
    hashlist_length = n+2*n/10+1;          //计算实际哈希表的表长
    for(int i = 0;i<hashlist_length;i++)  data[i] = 0; //哈希表中所有元素先置 0
    last = hashlist_length - 1;            //last 为实际表长
    for(i = 0;i<n;i++)                     //循环取 n 个元素,存入哈希表中
    {   addr = pa[i] % hashlist_length;    //计算初始地址
        new_addr = addr;
        flag = true;                       //flag 为标志位
        j = 1;
        while(data[new_addr])              //循环验证地址是否冲突
        {
            if(flag)                       //flag 为真,加正数;为假,加负数
                di = j * j;
            else
            {
                di = 7 - (j * j) % hashlist_length;
                j++;                       //负数算完要加 1
            }
            new_addr = (addr + di) % hashlist_length;    //计算新地址
            flag = ! flag;
        }
        data[new_addr] = pa[i];            //元素进入哈希表
    }
    return true;
}
template<class datatype>
int search_list<datatype>::hash_find2(datatype x) //二次探测再散列的查找函数
{   int addr,new_addr,di,j;
    bool flag;
    datatype data_key = x;
    addr = data_key % (last + 1);          //计算初始地址
    new_addr = addr;
    flag = true;                           //flag 为标志位
```

```
j = 1;
while ((data[new_addr] ! = x)&&(data[new_addr] ! = 0))
{
    if(flag)                                    //flag 为真加正数,flag 为假加负数
        di = j * j;
    else
    {
        di = 7 - (j * j) % (last + 1);
        j + + ;
    }
    new_addr = (addr + di) % (last + 1);        //计算新地址
    flag = ! flag;
}
if(data[new_addr] = = x)
    return new_addr + 1;                        //查找成功,返回被查元素在表中的位置
else
    return - 1;                                 //查找不成功,返回 - 1
}
```

上述算法中为了保证增量的正数和负数的产生,通过布尔变量 flag 中"真""假"值变换,来控制正负数的交替产生。对于二次探测方法中所有 $-i^2$,在算法中均处理为 $7-(j*j)\%n$,以保证加一个正的数值偏量。数学上已证明在模运算下减法可以变为加法。读者可以根据本章中测试线性探测再散列算法的思路,编写测试函数。

从二次探测再散列方法中不难看出,开放地址法的增量序列 d_i 取值将直接影响查找效率。增量序列有许多种,下面列出两种,读者可以验证采用这些序列构造的哈希表的优劣,也可以自行构造一些增量序列。

$$d_i = 2, -4, 6, -8, 10, -12, \cdots$$
$$d_i = 1^2, -3^2, 5^2, -7^2, 9^2, -11^2, \cdots$$

14.5　基数排序

基数排序是一个比较特殊的排序方法,又称为桶排序,它要求排序码为 K 位正整数。基数排序的基本思想是:先根据所有排序码的最低位有效数字的大小重新递增排列;再根据所有排序码的次低位有效数字的大小重新递增排列;依此类推,直到最高位。

设待排数据元素的排序码序列为 $(2478, 7680, 246, 11, 2333, 950, 902, 7145, 3446, 92)$,基数排序每一趟的数据元素状态变化如下所示。

初始状态：2478　7680　246　11　2333　950　902　7145　3446　92

第一趟　7680　950　11　902　92　2333　7145　246　3446　2478

第二趟　902　11　2333　7145　246　3446　950　2478　7680　92

第三趟　11　92　7145　246　2333　3446　2478　7680　902　950

第四趟　　11　92　246　902　950　2333　2478　3446　7145　7680

注意每一趟排序中若出现当前数字位相同时,按原次序排列,这样就保证了基数排序的稳定性,因此基数排序方法必定是稳定的。用 C++编写基数排序的算法如下:

```cpp
#include<iostream.h>
#include<stdlib.h>
#define N 100
void print_data(int * pa,int n)      //打印数组中的所有元素
{    int i,j=1;
    for(i=0;i<n;i++)
    {
        if(j>10)                     //每行输出10个元素
        {
            cout<<endl;
            j=1;
        }
        cout<<pa[i]<<"  ";
        j++;
    }
    cout<<endl;
}
int main()
{    int sort_table[N];              //存放待排数据元素的数组
    int barrel[10][N];               //10个桶,每个桶可以放N个元素
    int counter[10];                 //每个桶设置一个计数器,记录桶里元素个数
    int i,j,k,m,code,js=10;
    for(i=0;i<N;i++) sort_table[i]=10+rand();   //随机生成N个数据元素
    print_data(sort_table,N);        //输出所有待排元素
    for(j=1;j<=9;j++)                //假设待排元素最大为9位十进制数
    {    i=0;
        for(k=0;k<10;k++) counter[k]=0;    //所有计数器先清零
        for(k=0;k<N;k++)                    //将N个数据元素都分离基数位
        {
            code=sort_table[k]%js;
            code=code/(js/10);              //分离各个基数位
            barrel[code][counter[code]]=sort_table[k]; //放入相应的桶里
            counter[code]++;                //计数器加1
        }
        for(k=0;k<10;k++)                   //将每个桶里的元素拾回到排序数组中
            for(m=0;m<counter[k];m++)
```

```
                {    sort_table[i] = barrel[k][m];
                     i + + ;
                }
            js * = 10;
        }
    cout<<endl;
    print_data(sort_table,N);                    //打印排序后的数据元素
    return 0;
}
```

　　算法中 sort_table[N]存放待排序码序列,共有 N 个排序码。设置 10 个桶 tong[10][N],
每个桶能放 N 个元素,桶号分别为 0 至 9。每趟过程中根据各个排序码分离出的基数放入相
应基数号码的桶中,例如某个排序码分离出的百位数字是 8,则放入 8 号桶。每个桶都有一个
计数器 counter[i],用于记录本桶内已放入元素的实际个数。当所有排序码都放入桶中后,再按
桶号顺序从桶里将元素拾回到排序码序列 sort_table[N]中。依此类推,直到最高基数位结束。

　　基数排序速度较快,但排序过程中附加的存储空间较大。值得注意的是基数排序只适用
于排序码为整型数的情况。不难分析出基数排序算法是稳定的。

▨ 程序设计举例

　　例 14 - 1　编写程序实现链地址法的哈希查找。

　　在 13.2 节中,已经介绍了链地址法查找的原理。很显然,在图 14 - 2 中主表采用顺序表
类,单链表采用不带头结点的单链表类。主表中的每个元素由两部分构成,一部分为关键字的
值,另一部分为单链表的指针。为简单起见,主表中的每个元素采用结构体定义,顺序表类中
的元素类型直接采用这个结构体类型。参考第 13 章中顺序表类和单链表类的 C++描述,将
链地址法的哈希表存储结构定义如下:

```
# include<iostream.h>
# include<stdlib.h>
template<class datatype> class linklist;
template<class datatype>
class NODE                              //结点类定义
{   friend class linklist<datatype>;
    private:
        datatype data;                  //数据域
        NODE<datatype> * next;          //指针域
};
template<class datatype>
class linklist                          //不带头结点的链表类定义
{   private:
        NODE<datatype> * head;
    public:
```

```
        linklist(){ head = NULL; }                  //构造函数
        int length();                               //求表长
        bool get_data(int i,datatype &x);           //取元素函数
        bool insert_data(datatype data,int i);      //插入元素函数
        bool delete_data(int i);                    //删除元素函数
        bool insert_head(datatype data);            //在表头插入元素函数
        void print_list();                          //输出链表元素函数
        ~linklist()                                 //析构函数
        {
            NODE<datatype> * p;
            while(head)                             //将链表中所有元素占用空间释放
            {
                p = head;
                head = head->next;
                delete p;
            }
        }
};
template<class datatype>
int linklist<datatype>::length()                    //求表长
{   int counter = 0;                                //计数器
    NODE<datatype> * current = head;
    while(current! = NULL)
    {
        current = current->next;                    //指向下一个结点
        counter + + ;                               //计数器加 1
    }
    return counter;
}
template<class datatype>
bool linklist<datatype>::get_data(int i,datatype &x)
{   NODE<datatype> * current = head;
    int j = 1;
    if ((i<1)||(i>length()))   return 0;            //判断位置的合法性
    while(current! = NULL && j<i)                   //寻找第 i 个结点
    {   j + + ;
        current = current->next;
    }
    x = current->data;
```

```
        return 1;
    }
    template<class datatype>
    bool linklist<datatype>::insert_head(datatype data)      //在链表的头部插入
    {   NODE<datatype> * newnode;
        newnode = new NODE<datatype>;                   //申请新结点
        if(newnode = = NULL)                            //无存储空间,表满!
        {    cout<<"内存中无空闲空间,表满! \n";
             return false;
        }
        newnode - >data = data;                         //数据域赋值
        newnode - >next = head;                         //新结点为第 1 个结点
        head = newnode;
        return true;
    }
    template<class datatype>
    void linklist<datatype>::print_list()     //输出链表中的全体元素
    {   NODE<datatype> * current;
        current = head;
        datatype x;
        for(int i = 1;i< = length();i+ +)
        {
             get_data(i, x);                       //取第 i 个元素
             cout<<x<<"      ";                    //显示第 i 个元素值
        }
        cout<<endl;
    }
    struct hashdata                               //定义哈希表的元素类型为结构体
    {   int element;                              //关键字为整数类型
        linklist<int> * phead;                    //不带头结点的链表类指针
    };
    class seqlist                                 //顺序表类的定义
    {   private:
            struct hashdata * data;
            int maxsize;                          //maxsize 为线性表的最大可能长度
            int last;                             //last 为线性表中表尾元素的下标
        public:
            seqlist()                             //创建 100 个元素的线性表的构造函数
        {   maxsize = 100;
```

```
        data = new struct hashdata[maxsize];
        last = - 1;                              //last 为 - 1 表示为空表
    }
    seqlist(int sz)                              //创建 sz 个元素的线性表的构造函数
    {   if(sz>0)
            maxsize = sz;
        else
            maxsize = 100;
        data = new struct hashdata[maxsize];
        last = - 1;                              //last 为 - 1 表示为空表
    }
    bool isempty(){ return last = = - 1? true;false; }    //判空表
    bool isfull(){ return last = = maxsize - 1; }         //判表满
    int   length(){ return last + 1; }                    //求表长
    bool getdata(int i,int &x)                   //取元素
    {   i - - ;
        if (i> = 0&&i< = last)
        {   x =  data[i].element;
            return true;
        }
        else
        {   cout<<"非法位置读取元素,不能读取! \n";
            return false;
        }
    }
    bool replace(int i,int x)                //置换元素
    {   i - - ;
        if (i> = 0&&i< = last)
        {   data[i].element = x;
            return true;
        }
        else
        {   cout<<"非法位置修改元素,不能修改! \n";
            return false;
        }
    }
    bool insert_data(int i,int x);              //插入元素
    bool delete_data(int i);                    //删除元素
    void print_list();                          //显示表中所有元素
```

```
        bool create_hash3(int  * pa, int n);          //采用链地址法创建哈希表
        bool hash_find3(const int &x, int &result);   //查找元素
        ~seqlist(){delete[] data;}                    //析构函数
    };
    bool seqlist∷insert_data(int i, int x)
    {   if (isfull())                                 //判定表满否
        {   cout<<"表已满,不能插入! \n";
            return false;
        }
        if ( i> = 1 && i< = last + 2 )                //判定插入位置 i 的合法性
        {   //第 n 至第 i 个元素循环后移一个存储位置
            for (int j = last; j> = i - 1; j - -)
                data[j + 1] = data[j];
            data[j + 1]. element = x;                 //x 成为线性表中第 i 个元素
            data[j + 1]. phead = NULL;
            last + + ;                                //线性表的长度加 1
            return true;
        }
        else
        {   cout<<"插入位置错误,不能插入! \n";
            return false;
        }
    }
    bool seqlist∷delete_data(int i)
    {   if(isempty())                                 //判定表空否
        {   cout<<"表已空,不能删除! \n";
            return false;
        }
        if ((i> = 1)&&(i< = last + 1))               //判定删除位置 i 的合法性
        {   for (int j = i - 1; j<last; j + +)       //第 i + 1 至第 n 个元素循环前移一个存储
            位置
                data[j] = data[j + 1];
            last - - ;                               //线性表的长度减 1
            return true;
        }
        else
        {   cout<<"删除位置错误,不能删除! \n";
            return false;
        }
```

```
}
void seqlist∷print_list()              //打印输出线性表中所有元素
{   for(int i = 0;i< = last;i+ +)  cout<<data[i].element<<"    ";
    cout<<endl;
}
```

采用链地址法建立哈希表的算法步骤和 C++ 函数如下：

第 1 步：判定实际元素个数不大于表的最大限度；

第 2 步：将主表（即顺序表类）中所有元素清"空"；

第 3 步：循环取 n 个待进入哈希表的元素，进入下面步骤；

第 4 步：计算哈希地址；

第 5 步：判断该地址的数据域为 0 否，若为 0，则装入元素，返回第 3 步；

第 6 步：将元素插入该地址域所指向的单链表中，返回第 3 步。

```
bool seqlist∷create_hash3(int * pa,int n)
{   int addr;
    if(n>maxsize)                      //实际元素个数大于表的最大限度
    {   cout<<"n 的值有错误,不能创建哈希表! \n";
        return false;
    }
    for(int i = 0;i<n;i+ +)            //循环将表中所有元素置"空"
    {   data[i].element = 0;           //数据域为 0,假设关键字均大于 0
        data[i].phead = NULL;          //空指针域
    }
    last = n - 1;                      //表长设置为 n
    for(i = 0;i<n;i+ +)                //循环取 n 个元素
    {   addr = pa[i] % n;              //计算哈希地址
        if(data[addr].element)         //判断数据域为 0 否
        {
            if(data[addr].phead = = NULL)   //判断指针域为空否
            {   data[addr].phead = new linklist<int>;  //创建空链表
                if(data[addr].phead = = NULL)          //无法创建链表
                {   cout<<"链地址法的哈希表无法创建! \n";
                    return false;
                }
            }
            data[addr].phead - >insert_head(pa[i]);   //关键字插入表头
        }
        else
            data[addr].element = pa[i];                //关键字进入数据域
    }
```

```
        return true;
    }
```

链地址法的查找算法与建立算法步骤相类似,具体函数实现如下:

```
bool seqlist∷hash_find3(const int &x,int &result)    //链地址法查找函数
{   int addr,i;
    result = 0;
    addr = x % (last+1);                        //计算哈希地址
    if((data[addr].element! = x)&&(data[addr].element! = 0))
    //判断元素是否在单链表中
    {
        if(data[addr].phead = = NULL)           //空链表,查找失败
        {   cout<<x<<"查找失败! \n";
            return false;
        }
        else
        {
            for(i = 1;i< = data[addr].phead - >length();i + +)//在链表中寻找
            {   data[addr].phead - >get_data(i,result);      //取链表元素
                if(result = = x) return true;                //判相等
            }
            cout<<x<<"查找失败! \n";
            return false;
        }
    }
    else
    {   if(data[addr].element! = x)              //顺序表的元素是否相等
        {   cout<<x<<"查找失败! \n";
            return false;
        }
        else
        {   result = data[addr].element;        //查找成功
            return true;
        }
    }
}
```

下面是测试主函数,用来验证上面介绍的链地址法中所有算法:

```
int main()
{
    int i,result;
```

```
    int a[7] = {32,13,49,55,22,38,21};              //第一个关键字序列
    int aa[7] = {19,14,23,2,68,16,4};               //第二个关键字序列
    seqlist hash_table1(7);                         //声明一个顺序表对象,只存 7 元素
    hash_table1.create_hash3(a,7);                  //按第一个关键字序列创建哈希表
    hash_table1.print_list();                       //输出哈希主表中的值
    seqlist hash_table2(7);                         //声明一个顺序表对象,只存 7 元素
    hash_table2.create_hash3(aa,7);                 //按第二个关键字序列创建哈希表
    hash_table2.print_list();                       //输出哈希主表中的值
    for(i = 0;i<7;i+ +)
        if(hash_table1.hash_find3(a[i],result))     //验证查找成功的情况
            cout<<result<<"  ";                     //输出结果
    cout<<endl;
    if(hash_table1.hash_find3(320,result))          //验证查找不成功
        cout<<result<<"  ";
    if(hash_table1.hash_find3(9,result))            //验证查找不成功
        cout<<result<<"  ";
    cout<<endl;
    for(i = 0;i<7;i+ +)                             //第二个关键字序列查找验证
        if(hash_table2.hash_find3(aa[i],result))  cout<<result<<"  ";
    cout<<endl;
    return 0;
}
```

小结

1. 查找指的是按某个关键字,在给定的元素序列中搜索,判定有无该关键字的元素。
2. 查找表指一组待查元素的集合。
3. 哈希查找方法指的是根据被查关键字直接计算确定元素的存储位置的方法。
5. 地址冲突是指两个不同的关键字,却具有相同的哈希地址。
6. 解决地址冲突的两种常用方法:一是开放地址法;二是链地址法。
7. 线性探测再散列和二次探测再散列都属于开放地址法。
8. 排序是将杂乱无章的数据元素排列成递增或递减的过程。

习题

1. 用递归方法实现二分查找算法。
2. 假设增量序列为下面斐波那契数列,编写建立哈希表的算法:
$$d_i = -1,2,-3,5,-8,13,21,\cdots$$
3. 假设增量序列为下面斐波那契数列,编写哈希查找算法:
$$d_i = -1,2,-3,5,-8,13,21,\cdots$$
4. 设有一个实数有序序列 $A = \{a_1,a_2,a_3,\cdots,a_n\}$,另外还有一个实数无序序列 $B = \{b_1,$

$b_2, b_3, \cdots, b_m\}$。编写算法,用二分查找对每个 b_i 找出使 $b_i = a_j$ 的一切 a_j。

5. 设有一个无序序列以单链表为存储结构,编写算法实现直接选择排序。

6. 本章介绍的基数排序采用的是最低位优先法,即先按个位排序,再按十位,再按百位,依此类推。编写算法采用最高位优先法进行基数排序。

第 15 章　数值计算

本章目标

介绍几种基本的数值计算方法。

授课内容

计算机数据处理分两大类，一类是数值数据处理（又称数值计算）；另一类是非数值数据处理（又称非数值计算）。数值计算主要是数学计算，即求数值解，如求方程的根、求函数的定积分等。非数值计算范畴十分广泛，最常见的是事务管理领域，如图书馆管理、银行管理、自动化生产线管理等。

尽管目前计算机在非数值计算方面的应用远远超过了在数值计算方面的应用，但掌握基本的数值计算算法也是十分必要的，在工程计算方面有许多应用问题会涉及到数值计算的基本算法。要注意这里提到的数值计算是运用计算机来进行的运算。由于计算机存储的数值数据都是有限数位的，并且是离散的数值数据，例如 C++ 的浮点变量的精确度是有限的（7～8位有效数字），这样一来计算机计算的每一步都是不精确的运算，都会产生误差。所以不能简单照搬数学上的运算方法，而要充分考虑计算机的特点，深入分析研究数学上的求解运算方法，使之适合于计算机运算，既要保证数值求解的精确度，又要保证数值求解的速度。下面介绍最基本的数值求解算法。

15.1　多项式的计算

多项式函数的计算在数值计算领域极有实际价值，在工程计算的实际应用中也是常见的、基本的一类计算。设 n 次多项式的通用形式为：

$$P_n(x) = a_0 + a_1 x + a_2 x^2 + a_3 x^3 + \cdots + a_n x^n$$

其中 $n \geqslant 1$。现在给定一个 x 的值，求多项式函数 $P_n(x)$ 的值。这看起来很简单，只要进行四则运算即可。但要注意，在使用计算机运行一个算法时，由于乘除法要比加减法消耗时间长，因此在编写算法时，总是试图减少乘除法的次数。对于多项式 $P_n(x)$，有许多种计算方法，下面介绍其中三种。

15.1.1　逐项递推算法

多项式无非是乘方、乘积、加法运算的组合，关键是前项的乘方、乘积、加法运算的结果能被后项计算所用，不重复计算。比如可以用标准函数 pow(x,k) 来计算每一项的乘方，这样做就造成大量重复计算。因为在计算第 k 项时，使用 pow(x,k) 计算得出 x^k，而在计算第 $k+1$ 项时，又使用 pow(x,k+1) 计算得出 x^{k+1}，这样 k 个 x 连乘的计算就重复了。如果记录第 k

项 x^k 的结果,那么计算第 $k+1$ 项时,只要乘 x 就得到 x^{k+1} 的结果。

如果用 t_k 表示 x^k,用 u_k 表示多项式前 k 项的和,即有:

$$t_k = x^k$$
$$u_k = a_0 + a_1 x + a_2 x^2 + a_3 x^3 + \cdots + a_k x^k$$

那么逐项递推计算方法可以归结为如下关系式:

$$t_k = x * t_{k-1} \qquad k = 0,1,2,3,\cdots,n$$
$$u_k = u_{k-1} + a_k * t_k$$
$$t_0 = 1$$
$$u_0 = a_0$$

这样一来可以用上面关系式反复进行计算。假定多项式中的所有系数存放在一维数组 a[n+1]中,其 C++算法描述如下:

```cpp
double  Compute_Poly_1(double  a[],  int  n,  double  x)
{   double  result, t;
    int i;
    t = x;
    result = a[0] + a[1] * t;
    for ( i = 2 ; i < =  n ; i + + )
    {
        t = t * x;
        result = result + a[i] * t;
    }
    return result ;
}
```

这个算法避免了 x 的 k 次幂重复计算,从而提高了整个算法的效率,特别当 n 较大时更加明显。

15.1.2　秦九韶算法

现在将多项式按降次幂写成如下形式:

$$P_n(x) = (\cdots\cdots((a_n x + a_{n-1})x + \cdots + a_1)x + a_0$$

仔细观察上面关系式,不难发现一种计算方法,从里向外一层一层地计算,即有如下递推关系式:

$$u_k = a_n \qquad k = n-1,\cdots,2,1,0$$
$$u_k = u_{k+1} * x + a_k$$

同上面一样,仍将多项式中的所有系数存放在一维数组 a[n+1]中,其 C++算法描述如下:

```cpp
double  Compute_Poly_2(double  a[],  int  n,  double  x)
{   double  result ;
    int i ;
    result = a[n]  ;
```

```
for ( i = n - 1 ; i > = 0 ; i- -)
{
    result = result * x + a[i]  ;
}
return result ;
}
```

显然秦九韶算法的运算效率较高,有些书将秦九韶算法称为霍纳(Horner)方法。

15.2　多元一次方程组的求根计算

数值计算中许多问题常常直接或间接地归结为含多个未知元的线性方程组的求解问题,即求

$$a_{11}x_1+a_{12}x_2+\cdots+a_{1n}x_n=b_1$$
$$a_{21}x_1+a_{22}x_2+\cdots+a_{2n}x_n=b_2$$
$$\cdots$$
$$a_{n1}x_1+a_{n2}x_2+\cdots+a_{nn}x_n=b_n$$

的解 $x_1,x_2,x_3,\cdots,x_n$ 的值,其中 a_{ij} 和 b_i 均为常数。根据线性代数知识,将系数、未知元和 b_i 写成矩阵形式。

$$A=\begin{bmatrix} a_{11} & a_{12} & \cdots & a_{1n} \\ a_{21} & a_{22} & \cdots & a_{2n} \\ \vdots & \vdots & \cdots & \vdots \\ a_{n1} & a_{n2} & \cdots & a_{nn} \end{bmatrix} \quad X=\begin{bmatrix} x_1 \\ x_2 \\ \vdots \\ x_n \end{bmatrix} \quad B=\begin{bmatrix} b_1 \\ b_2 \\ \vdots \\ b_n \end{bmatrix}$$

当 $\det A\neq0$ 时,多元一次方程组存在且唯一。本章介绍两种求解多元一次方程组的方法,一是约当消元法;二是迭代法。

15.2.1　约当消元法

关于多元一次方程组的求解,最基本的方法是高斯消元法。高斯消元法的主要步骤是消元和回代。消元是将系数矩阵转变为上三角矩阵;回代是依次求出 $x_n,x_{n-1},\cdots,x_2,x_1$。其实可以只消元,不含回代,这就是约当(Jordan)消元法。高斯消元是将系数矩阵变换为上三角矩阵,约当消元不仅将系数矩阵主对角线以下的元素消成 0,而且将主对角线以上的所有元素都消成 0,主对角线的元素全为 1,即有

$$A=\begin{bmatrix} 1 & & & & \\ & 1 & & & \\ & & 1 & & \\ & & & \cdots & \\ & & & & 1 \end{bmatrix} \quad B=\begin{bmatrix} b'_1 \\ b'_2 \\ b'_3 \\ \vdots \\ b'_n \end{bmatrix}$$

显然,回代过程就没有必要了,向量 B 中的元素值就是方程组的根。

约当消元法与高斯消元法的很多步骤完全一致。例如选主元、列交换、行交换、归一化及根元素的序号恢复等,所以算法中可以直接照搬,只是在消元化过程中要扩大消元范围。高斯

算法中消元范围控制在行号列号均为 $k+1,k+2,\cdots,n$；而约当消元范围控制在行号 $1,2,3$，$\cdots,n$，列号仍然是 $k+1,k+2,\cdots,n$。需要注意主对角线上的元素不能消去，要加以控制区别。
详细算法如下：

```cpp
#include<iostream.h>
#include<math.h>
#define N 4
double absd(double a)          //求双精度数的绝对值函数
{
    return a> = 0? a: - a;
}
int Djordan(double a[][N],double b[])
{       int i,j,k,l,flag = 1, js[N];          //数组 js[]用于记录列交换信息
double d,temp;
for(i = 0;i< = N-1;i+ +) js[i] = i;       //先记录原方程的列信息
for(k = 0;k< = N-1;k+ +)
{
    d = 0.0;
    for(i = k;i< = N-1;i+ +)
        for(j = k;j< = N-1;j+ +)  if(absd(a[i][j]>d))
            {
                d = absd(a[i][j]);
                js[k] = j;
                l = i;
            };
    if(d = = 0.0)
    {
        flag = 0;
        return flag;      //方程无解,又称奇异
    }
    if(js[k]! = k)               //列交换
        for(i = 0;i< = N-1;i+ +)
        {
            temp = a[i][k];
            a[i][k] = a[i][js[k]];
            a[i][js[k]] = temp;
        }
    if( l! = k )                //行交换
    {
        for(j = k;j< = N-1;j+ +)
```

```
        {
            temp = a[k][j];
            a[k][j] = a[l][j];
            a[l][j] = temp;
        }
        temp = b[k]; b[k] = b[l]; b[l] = temp;
    }
    for(j = k + 1;j< = N - 1;j + +)  a[k][j]/ = a[k][k];      //归一化
    b[k]/ = a[k][k];
    for(i = 0;i< = N - 1;i + +)              //消元化
    {
        if(i! = k)
        {
            for(j = k + 1;j< = N - 1;j + +) a[i][j] - = a[i][k] * a[k][j];
            b[i] - = a[i][k] * b[k];
        }
    }
}
for(k = N - 2;k> = 0;k - -)
    if (js[k]! = k)
    {
        temp = b[k];
        b[k] = b[js[k]];
        b[js[k]] = temp;
    }
flag = 1;
return flag;
}
```

现在可以编写测试主函数,用来测试约当消元算法的正确性,测试函数中选用的实际测试数据为四元一次方程组,系数矩阵如下

$$\boldsymbol{A} = \begin{bmatrix} 1 & 2 & 1 & -2 \\ 2 & 5 & 3 & -2 \\ -2 & -2 & 3 & 5 \\ 1 & 3 & 2 & 3 \end{bmatrix} \qquad \boldsymbol{B} = \begin{bmatrix} 4 \\ 7 \\ -1 \\ 0 \end{bmatrix}$$

C++测试函数如下:

```
int main()
{   double a[N][N] = {1,2,1, - 2,2,5,3, - 2, - 2, - 2,3,5,1,3,2,3};
    double b[N] = {4,7, - 1,0};
    if(Djordan(a,b))
```

```
        for(int i = 0;i< = N-1;i + +) cout<<"\t"<<b[i];
    else
        cout<<"方程无解!";
    cout<<endl;
    return 0;
}
```

输出结果：

$x_1 = 2$ $x_2 = -1$ $x_3 = 2$ $x_4 = -1$

初看起来，约当消元算法比高斯消元算法更好一些，只要稍作分析会发现约当消元算法的计算工作量比高斯消元算法大。我们先分析高斯消元算法。在循环前 k 步计算中，做乘法 $(n-k)(n-k+1)$ 次，做除法 $n-k$ 次，完成 $n-1$ 步消元做乘除法的总数为

$$\sum_{k=1}^{n-1}(n-k)(n-k+2) = \frac{n^3}{3} + \frac{n^2}{3} - \frac{5n}{6}$$

回代过程共作乘除法的次数为

$$\sum_{k=1}^{n-1}(n-k+1) = \frac{n^2}{3} + \frac{n}{2}$$

当 $n=20$ 时，高斯消元法约做乘除法 2670 次。读者可以自行分析约当法的计算量，它比高斯法要大许多。

15.2.2　迭代法

所谓迭代法是指这样的方法：它把多元一次方程组的解看作是某种极限过程的极限，而实现这一极限过程每一步的结果是把前一步所得的结果施行相同的演算步骤得到的。值得注意的是，用迭代方法时，不可能将极限过程进行到底，而只能把迭代进行有限多次。迭代若干次所得的结果应达到一定的精确程度。事实上用计算机做的许多计算不可能没有舍入误差，像前面高斯消元法、秦九韶算法等，都是达到一定精确程度。

对于多元一次方程组的迭代解法其实很简单，只要将方程组做如下简单变形即可

$$a_{11}x_1 = b_1 - (\qquad + a_{12}x_2 + a_{13}x_3 + \cdots + a_{1n}x_n)$$
$$a_{22}x_2 = b_2 - (a_{21}x_1 \qquad + a_{23}x_3 + \cdots + a_{2n}x_n)$$
$$\vdots$$
$$a_{m}x_n = b_n - (a_{n1}x_1 + a_{n2}x_2 + a_{23}x_3 + \cdots \qquad)$$

假设 a_{ii} 都不为 0，初始任取一组值，即取向量 $X_0 = (x'_1, x'_2, x'_3, \cdots, x'_n)$ 代入上面方程组的等号右边进行计算，得到结果向量 $X_1 = (x''_1, x''_2, x''_3, \cdots, x''_n)$。再将新算出的 X_1 代入上面方程组的等号右边计算，又得出新的向量 $X_2 = (x'''_1, x'''_2, x'''_3, \cdots, x'''_n)$。继续这样做下去就得到结果向量的序列 $X_1, X_2, X_3, \cdots, X_m, \cdots$。根据定理，结果向量序列一定收敛于方程组的解。实际上只要 $|X_m - X_{m-1}| < \xi$，其中 ξ 是计算精度，那么 X_m 就是方程组的解，这种迭代方法就是塞德尔(Seidel)迭代法。下面给出塞德尔迭代算法的主要步骤，以及用 C++编写的算法：

第 1 步：任取一组初值作为方程的根；

第 2 步：当计算精度不够，并且迭代次数大于 0 时，循环做第 3 和第 4 步，否则退出循环，转到第 5 步；

第 3 步：将一组根 X_{m-1} 代入方程组，计算得到 X_m；

第 4 步：迭代次数减 1；

第 5 步：判断是否计算出方程的根。

```cpp
#include<iostream.h>
#include<math.h>
const int n = 4;
//塞德尔迭代算法函数
int Seidel_compute ( double a[][n], double x[], double b[], double e )
// a 为系数矩阵,n 为未知元的个数,e 为计算精度,b[]为常数向量,x[]为根向量
{    double p,s,t;
     int i,j,L = 500;                          //假设迭代 500 次
     for(i = 0;i< = n-1;i++) x[i] = 0;   //任取一组值作为方程的解,假设根全为 0
     p = e+1;
     while ((p> = e)&&(L>0))
     {
         p = 0.0;
         for(i = 0;i< = n-1;i++)
         {
             t = x[i];
             s = 0;
             for(j = 0;j< = n-1;j++)             //等号右边的计算
                 if(j! = i)
                 {
                     s+ = a[i][j] * x[j];
                 };
             x[i] = (b[i]-s)/ a[i][i];          //迭代解出新的 x_i
             if(absd(x[i]-t)>p) p = absd(x[i]-t);
         }
         L--;
     }
     if((p> = e)&&(L = = 0))
         return 0;          // 方程无解
     else
         return 1;          // 方程有解
}
```

假设用下面数据来测试：

$$A = \begin{bmatrix} 1 & 2 & 1 & -2 \\ 2 & 5 & 3 & -2 \\ -2 & -2 & 3 & 5 \\ 1 & 3 & 2 & 3 \end{bmatrix} \qquad B = \begin{bmatrix} 4 \\ 7 \\ -1 \\ 0 \end{bmatrix}$$

设计算精度为 0.000 001,迭代次数为 50,计算结果为：

$$x_1 = 1.967\ 979 \qquad x_2 = -0.982\ 267 \qquad x_3 = 1.992\ 465 \qquad x_4 = -1.002\ 036$$

若迭代次数改为 500,则计算结果为：

$$x_1 = 1.967\ 989 \qquad x_2 = -0.999\ 994 \qquad x_3 = 1.999\ 998 \qquad x_4 = -1.000\ 000$$

如果读者自行解这个方程组,会发现方程组的根都是整数

$$x_1 = 2 \qquad x_2 = -1 \qquad x_3 = 2 \qquad x_4 = -1$$

15.3　求逆矩阵

求解多元一次方程组除了前面所介绍的高斯消元法、约当消元法和迭代法外,还可以通过矩阵运算来求解。将方程组的所有系数按规律排列起来组成矩阵,矩阵运算包括两矩阵相加、相减和相乘,单个矩阵转置和求逆矩阵等。在线性代数中,对于逆矩阵是这样定义的:设有非奇异矩阵 $\boldsymbol{A}$,如果有

$$\boldsymbol{A}\boldsymbol{A}^{-1} = \boldsymbol{A}^{-1}\boldsymbol{A} = \begin{bmatrix} 1 & & & & \\ & 1 & & & \\ & & 1 & & \\ & & & \cdots & \\ & & & & 1 \end{bmatrix}$$

则称 $\boldsymbol{A}^{-1}$ 为 $\boldsymbol{A}$ 的逆矩阵。显然多元一次方程组的求解可以归结为矩阵运算。设 $\boldsymbol{A}$ 为方程等号左边系数矩阵,$\boldsymbol{B}$ 为右边常数向量,$\boldsymbol{X}$ 为所有未知变元的向量。则有

$$\boldsymbol{A}\boldsymbol{X} = \boldsymbol{B}$$
$$\boldsymbol{A}^{-1}\boldsymbol{A}\boldsymbol{X} = \boldsymbol{A}^{-1}\boldsymbol{B}$$
$$(\boldsymbol{A}^{-1}\boldsymbol{A})\boldsymbol{X} = \boldsymbol{A}^{-1}\boldsymbol{B}$$
$$\boldsymbol{X} = \boldsymbol{A}^{-1}\boldsymbol{B}$$

根据这个推理,$\boldsymbol{A}^{-1}\boldsymbol{B}$ 的乘积就是方程组的解。现在的关键问题是如何从矩阵 $\boldsymbol{A}$ 推导出逆矩阵 $\boldsymbol{A}^{-1}$。参照高斯消元算法,求逆矩阵的主要步骤如下:

对于 $k = 1, 2, 3, \cdots, n$ 做下列运算:

①在矩阵 $\boldsymbol{A}$ 中选主元;

②如果主元不是 a_{kk},做行列交换;

③$a_{kk} = 1/a_{kk}$;

④$a_{kj} = a_{kj} * a_{kk}(j = 1, 2, 3, \cdots, n; j \neq k)$;

⑤$a_{ij} = a_{ij} - a_{ik} * a_{kj}(i = 1, 2, \cdots, n, i \neq k; j = 1, 2, \cdots, n, j \neq k)$;

⑥$a_{ik} = -a_{ik} * a_{kk}(i = 1, 2, 3, \cdots, n; i \neq k)$;

⑦恢复原方程行列次序。

选主元的意义在于:对于某个 k,若 $a_{kk} = 0$,则运算无法进行下去。而当 $|a_{kk}|$ 很小时,计算过程受精度影响不稳定。

选中的主元若需要进行行列交换,则应该记录行号到 is[k] 中,记录列号到 js[k] 中,以便最后恢复原方程行列次序。下面是求逆矩阵的 C++算法:

```
#include<iostream.h>
```

```
#define N 4
int dinv(double a[][N])            //全选主元矩阵求逆函数
{   int js[N],is[N];
double temp;
int i,j,k;
double d;
for(i=0;i<=N-1;i++)
{
    js[i]=i;
    is[i]=i;
}
for(k=0;k<=N-1;k++)
{
    d=0.0;
    for(i=k;i<=N-1;i++)
        for(j=k;j<=N-1;j++)if(fabs(a[i][j])>d)
                        {
                            d=fabs(a[i][j]);
                            is[k]=i;
                            js[k]=j;
                        };
    if(d==0.0)
    {
        cout<<"奇异\n";
        return 1;      //奇异
    }
    if(is[k]!=k)              //行交换
        for(j=0;j<=N-1;j++)
        {
            temp=a[k][j];
            a[k][j]=a[is[k]][j];
            a[is[k]][j]=temp;
        }
    if(js[k]!=k)              //列交换
        for(i=0;i<=N-1;i++)
        {
            temp=a[i][k];
            a[i][k]=a[i][js[k]];
            a[i][js[k]]=temp;
```

```
            }
        a[k][k] = 1/a[k][k];
        for(j = 0;j< = N-1;j++)                    if (j! = k) a[k][j] * = a[k][k];
        for(i = 0;i< = N-1;i++)
            if(i! = k)
            {
                for(j = 0;j< = N-1;j++) if(j! = k) a[i][j] - = a[i][k] * a[k][j];
            };
        for(i = 0;i< = N-1;i++)
            if(i! = k)
            {
                a[i][k] = -a[i][k] * a[k][k];
            };
    }
    for(k = N-1;k> = 0;k--)
    {
        for(j = 0;j< = N-1;j++)            //行恢复
            if (js[k]! = k)
            {
                temp = a[k][j];
                a[k][j] = a[js[k]][j];
                a[js[k]][j] = temp;
            }
        for(i = 0;i< = N-1;i++)            //列恢复
            if (is[k]! = k)
            {
                temp = a[i][k];
                a[i][k] = a[i][is[k]];
                a[i][is[k]] = temp;
            }
    }
    return 0;
    }
```

有了上面求逆矩阵的函数，多元一次方程组的求解算法就非常简单。仍然采用前面约当消元法中所用的四元一次方程组作为测试数据。

```
    int main()
    {    double a[N][N] = {1,2,1,-2,2,5,3,-2,-2,-2,3,5,1,3,2,3};
        double b[N] = {4,7,-1,0};
        double x[N];
```

```
    int i,k;
//  double a[N][N] = {20,2,3,1,8,1,2, − 3,15};
//  double b[N] = {24,12,30};
    dinv(a);
    for(i = 0;i< = N − 1;i + + )
    {
        x[i] = 0.0;
        for(k = 0;k< = N − 1;k + + )   x[i] + = a[i][k] * b[k];
    }
    for(i = 0;i< = N − 1;i + + )            cout<<"\t"<<x[i];
    cout<<endl;
    return 0;
}
```

上面算法运行结果为

$x_1 = 2.000\ 00$　　　　$x_2 = − 1.000\ 00$　　　　$x_3 = 2.000\ 00$　　　$x_4 = − 1.000\ 00$

读者还可以采用主函数中提供的另一方程组数据进行测试。注意 n＝3。再将行注释符
去掉,而前面的方程组数据要加上行注释。运行结果为

$x_1 = 0.767\ 354$　　　　$x_2 = 1.138\ 410$　　　　$x_3 = 2.125\ 368$

15.4　积分计算

在实际工程计算中,求函数 $f(x)$ 在区间 $[a,b]$ 上的定积分是常常遇到的问题。根据积分
学的基本定理,可以利用 $f(x)$ 的原函数 $F(F'(x) = f(x))$ 求出定积分的值,即为 $F(a) −$
$F(b)$。但是这个定理在实际计算中即使对于形式简单的初等函数 $f(x)$ 来说,用处都不大。
因为求它们的原函数较为复杂和困难,也就是说原函数不能用初等函数的闭合形式表示,从而
无法按它来计算。所以常用数值方法计算定积分。

前面章节已讲述求积分的算法,其基本思想是:将积分区间 N 等分,分别计算梯形面积,
并规定计算精度,N 的大小取决于计算精度。N 取值越大,计算的积分值越精确。实际上前
面章节的算法中 N 取 1 000,甚至取 10 000,以便保证计算的精确度。显然 N 取多大是件麻
烦的事。取小了,计算精度不够;取大了,"空计算"较多,非常耗时。现在对前面章节求定积分
的算法进行改进,采取变步长梯形求积法。具体计算原理分析如下:

第一步:利用梯形公式计算定积分的近似值,即取

$$n＝1, \quad h＝b−a$$

则有

$$T_n = \frac{h}{2} \times \sum_{k=0}^{n-1} [f(x_k) + f(x_{k+1})]$$

第二步:将积分区间二等分一次(即由原来的 n 等分变成 $2n$ 等分),利用复化梯形计算公
式有

$$T_{2n} = \frac{h}{2} \times \sum_{k=0}^{n-1} \Big[\frac{f(x_k) + f(x_{k+0.5})}{2} + \frac{f(x_{k+0.5}) + f(x_{k+1})}{2} \Big]$$

$$= \frac{h}{4} \times \sum_{k=0}^{n-1} \big[f(x_k) + f(x_{k+1}) \big] + \frac{h}{2} \times \sum_{k=0}^{n-1} f(x_{k+0.5})$$

$$= \frac{T_n}{2} + \frac{h}{2} \times \sum_{k=0}^{n-1} f(x_{k+0.5})$$

上式中，$f(x_{k+0.5})$ 为再二等分一次所新增加的结点值，即在每个区间 $[x_k, x_{k+1}]$ 新增加中间点，其值为 $x_{k+0.5}$。不难看出，要计算二等分后的积分值，只要计算新增加的各个分点值 $f(x_{k+0.5})$ 即可。

　　第三步：判断二等分前后两次的积分值之差的绝对值 $|T_{2n} - T_n|$ 是否小于所规定的误差 E，若小于，则二等分后的积分值 T_{2n} 即为积分结果；否则按如下处理

$$|T_{2n} - T_n| > E$$
$$h = h/2$$
$$n = 2n$$
$$T_n = T_{2n}$$

然后重复第二步。

　　这就是变步长梯形求积法。该方法与前面章节介绍的梯形求积法虽然都是以梯形公式来计算，但所不同的是步长的确定方式。变步长梯形求积法是逐步改变步长，以达到所规定的计算精度。递推公式为

$$T_{2n} = \frac{T_n}{2} + \frac{h}{2} \times \sum_{k=0}^{n-1} f(x_{k+0.5})$$

T_n 为二等分前的积分值，公式右端的第二项只涉及二等分时新增加的分点值 $f(x_{k+0.5})$，这就避免了在旧结点上函数值的重复计算，而前面章节梯形求积法一开始就选定尽可能小的步长来计算。下面是按变步长梯形求积法编写的 C++ 算法。

```
#include<iostream.h>
#include<stdio.h>
double f(double x);
double hsab(double a,double b,double E)
{   int n,k;
double h;
double s,t;
n = 1;
h = b - a;
s = h * (f(a) + f(b))/2;
t = s + E + 1;
while (absd(s - t) > = E)
{   t = s;
    s = 0;
    for(k = 0;k< = n - 1;k + +)     s = s + f(a + k * h + 0.5 * h);
```

```
        s = t/2 + h * s/2;
        h/ = 2;
        n * = 2;
    }
    return s;
}
```

这个算法并不难理解,只要注意在 X 轴上新增加的各个结点 $x_{k+0.5}$ 为 $a+k*h+0.5*h$。算法中的 $f(a+k*h+0.5*h)$ 是被积函数的调用,被积函数 $f(x)$ 要另外编写一个函数以便提高算法的通用性和灵活性。absd() 是求绝对值函数。下面用实际数据来测试该算法。假设计算精度为 0.000 000 1,被积函数为

$$f(x) = 4/(1+x*x)$$

被积函数和测试主函数如下所示:

```
double f(double x)
{    double result;
     result = 4/(1 + x * x);
     return result;
}
int main()
{    cout<<"S = "<<hsab(0,1,0.0000001)<<endl;
     return 0;
}
```

输出结果为:

```
        S = 3.141 592 6
```

自学内容

15.5 梯度法求解非线性方程组

非线性方程包括代数方程(一元二次方程、一元三次方程等)和超越方程(三角方程、指数方程、对数方程等)等。本节探讨 N 个非线性方程所构成的方程组的求解方法。下面是由三个非线性方程构成的方程组的实例。

$$\begin{cases} x_1 - 5x_2^2 + 7x_3^2 + 12 = 0 \\ 3x_1x_2 + x_1x_3 - 11x_1 = 0 \\ 2x_2x_3 + 40x_1 = 0 \end{cases}$$

那么梯度法是怎样计算该实例方程组的一组实根的呢? 设非线性方程组为

$$f_i = f_i(x_0, x_1, \cdots, x_{n-1}) = 0, \quad i = 0, 1, \cdots, n-1$$

并定义目标函数为

$$F = F(x_0, x_1, \cdots, x_{n-1}) = \sum_{i=0}^{n-1} f_i^2$$

由于方程组的一组实根使得每一个方程 $f_i = 0$,故将每个方程的平方和设为目标函数。设目标函数的意义在于:使 F 取得最小值时,对非线性方程组的求解问题就转化为求目标函数 F 的最优解问题。可以利用梯度的几何意义,确定最大方向的偏导数,进而解决目标函数 F 的最优解问题。梯度法的具体计算过程如下:

(1)选取一组初值 $x_0, x_1, \cdots, x_{n-1}$;

(2)计算目标函数值 $F = F(x_0, x_1, \cdots, x_{n-1}) = \sum_{i=0}^{n-1} f_i^2$;

(3)若 $F < \varepsilon$,则 $X = (x_0, x_1, \cdots, x_{n-1})^{\mathrm{T}}$ 即为方程组的一组实根,过程结束;否则继续;

(4)计算目标函数在 $(x_0, x_1, \cdots, x_{n-1})$ 点的偏导数

$$\frac{\partial F}{\partial x_i} = 2 \sum_{i=0}^{n-1} f_i \cdot \frac{\partial f_i}{\partial x_i}, \quad i = 0, 1, \cdots, n-1$$

(5)计算

$$D = \sum_{i=0}^{n-1} \left(\frac{\partial F}{\partial x_i} \right)^2$$

(6)计算 $x_i - \lambda \frac{\partial F}{\partial x_i} \Rightarrow x_{i+1}, \quad i = 0, 1, \cdots, n-1$,其中 $\lambda = F/D$;

(7)重复(1)~(6)步,直到满足精度要求为止。

需要注意的是在上述过程中,如果 $D = 0$,则说明遇到了目标函数的局部极值点,此时可改变初值再重新计算。

根据梯度法的计算原理,不难写出下面梯度算法的伪代码。设计算精度 eps 为 0.000 001,最大迭代次数 nMaxIt 为 60,n 为方程组的个数,x[] 用于存放一组初始值。伪代码如下:

将初始值 $(x_0, x_1, \cdots, x_{n-1})$ 代入方程组计算 $\frac{\partial F}{\partial x_i}$,

计算目标函数值 F;

while ($F > \varepsilon$)

{   迭代次数减 1;

   if (达到最大迭代次数)

      return true;

   计算 $D = \sum_{i=0}^{n-1} \left(\frac{\partial F}{\partial x_i} \right)^2$;

   计算 λ 的值;

   计算下一组初始值 $x_i - \lambda \frac{\partial F}{\partial x_i} \Rightarrow x_{i+1}$;

   计算目标函数值 F;

}

根据梯度法的伪代码算法,编写 C++ 程序如下:

```
// 采用梯度法求非线性方程组一组实根的函数
bool GetRootsetGrad(int n, double x[], int nMaxIt = 60, double eps = 0.000 001)
{    int l,j;
    double f,d,s, * y;
```

```
    y = new double[n];
    l = nMaxIt;
    f = Func(x,y);
    // 控制精度,迭代求解
    while (f >= eps){
        l = l - 1;
        if (l = = 0) {
            delete[] y;
            return true;
        }
        d = 0.0;
        for (j = 0; j< = n - 1; j + +)
            d = d + y[j] * y[j];
        if (d + 1.0 = = 1.0) {
            delete[] y;
            return false;
        }
        s = f/d;
        for (j = 0; j< = n - 1; j + +)
            x[j] = x[j] - s * y[j];
        f = Func(x,y);
    }
    delete[] y;
    // 是否在有效迭代次数内达到精度
    return (nMaxIt>l);
}
```

现在利用实际数据来测试梯度算法。假定实际的非线性方程组如下：

$$\begin{cases} x_1 - 5x_2^2 + 7x_3^2 + 12 = 0 \\ 3x_1x_2 + x_1x_3 - 11x_1 = 0 \\ 2x_2x_3 + 40x_1 = 0 \end{cases}$$

首先将待求的非线性方程组写成函数的形式 double Func(double x[], double y[])，其中 x[]表示自变量的数组，y[]表示相应自变量的偏导数的值。函数如下：

```
// 原方程组和偏导数方程的计算函数
double Func(double x[], double y[])
{   double z,f1,f2,f3,df1,df2,df3;
    f1 = x[0] - 5.0 * x[1] * x[1] + 7.0 * x[2] * x[2] + 12.0;      // 原方程 1
    f2 = 3.0 * x[0] * x[1] + x[0] * x[2] - 11.0 * x[0];            // 方程 2
    f3 = 2.0 * x[1] * x[2] + 40.0 * x[0];                         // 方程 3
    z = f1 * f1 + f2 * f2 + f3 * f3;
```

```
        // 方程组对 x1 的偏导函数
        df1 = 1.0;
        df2 = 3.0 * x[1] + x[2] - 11.0;
        df3 = 40.0;
        y[0] = 2.0 * (f1 * df1 + f2 * df2 + f3 * df3);
        // 方程组对 x2 的偏导函数
        df1 = 10.0 * x[1];
        df2 = 3.0 * x[0];
        df3 = 2.0 * x[2];
        y[1] = 2.0 * (f1 * df1 + f2 * df2 + f3 * df3);
        // 方程组对 x3 的偏导函数
        df1 = 14.0 * x[2];
        df2 = x[0];
        df3 = 2.0 * x[1];
        y[2] = 2.0 * (f1 * df1 + f2 * df2 + f3 * df3);
        return(z);
}
```

计算非线性方程组的测试主函数如下：

```
#include<iostream.h>
int main()
{   double x[3] = {1.5,6.5, - 5.0};
    int n = 3;
    int nMaxIt = 600;
    bool bRet = GetRootsetGrad(n, x, nMaxIt,0.000001);
    // 显示结果
    if (bRet)
    {
        cout<< "求得的" << n << "个根为:\n\n";
        for (int i = 0; i<n; ++i)
        {
            cout << "x(" << i << ") = " << x[i] << "\n";
        }
    }
    else
        cout << "求解失败";
    return 0;
}
```

输出：

　　求得的 3 个根为：

```
x(0)  =  1.000 19
x(1)  =  5.000 43
x(2)  =  - 4.000 39
```

程序设计举例

例 15－1　求非线性方程组一组实根的蒙特卡洛法。

蒙特卡洛法求解过程中需要用到本章前面所讲的迭代法的思想。现将非线性方程组写成如下形式

$$f_i(x_0,x_1,\cdots,x_{n-1})=0,\quad i=0,1,\cdots,n-1$$

首先给出求解过程中模函数的如下定义：

$$\|F\|=\sqrt{\sum_{i=0}^{n-1}f_i^2}$$

假设有如下非线性方程组

$$3x_1+x_2+2x_3^2-3=0$$
$$-3x_1+5x_2^2+2x_1x_3-1=0$$
$$25x_1x_2+20x_3+12=0$$

该方程组的一组根为 $\boldsymbol{X}=(0.0,0.0,0.0)^{\mathrm{T}}$，这样就可以计算出模值 f 为：

$$f_1=3*0.0+0.0+2*0.0^2-3=-3;$$
$$f_2=-3*0.0+5*0.0^2+2*0.0*0.0-1=-1;$$
$$f_3=25*0.0*0.0+20*0.0+12=12$$
$$f=\sqrt{f_1^2+f_2^2+f_3^2}$$

蒙特卡洛法就是反复计算模值，使得它小于已给定的值 ε。ε 为一个很小的正数，通过调整 ε 的值可以控制求解的精度。具体的算法过程如下：

（1）任意给定一组实数作为一个初值 $\boldsymbol{X}=(x_0,x_1,\cdots,x_{n-1})^{\mathrm{T}}$，并计算模函数 $F_0=\|F\|$；

（2）先选取一个 $b(b>0)$，在区间 $[-b,b]$ 上反复生成均匀分布的随机数 $(r_0,r_1,\cdots,r_{n-1})$。对于每一组 $(r_0,r_1,\cdots,r_{n-1})$ 计算 $\boldsymbol{X}=(r_0+x_0,r_1+x_1,\cdots,r_{n-1}+x_{n-1})^{\mathrm{T}}$ 的模值 F_1，直到发现一组使 $F_1<F_0$ 为止，即有如下等式：

$$x_i=x_i+r_i,\quad i=0,1,\cdots,n-1$$
$$F_0=F_1$$

如果连续产生了 m 组随机数还不满足 $F_1<F_0$，则将 b 减半再进行。

（3）重复上述过程，直到 F_0 小于一给定的值 ε，此时 $\boldsymbol{X}=(x_0,x_1,\cdots,x_{n-1})^{\mathrm{T}}$ 即为方程组的一组实根。

计算过程可能会遇到不收敛的情况，此时调整控制参数 m 和 b 的值。根据上面的计算过程不难写出如下伪代码（假定计算精度控制数为 eps，b 为一个大于零的正数）：

```
初始化变量
··· X = (x₀,x₁,···,xₙ₋₁)ᵀ
调用求模函数计算 F
while (b >= eps)        //用精度控制迭代求解
```

```
    {
        计算 X = (r₀ + x₀, r₁ + x₁, …, rₙ₋₁ + xₙ₋₁)ᵀ 的模 F₁
        if (F1>F)
        将随机函数的选择区间[−b,b]减半
        else
            F = F1
        if (F< eps)        求解成功推出循环
    }
```

计算 $X = (r_0 + x_0, r_1 + x_1, \cdots, r_{n-1} + x_{n-1})^{\mathrm{T}}$ 的模 F_1

根据伪代码算法所编写的 C++程序如下：

```cpp
#include <iostream.h>
#include <math.h>
double Func(int n, double x[])          //求模函数
{   double f,f1,f2,f3;
    n = n;
    f1 = 3.0 * x[0] + x[1] + 2.0 * x[2] * x[2] - 3.0;
    f2 = -3.0 * x[0] + 5.0 * x[1] * x[1] + 2.0 * x[0] * x[2] - 1.0;
    f3 = 25.0 * x[0] * x[1] + 20.0 * x[2] + 12.0;
    f = sqrt(f1 * f1 + f2 * f2 + f3 * f3);
    return (f);
}
double rnd(double * r)          //产生随机数函数
{   int m;
    double s,u,v,p;
    s = 65536.0;
    u = 2053.0;
    v = 13849.0;
    m = (int)( * r/s);
    * r = * r - m * s;
    * r = u * ( * r) + v;
    m = (int)( * r/s);
    * r = * r - m * s; p = * r/s;
    return (p);
}
void GetRootsetMonteCarlo(int n, double x[], double xStart, int nControlB, double
eps = 0.000001)   //求解函数
{   int k,i;
    double a,r, * y,z,z1;
    y = new double[n];
    a = xStart;      //初值
```

```
        k = 1;
        r = 1.0;
        z = Func(n, x);
        while (a > = eps)        // 用精度控制迭代求解
        {
            for (i = 0; i < = n - 1; i + +)
                y[i] = - a + 2.0 * a * rnd(&r) + x[i];   // a + 2.0 * a * rnd(&r)相当于 rᵢ
            z1 = Func(n, y);
            k = k + 1;
            if (z1 > = z)
            {
                if (k > nControlB)
                {   k = 1;
                    a = a/2.0;
                }
            }
            else
            {   k = 1;
                for (i = 0; i < = n - 1; i + +)
                    x[i] = y[i];
                // 求解成功
                z = z1;
                if (z < eps)
                {
                    delete[] y;
                    return;
                }
            }
        }
        delete[] y;
    }
```

　　有了上面求非线性方程组一组实根的蒙特卡洛法的函数,可以编写测试程序,用来验证蒙特卡洛法的函数的正确性。在上面的函数 Func 中,已经给出了求解的方程组,调用上面的函数来求解方程组为

$$3x_1 + x_2 * 2x_3^2 - 3 = 0$$
$$-3x_1 + 5x_2^2 + 2x_1x_3 - 1 = 0$$
$$25x_1x_2 + 20x_3 + 12 = 0$$

取初值 $\boldsymbol{X} = (0.0, 0.0, 0.0)^{\mathrm{T}}, b = 2.0, m = 10, \varepsilon = 0.00001$。

测试主函数的 C++源代码如下:

```
int main()
{    double x[3] = {0.0,0.0,0.0};
     double b = 2.0;
     int m = 10;
     int n = 3;
     double eps = 0.000001;
     GetRootsetMonteCarlo(n, x, b, m, eps);
     // 显示结果
     for (int i = 0; i<n; ++i)
     {
         cout<<x[i]<<endl;
     }
     return 0;
}
```

　　输出： 1.096 032
　　　　 − 0.799 754
　　　　　0.495 681

　　本例题实际上应用了前面所讲迭代法的思想,程序的主要工作在 while 中,在应用时可以改变求模函数中的方程组,求非线性方程组一组实根。蒙特卡洛法是一种随机模拟方法,在以上讲的方程组求解的方法中应用了随机模拟法,在工程计算中是比较常用的算法,有兴趣的同学可以参考有关蒙特卡洛法专著。这个例题的主要目的是让大家掌握迭代法的思想,对蒙特卡洛法可以不必深究,可以通过修改 Func 函数中的方程组来求解其他方程的一组实数解。

小结

　　1. 计算机数据处理分两大类,一类是数值数据处理(又称数值计算);另一类是非数值数据处理(又称非数值计算)。

　　2. 数值计算主要是数学计算,即求数值解,如求方程的根,求函数的定积分等。

　　3. 两种常用多项式计算方法:逐项递推算法、秦九韶算法。

　　4. 多元一次代数方程组求解方法主要有两种:约当消元法和迭代法。

　　5. 约当消元法与高斯消元法的区别在于有无回代过程。

　　6. 迭代法的基本思想是:先设置一个初值 x_1,计算得到 x_2,将 x_2 作为初值,继续计算得到 x_3,再将 x_3 作为初值,依此类推直到计算精度达到要求为止。

　　7. 所谓非线性方程包括代数方程(一元二次方程、一元三次方程等)和超越方程(三角方程、指数方程、对数方程等)等。

　　8. 采用梯度法求非线性方程组的根。

　　9. 参照高斯消元算法来求逆矩阵。

　　10. 采用变步长的梯形法来求积分。

习题

　　1. 计算并显示多项式 (x^2-1) 乘以多项式 x^5+7x^3+2x-4 的结果。

2. 用牛顿迭代法求方程 $f(x) = 3x^3 - 5x + 6 = 0$ 的一个实根。取 $\varepsilon = 0.000\,001$,最大迭代次数为 60。其中 $f'(x) = 9x^2 - 5$。

3. 计算方程 $f(x) = x^3 - x^2 - 1$ 的一个实根,取 $\varepsilon = 0.000\,001$。

4. 求定积分 $\displaystyle\int_0^{\pi/2} (\sin x)\mathrm{d}x$,取 $\varepsilon = 0.000\,001$。

5. 用变步长梯形求积分法计算定积分 $\displaystyle\int_0^1 \mathrm{e}^{-x^2}\mathrm{d}x$,取 $\varepsilon = 0.000\,001$。

6. 利用约当法求解下列方程组

$$\begin{cases} 0.2368x_0 + 0.2471x_1 + 0.2568x_2 + 1.2671x_3 = 1.8471 \\ 0.1968x_0 + 0.2071x_1 + 1.2168x_2 + 0.2271x_3 = 1.7471 \\ 0.1581x_0 + 1.1675x_1 + 0.1768x_2 + 0.1871x_3 = 1.6471 \\ 1.1161x_0 + 0.1254x_1 + 0.1397x_2 + 0.1490x_3 = 1.5471 \end{cases}$$

7. 利用高斯-约当法求下列四阶矩阵的逆矩阵并计算 $\boldsymbol{AA}^{-1}$ 以检验其结果的正确性。

$$\boldsymbol{A} = \begin{bmatrix} 0.2368 & 0.2471 & 0.2568 & 1.2671 \\ 1.1161 & 0.1254 & 0.1397 & 0.1490 \\ 0.1582 & 1.1675 & 0.1768 & 0.1871 \\ 0.1968 & 0.2971 & 1.2168 & 0.2271 \end{bmatrix}$$

附录 A　计算机中的信息表示

A.1　计算机中的数制

每看到一个十进制数,我们在直觉上都很容易有"大"或"小"这样数量级的概念。但由于十进制在实现上的复杂性,而"闭合"和"断开"这样的逻辑关系在电路实现上较为简单容易,因此现代计算机主要都由开关元件构成。

"开"和"关"在逻辑上可以分别用"0"和"1"表示。这样,计算机硬件能够直接识别的就只有由"0"和"1"构成的二进制码,也就是说计算机中的数是用二进制表示的。

但用二进制数表示一个较大的数时,既冗长又难以记忆,人们在日常生活中仍习惯于使用十进制数。借助于软件的辅助,现代计算机也能够间接理解十进制等一些其它的进制数。所以,在学习计算机的基本原理和应用之前,我们需要首先了解和掌握计算机中数的表示、常用的计数制以及如何实现它们相互间的转换。

A.1.1　位、字节和字长

1. 数位

现代计算机几乎全部采用 0 和 1 来表示各种信息,每个 0 或 1 是计算机中的最小数据单位,称为位(bit,它是 binary digit 的缩写),或简写为 b。它表示逻辑器件的一种状态:"断开"或"闭合"。在内存储器中,它可以是用于存放信息的晶体管的"开"或"关",也可以是某个电容的充电或放电;在硬磁盘中,bit 通过磁盘盘片表面的磁场方向表示("南-北"或"东-西");在常用的 CD-ROM 光盘上,它是光的反射与否;而在计算机所处理和存储的数字音频信号中,可以用"1"表示高音,用"0"表示低音。

一个十进制数可以由多个数位构成。如 128,就是由 3 个数位构成,最右边是个位,也是这个十进制整数的最低位,其权值是 10^0。之后,从右向左,依次是十位(次低位)和百位(最高位),相应的权值分别是 10^1 和 10^2。

同样,二进制数的位因其处于数的不同位置也具有不同的权值,其权值的大小也是从右向左依次增加。如二进制数 1011,同样最右边是最低位,权值为 2^0;之后从右向左,其权值分别为 2^1、2^2,最高位的权值为 2^3。由于最低位的权值是 2^0,因此在计算机中,常用 bit0 来表示一个二进制数的最低位,高位则依次为 bit1,bit2,…。

对一个二进制数,哪一位是最低位,哪一位是最高位,且最低位称为"第 0 位"(不是"第 1 位"),是初学者必须要清楚的问题。

2. 字节

一位 0 或 1 无法表示太多数据,需要将多位组合起来。由于计算机对数据的处理多以 8

位二进制码(或 8 位的整数倍)为单位,所以常将 8 位二进制码作为一个整体,称为 1 字节(Byte),简写为 B。1B 是 8 位二进制码,能够表示的最大数是 $2^8-1=255$。

字节是计算机中表示存储空间大小的基本容量单位。例如,计算机内存的存储容量、磁盘的存储容量等都是以字节为单位表示。此外,为表示更大的数字,我们将更多字节结合起来,如 2 字节是 16 位,能够表示的最大数就是 $2^{16}-1=65535$。依次类推,就有了以下这些表示大数据的单位:千字节(KB,Kilobyte),兆字节(MB,Megabyte),十亿字节(GB,Gigabyte Byte),万亿字节(TB,Terabyte)等。它们之间的换算关系如下:

$$1B=8bit$$
$$1KB=2^{10}B=1024B$$
$$1MB=2^{10}KB=2^{20}B=1024KB$$
$$1GB=2^{10}MB=2^{20}KB=2^{30}B=1024MB$$
$$1TB=2^{10}GB=2^{20}MB=2^{30}KB=2^{40}B=1024GB$$

3. 字长

在计算机诞生初期,受各种因素限制,计算机一次能够同时(并行)处理 8 bit 二进制码,即一次能够进行 8 位二进制码的加减乘除等运算。随着电子技术的发展,计算机的并行处理能力越来越强,从 8 位、16 位、32 位,直至今天,微型机的并行处理能力一般为 64 位,大型机已达 128 位。我们将计算机一次能够并行处理的二进制位数称为该机器的字长,也称为计算机的一个"字"。因此,早期的计算机被称为 8 位机,而今天我们常用的个人电脑(PC,Personal Computer)则称为 64 位机。

字长是计算机的一个重要性能指标,直接反映了一台计算机的计算能力和精度。字长越长,计算机处理数据的速度就越快,这点可以通过一个例子来说明。如计算 5×8,我们可以立即得出答案为 40。但如果要计算 55×88,就不可能立即得到正确的答案。这是因为 55×88 的运算已超出了一般人脑的"字长"。为了得出结果,需要将复杂的问题(如 55×88)进行分解,如分解为:$(50\times80)+(50\times8)+(5\times80)+(5\times8)$。这样,虽然较容易得出结果,但可以看出,需要花费比较多的时间。随着数字的增大,需要花的时间就更长。

人脑是这样,计算机同样是这样。计算机能够一次直接处理的最大数决定于计算机的字长。如果要计算的数据超出了计算机的字长,就必须对数据进行分解。一台字长为 16 位的计算机,可以直接处理 2^{16}(65536)之内的数据,对于超过 65536 的数就必须分解之后才能处理。32 位机比 16 位机优越的原因就在于它在一次操作中能处理的数更大(2^{32},达 40 亿)。能处理的数字越大,则操作的次数就越少,系统的效率也就越高。

A.1.2　计算机中的数制

1. 十进制数

十进制数有 0~9 十个数字符号,用符号 D 标识。一个任意十进制数可用权展开式表示为

$$(D)_{10}=D_{n-1}\times10^{n-1}+D_{n-2}\times10^{n-2}+\cdots+D_1\times10^1+D_0\times10^0+D_{-1}\times10^{-1}$$
$$+\cdots+D_{-m}\times10^{-m}$$
$$=\sum_{i=-m}^{n-1}D_i\times10^i \tag{A-1}$$

其中，D_i 是 D 的第 i 位的数码，可以是 $0\sim9$ 十个符号中的任何一个，n 和 m 为正整数，n 表示小数点左边的位数，m 表示小数点右边的位数，10 为基数，10^i 称为十进制的权。

2. 二进制数

二进制数由 0 和 1 两个符号组成，用符号 B 标识，遵循逢二进一的法则。一个二进制数 B 可用其权展开式表示为

$$(B)_2 = B_{n-1} \times 2^{n-1} + B_{n-2} \times 2^{n-2} + \cdots + B_0 \times 2^0 + B_{-1} \times 2^{-1} + \cdots + B_{-m} \times 2^{-m}$$

$$= \sum_{i=-m}^{n-1} B_i \times 2^i \tag{A-2}$$

其中，B_i 为 1 或 0，2 为基数，2^i 为二进制的权，m、n 的含意与十进制表达式相同。为与其它进位计数制相区别，一个二进制数通常用下标 2 表示。二进制数 1011.01 可表示为

$$(1011.01)_2 = 1 \times 2^3 + 0 \times 2^2 + 1 \times 2^1 + 1 \times 2^0 + 0 \times 2^{-1} + 1 \times 2^{-2} = 11.25$$

3. 十六进制数

十六进制数共有 16 个数字符号，$0\sim9$ 及 $A\sim F$，用符号 H 标识，其计数规律为逢十六进一。一个十六进制数 H 的权展开式为

$$(H)_{16} = H_{n-1} \times 16^{n-1} + H_{n-2} \times 16^{n-2} + \cdots + H_0 \times 16^0 + H_{-1} \times 16^{-1} + \cdots + H_{-m} \times 16^{-m}$$

$$= \sum_{i=-m}^{n-1} H_i \times 16^i \tag{A-3}$$

式中，H_i 为 $0\sim F$ 范围取值，16 为基数，16^i 为十六进制数的权；m、n 的含意与十进制相同。十六进制数也可用下标 16 表示。十六进制数 38EF.A4H 可表示为

$$(38EF.A4)_{16} = 3 \times 16^3 + 8 \times 16^2 + 14 \times 16^1 + 15 \times 16^0 + 10 \times 16^{-1} + 4 \times 16^{-2}$$

$$= 14575.640625$$

4. 其它进制数

除以上介绍的二、十和十六进制三种常用的进位计数制外，计算机中还可能用到八进制数。八进制数有 $0\sim7$ 等 8 个数符，用符号 O 标识，其计数规律为逢八进一。其权展开式可参照式（A-3）进行归纳。

下面给出任一进位制数的权展开式的一般形式。一般地，对任意一个 K 进制数 S，都可用权展开式表示为

$$(S)_K = S_{n-1} \times K^{n-1} + S_{n-2} \times K^{n-2} + \cdots + S_0 \times K^0 + S_{-1} \times K^{-1} + \cdots + S_{-m} \times K^{-m}$$

$$= \sum_{i=-m}^{n-1} S_i \times K^i \tag{A-4}$$

这里，S_i 是 S 的第 i 位数码，可以是所选定的 K 个符号中的任何一个；n 和 m 的含义同上，K 为基数，K^i 称为 K 进制数的权。

需要注意的一点是：在默认情况下，十进制标识符 D 可省略，而其它进制数则须标明标识符。即当数字后无标识符时，计算机将默认其为十进制数。例如：1101B 是二进制数，而 1101 则默认为十进制数。

A.1.3　各种数制之间的转换

人类习惯的是十进制数，计算机采用的是二进制数，编写程序时为方便起见又多采用十六

进制数,因此必然会产生在不同计数制之间进行转换的问题。

1. 非十进制数到十进制数的转换

非十进制数转换为十进制数的方法比较简单,只要将它们按相应的权表达式展开,再按十进制运算规则求和,即可得到它们对应的十进制数。

例 A-1 将二进制数 1101.101 转换为十进制数。

解:根据二进制数的权展开式,有

$$(1101.101)_2 = 1 \times 2^3 + 1 \times 2^2 + 0 \times 2^1 + 1 \times 2^0 + 1 \times 2^{-1} + 0 \times 2^{-2} + 1 \times 2^{-3}$$
$$= (13.625)_{10}$$

例 A-2 将十六进制数 64.CH 转换为十进制数。

解:根据十六进制数的权展开式,有

$$(64.C)_{16} = 6 \times 16^1 + 4 \times 16^0 + C \times 16^{-1} = 6 \times 16^1 + 4 \times 16^0 + 12 \times 16^{-1}$$
$$= (100.75)_{10}$$

2. 十进制数转换为非十进制数

十进制转换为非十进制(K 进制)数时,整数和小数部分应分别进行转换。整数部分转换为 K 进制数时采用"除 K 取余"的方法,即连续除 K 并取余数作为结果,直至商为 0,得到的余数从低位到高位依次排列即得到转换后 K 进制数的整数部分;对小数部分,则用"乘 K 取整"的方法,即对小数部分连续用 K 乘,以最先得到的乘积的整数部分为最高位,直至达到所要求的精度或小数部分为零为止。

例 A-3 将十进制数 115.25 转换为对应的二进制数。

解:

整数部分	小数部分
$115/2 = 57$ ········余数$=1$(最低位)	$0.25 \times 2 = 0.5$ ········整数$=0$(最高位)
$57/2 = 28$ ········余数$=1$	$0.5 \times 2 = 1.0$ ········整数$=1$
$28/2 = 14$ ········余数$=0$	
$14/2 = 7$ ········余数$=0$	
$7/2 = 3$ ········余数$=1$	
$3/2 = 1$ ········余数$=1$	
$1/2 = 0$ ········余数$=1$	

从而得到转换结果 $(115.25)_{10} = (1110011.01)_2$

例 A-4 将十进制数 301.6875 转换为对应的十六进制数。

解:

整数部分	小数部分
$301/16 = 18$ ········余数$=D$	$0.6875 \times 16 = 11.0000$ ········整数$=(11)_{10} = (B)_{16}$
$18/16 = 1$ ········余数$=2$	
$1/16 = 0$ ········余数$=1$	

所以有 $301.6875 = 12D.BH$。

例 A-5 将十进制数 301.6875 转换为对应的八进制数。

解:

整数部分	小数部分
$301/8=37$………余数$=5$	$0.6875 \times 8=5.5$………整数$=5$(最高位)
$37/8=4$ ………余数$=5$	$0.5 \times 8=4.0$………整数$=4$
$4/8=0$ ………余数$=4$	

所以有 $301.6875=(455.54)_8$

3. 非十进制数之间的转换

由于 $2^4=16$，$2^3=8$，故二进制数与十六进制数、八进制数之间都存在有特殊的关系。一位十六进制数可用 4 位二进制数来表示，而一位八进制数可用 3 位二进制数表示，且它们之间的关系是唯一的。这就使得十六进制数与二进制数之间、八进制数与二进制数之间的转换都非常容易。由于二进制在书写上的麻烦和冗长，因此，在计算机应用中，虽然机器只能识别二进制数，但在数字的书写表达上更广泛地采用十六进制或八进制。

将二进制数转换为十六进制数的方法是：从小数点开始分别向左和向右把整数和小数部分每 4 位分为一组。若整数最高位的一组不足 4 位，则在其左边补零；若小数最低位的一组不足 4 位，则在其右边补零，然后将每组二进制数用对应的十六进制数代替，则得到转换结果。

同样的方法，可实现二进制数到八进制数的转换。即：从小数点开始分别向左和向右将数每 3 位分为一组。若整数最高位的一组不足 3 位，则在其左边补零；若小数最低位的一组不足 3 位，则在其右边补零。

相应的，十六进制数和八进制数转换为二进制数时，可用 4 位/3 位二进制代码取代对应的一位十六进制/八进制数。

例 A - 6 将二进制数 110100110.101101B 转换为十六进制数。

解：

二进制数	0001	1010	0110.	1011	0100
	↓	↓	↓	↓	↓
十六进制数	1	A	6 .	B	4

所以有 $(110100110.101101)_2=1A6.B4H$。

例 A - 7 将八进制数 $(273.64)_8$ 转换为二进制数。

解：

八进制数	2	7	3 .	6	4
	↓	↓	↓	↓	↓
二进制数	010	111	011 .	110	100

从而得：$(273.64)_8=010111011.110100B$。

A.2 二进制数的表示和运算

A.2.1 二进制数的表示

在计算机中，用于表示数值大小的数据称为数值数据。计算机可以处理的数值可以是整数，也可以是小数。对整数的处理比较容易，但对小数，就会有些麻烦。比如小数点处于不同的位置,其数的大小会不同。计算机中,对小数点位置的表示有定点表示法和浮点表示法两种。

1. 数的定点表示法

定点表示法就是规定一个固定的小数点位置。用这种方法表示的数称为定点数。为方便起见,通常都把小数点固定在最高数据位的左边,称为纯小数。如果考虑数的符号,小数点的前边可以再设符号位。纯小数的定点数可表示为:

$$X = X_s \cdot X_{-1} X_{-2} \cdots X_{-(n-1)} X_{-n}$$

这里,X_s 是符号位,用于表示数的正负;小数点是人为规定的;X_{-1} 至 X_{-n} 为数码部分,表示数值大小。其中,X_{-1} 表示最高有效位,X_{-n} 是最低有效位。当数码有 n 位时,定点小数所能表示的数值范围为

$$-(1 - 2^{-n}) \leqslant X \leqslant (1 - 2^{-n})$$

用纯小数表示法进行数据处理时,需先将数转化为绝对值小于 1 的纯小数,并保证运算的中间结果和最终结果的绝对值也都小于 1,在输出真正结果时,再按相应比例将结果扩大。

纯小数是将小数点固定在最高有效位之前,若将小数点固定在最低有效位之后,则此时的数就变成了下边讨论的纯整数。任意一个整数都可表示为:

$$X = X_s X_{n-1} \cdots X_1 X_0$$

同样,X_s 表示符号,后边的 n 位表示数值部分。纯整数所能表示的数值范围为

$$-(2^n - 1) \leqslant X \leqslant 2^n - 1$$

定点法是将小数点的位置固定,因此运算起来比较方便。但都要求对原始数据先行进行处理,用比例因子转化为纯小数或纯整数,计算的结果又要再用比例因子折算成真实值。另外,这种方法能表示的数的范围小,精度也较低。

2. 数的浮点表示法

所谓浮点数,是指小数点的位置可以左右移动的数据。在十进制中,一个数可以写成多种表示形式,如 58.123,可以写成 0.58123×10^2,0.058123×10^3,58123×10^{-3},等等。同样,一个二进制数也可以写成多种表示形式,如 1011.101 可以写成 0.1011101×2^4,0.01011101×2^5,等等。即:一个二进制数可以用如下形式表示:

$$X = \pm 2^E \times F$$

式中,E 称为阶码,即指数值,为带符号整数;F 表示尾数,通常是纯小数。我们将用阶码和尾数表示的数称为浮点数,将这种表示数的方法称为浮点表示法。

浮点数的一般格式如图 A-1 所示:

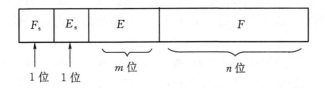

图 A-1　典型的浮点数格式

图中,F_s 为尾符,表示尾数的符号,安排在最高位,它也是整个浮点数的符号位,表示该浮

点数的正负;E_s 是阶符,表示阶码的符号,即指数的符号,决定符点数范围的大小;E 是阶码的值,F 是尾数的值。

可以看出,浮点数的表示不是惟一的。当小数点的位置改变时,阶码也随之相应改变,同一个数就可以有多种表现形式。为了便于浮点数之间的运算和比较,也为了提高数据的表示精度,规定浮点数的尾数用纯小数表示,即小数点右边第 1 位不为 0,阶码用整数表示,称这样的浮点数为规格化浮点数。对不满足要求的数,可通过修改阶码并同时左右移动小数点位置的方法使其变为规格化浮点数,这个过程也称为浮点数的规格化。

不论是浮点数还是定点数,在计算机中都要存放在存储器中,而存储器的字长和容量都是有限的。因此,定点数有表数范围,浮点数同样也有。浮点数的表数范围主要由阶码决定,精度则主要由尾数决定。采用图 A-1 格式所表示的规格化二进制浮点数的表数范围为

$$2^{-(1+2^m)} \leqslant |X| \leqslant (1-2^{-n}) \times 2^{2^m-1}$$

早期计算机中只有定点数据表示,采用定点数的优点是硬件结构比较简单,缺点除数据的表示范围比较小之外,主要是必须在运算前将所有参加运算的数据的小数点都对齐到最高位,运算结束后又要恢复,运算速度比较慢,也浪费很多存储空间。现在,随着硬件成本的大幅降低,现代通用计算机中都能够处理包括定点数、浮点数等在内的多种类型的数值。引入浮点数表示法,可使数的表示范围、精度以及运算速度大幅提高。有关浮点数的进一步描述,请有兴趣的读者参阅其它相关书籍。

A.2.2　机器数的表示

不论是采用定点表示或是浮点表示法,计算机中存储和处理的二进制数可通称为机器数。十进制数有正数和负数,二进制数也可以有正负之分。十进制数的正数和负数分别用"+"和"-"表示,这是因为人能够识别"+"和"-"。由于计算机只能识别"0"和"1",所以,机器数的正和负无法用"+"和"-"表示。

机器数分为无符号数和有符号数两种。所谓无符号数,就是不考虑数的符号(这在十进制中没有对应),一个数中的每一位 0 或 1 都是有效的或有意义的数据。如:10010110B 是一个二进制数,该数中的每一位都是有意义的,由式(A-2)的权值表达式可以得出其对应的十进制数值为 150。

有符号数的含义是:该数具有"正"或"负"的性质。此时,数据的最高位不是有意义的数据,而是符号位,用来表示数的正或负。与十进制数不同的是,机器数的正号和负号需要用 0 和 1 来表示。即,在需要考虑数据符号的有符号数中,一个数的最高位的"0"或"1"表示的是该数的性质,"0"表示正数,"1"表示负数,最高位不再是数据本身。以 8 位字长为例,D_7 位是符号位,$D_6 \sim D_0$ 为数值位;若字长为 16 位,则 D_{15} 为符号位,$D_{14} \sim D_0$ 为数值位。这样,有符号数中的有效数值就比相同字长的无符号数要小了,因为其最高位代表符号,而不再是有效的数据。

我们把符号数值化了的数称为机器数,如 00010101 和 10010101 就是机器数;而把原来的数值(数据本身)称为机器数的真值(也可以理解为绝对值),如+0010101 和-0010101。

机器数的表示方法有三种,即原码、反码和补码。

1.原码

原码表示法可以简单地表达成如下形式:

符号位＋真值

一个数 X 的原码可记为$[X]_原$。在原码表示法中，不论数的正负，数值部分均为真值。

例 A - 8　已知真值 X＝＋42，Y＝－42，求$[X]_原$和$[Y]_原$。

解：因为$(＋42)_{10}$＝＋0101010B，$(－42)_{10}$＝－0101010B，根据原码表示法，有

$$[X]_原 = \underset{\underset{符号位\quad 数值部分}{\uparrow\qquad\uparrow}}{0\ 0101010} \qquad\qquad [Y]_原 = \underset{\underset{符号位\quad 数值部分}{\uparrow\qquad\uparrow}}{1\ 0101010}$$

注意，在原码表示法中，真值 0 的原码可表示为两种不同的形式，即＋0 和－0。以 8 位字长数为例：

$$[＋0]_原 = 00000000$$
$$[－0]_原 = 10000000$$

原码表示法的优点是简单，易于理解，与真值间的转换较为方便；它的缺点是进行加减运算时较麻烦，不仅要考虑是做加法还是做减法，而且要考虑数的符号、绝对值大小及运算结果的符号，这使运算器的设计较为复杂，并降低了运算器的运算速度。

2. 反码

反码是原码基础上的变形。对正数来讲，反码的表示方法与原码相同，即最高位为"0"，其余是数值部分。但负数的反码表示与原码不同，其最高位依然是符号位，用"1"表示，但其余的数值部分不再是原来的真值，而是将真值的各位按位取反。即原先为 0 的变为 1，为 1 则变为 0。

例 A - 9　已知真值 X＝＋42，Y＝－42，求$[X]_反$和$[Y]_反$。

解：因为$(＋42)_{10}$＝＋0101010B，$(－42)_{10}$＝－0101010B，根据反码表示法，有

$$[X]_反 = 00101010 \qquad 对正数：[X]_反＝[X]_反$$
$$[Y]_反 = 11010101 \qquad 对负数：[Y]_反＝[Y]_原 的符号位不变，数值部分按位取反$$

由该例可以看出，对一个用反码表示的负数，其数值部分不再是真值。

在反码表示法中，同原码一样，数 0 也有两种表示形式（以 8 位字长数为例）：

$$[＋0]_反＝00000000$$
$$[－0]_反＝11111111$$

在原码和反码表示法中，数值 0 的表示都不唯一，且运算器的设计比较复杂，因此目前在微处理器中已较少使用这两种表示方法（原码表示法主要用于浮点数中的阶码表示）。

3. 补码

补码由反码演变而来，其定义为：对正数，补码与反码和原码的表示方法相同，即最高位为"0"，其余是数值部分。但负数的补码表示与原码和反码不同，其最高位的符号位不变，但其余的数值部分是反码的数值部分加 1，即将原码的真值按位取反再加 1。

真值 X 的补码记为$[X]_补$。可用下式表述：

若 X≥0　　$[X]_补＝[X]_反＝[X]_原$

若 X＜0　　$[X]_补＝[X]_反＋1$

例 A - 10　已知真值 X＝＋42，Y＝－42，求$[X]_补$和$[Y]_补$。

因为 X＞0，所以：

$$[X]_{补}=[X]_{反}=[X]_{原}=00101010$$

因为 Y<0,所以:

$$[Y]_{补}=[Y]_{反}+1=11010101+1=11010110$$

不同于原码和反码,数 0 的补码表示是唯一的。仍以 8 位字长数为例,由补码的定义知:

$$[+0]_{补}=[+0]_{反}=[+0]_{原}=00000000$$

$$[-0]_{补}=[-0]_{反}+1=11111111+1=\boxed{1}\ 00000000$$

↓
自然丢失

即对 8 位字长来讲,最高位的进位因超出字长范围,会自然丢失,所以:

$$[+0]_{补}=[-0]_{补}=\ \ 00000000$$

事实上,补码的概念在日常生活中也常见到。如钟表,若要从 9 点拨到 4 点,可以有两种拨法:

逆时针拨到 4 点　　$9-5\rightarrow4$

顺时针拨到 4 点　　$9+7\rightarrow4$

两个方向都能拨到 4 点,是因为在时钟系统中有 12 这个最大数,它称为该系统的模,它是自然丢失的。对时钟系统的模 12 而言,$9-5=9+7$,7 称为 -5 的补数。所以,-5 的补数可用下式得到:

$$(-5)_{补}=12-5=7$$

即:$9-5=9+(-5)=9+(12-5)=9+7=12+4=4$

↓
模,自然丢失

由此可见,引入补码可以将减法运算转换为加法运算。可以将此概念推广到整个二进制系统。二进制计数系统的模 2^n,这里的 n 表示字长。

例 A-11　设字长 $n=8$,用补码的概念计算 96-20。

因为:$n=8$,故:模为 $2^8=256$,则有:

$$96-20=96+(-20)=96+(256-20)=96+236=256+76=76$$

↓
模

即:在模为 2^n 的情况下,96-20=96+236。

-20 的二进制表示为 11101100,该数正好是十进制的 236。这样,我们就利用了负数的补码概念,将减法运算转换成了加法运算。即:

$$[X-Y]_{补}=[X]_{补}+[-Y]_{补}$$

所以,引入补码的目的就是希望将减法运算转换为加法运算,另外,由上述分析已知,在补码表示法中,数 0 的表示是惟一的。因此,在微机中,凡涉及符号数都是用补码表示的。

A.2.3　二进制数的算术运算

二进制数只有 0 和 1 两个数符,故其运算规则比十进制数要简单很多。

1.加法运算

二进制的加法运算遵循"逢二进一"法则,具体如下:

$$0+0=0 \qquad 0+1=1 \qquad 1+0=1 \qquad 1+1=0(有进位)$$

例 A - 12　求两个二进制数 10110110B 和 01101100B 的和。

即：10110110B＋01101100B＝100100010B

```
进   位      1 11111000
被加数        10110110
加   数＋）    01101100
            1 00100010
```

2. 减法运算

对二进制数减法，同样有如下法则：

$$0-0=0 \qquad 1-0=1 \qquad 1-1=0 \qquad 0-1=1(有借位)$$

例 A - 13　求两个二进制数 11000100B 和 00100101B 的差。

```
借   位       01111110
被减数        11000100
减   数一）    00100101
             10011111
```

即：11000100B－00100101B＝10011111B

3. 乘法运算

二进制数乘法与十进制数乘法类似，不同的是因二进制数只由 0 和 1 构成，因此其乘法更加简单。法则如下：

$$0\times0=0 \qquad 0\times1=0 \qquad 1\times0=0 \qquad 1\times1=1$$

即：仅当两个 1 相乘时结果为 1，否则结果为 0。运算时若乘数位为 1，就将被乘数照抄加于中间结果，若乘数位为 0，则加 0 于中间结果，只是在相加时要将每次中间结果的最后一位与相应的乘数位对齐。

例 A - 14　求两个二进制数 1100B 与 1001B 的乘积。

```
    1100        被乘数
×   1001        乘   数
    1100        部分积
   0000
  0000
 1100
 1101100        乘   积
```

可得 1100B×1001B＝1101100B。

从上述运算可以看出，从乘数的最低位算起，凡遇到 1，相当于在最终结果上加上一个被乘数，遇到 0 则不加；若乘数最低位是 1，被乘数直接加在结果的最右边；若次低位是 1，应左移一位后再相加；若再次低位是 1，应左移两位后再相加；……，依此类推，最后将移位和未移位的被乘数加在一起，就得到两数的乘积。这种将乘法运算转换为加法和移位运算的方法就是计算机中乘法运算的原理。

4. 除法运算

二进制的除法是乘法的逆运算,其方法和十进制一样,而且比十进制除法更简单。

例 A-15 求两个二进制数 100111B 与 110B 的商。

```
              110.1
        ┌─────────────
    110 ) 100111
           110
         ─────────
           0111
            110
          ─────────
            110
            110
          ─────────
              0
```

二进制数的除法也是采用试商的方法求商数,分析上例的过程,可得出二进制的除法运算可转换为减法和右移运算。

A.2.4 二进制数的逻辑运算

计算机由逻辑器件组成,因此我们有必要了解一下逻辑运算的基本概念。

逻辑运算与算术运算不同,算术运算是将一个二进制数的所有位综合为一个数值整体来考虑,低位的运算结果会影响到高位(如进位等);而逻辑运算是按位进行的运算,例如一个数最低位和另一个数的最低位运算,结果不会对次低位产生影响,即逻辑运算没有进位或借位。基本逻辑运算包括"与""或""非"及"异或"四种运算。

1. "与"运算

"与"运算的规则是按位相"与",一般用符号"∧"表示。其运算规则如下:

$$1 \wedge 1 = 1 \qquad 1 \wedge 0 = 0 \qquad 0 \wedge 1 = 0 \qquad 0 \wedge 0 = 0$$

即参加"与"操作的两位中只要有一位为 0,则"与"的结果就为 0,仅当两位均为 1 时,其结果才为 1,相当于按位相乘(但不进位),又叫做"逻辑乘"。

例 A-16 计算 11011010B∧10010110B=?

解:

```
      11011010
   ∧ 10010110
   ──────────
      10010010
```

即 11011010B∧10010110B=10010010B。

"与"运算是通过称为"与门"的逻辑器件实现的。"与门"可以有多位输入,但只有一位输出。仅当输入信号全为"1"时,输出为"1";否则输出为"0"。

2. "或"运算

"或"运算是两个数按位相"或"的运算,又叫做"逻辑加",一般用符号"∨"表示。其规则如下:

$$0 \vee 0 = 0 \qquad 0 \vee 1 = 1 \qquad 1 \vee 0 = 1 \qquad 1 \vee 1 = 1$$

即参加"或"操作的两位中仅当两位均为 0 时,其结果才为 0,只要有一位为 1,则"或"的结果就为 1。

例 A - 17　计算 11011001B∨10010110B＝？

解：
$$11011001$$
$$\underline{\vee 11111111}$$
$$11111111$$

即 11011001B∨11111111B＝11111111B。

同"与"运算类似，"或"运算通过称为"或门"的逻辑器件实现。"或门"也可以有多位输入，但只有一位输出。仅当输入信号全为"0"时，输出为"0"；否则输出为"1"。

3."非"运算

"非"运算是按位取反的运算，即 1 的"非"为 0，而 0 的"非"为 1。"非"属于单边运算，即只有一个运算对象，其运算符为一条上划线。

$$\overline{1}=0 \qquad \overline{0}=1$$

例 A - 18　求数 10011011 的非。

解：只要对 10011011 按位取反即可

$$\overline{10011011}B=01100100B$$

4."异或"运算

"异或"运算相当"按位相加"（不进位），进行"异或"操作的两个二进制位不相同时，结果就为 1；两位相同时，结果为 0。"异或"运算符用符号⊕表示。

$$0\oplus0=0 \qquad 1\oplus1=0 \qquad 0\oplus1=1 \qquad 1\oplus0=1$$

例 A - 19　计算 11010011B⊕10100110B＝？

解：
$$11010011$$
$$\underline{\oplus 10100110}$$
$$01110101$$

即 11010011B⊕10100110B＝01110101B。

二进制数的"异或"运算可以看做不进位的"按位加"，也可以看做不借位的"按位减"。同样，"非"运算和"异或"运算也有其相应的"逻辑门"。

A.3　计算机中的信息表示与处理

A.3.1　文字信息的表示与处理

由于计算机能够直接识别的只有二进制码，因此，计算机内的所有信息都采用二进制编码表示，文字信息也不例外。文字由字符组成。

（1）西文字符包括字母、数字、符号及特殊控制字符。西文字符编码方式很多，目前国际上广泛使用的是 ASCII 码（American Standard Code for Information Interchange，美国标准信息交换码），有标准 ASCII 码和扩展 ASCII 码两种。

①标准 ASCII 码的有效字长为七位二进制码($b_6 \sim b_0$)，在内存单元中占用 1 字节，最高位（b_7）用作奇偶校验位（默认情况下为 0）。所谓奇偶校验，是指在代码传送过程中用来检验是否出现错误的一种方法，分奇校验和偶校验两种。奇校验规定：正确的代码一个字节中 1 的个数必须是奇数，若非奇数，则使最高位 b_7 为 1；偶校验规定：正确的代码一个字节中 1 的个数必须是偶数，若非偶数，则使最高位 b_7 为 1。标准 ASCII 码共有 128 个字符，包含 10 个阿拉伯数字，52 个英文大小写字母，33 个符号及 33 个控制符，一个字符对应一个编码。如字符'A'对应的 ASCII 码为 65，而空格对应的 ASCII 码为 32。

②7 位编码的标准 ASCII 码字符集只能支持 128 个字符，为了表示更多的欧洲常用字符（如德语中的字母 ü），对 ASCII 进行了扩展。扩展 ASCII 由 8 位二进制数码组成，可以表示 256 种不同的符号。

③除 ASCII 码外，较常见的西文字符编码还有 EBCDIC 码，该码用 8 位二进制数（一个字节）表示，共有 256 种不同的编码，可表示 256 个字符。

（2）数值和西文字符可以通过键盘直接输入，而汉字是象形文字，计算机处理汉字的关键首先是如何将每个汉字变成可以直接从键盘输入的代码——即汉字的外码，然后再将输入码转换为汉字机内码，之后才能对其处理和存储。在输出汉字时，则须进行相反的过程，将机内码转换为汉字的字型码。因此，汉字的编码包括外码、机内码、字形码和矢量汉字。

①汉字的外码即它的输入码，目前常见的编码法有数字编码（区位码）、拼音编码（全拼等）和字形编码（五笔等）。

②机内码主要有国标码、BIG5 码（主要在台湾和香港地区使用）等。我国国家标准化管理委员会于 1981 年颁布了《国家标准信息交换用汉字编码基本字符集》（GB 2312—80），共收集了 6763 个汉字，682 个非汉字符号（外文、字母、数字、各种图形等），每个汉字对应一个国标码。每个国标码用 2 字节表示，为避免与 ASCII 码冲突，规定汉字国标码每个字节的最高位为"1"。即：首位是"0"为字符，首位是"1"为汉字。这样的"国标码"就是汉字在计算机中的表示，也就是机内码。

另一种可以在计算机中表示汉字的编码为 Unicode 编码（Universal Multiple Octet Coded Character Set）。Unicode 是国际标准组织针对各国文字和符号进行的、在计算机上使用的统一性字符编码，它为每种语言中的每个字符设定了唯一的二进制编码，以满足跨语言、跨平台进行文本转换、处理的要求。

③字形码是确定一个汉字字形点阵的代码，字形点阵中的每个点对应一个二进制位。每个汉字对应一个点阵，再编上代号存入存储器中，这就是字模库。汉字在显示时需要在汉字库中查找汉字字模并以字模点阵码形式输出。

④汉字的另一种显示方式是矢量汉字。矢量字库保存每一个汉字的描述信息，如一个笔划的起始、终止坐标，半径、弧度等。在显示、打印这一类字库时，需经过一系列的数学运算才能输出结果。

点阵字库的汉字由若干个点组成，当字体放大时，点会随之放大，使得字看上去比较"粗"。矢量字库保存的汉字理论上可以被无限放大，笔划轮廓仍然能保持圆滑清晰。打印时使用的字库均为矢量字库。Windows 使用的字库为以上两类，在操作系统的"WINDOWS\Fonts"目录下，如果字体文件后的扩展名为 FON，表示该文件为点阵字库；若扩展名为 TTF，则表示是矢量字库。

A. 3. 2　声音信息的表示与处理

计算机中存储和处理的信息除数值和文字外,还有各类被称为多媒体的信息,包括声音、图像、视频等。这些多媒体信息不同于字符编码,都是连续变化的模拟信号,无法直接用计算机进行存储和处理,必须首先转换为由 0 和 1 组成的二进制位串,这一过程称为数字化。

1. 声音的基本参数

声音是通过空气传播的一种连续的波,叫声波(Sound Wave)。当声波到达人耳鼓膜时而使人感到的压力变化,就是声音(Sound)。简言之,声音是连续变化的波形,这种连续性体现为:幅值大小是连续的,可以是实数范围内的任意值;在时间上是连续的,没有间断点。我们将这种在时间和幅值上都连续变化的信号称为模拟信号。相应的,将在时间上或幅值上不连续的信号称为离散信号。

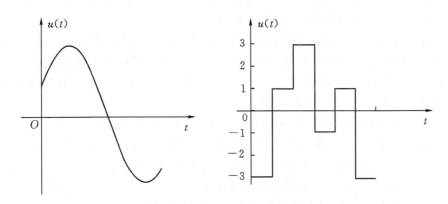

图 A-2　模拟声音信号和数字声音信号

表征声音的基本参数有:

* 幅度(Amplitude)。指声音的大小或强弱程度,幅度越大,表示声音越高。
* 频率(Frequency)。指信号每秒钟变化的次数,用赫兹(Hz)表示。频率越高,声音听上去就越"尖锐"。低于或高于一定频率后的声音我们就听不到了。
* 带宽(Band Width)。声音信号的频率范围。如高保真声音的频率范围为 10～20 000 Hz,它的带宽约为 20 kHz。
* 亚音信号(subsonic)。频率小于 20 Hz 的、人耳听不到的声音信号。人们对声音的感知不仅与声音的幅度有关,还与声音的频率有关。中频或高频中可感知的相同的音量在处于低频时需要更高的能量来传递。例如,大气压的变化周期很长,以小时或天数计算,一般人不容易感到这种气压信号的变化,更听不到这种变化。
* 音频信号(Audio)。频率范围为 20 Hz～20 kHz 的、人耳能够听到的声音信号。
* 超音频信号(Supersonic),也称超声波(Ultrasonic)。指频率高于 20 kHz 的信号。

计算机中处理的声音信号主要是音频信号,包括音乐、语音、风声、雨声、鸟叫声、机器声等。音频信号的带宽(频率范围)越宽,声音的质量(音质)就越好。

2. 声音信号的数字化

要使连续变化的声音信号(模拟信号)能够为计算机处理,必须将其转变为离散(不连续)

的数字信号。将时间和幅值均连续变化的模拟声音信号转换为在时间和幅值上均离散的数字信号的过程称为声音信号的数字化,这是声音信号进入计算机的第一步。数字化的主要工作就是采样(sampling)和量化(measuring)。

采样是指定期在某些特定的时刻对模拟信号进行测量。采样的结果是得到在时间上离散、但幅值上连续变化(幅值可以是任意一个实数值)的离散时间信号(discrete amplitude signal)。

对这种连续幅值的离散时间信号,计算机是无法进行处理的,还需要将信号幅度的取值数目加以限定,将任意实数值的幅度值由有限个数值组成,使信号成为不仅在时间上、同时也在幅值上离散的离散幅度信号(discrete amplitude signal)。例如,设输入电压的范围是 0.0～0.7 V,而它的取值仅限定在 0,0.1,0.2,…,0.7 V 共 8 个值。如果采样得到的幅度值是0.123 V,则近似取值为 0.1 V,如果采样得到的幅度值是0.271 V,它的取值就近似为 0.3 V,这种数值就称为离散数值,对幅值进行限定和近似的过程称为量化。把时间和幅度都用离散数字表示的信号就称为数字信号(digital signal)。

对声音的数字化实质上就是采样和量化。只有将连续变化的模拟声音转换为离散的数字声音频信号,计算机才能处理和存储。可以想象,在一个规定的时间里对模拟声音采样的次数越多,对原始信号的反映(还原)就会越准确,近似度就越好。当然,采样的次数越多,所得到的数据量就越多,需要占用的存储空间就越大。

我们将单位时间内的采样次数称为采样频率(sampling frequence)。根据奈奎斯特定理(Nyqust theory):如果采样频率不低于信号最高频率的两倍,就能把以数字表达的声音还原成原来的声音。例如,语音信号的最高频率为 3400 Hz,采样频率至少应为 6800 Hz 才能正确还原(在实际应用中,语音信号的采样频率规定为 8000 Hz)。对于一般音频信号,最高频率为20 kHz,采样频率在 40 kHz 以上时就能无失真还原出原来的声音。

除了采样频率的要求外,数字化声音的不失真还原还与幅值的量化级别有关。量化级别越多,越能反映不同的声音。例如,若只用 1 位二进制码表示声音的量化级别,则只能是有声和无声两种状态;如果用 8 位二进制数表示量化级别,就可以有 256 种幅值。用以表示量化级别的二进制数的位数,称为采样精度(sampling precision),也叫样本位数或位深度。对 8 位二进制数表示的声音样本,有 256 种不同的幅值,它的精度是输入信号的 1/256。采样和量化如图 A-3 所示。

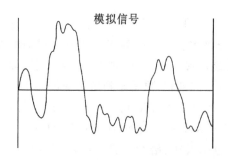 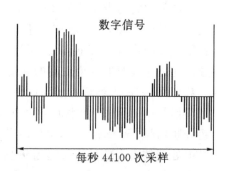

图 A-3　声音的采样和量化

采样频率越高,样本位数越多,声音的还原性越好,质量越高,所占用的存储空间也越大。

一个声音文件的大小可用下式计算：

声音文件的数据量＝采样频率(Hz)×样本位数(bit)×声道数×时间(s)

设采样频率为 16 kHz，样本位数为 8 位，分别计算 1 分钟的单声道和双声道声音文件的数据量。

1 分钟单声道数据量＝16×8×60＝7680 Kb＝960 KB

1 分钟双声道数据量＝16×8×60×2＝15360 Kb＝1920 KB

可以看出，声音文件的的数据量是比较大的。为了节省存储空间，对不需高品质音效的应用程序可以使用较低的采样速率。以 Windows XP 中的录音机程序为例，如果我们设定语音采样速率为 8 kHz，采样精度为 8 位，单声道，则文件大小只有以 44.1 kHz、16 位、双声道录制的相似声音文件的 1/22。当然，这样的声音质量比较低，但在录制语音信号时（如英文朗读）已能满足要求。

A.3.3　图像信息的表示与处理

在今天的信息化社会中，图像（或图形）在信息的表示中起着非常重要的作用。俗话说"百闻不如一见"，人类从自然界获取的信息中，视觉信息占了极大的比重。有些花费很多笔墨也很难表达清楚的事物，若用一幅图像描述，可以做到"一目了然"。比如一本好的家电或设备的使用说明书中，总是在文字说明的同时配有详细的操作示意图，阅读者通过这些简图就比较容易理解相应的文字说明，并大致了解设备的基本构造和使用方法。因此，图像也是计算机处理的重要信息类型。

"图"，在一般意义上指的是图像，它是自然界的景物通过人们的视觉器官在大脑中留下的印象。我们常见的各种照片、图片、海报、广告画等均属于图像。图像可以是简单的黑白图像，也可以是全真色彩的照片。最简单的图像是单色图像（二值图像），所包含的颜色仅仅有黑色和白色两种。彩色图像包含了各种色彩（颜色）。自然界中的任何一种颜色都是由红、绿、蓝(R,G,B)三种颜色值之和确定，它们构成一个三维的 RGB 矢量空间，不同的 R,G,B 值混合，可以得到各种不同的颜色。

日常生活中看到的图像都是模拟图像，表现为图像的光照位置和光照强度均是连续变化的。比如用胶卷拍出的相片就是模拟图像，它的特点是空间上是连续的，你可以洗一寸的照片也可以洗二寸的照片，不影响视觉效果。

模拟图像可以通过胶片拍出、手绘等方法生成，但要使图像能为计算机处理和存储，必须进行离散化，即转换为数字图像。

1. 图像的数字化

图像是在二维空间坐标上连续变化的函数，连续图像的数字化过程是空间和幅值的离散化。将空间连续坐标(x,y)的离散化称为图像的采样（image sampling）；幅值 $f(x,y)$ 的离散化称为整量。

采样是将一幅图像变换为 $f(x,y)$ 坐标中的一个个点，这些点称为像素点，每一个像素点具有颜色空间中的某一种颜色（灰度值）。

采样所得到的像素点的灰度值是连续的（如同采样后的声音信号），为便于处理还必须进行整量。整量是用有限二进制数位来表示某个像素点的灰度值，所用的二进制数位越长，可以表示的灰度等级就越多。如果仅用一位二进制码表示像素点的灰度，该像素点就只有"黑"

"白"两种颜色;若用 4 位二进制码来表示,则该像素点就可以有 16 种不同的颜色(或由黑到白16 种不同的灰度等级),相应的图像称为 16 色图像。

　　将一幅连续图像按一定顺序在 x 和 y 方向进行等间隔采样,就将图像变换为 $N \times N$ 个像素点组成的数组,再对这些像素点的灰度用等间隔进行整量,就得到了一幅 $N \times N$ 的数字图像(digital image)。例如,对图 A-4 所示图像,在横向和纵向各取 10 个点进行采样,可以得到10×10 个数值,由于其中只有黑白两色,可以用一位二进制码来表示一个点的颜色(灰度),即二级量化(如用"0"表示黑,用"1"表示白)。这样,就得到 10×10 个取值为"0"或"1"数据,将这些数据按采样的行列位置排列成如图 A-5 的形式,这就是一幅二值图像在计算机中的表示。

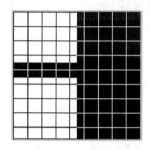

```
1 1 1 1 1 0 0 0 0 0
1 1 1 1 1 0 0 0 0 0
1 1 1 1 1 0 0 0 0 0
1 1 1 1 1 0 0 0 0 0
0 0 0 0 0 0 0 0 0 0
1 1 1 1 1 0 0 0 0 0
1 1 1 1 1 0 0 0 0 0
1 1 1 1 1 0 0 0 0 0
1 1 1 1 1 0 0 0 0 0
```

图 A-4　数字图像在计算机中的表示　　　　　　图 A-5　图像的数字化

　　数字图像中表示每个像素颜色所使用的二进制位数称为像素深度(pixel depth)或位深度。像素深度越大,图像能表示颜色数越多,色彩越丰富逼真,占用的存储空间越大。常见的像素深度有 1 位、4 位、8 位和 24 位,分别用来表示黑白图像、16 色或 16 级灰度图像、256 色(或 256 级灰度)图像和真彩色(2^{24} 种颜色)图像。

2. 图像的主要性能参数

　　一幅图像的采样点数称为图像分辨率(image resolution),用点的"行数×列数"表示。如果一幅图像只取一个采样点,只得到一个数据,量化后这幅数字图像就只有一种颜色。对相同尺幅的图像,采样的点数越多,图像的分辨率就越高,所得数字图像看上去就越逼真,越"细腻";相反,图像显得越粗糙。例如,图像分辨率为 640×480 的数码像机拍摄的照片就远比分辨率为 1128×764 像机拍摄的照片差。

　　图像分辨率是组成数字图像的像素数,在用扫描仪扫描图像时,还涉及到另外一种分辨率,称为扫描分辨率(scanning resolution)。扫描分辨率用每英寸所含像素点数(Dots Per Inch,DPI)表示,用于使不同尺寸的图像获得相同的扫描精度。

　　扫描分辨率和图像分辨率不同,扫描分辨率是采样时,单位尺寸内采样的点数;图像分辨率是组成数字图像的像素数。例如:用 200 DPI 来扫描一幅 6in×8in 的图像,得到一幅 1200×1600 个像素的数字图像。

　　图像文件的大小由图像分辨率和像素深度决定,一幅位图图像文件的大小可由下式估算:

$$图像文件的大小＝图像分辨率×像素深度$$

　　例 A-20　计算一幅图像分辨率为 640×480 的真彩色图像(位深度 24 位)的文件大小。

$$图像文件数据量＝640×480×24＝3732800(bits)$$
$$＝921600B(Bytes)$$

由上例可以看出，图像的分辨率越高，样本位数越长，图像文件占用的存储空间就越大，其传输需要的时间也就越长。如果在家里从因特网下载一个 640×480 大小的 256 色位图要花费半分钟或更长时间，而下载 16 色同样大小的图像文件则可以减少一半的时间。

数字图像的视觉效果与图像输出设备有关。图像在屏幕上的显示尺幅称为图像的显示分辨率（display resolution）。分辨率低的图像可以以高的分辨率显示，分辨率高的图像也可以以低的分辨率显示，但只要不是以图像的正常分辨率显示图像，都会引起图像的失真。所以，使用图像时应按需要设置图像的分辨率和像素深度。

3. 图形

计算机中处理的"图"除了图像之外还有图形。图形（graphics）使用直线和曲线来描述，其元素是一些点、线、矩形、多边形、圆和弧线等，它们都是通过数学公式计算、由程序设计语言实现的。例如，对于直线，可以通过 line,start_point,end_point 表示；对于圆，则表示为：circle,center_x,center_y,radius；而一幅花的矢量图可以由线段形成外框轮廓，通过设定外框的颜色及外框所封闭的颜色决定花显示出的颜色。

由于矢量图形可通过公式计算获得，因此绘制出的图形不会随尺寸改变而改变，也不存在采样分辨率的问题，只与显示器的尺寸和分辨率有关。在创建矢量图的时候，可以用不同的颜色来绘制线条和图形。然后计算机将这一连串线条和图形转换为能重构图的指令。计算机只存储这些指令，而不是真正的图像。矢量图看起来没有位图图像逼真。

附录 B　微型计算机原理

B.1　图灵与图灵机

B.1.1　Alan Turing

半个多世纪来,计算机技术得到了飞速的发展,已广泛深入地影响着社会的进步和人类的生活工作,在享受着计算机所带来的诸多便利的同时,我们需要记住两位对计算机科学的发展做出了巨大贡献的人:艾伦·麦席森·图灵和冯·诺伊曼。艾伦·图灵的研究奠定了计算机的理论基石,而冯·诺伊曼开创了现代计算机的基本原理和体系结构。

艾伦·麦席森·图灵(Alan Mathison Turing)是英国著名的数学家和逻辑学家,被称为计算机科学和人工智能之父,是计算机逻辑的奠基者。他所做出的最大的贡献,就是用图灵机模型讲清楚了什么是"算法"——这个在当时已被讨论了近 30 年但没有明确定义的名词。正是因为有了图灵所奠定的理论基础,人们才有可能在上个世纪发明出给整个社会文明进步带来巨大推动作用的电子计算机。因此,图灵被称为计算机理论之父。

图 B-1　Alan Mathison Turing

图灵曾就读于英国剑桥大学国王学院,并于 1938 年获普林斯顿大学博士学位,他的博士论文《以序数为基础的逻辑系统》(*Systems of logic based on ordinals*)对数理逻辑研究产生了深远的影响。

图灵在 1936 年发表了他的重要论文《论可计算数及其在判定问题中的应用》(*On computable numbers, with an application to the Entscheidungsproblem*),全面分析了人的计算过程,给出了理论上可计算任何"可计算序列"——某个 0 和 1 的序列——的通用计算机概念,解决了德国数学家 D. 希尔伯特(Hillbert)提出的一个著名的判定问题[①]。论文将计算归结为最简单、最基本、最确定的操作动作,从而用一种简单的方法来描述那种直观上具有机械性的基本计算程序,使任何机械的程序都可以归约为这些动作。这种简单的方法以一个抽象自动机概念为基础,第一次把计算和自动机联系起来,对后世产生了巨大的影响,这种"自动机"后来被人们称为"图灵机",它是计算机的理论模型,目前还是计算理论研究的中心课题之一。

图灵在 1937 年发表的文章《可计算性与 λ 可定义性》(*Computability and λ-definability*)

---

① 是否存在一种算法,能够判定一个给定的自然数 n 是否属于集合 D。

中,提出了著名的"丘奇-图灵论点",对计算理论的严格化、计算机科学的形成和发展具有奠基性的意义。而他在 1950 年发表的《机器能思考吗?》(*Can a machine think*?),则成为了人工智能的开山之作。

1945 年,图灵开始从事"自动计算机"(ACE)的逻辑设计和研制工作。这年底,图灵发表的关于 ACE 的设计说明书,最先给出了存储程序控制计算机的结构设计。同时,在这份说明书中,还最先提出了指令寄存器和指令地址寄存器的概念,提出了子程序和子程序库的思想,这都是现代电子计算中最基本的概念和思想。但出于保密的需要,图灵的 ACE 设计说明书直到 1972 年才得以发表。

艾伦·图灵是第一个提出利用某种机器实现逻辑代码的执行,以模拟人类的各种计算和逻辑思维过程的科学家。此思想成为了后人设计实用计算机的思路来源,也是当今各种计算机设备的理论基石。当今计算机科学中常用的程序语言、代码存储和编译等基本概念,就来自图灵的原始构思。

图灵在科学、特别在数理逻辑和计算机科学方面取得了举世瞩目的成就,他的研究成果,构成了现代计算机技术的基础。为了纪念他对计算机科学的巨大贡献,美国计算机协会从 20 世纪 60 年代起设立一年一度的图灵奖,以表彰在计算机科学中做出突出贡献的人,它被公认为计算机界的"诺贝尔"奖。目前已有 50 余位科学家获得此项殊荣,其中有一位华人。

B.1.2　图灵机模型

图灵机(Turing Machine)是艾伦·图灵 1936 年提出的一种抽象的计算模型,其基本思想是用机器来模拟人用纸笔进行数学运算的过程。

图灵将人的计算过程看作两个简单的动作:a. 在纸上写上或擦除某个符号;b. 将注意力从纸上的一个位置移动到另一个位置,而人每一次的下一步动作走向依赖于人当前所关注的纸上某个位置的符号及人当前的思维状态。

为了模拟人的这种运算过程,图灵构造出一台假想的(抽象的)机器(如图 B-2 所示),该机器由以下几个部分组成:

①一条无限长的纸带(Tape)。纸带被划分成一个个连续的方格。每个格子上可包含一个来自有限字母表的符号,字母表中有一个特殊的符号表示空白。纸带上的格子从左到右依此被编号为 0,1,2,…,纸带的右端可以无限延长。

②一个读写头(Head,图 B-2 中间的大盒子)。读写头内部包含了一组固定的状态(盒子上的方块)和程序。该读写头可以在纸带上左右移动,它能读出当前所指的格子上的符号,并能改变当前格子上的符号。

③一套控制规则(Table,即程序)。Table 包括:当前读写头的内部状态、输入数值、输出数值和下一时刻的内部状态。在每个时刻,读写头都从当前纸带上读入一个方格信息,根据当前机器

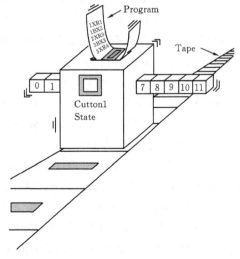

图 B-2　图灵机结构模型

所处的状态及读写头所读入的格子上的符号来确定读写头下一步的动作。同时,改变状态寄存器的值,令机器进入一个新的状态。

④一个状态寄存器。它用来保存图灵机当前所处的状态。图灵机的所有可能状态的数目是有限的,并且有一个特殊的状态,称为停机状态。

图灵机根据程序的命令和内部的状态在纸带上进行移动和读写,它的每一部分都是有限的,但它有一个潜在的无限长的纸带。因此,这种机器只是一个理想的设备。图灵认为这样的一台机器就能模拟人类所能进行的任何计算过程。

B.1.3　图灵机与计算机

在解释图灵机与我们今天所使用的计算机之间的关系之前,先来看一下"模拟"这个名词。

这是一个很难给出确切定义的名词。模拟可以简单地说是一种模仿或是复制,举个最简单的例子,有人冲你做了一个鬼脸,然后你也照着他的样子冲他做了个鬼脸。这就是你对他进行了模拟。

从这个简单的例子可以看出模拟的基本条件,你之所以能够对他进行模拟,是因为你的手可以对应他的手,你的眼睛可以对应他的眼睛,……即:你们之间存在有一系列的对应关系。所以,A 能够模拟 B 的关键条件是要具有对应关系:如果 A 中元素可以完全对应 B 中的元素,那么 A 就可以模拟 B。(请注意:这句话隐含了在此条件下,B 不一定能模拟 A)

再假设:有 A 和 B 两个人,A 对 B 做了个鬼脸,但 B 没有冲着 A 做鬼脸,而是将 A 的鬼脸动作记在了日记本上。几天后,C 根据 B 在日记本上的描述记录,冲着其他人做了鬼脸,与 A 的完全一样。这里,C 将日记本上的文字翻译成了动作,完成了对 A 的模拟。这个"翻译"的过程是对信息的变换,而变换本身可以理解为是一个计算的过程,也就是可以用图灵机实现的算法过程。

如果上述的 A 和 B 不是做鬼脸的人,而是两台图灵机,是否可以相互模拟呢? 模拟的条件是要有对应关系。如果一台图灵机 A 所包含输入集合、输出集合、内部状态集合和程序规则表这四个要素与另一台图灵机 B 的这些元素都存在对应关系,就认为 A 机和 B 机可以相互模拟。考虑到图灵机的功能是实现对输入信息进行变换以得到输出信息的计算,我们关心的也仅仅是输入和输出之间的对应关系。因此,若要使图灵机 A 模拟图灵机 B,不一定要模拟 B 机所有的输入、输出、内部状态和程序规则等元素,而只要在给定输入时,能模拟 B 的输出就可以了。

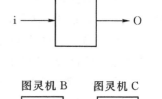

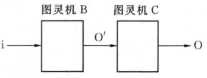

图 B-3　图灵机间的模拟

若设图灵机 A 的输出为 O,而 B 的输出为 O′,为了使 B 能模拟 A,我们再通过一台图灵机 C,能够将 O′ 变换为 O,那么就相当于 B 模拟 A 了(如图 B-3 所示)。

如果图灵机 A 能够模拟图灵机 B,并且 B 也能模拟 A,则说 A 和 B 是计算等价的。能够模拟其它所有图灵机的图灵机就称为通用图灵机(Universal Turing Machine)。现代电子计算机其实就是这样一种通用图灵机的模拟,它能接收一段描述其它图灵机的程序,并运行程序实现该程序所描述的算法。

关于模拟,我们还可以看下这样一个例子,有三句话:"请把门关上""Please close the door""01001110101"。将这三句话分别讲给中国人、英国人和机器人。这是三句在形式上完全不同的话,但最后形成的结果是一样的,都是关上了门。如果将中国人、英国人和机器人都视做图灵机,将听了话后的动作看做图灵机的输出,那么,这三台图灵机有相同的输出结果,也就是说,这三台图灵机之间是可以相互模拟的。

比较图灵机与日常使用的普通计算机。这些模型似乎相当不同,但却能接受恰好相同的语言,即递归可枚举语言。由于"普通计算机"的概念不是以数学方式良好地定义的,所以本节的论证只是非形式化的说明一下,必须求助于计算机能做什么的直觉,特别是当涉及的数字超过了这些机器体系结构上固定的通常限制(例如 32 位地址空间)时。我们要说明的断言可分为两个部分:

- 计算机能够模拟图灵机。
- 图灵机能够模拟计算机。

B.2　冯·诺依曼计算机

B.2.1　冯·诺依曼

艾伦·图灵为计算机的发展奠定了理论基础,而美籍匈牙利科学家约翰·冯·诺依曼(John Von Neumann)则在图灵机模型的基础上,确立了现代计算机的体系结构。他的主要贡献就是提出并实现了"存储程序"的概念。

冯·诺依曼 1903 年生于匈牙利,1931 年成为美国普林斯顿大学第一批终身教授,是 20 世纪最杰出的数学家之一。在短暂的 54 年生命中,他在计算机科学、计算机技术、数值分析和经济学中的博弈论等领域都做出了很多开拓性的工作,而他所有贡献的精髓是二进制思想与存储程序思想。

1946 年,第一台电子计算机 ENIAC 投入运行,它以每秒 5000 次运算的计算速度震惊了世界(这在当时是不可想象的高速度了)。但事实上,在它未完工之前,一些人,包括它的主要设计者就已经认识到,它的控制方式已不适用了。ENIAC 并不是像现代计算机那样用程序来进行控制,而是利用硬件,即利用插线板和转换开关所连接的逻辑电路来控制运算。

图 B-4　约翰·冯·诺依曼

1945 年初,在与 ENIAC 研制小组成员共同讨论的基础上,冯·诺伊曼、莫奇利等人发表了著名的《存储程序通用电子计算机方案》(EDVAC,Electronic Discrete Variable Automatic Computer),方案提出关于存储程序控制的电子计算机的总体设想,明确指出了计算机应由五个部分组成,包括:运算器、逻辑控制装置、存储器、输入和输出设备,并描述了这五部分的职能和相互关系。同时,方案还论证了计算机设计的两大设计思想:

(1)设计思想之一是二进制。冯·诺伊曼根据电子元件双稳工作的特点,建议在电子计算机中采用二进制(在此之前的研究都关注于十进制)。报告提到了二进制的优点,并预言,二进制的采用将大大简化机器的逻辑线路。

实践证明了诺伊曼预言的正确性。如今,逻辑代数的应用已成为设计电子计算机的重要手段,在 EDVAC 中采用的主要逻辑线路也一直沿用至今,只是对实现逻辑线路的工程方法和逻辑电路的分析方法作了改进。

(2)设计思想之二是程序存储。通过对 ENIAC 的考察,冯·诺伊曼敏锐地抓住了它的最大弱点——没有真正的存储器。ENIAC 只有 20 个暂存器,它的程序是外插型的,指令存储在计算机的其它电路中。这样,解题之前,需首先写好所需的全部指令,通过手工把相应的电路联通。这种准备工作需要花几小时甚至几天时间,而计算本身却只需几分钟。计算的高速与程序的手工操作存在着巨大的反差。

针对这个问题,诺伊曼提出了程序存储的思想:把运算程序存放在机器的存储器中,程序设计员只需要在存储器中寻找运算指令,机器就会自行计算。这样,就不必每个问题都重新编程,从而大大加快了运算进程。这一思想标志着自动运算的实现,也标志着电子计算机的成熟,成为了电子计算机设计的基本原则。

现在使用的计算机,其基本工作原理就是存储程序和程序控制。

1946 年,冯·诺依曼和戈尔德斯廷、勃克斯在 EDVAC 方案的基础上,又提出了一个更加完善的设计报告《电子计算机逻辑设计初探》。这两份既有理论又有具体设计的文件,在全世界掀起了一股计算机热,它们的综合设计思想,便是著名的"冯·诺依曼计算机",其核心思想就是存储程序原则——指令和数据一起存储。

这个概念被誉为计算机发展史上的一个里程碑。它标志着电子计算机时代的真正开始,指导着之后的计算机设计。

B.2.2　程序和指令

现代计算机不仅能够进行各种复杂的数值计算,还能够模拟人类的思维分析和处理各种事物。那么我们是否考虑过,计算机为什么能够做这样多的事情? 它是如何完成每一项任务的?

计算机之所以能够按照要求完成一项一项的工作,是因为人向它发出了一系列的"命令",这些命令通过输入设备以一定的方式送入计算机,并且能够为计算机所识别。我们将这种能够被计算机识别的命令称为指令,一台计算机能够识别的所有指令的集合称为该计算机的指令系统,而保证对指令的这种执行能力的是计算机的硬件系统。

当人们需要计算机完成某项任务的时候,首先要将任务分解为若干个基本操作的集合,并将每一种操作转换为相应的指令,按一定的顺序组织起来,这就是程序。计算机完成的任何任务都是通过执行程序完成的。例如,在需要解一道数学题时,要先把题目的解算步骤按照一定的顺序用计算机能够识别的指令书写出来,命令计算机执行规定的操作。这些指令的序列就组成了程序。

计算机硬件能够直接识别并执行的指令称为机器指令。它们全部由"0"和"1"这样的二进制编码组成,其操作通过硬件逻辑电路实现。

不同的计算机系统通常都具有自己特有的指令系统,其指令在格式上也会有一些区别,但一般都包含这样三种信息,即指令操作的性质(如加、减、乘、除等)、操作对象的来源(如参加操作的数据或存放数据的地址)以及操作结果的去向(存放结果的地址)。指令操作的性质或者说操作的种类称为操作码,表征操作对象的部分通常具有地址的含义,相应地称为地址码[①]。指令的一般格式如图 B-5 所示。

操作码(OPC)	操作数的目标地址,操作数的源地址

图 B-5　指令格式

每台计算机都拥有由各种类型的机器指令组成的指令系统。指令系统的功能是否强大、指令类型是否丰富,决定了计算机的能力,也影响着计算机的结构。指令的不同组合方式,可以构成完成不同任务的程序。计算机严格按照程序安排的指令顺序,有条不紊地执行规定的操作,完成预定任务。因此,程序是实现既定任务的指令序列,其中的每条指令都表示计算机执行的一项基本操作。一台计算机的指令种类是有限的,但通过人们的精心设计,可编写出无限多个实现各种任务处理的程序。

B.2.3　冯·诺依曼计算机基本结构

20 世纪初期,科学家们开始关注用于数值计算的机器应该采用什么样的结构。由于人一直习惯于十进制,所以当时的焦点更多地集中在基于十进制的模拟计算机研究上,但研究的进展极为缓慢。

1946 年研制出的第一台电子计算机 ENIAC,证明了电子真空技术可以大大提高计算机的计算能力。但 ENIAC 本身存在两大缺点,却使这样的计算"高速"被准备工作抵消了。

针对 ENIAC 存在的问题,冯·诺依曼等人在 1945 年发表的 EDVAC 方案中首次说明了计算机应由运算器、逻辑控制装置、存储器、输入和输出设备等五个部分组成,并同时提出了采用二进制计数以及建立程序存储器的思想。即:把运算程序存放在机器的存储器中,程序设计员只需要在存储器中寻找运算指令,机器就会自行计算。这样就不必每个问题都重新编程,从而大大加快了运算进程。这就是"冯·诺依曼计算机"的核心设计思想。

冯·诺依曼计算机的主要特点有:

- 将计算过程描述为由许多条指令按一定顺序组成的程序,并放入存储器保存;
- 程序中的指令和数据都采用二进制编码(抛弃了十进制计数的设计思路),且能够被执行该程序的计算机所识别;
- 指令和数据可一起存放在存储器中,并作同样处理;
- 指令按其在存储器中存放的顺序执行,存储器的字长固定并按顺序线性编址;
- 由控制器控制整个程序和数据的存取以及程序的执行;
- 计算机由运算器、逻辑控制装置、存储器、输入和输出设备五个部分组成,以运算器为核心,所有的执行都经过运算器。

冯·诺依曼计算机的设计思想简化了计算机的结构,大大提高了计算机的工作速度。图

---

① 这里所说的是广义的地址码,它可以是操作数的地址,也可以是操作数本身。

B-6 是冯·诺依曼计算机的结构示意图。

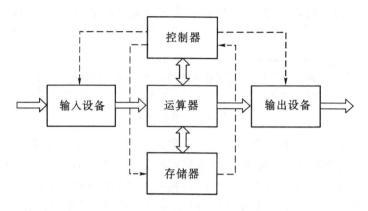

图 B-6　冯·诺依曼计算机结构示意图

半个多世纪过去了,虽然计算机软硬件技术都有了飞速的发展,但直至今天,计算机本身的基本结构形式并没有明显的突破,仍属于冯·诺依曼架构。

B.3　微型计算机系统

我们通常所说的"电脑"或计算机,准确地讲应是计算机系统。它不仅包含物理上能够看得见的硬件实体,还包含运行于实体之上的、可实现各种操作功能的软件。由于从逻辑结构上讲,不论是大型机还是微型机,其主要构成都类似。考虑到微型计算机应用的广泛性,以下的描述将以微型机为主。

B.3.1　微型计算机系统组成

总体上,微型计算机系统包括硬件系统和软件系统两大部分,其概念结构如图 B-7 所示。

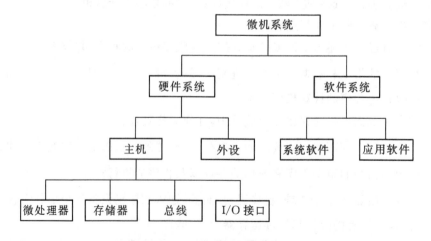

图 B-7　微型计算机系统概念结构

1.硬件系统

微机硬件系统包括主机和能够与计算机进行信息交换的外部设备两部分。主机位于我们日常看到的主机箱内,主要包括微处理器(CPU)、内存储器、I/O 接口、总线和电源等。其中,微处理器是整个系统的核心。能否与处理器进行直接信息交换是能否成为主机部件的重要标志。所谓"直接信息交换",就是不需通过任何中间环节(用专业术语说是接口),就能够实现从处理器接收数据或向处理器发送数据。典型的如内存,与处理器间的数据传输就是直接进行的。事实上,计算机正在运行的所有程序和数据,不论其曾经存放在哪里,在运行前都必须送入内存,这样才能保证计算机工作的高速度。这一点,将在后续内容中逐步介绍。

今天,如果有人告诉你他买了一台计算机,你一定会清楚他不是只抱了一台主机箱回来,而至少还包括显示器、键盘和鼠标。这些,称为计算机的基本外部设备。

所谓外部设备,是指所有能够与计算机进行信息交换的设备(当然,这种信息交换需要通过接口)。既包括上述操作计算机所必须的基本外部设备,也包括其它各种能够连接到计算机的仪器。我们将用于向计算机输入信息的设备称为输入设备,如键盘、鼠标器、扫描仪等;接收计算机输出信息的设备则称为输出设备,如显示器、打印机、绘图仪等。当然,也有些设备既能接收计算机输出的信息,也能向系统输入信息,如数码摄像机、硬盘等,即它们兼具了输入设备和输出设备的功能,具体担当何种角色,则视其在某个时刻传送数据的方向而定。

相对于主机,外部设备的主要特点就是不能与处理器直接进行数据输入和输出,数据的传输必须通过接口。如硬盘,虽然安装在主机箱内,但不属于主机系统,因为它与处理器的通信需要通过专用接口进行。

2.主板

主机板(mainboard)也称系统板(systemboard),是微机最基本的也是最重要的部件之一,在整个微机系统中扮演着举足轻重的角色。可以说,主板的类型和档次决定着整个微机系统的类型和档次,主板的性能影响着整个微机系统的性能。

主机板在结构上主要有 AT 主板、ATX 主板、NLX 主板和 BTX 主板等类型。它们之间的区别主要在于各部件在主板上的位置排列、电源的接口外形、控制方式、及尺寸等。不论哪种结构,均采用开放式结构。可以通过更换安装在扩展插槽上的外围设备控制卡(适配器),实现对微机相应子系统的局部升级。图 B-8 为一个实际的 ATX 主板的布局结构及外型图。

主板位于主机箱内,上面安装了组成计算机的主要电路系统,主要包括芯片、扩展槽和对外接口三种类型的部件。

(1)芯片部分。

这部分除微处理器(CPU)外,主要有控制芯片组和 BIOS。

芯片组是主板上一组超大规模集成电路芯片的总称,是主板的关键部件,用于控制和协调计算机系统各部件的运行,它在很大程度上决定了主板的功能和性能。可以说,系统的芯片组一旦确定,整个系统的定型和选件变化范围也就随之确定。

典型的芯片组由北桥芯片和南桥芯片两部分(2 片芯片)组成,故也称南北桥芯片。图 B-8 中 CPU 插槽旁边被散热片盖住的就是北桥芯片。北桥芯片是芯片组的核心,主要负责 CPU、内存、显卡三者间"交通",由于发热量较大,故需加装散热片散热。南桥芯片主要负责硬盘等存储设备和 PCI 之间的数据流通。

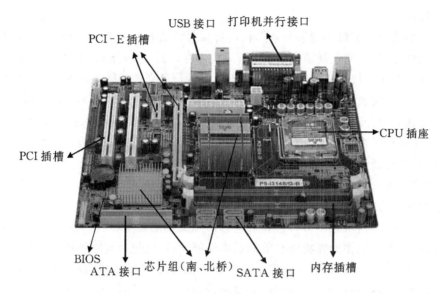

图 B-8　主机板

需要说明的是,现在一些高端主板上已将南北桥芯片封装到一起,使"芯片组"在形式上只有一个芯片,提高了芯片组的功能。

BIOS 也称系统 BIOS,是一块方块状的存储器芯片,里面存有与该主板搭配的基本输入输出系统程序。能够让主板识别各种硬件,还可以设置引导系统的设备,调整 CPU 外频等。BIOS 芯片是可读写的只读存储器(EPROM 或 E^{2}PROM)。机器关机后,其上存储的信息不会丢失。在需要更新 BIOS 版本时,还可方便地写入。当然,不利的一面便是会让主板遭受病毒的袭击。

系统 BIOS 程序主要包含以下几个模块:

- 上电自检(POST,Power-On Self Test)。在微机加电后,CPU 从地址为 0xFFFFFFF0H 处读取和执行指令,进入加电自检程序,测试整个微机系统是否工作正常。
- 初始化。包括可编程接口芯片的初始化;设置中断向量表(一个专门用于存放中断程序入口地址的内存区域);设置 BIOS 中包含的中断服务程序的中断向量(即将这些中断程序入口地址放入中断向量表中);通过 BIOS 中的自举程序将操作系统中的初始引导程序装入内存,从而启动操作系统。
- 系统设置(Setup)。装入或更新 CMOS RAM 保存的信息。在系统加电后尚未进入操作系统时,按<Del>键(或其它热键)可进入 Setup 程序,修改各种配置参数或选择默认参数。

(2)扩展槽。

安装在扩展槽上的部件属于"可插拔"部件。所谓"可插拔"是指这类部件可以用"插"来安装,用"拔"来反安装。主板上的扩展槽包括内存插槽和总线接口插槽两大类。内存插槽一般位于 CPU 插座下方,用于安装内存储器(也称内存条,如图 B-9 所示)。通过在内存插槽上插入不同的内存条,就可方便地构成所需容量的内存储器。主板上内存插槽的数量和类型对系统主存的扩展能力及扩展方式有一定影响。现在主板上大多采用 184 线的内存插槽,配置的内存条也必须是 184 个引脚。

图 B-9 内存条

总线接口插槽是 CPU 通过系统总线与外部设备联系的通道,系统的各种扩展接口卡都插在总线接口插槽上。总线接口插槽主要有 PCI 插槽、AGP 插槽或 PCI Express(PCIE)插槽。PCI 插槽多为乳白色,是主板的必备插槽,可以插入声卡、股票接收卡、网卡、多功能卡等设备。AGP 插槽的颜色多为深棕色,位于北桥芯片和 PCI 插槽之间,用于插入 AGP 显卡,有 1×、2×、4× 和 8× 之分①。在 PCI Express 出现之前,AGP 显卡是主流显卡,其传输速度最高可达到 2133 MB/s(AGP8×)。随着 3D 性能要求的不断提高,AGP 总线的传输速度已越来越不能满足视频数据处理的要求。在目前的主流主板上,显卡接口多转向 PCI Express。PCI Express 插槽有 1×、2×、4×、8× 和 16× 之分。

(3)对外接口。

在微机主机板上配置有各类接口,用于连接包括硬盘在内的各种外部设备。硬盘接口用于连接硬盘,类型有 IDE(Integrated Drive Electronics,电子集成驱动器)接口、SATA(Serial Advanced Technology Attachment,串行高级技术附件)接口等。在型号老些的主板上,多集成 2 个 IDE 口,通常 IDE 接口都位于 PCI 插槽下方。在现代新型主板上,IDE 接口大多缩减,甚至没有,代之以 SATA 接口。

SATA 是由 Intel、IBM、Dell、APT、Maxtor 和 Seagate 公司共同提出的硬盘接口规范,它首次将硬盘的外部传输速率理论值提高到 150 MB/s,比之前的并行传输的 ATA/133 高出约 13%,而且还将进一步扩展到 2× 和 4×(300 MB/s 和 600 MB/s)。SATA 通过提升时钟频率来提高接口传输速率,使串行接口硬盘的传输速度大大超过并行。

除硬盘接口外,还有用于连接各种外部设备的串行和并行接口插座,包括 RS-232 串行口插座、USB(Universal Serial Bus,通用串行总线)插座及标准并行口插座(EPP 或 ECP 规范)。

COM(Component Object Model)接口是串行接口,目前大多数主板都提供 COM1 和 COM2 两个 COM 接口,作用是连接串行鼠标和外置 Modem 等设备。COM2 接口比 COM1 接口具有优先响应权。

PS/2 接口是专用于连接键盘和鼠标的串行接口,比 COM 接口的传输速率稍快。一般情况下,鼠标的接口为绿色、键盘的接口为紫色。虽然现在绝大多数主板依然配备该接口,但支持该接口的鼠标和键盘越来越少,而逐渐被 USB 接口取代。

USB 接口是目前最为流行的外设接口,最大可以支持 127 个外设,并且可以独立供电,应用非常广泛。USB 接口可以从主板上获得 500 mA 的电流,支持热拔插,真正做到了即插即用。目前的 USB 2.0 标准最高传输速率可达 480 Mb/s。USB3.0 已经开始出现在最新主板中。

老式主板上还有用于连接打印机或扫描仪的并行接口 LPT。但随着 USB 技术的发展,现在使用 LPT 接口的打印机和扫描仪已经很少,基本都被 USB 接口所取代。

除上述这些主要部件外,主板上还有用于连接硬盘、光驱等的电缆插座、键盘/鼠标接口以

---

① $n×$ 表示 n 倍速,即对原来的时钟脉冲进行技术处理后,使时钟频率变成 n 倍频。

及许多不可缺少的逻辑部件和跳线开关等。所有这些部件的密切联系、相互沟通,实现了整个微型机中各部件间的数据交流。

3. 软件系统

硬件系统是计算机工作的物理基础,但要使其正常工作并完成各种任务,还必须要有相应的软件支撑。所谓软件,不仅仅是一般概念中的程序,而是程序、数据以及相关文档的总称。这里,数据是程序处理的对象,文档是指与程序开发、维护和使用有关的各种图文资料。软件可以分为两大类:系统软件和应用软件。

系统软件是管理、监控和维护计算机软硬件资源的软件,由计算机设计者提供,包括操作系统和各种系统应用程序。操作系统(Operating System,OS)是配置在计算机硬件上的第一层软件,是其它软件运行的基础。其主要功能是管理计算机系统中的各种硬件和软件资源(如存储器管理、文件管理、进程管理、设备管理等),并为用户提供与计算机硬件系统之间的接口(如通过键盘发出命令控制程序运行等)。在计算机上运行的其它所有的系统软件(如编译程序、数据库管理系统、网络管理系统等)及各种应用程序,都要依赖于操作系统的支持。因此,操作系统是计算机中必须配置的软件,在计算机系统中占据着及其重要的位置。目前较为流行的操作系统有 Windows 系列、Unix、Linux 等。

系统应用程序运行于操作系统之上,是为应用程序的开发和运行提供支持的软件平台。主要包括:

- 各种语言及其汇编或解释、编译程序。用于将汇编语言或各种高级语言编写的程序翻译成计算机硬件能够直接识别的用二进制码表示的机器语言。计算机硬件是由各种逻辑器件构成,只能识别电脉冲信号,也就是"0"和"1"组成的二进制码,这种由二进制码组成的计算机语言称为机器语言,人类很难理解和记忆。目前广泛使用的计算机程序设计语言都是接近人类自然语言的高级语言,为了使计算机能够理解,必须要经过一个翻译的过程,而这类程序的功能就是实现这样的翻译。

- 计算机的监控管理程序(Monitor)、故障检测和诊断程序,以及调试程序(Debug)。它们负责监控和管理计算机资源,并为应用程序提供必要的调试环境。

- 各类支撑软件,如数据库管理系统及各种工具软件等。

应用软件是应用程序员利用各种程序设计语言编写出的、面向各行各业实现不同功能的应用软件。如工程设计程序、数据处理程序、自动控制程序、企业管理程序等。目前,软件的设计还没有摆脱手工操作的模式,但随着软件技术的进步,应用软件也在逐渐地向标准化、模块化方向发展,目前已形成了部分用于解决某些典型问题的应用程序组合,称为软件包(Package)。

软件系统的核心是系统软件,而系统软件的核心则是操作系统。

计算机系统是硬件和软件的结合体,硬件和软件相辅相成,缺一不可。硬件是计算机工作的物质基础,而软件是计算机的灵魂。没有硬件,软件就失去了运行的基础和指挥对象;而没有软件,计算机就不能工作,其效能就不能充分发挥出来。

对某项具体任务,通常可以既用硬件完成,也能通过软件完成。从理论上讲,任何软件算法都能用硬件实现,反之亦然,这就是软件与硬件的逻辑等价性。设计计算机系统或是在现有的计算机系统上增加功能时,具体采用硬件还是软件实现,取决于价格、速度、可靠性等因素。

早期的计算机受技术和成本的限制,硬件都相对简单。如今,随着超大规模集成电路技术的发展,以前由软件实现的功能现在更多地直接用硬件实现,为的是提高系统的运行速度和效率。另外,在软件和硬件之间还出现了所谓的固件(firmware),它们在形式上类似硬件,但从功能上又像软件,可以编程和修改,这种趋势称为软件的硬化和固化。

4. 微机系统的主要性能指标

表征微机系统性能的指标较多,这里简要介绍其中的几项。

(1)主频。

主频是主时钟频率的简称,单位为兆赫兹(MHz),指在一秒种内发生的同步脉冲数。主频很大程度上决定了计算机的运行速度,主频越高意味着计算机的速度也越快。

(2)运算速度。

程序由一条条指令组成,执行一条指令所花费的时间越少,计算机的工作速度就越高。衡量计算机针对整数的运算速度用 MPS(Million instructions Per Second,每秒百万条指令)表示,对于浮点运算,一般使用 MFLOPS(Million Floating point Operations Per Second)表示,即每秒百万次浮点运算。

(3)内存容量。

内存容量指内存存储数据的能力。存储容量越大,CPU 能直接访问到的数据就越多。存储器最基本的计量单位是字节(Byte),一个字节由一个 8 位(bit)二进制数组成,简称 1B(Byte),此外还有 KB、MB、GB 和 TB 等表示方式。

(4)字长。

字长指 CPU 能够同时处理的二进制位数。字节越长,运算精度越高,数据处理速度越快。

(5)外部设备的配置及扩展能力。

外部设备的配置及扩展能力主要指计算机系统连接各种外部设备的可能性、灵活性和适应性。常见配置有 C 盘驱动器的配置、硬盘接口类型与容量、显示器的分辨率等。

B.3.2　主机系统

由图 B-7 知,微机的主机系统主要包括微处理器、存储器、总线及输入输出接口四个部分。

1. 微处理器(Micro Processor)

微处理器也称中央处理单元(Central Processing Unit,CPU)或微处理单元(Micro Processing Unit,MPU),是微型计算机的核心芯片,也是整个系统的运算和指挥控制中心。不同型号的微型计算机,其性能的差别首先在于其 CPU 性能的不同,而 CPU 性能又与它的内部结构有关。无论哪种 CPU,其内部的基本组成都大同小异,主要包括控制器、运算器和寄存器组三个部分。CPU 的典型结构如图 B-10 所示。

(1)运算器核心部件是算术逻辑单元 ALU(Arithmetic and Logic Unit),主要功能是实现数据的算术运算和逻辑运算。ALU 的内部包括负责加、减、乘、除运算的加法器以及实现各种逻辑运算的功能部件(如移位器,数据暂存器等),在控制信号的作用下可完成加、减、乘、除四则运算和各种逻辑运算。现代新型 CPU 的运算器还可完成各种浮点运算。

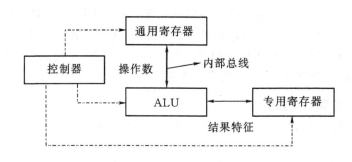

图 B-10　微处理器

(2)控制器主要用于产生控制和协调整个 CPU 工作所需要的时序逻辑,并负责完成与内存和输入输出接口间的信息交换(如读取指令和数据等)。

微处理器的工作基准是时钟信号(就像人类的作息基准是时间一样),这是一组周期恒定的连续脉冲信号。CPU 在不同的时刻执行不同的操作,这些操作在时间上有着严格的关系,这就是时序。时序信号由控制器产生,控制微处理器的各个部件按照一定的时间关系有条不紊地完成要求的操作。CPU 执行一条指令所需要的时钟个数不是固定的,有些指令仅需一个时钟周期即可完成,有些指令可能需要多个时钟周期才能完成。

衡量一个微处理器性能的高低,最重要的是执行指令(或程序)所用时间的多少。而所用时间的多少又与时钟速度和执行一条指令所需的时钟脉冲个数有关。微处理器的时钟速度越快、执行指令需要的时钟脉冲个数越少,指令执行的速度就越快。这也是为什么在同等情况下,CPU 的钟频越高,运算速度越快的原因。

程序员编写完成的程序,首先是存放在外存储器(如硬盘)中,在被执行前则由操作系统调入内存。执行时由控制器负责从内存储器中依次取出程序的各条指令,并根据指令的要求,向微机的各个部件发出相应的控制信号,使各部件协调工作,从而实现对整个微机系统的控制。

控制器一般由程序计数器、指令寄存器和操作控制电路组成,是整个 CPU 的指挥控制中心,对协调整个微型计算机有序工作极为重要。

(3)寄存器组是 CPU 内部的若干个用于暂时存放数据的存储单元。包括多个专用寄存器和若干通用寄存器。专用寄存器的作用是固定的,如程序计数器用于指示下一条要取指令的地址;堆栈指针用于标示当前堆栈的栈顶位置;标志寄存器用于存放当前运算结果的特征(如有无进位,结果是否为零,运算有无溢出)等。通常寄存器可由程序员规定其用途,其数目因 CPU 而异,如第三代微处理器 8086 CPU 中有 8 个 16 位通用寄存器,而 Pentium 4 中则有 8 个 32 位通用寄存器、8 个 80 位浮点数据寄存器、8 个支持单指令多数据操作的 64 位寄存器等可供程序员使用。由于有了这些寄存器,在需要重复使用某些操作数或中间结果时,就可将它们暂时存放在寄存器中,避免对存储器的频繁访问,从而缩短指令长度和指令执行时间,同时也给编程带来很大的方便。

除了上述两类程序员可用的寄存器外,微处理器中还有一些不能直接为程序员所用的寄存器,如累加锁存器、暂存器和指令寄存器等,它们仅受内部定时与控制逻辑的控制。

数据或指令在 CPU 中的传送通道称为 CPU 内部总线(Bus)。

2. 存储器

存储器的功能是存放各种数据。这里的数据是广义的,包括数值、文本及各类多媒体信息。对存储器的操作有两种,即"读"和"写"。"读"表示从存储器中输出数据,也称为读取；"写"表示向存储器输入数据,也称为写入。对存储器的读写,可以按字节、字或块进行。

计算机中的存储器总体上可分为内存储器和外存储器两大类。外存包括联机外存和脱机外存两种,脱机外存有光驱、磁带、移动存储器等,由复合材料(如光盘)、磁性材料或半导体材料(如优盘)构成,它们可以脱离计算机而存在,所以理论上可以存放无限多的数据。联机外存就是硬盘,它是微机中主要且必备的存储部件,由多片磁性材料制造的盘片叠加在一起构成(如图 B - 11 所示)。每个盘片有两个记录面,每个记录面上是一

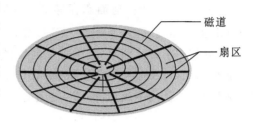

图 B-11　硬盘结构示意图

系列称为磁道的同心圆,每个磁道又被划分为若干个扇区(Sector)。外存储器的主要作用是保存各种希望由计算机保存和处理的信息,相对于内存,外存具有存储容量大、速度慢、单位字节价格低、不能与处理器直接进行信息交换等特点。外存储器虽然也安装在主机箱中,但属于外部设备的范畴。

对外存储器的读/写操作通常按"块"进行,硬磁盘中的一块相当于一个扇区,容量为 512 字节。

严格地讲,主机系统中的存储器属于内存储器,主要用于存放数据(包括原始数据、中间结果和最终结果)和当前执行的程序。内存由半导体材料制成,故也称半导体存储器。内存可以与 CPU 直接进行信息交换,相对于外存,具有存取速度快、容量小、单位字节容量价格较高等特点。按照工作方式的不同,内存储器又可分为随机存取存储器(Random Access Memory, RAM)和只读存储器(Read Only Memory, ROM)两类。RAM 是微机中主内存的主要构成部件,其主要特点是可以随机进行读取和写入操作,但掉电后信息会丢失。

内存按单元组织(如图 B - 12 所示),每个单元有惟一的二进制地址(地址码的长度依内存的容量而定)。在微机系统中,内存的每个单元都存放 8 位二进制码,即 1B 数据。内存的容量就是指它具有的单元数。如常说的 2GB 内存,意思就是该内存有 $2G(2^{30})$ 个单元,每单元中有 1 字节数据。

对内存的读/写操作通常按"字"进行,不同的系统"字"的长度不同。目前的微型机多为 64 位机,其在一个周期中能够对内存读出或写入 8B 数据。

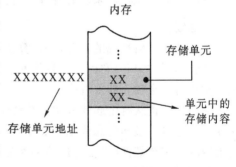

图 B-12　内存结构示意图

虽然存储器按制造材料、存取速度、单位容量价格等方面可以分为上述两大类,但随着计算机技术的发展,存储器的地位不断提升,以运算器为核心的系统结构在逐渐转变为以存储器为核心,它不仅要求每一类存储器能够具有更高的性能,而且希望通过硬件、软件或软硬件结合的方式将不同类型的存储器组合在一起,从而获得更高的性价比,这就是存储器系统,它和存储器是两个不同的概念。

- 常见的存储器系统有两类,一类是由主内存和高速缓冲存储器(Cache)构成的

Cache 存储系统，另一种是由主存和磁盘存储器构成的虚拟存储系统。前者的主要目标是提高存储器的速度，而后者则主要是为了增加存储器的存储容量。

- Cache 由高速静态存储器（SRAM）组成，存取速度较普通主存快，周期一般小于 1 ns（事实上，由于 Cache 大都与 CPU 集成在一起，其工作速度与 CPU 同步）。Cache 在系统中的位置如图 B-13 所示，其中存放的数据是主存中某一块（块大小与 Cache 相当）数据的映像（备份）。Cache 的主要作用是：当 CPU 要访问（读或写）内存时，首先访问 Cache，若成功（命中）则继续；若访问不成功，再访问主存。

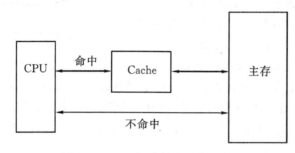

图 B-13　Cache 存储器系统示意图

- Cache 存储系统由硬件系统管理，其设计目标是保证在一定的程序执行时间内，CPU 需要的数据和代码大都能在 Cache 中访问到（较高的命中率）。由于 Cache 的速度远高于主存的速度，容量远小于主存的容量。所以，当 Cache 的访问命中率较高时，从整个 Cache 存储器系统的角度看，其存取速度与 Cache 的速度接近，而容量是主内存的容量，且由于 Cache 容量较小，因此，系统单位容量价格与主存接近。

虚拟存储系统的工作原理与 Cache 存储器系统类似，其主要设计思想是希望提供一个比实际内存空间大得多的地址空间（即虚拟存储空间），使程序员编写程序时不必再考虑内存容量的大小。对虚拟存储系统的管理（主内存与磁盘间的数据交换）由操作系统负责。

3. 总线

总线是一组信号线的集合，是计算机系统各部件之间传输地址、数据和控制信息的公共通路。从物理结构来看，它由一组导线和相关的控制、驱动电路组成。在微型计算机系统中，总线常被作为一个独立部件看待。

微型计算机从诞生起就采用了总线结构。处理器通过总线实现与内存、外设之间的数据交换。计算机中最初的总线结构如图 B-14 所示，这也是"总线"最原始的含义，即在一组信号线上"挂接"多个部件（设备），这些部件分时共用这一组信号通道，任一时刻仅有一个部件能够利用该信道发送信息。

总线从传输信息的角度可分为三种类型，一是用于传输数据信息（计算机运行和处理的所有对象）的数据总线（DB，Data Bus），二是用于传输地址信息（运算对象或运算结果在内存或接口中的存放处）的地址总线（AB，Address Bus），三是用于传输控制信息（系统运行所需要的各种控制信号）的控制总线（CB，Control Bus）。在图 B-14 中，地址信息和多数控制信息由 CPU 发出，数据信息可以由 CPU 发送到内存或输入/输出接口（数据写入），也可以由内存或接口发送到 CPU（数据读取）。

图 B-14 的单总线结构存在一些缺陷。首先是所有部件都挂接在一条总线上，容易造成

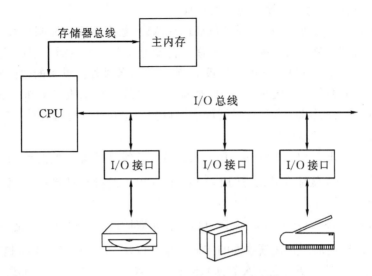

图 B-14　早期计算机中的总线结构

总线争用和拥堵；另外，由于总线上连接的部件在运行速度上存在差异，使总线的传输速度难以提高，使整个系统效率降低。

现代微机系统中的总线属于多总线结构（如图 B-15 所示）。在这种结构中，总线除按传输信息的种类依然可以分为 DB、AB、CB 等三种类型外，还可以从层次结构上分为 CPU 总线（前端总线）、系统总线和外设总线。

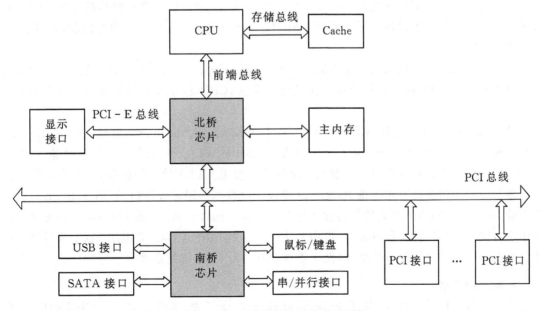

图 B-15　现代微机中的多总线结构

前端总线包括地址总线、数据总线和控制总线。一般是指从 CPU 引脚上引出的连接线，用来实现 CPU 与主存储器、CPU 与 I/O 接口芯片、CPU 与控制芯片组等芯片之间的信息传输，也用于系统中多个 CPU 之间的连接。前端总线是生产厂家针对其具体的处理器设计的，与具体的处理器有直接的关系,没有统一的标准。

系统总线也称为 I/O 通道总线,同样包括地址总线、数据总线和控制总线,是主机系统与外围设备之间的通信通道。在主板上,系统总线表现为与 I/O 扩展插槽引线连接的一组逻辑电路和导线。I/O 插槽上可插入各种扩展板卡,它们作为各种外部设备的适配器与外设相连。为使各种接口卡能够在各种系统中实现"即插即用",系统总线的设计要求与具体的 CPU 型号无关,而有自己统一的标准,各种外设适配卡可以按照这些标准进行设计。目前常见的总线标准有 PCI 总线、PCI – E 总线等。

- PCI(Peripheral Component Interconnect)总线是外设互连总线的简称,是由美国 Intel 公司推出的 32/64 位标准总线,适用于 Pentium 以上的微型计算机,是目前微型机中应用最广泛的系统总线标准。

- AGP(Accelerated Graphics Port)总线,亦即加速图形端口。它是一种专为提高视频带宽而设计的总线规范。其视频数据的传输速率可以从 PCI 的 133 MB/s 提高到 266 MB/s(×1 模式——每个时钟周期传送一次数据)、533 MB/s(×2 模式)、1.064 GB/s(×4 模式)和 2.128 GB/s(×8 模式)。严格地说,AGP 不能称为总线,因为它是点对点连接,即在控制芯片和 AGP 显示接口之间建立一个直接的通路,使 3D 图形数据不通过 PCI 总线,而直接送入显示子系统。这样就能突破由 PCI 总线形成的系统瓶颈。

- PCI – E(PCI Express)总线,它是目前最新的系统总线标准。虽然是在 PCI 总线的基础上发展起来,但它与并行体系的 PCI 没有任何相似之处。它采用串行方式传输数据,依靠高频率来获得高性能,因此 PCI Express 也一度被人称为"串行 PCI"。

外设总线是指计算机主机与外部设备接口的总线,实际上是一种外设接口标准。目前在微机系统中最常用的外设接口标准就是 USB(Universal Serial Bus,通用串行总线),可以用来连接多种外部设备。

除了以上按层次结构来划分总线的方法外,还有一种方式就是按总线所处的位置简单地将其分为 CPU 片内总线和片外总线。按这种分类法,CPU 芯片以外的所有总线都称为片外总线。

常用的硬盘接口标准有 ATA(Advanced Technology Attachment,也称 IDE 或 EIDE)、SCSI(Small Computer System Interface)、SATA(Serial ATA)等,它们定义了外存储器(如硬盘、光盘等)与主机的物理接口。目前最为流行的是使用 SATA 接口的硬盘,又叫串口硬盘。

串口硬盘采用串行方式传输数据,一次传送 1 位数据。相对于并行 ATA 来说,其数据传输率较高(Serial ATA 2.0 的数据传输率达 300 MB/s,远高于 ATA 的 133 MB/s 的最高数据传输率),同时接口的针脚数目很少(仅用 4 支针脚,分别用于连接电缆、连接地线、发送数据和接收数据),使连接电缆数目变少,降低了系统能耗,减小了系统复杂性。

4. 输入输出接口

外部设备的种类繁多,结构、原理各异,有机械式、电子式、电磁式等。与 CPU 相比,它们的工作速度较低,处理的信息从数据格式到逻辑时序一般都不可能与计算机直接兼容。因此,微机与外设之间的连接与信息交换不能直接进行,而必须通过一个中间环节,就是输入/输出接口(Input/Output Interface,简称 I/O 接口),也称 I/O 适配器(I/O Adapter)。

I/O 接口是将外设连接到系统总线上的一组逻辑电路的总称,也称为外设接口。其在系统中的作用如图 B-16 所示。在一个实际的计算机控制系统中,CPU 与外部设备之间常需要进行频繁的信息交换,包括数据的输入输出、外部设备状态信息的读取及控制命令的传送等,这些都是通过接口来实现的。由于 I/O 接口在系统中的位置,使得接口电路应解决如下问题,也是接口应具有的功能:

①CPU 与外设的速度匹配。CPU 与外设之间的工作时序和速度差异很大,要使两者之间能够正确进行数据传送,需要接口做"适配"。接口电路应具有信息缓冲能力,不仅应缓存 CPU 送给外设的信息,也要缓存外设送给 CPU 的信息,以实现 CPU 与外设之间信息交换的同步。

②信息的输入输出。通过 I/O 接口,CPU 可以从外部设备输入各种信息,也可将处理结果输出到外设。同时,为保证数据传输的正确性,需要有一定的监测、管理、驱动等能力。

③信息的转换。外部设备种类繁多,其信号类型、电平形式等与 CPU 都可能存在差异。I/O 接口应具有信息格式变换、电平转换、码制转换、传送管理以及联络控制等功能。

④总线隔离。为防止干扰,I/O 接口还应具备一定的信号隔离作用,使各种干扰信号不影响 CPU 的工作。

图 B-16　I/O 接口在系统中的作用示意图

B.3.3　输入输出系统

没有输入输出设备的计算机可以说是没有意义的。我们可以设想,如果没有显示器、没有鼠标和键盘,而仅有一台主机,可以做什么?

输入输出系统(Input/Output System,简称 I/O 系统)提供了处理器与外部世界进行信息交换的各种手段。在这里,外部世界可以是提供数据输入输出的设备、操作控制台、辅助存储器或其他处理器,也可以是各种通信设备以及使用系统的用户。此外,信息的交换还必须要有相应的软件控制以及实现各种设备与微处理器连接的接口电路(如上节所述)。所以,计算机的输入输出系统由三个部分构成,即:输入输出接口、输入输出软件、输入输出设备。

这里,I/O 软件专用于控制信息从处理器通过接口输出到外部设备,或从外设通过接口接收信息到处理器中的软件;I/O 接口和 I/O 设备则是 I/O 系统的硬件组成。

I/O 设备中,常用的输入设备有键盘、鼠标器、扫描仪等;常用的输出设备有显示器、打印机、绘图仪等。磁带、磁盘等既是输入设备,又是输出设备。

1. 主机与外部设备的数据交换过程

输入输出系统的主要作用就是保证主机与外设间的信息交互。由于外部设备种类繁多,既有数字式,也有模拟式,与主机之间无论是信号类型、电平形式,或是工作时序、工作速度等方面都存在较大差异。就从信息传输速率上看,即使是我们最常使用的最快的外部设备——硬盘,与 CPU 的速度也差几个数量级。

　　要将高速工作的主机与不同速度工作的外设相连接,如何保证主机与外设在时间上的同步,就是所谓的外部设备的定时问题,也是输入输出系统的主要职能。

　　我们首先来看一下 CPU 与外部设备之间进行数据交换的过程。

　　(1)输入过程。

　　当 CPU 要从外部设备读取数据时:

　　①选择要访问的输入设备。CPU 将连接该外设的接口的地址值放在地址总线上,标示出将要选择的设备;

　　②CPU 等候输入设备的数据成为有效。由于外设的速度相对 CPU 较低,因此对数据的准备需要时间。这种“等候”将使 CPU 效率降低,但如果这个“等待”的工作由 I/O 接口来做,那么 CPU 在这段时间就可以执行其它的程序。所以,当 CPU 需要从外设读取数据时,首先由 I/O 控制器控制数据发送到接口的缓存中,再“通知”CPU。

　　③CPU 从数据总线读入数据,并放在一个相应的寄存器中。当数据进入接口缓存后,CPU 通过数据总线从接口中读取,这样所需要的时间就比较短了。

　　(2)输出过程。

　　当 CPU 要向外部设备输出数据时:

　　①CPU 把一个地址值放在地址总线上,选择输出设备;

　　②CPU 把数据放在数据总线上;

　　③输出设备认为数据有效,从而把数据取走。

2. CPU 与外部设备的数据传输控制

　　由于不同的输入输出设备本身工作速度差异很大,因此,对不同速度的外部设备,为确保数据传输时间上的同步,需要有不同的数据传输控制方法。

　　(1)对极低速或简单外部设备的数据传输控制。

　　极低速或简单外部设备,如开关、发光二极管、七段数码管等,属于“随时准备好”的外设,即任何时候都有确定的状态,能够被输入或能接收 CPU 的输出。如对开关,因为其动作相对 CPU 的速度非常慢,CPU 可以认为输入的数据一直有效;对发光二极管或七段数码管,CPU 可以随时输出数据使其发光,因为对方始终处于可接收数据状态。所以,对这类设备,CPU 只要接收或发送数据就可以了。

　　(2)对低速或中速的外部设备的数据传输控制。

　　由于这类设备运行速度和 CPU 不在一个数量级,或设备(如键盘)本身是在不规则时间间隔下操作,因此,CPU 与这类设备之间的数据交换通常采用异步传输方式。其工作过程为:当 CPU 要从外设接收一个字的数据时,首先查询外设的状态,如果状态表示该外设处于“准备就绪”,则 CPU 就从总线上接收数据,并在接收完数据后发出输入响应信号,告诉外设已将数据总线上的数据取走。外设收到响应信号后,将“准备就绪”状态标志复位,并准备下一个字的交换。

　　如果在 CPU 查询时外设没有“准备就绪”,则它会给出“忙”的标志,CPU 就进入循环等待,并在每次循环中询问外设的状态,一直到外设发出“准备就绪”信号后,才从外设接收数据。

　　CPU 向外设发送数据的过程与上述相似。外设先发出请求输出信号,之后 CPU 询问外设是否准备就绪,如果准备就绪,CPU 便发出准备就绪信号,并送出数据。外设接收数据以后,将向 CPU 发出“数据已经取走”的应答信号。

上述这种输入输出方法常称为"应答式数据交换方式",其工作流程图如图 B-17 所示。

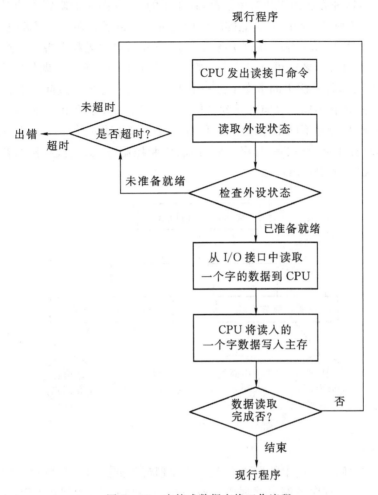

图 B-17　应答式数据交换工作流程

(3)对高速外部设备的数据传输控制。

由于这类外设运算速度较快,且是以相等的时间间隔操作,而 CPU 也是以等间隔的速率执行输入/输出指令。因此,对这类设备的数据传送采用同步工作方式,一旦 CPU 和外设发生同步,它们之间的数据交换便靠时钟脉冲控制来进行。

3. 基本输入输出方法

在学习计算机系统中的基本 I/O 方法之前,我们先来看一个示例:

假设幼儿园老师带了 20 位小朋友,要给每个小朋友分 3 块饼干,并要大家吃完。对这项工作,她可以采用以下几种方法:

方法 1:她先给第一位孩子发 3 块饼干并盯着他吃完,然后再给第二位孩子发 3 块饼干,也盯着他吃完,……如此下去,直到最后一位孩子分到饼干,并吃完。到此,她的这项工作算完成了。在做这项工作的整个过程中,她什么别的事也没做成,就一直在分饼干、盯着孩子吃完,再分饼干、再盯着孩子吃完。显然,采用这种方式,这位幼儿园老师相当累且不能做别的事。

方法 2:她给每人发一块饼干后让各人去吃,谁吃完了就向她举手报告,她再给他发第二块。相对于方法 1,这种方法的工作效率更高,最主要的是,在孩子们吃饼干的时候(至少在吃一块饼干的时候),老师可以同时做其他的事。但这种方法也还是存在可以改进的地方。

方法 3:进行批处理,每人拿 3 块饼干各自去吃,吃完后再向老师报告。显然,比起方法 2,这种方法的效率显著提高,老师可以在孩子们吃三块饼干的时间里一直做其他的工作。

方法 4:权力下放,将发饼干的事交由另一个人分管,只在必要时过问一下。

以上四种方法,各有不同的特点。从幼儿园老师的角度讲,显然第 4 种方法的效率最高。

在计算机系统中,针对不同工作速度、工作方式及工作性质的外部设备,CPU 管理外部设备的方法相应的也有 4 种,分别是:程序控制方式、中断控制方式、直接存储器存取(DMA)方式及通道控制方式(如图 B-18)。

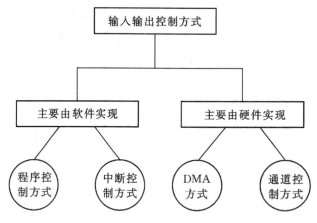

图 B-18　基本输入输出方法

(1)程序控制方式。

程序控制方式类似于示例中的方法 1,其工作原理流程如图 B-17 所示,主要用于低速或简单外部设备的控制。程序控制方式属于比较简单的一种方式,数据在 CPU 和外围设备之间的传送完全靠计算机程序控制。程序控制方式的优点是 CPU 的操作和外部设备的操作能够同步,而且软硬件都比较简单。但由于外部设备动作较慢,程序进入查询循环时将白白浪费掉 CPU 很多时间,CPU 此时只能等待,不能处理其它业务。例如,在某温度控制系统中,通过定期地检测各测温点的温度值,并与标准值比较后,控制相应的执行设备进行调节。假如需要控制的点很多,计算机又只能循环地去检测,就必然使得实时性不好(即不能及时地对每一点的温度实现控制)。另外,在这种方式下 CPU 并不知道外设什么时候需要它提供"服务",只是机械地去循环检测,不能与外设并行工作,且所有的控制都通过执行程序实现,从而使 CPU 效率较低,系统工作速度也比较慢。

总之,程序控制方式的特点是控制系统简单,但速度较慢、实时性差、CPU 效率低。目前这种输入输出方式主要用于工业控制和单片机系统。

(2)中断控制方式。

中断控制方式类似于示例中的方法 2。由于外部设备并非每个时刻都需要与 CPU 进行信息交换,在不需"服务"时希望与 CPU 并行工作,只在需要时提出请求,这就是中断控制方式。它是由外部设备"主动"通知 CPU,有数据需要传送。所以它的一个主要特点就是实时性好。

中断控制方式是计算机控制技术中非常重要的内容之一。在这种方式下，CPU 不主动介入外设的数据传输，而是由外部设备在需要进行数据传送时向 CPU 发出请求，CPU 在接到请求后若条件允许，则暂停（或中断）正在进行的工作而转去对该外设"服务"，并在"服务"结束后回到原来被中断的地方继续原来的工作（如图 B-19 所示）。这种方式既能使 CPU 与外部设备并行工作，从而提高 CPU 的利用率；也能对外设的请求做出实时响应。特别是在外设出现故障，不立即

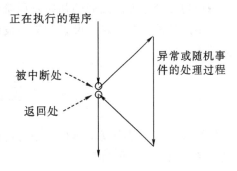

图 B-19 中断过程示意图

进行处理就有可能造成严重后果的情况下，利用中断方式，可以及时地做出处理，避免不必要的损失。

（3）直接存储器存取（DMA）方式。

DMA 方式类似于示例中的方法 3。在中断工作方式下，外设与主机间的数据传送同样是在 CPU 的统一控制下、主要通过软件方式实现，每进行一次输入输出数据交换大约需要几十~几百微秒，总体上速度比较低，只适合中、低速的外部设备。对要求高速输入输出及成组数据交换的设备，如磁盘与内存间的数据传送等，以上的方式就不能满足要求了。能够提高数据传送速度的方法是：希望 CPU 对传送过程不干预，而使用专门的硬件，控制外设与内存进行直接的数据传送，这种方式就称为"直接存储器存取"，简称 DMA（Direct Memory Access）。

（4）通道工作方式。

通道方式类似于示例中的方法 4，即由专门的"装置"来负责数据的输入输出。这里的"装置"是指具有专门指令系统、能独立进行操作并控制完成整个输入输出过程的设备，称为"通道"，它通常就是一台通用微型计算机。

"通道"技术主要应用于大型计算机系统，可基本独立于主机工作，完成输入输出控制及码制转换、错误校验、格式处理等。

另外，通道还是一种概念，一种具有综合性及通用性的输入输出方式。它代表了现代计算

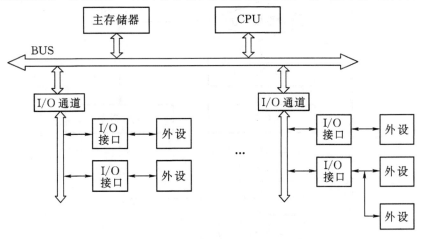

图 B-20 通道控制方式系统结构示意图

机组织向功能分布方向发展的初始发展阶段。通道控制方式的系统结构示意图如图 B-20 所示。图中的外设包括了输入设备和输出设备,它们分别用于将外部信息输入主机及将主机的运算结果输出。

B.4 微型机的基本工作原理

计算机的工作过程就是执行程序的过程,而程序是指令的序列。所以,计算机的工作过程就是一条条执行指令的过程。

B.4.1 指令的执行过程

指令是控制计算机完成某种操作,并能够被计算机硬件所识别的命令。因此,指令有如图 B-5 所示的格式,即包含了指令码和操作数。根据冯·诺依曼计算机的原理,程序在被执行前先要存放在(内)存储器中,而程序的执行需要由 CPU 完成。因此,计算机在执行程序时,首先需要按某种顺序将指令从内存储器中取(一次读取一条指令)出并送入微处理器,处理器分析指令要完成的动作,再去存储器中读取相应的操作数,然后执行相应的操作,最后将运算结果存放到内存储器中。这一过程直到遇到结束程序运行的指令才停止。

因此,指令的执行过程可简单地描述为五个基本步骤:取指令、分析指令、读取操作数、执行指令和存放结果。图 B-21 给出了一条指令的执行流程。

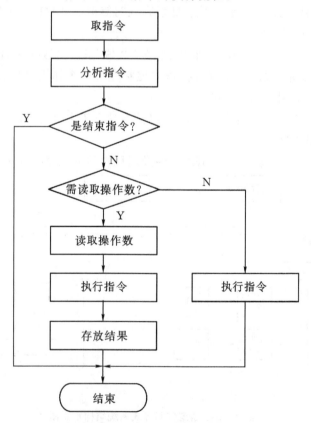

图 B-21　指令的执行过程

　　图 B-21 中的"是否需读取操作数"的分支,表示不是每一条指令都需要到内存中去读取操作数。当然,这不表示指令没有操作的对象,而是操作的对象可能是处理器本身。

　　以下暂且只讨论只包括取指令、分析指令(也称指令译码)和执行指令这三个基本步骤时指令的执行方式。

　　在现代微处理器中,取指令、分析指令和执行指令的工作是由三个部件分别完成的。这三个部件可以同时工作(并行工作),也可以顺序方式工作(串行工作)。

　　(1)顺序工作方式。

　　所谓顺序工作方式是指取指令、指令译码和执行三个部件依次工作,前一个部件工作结束后,下一个部件才开始工作。

　　顺序工作方式工作过程如图 B-22 所示。在早期计算机系统中均采用这样的执行方式。

图 B-22　指令顺序执行方式示意图

　　顺序工作方式的优点是控制系统简单,实现比较容易;另外也节省硬件设备,使成本较低。缺点主要有两个,一是微处理器执行指令的速度比较慢,因为只有在上一条指令执行结束后,才能够执行下一条指令;二是处理器内部各个功能部件的利用率较低。如果以图 B-22 所示的流程工作,则在取指令部件从内存中读取指令时,分析指令和执行指令部件都处于空闲状态;同样,在指令执行时也不能同时去取指令或分析指令。因此,顺序执行方式时系统总的效率是比较低的,各功能部件不能充分发挥作用。采用顺序方式执行 n 条指令所用时间可用下式表示:

$$T_0 = \sum_{i=1}^{n} (t_{\text{取指令}i} + t_{\text{分析指令}i} + t_{\text{执行指令}i})$$

　　若假设计算机取指令、分析指令和执行指令所用的时间相等,均为 Δt,则完成一条指令的时间就是 $3\Delta t$,而执行完 n 条指令需要的时间为

$$T_0 = 3n\Delta t$$

　　(2)并行工作方式。

　　并行工作方式是使上述三个功能部件同时工作,即:在指令被取入到处理器、开始进行分析的时候,取指令部件就可以去取下一条指令;而当指令分析结束开始被执行时,指令分析部件就可进行下一条指令的译码工作,同时取指令部件又可以再去取新的指令;……依次进行,在进入稳定状态后,就可以实现多条指令的并行处理。

　　图 B-23 给出了并行工作方式下的指令执行过程示意图。图中,当第 1 条指令进入指令分析部件时,取指令部件就开始从内存中取第 2 条指令,假如这三个功能部件的执行时间完全相等,均为 Δt,执行第 1 条指令需要的时间为 $3\Delta t$,之后每过一个 Δt 时间,就有一条指令执行完成,则执行 n 条指令所需要的时间为

$$T = 3\Delta t + (n-1)\Delta t = (2+n)\Delta t$$

由上式可以看出,与采用顺序执行方式所用的时间 T_0 相比,并行执行方式缩短了系统执行程

序的时间,且这种时间上的收益率会随着指令数量 n 的增加而更加显著。

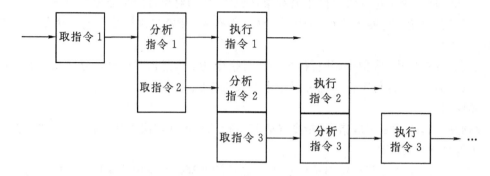

图 B-23　指令并行执行方式示意

相对于顺序执行方式,并行方式减少的时间量可用系统加速比 S 来描述:

$$S = T_0/T$$
$$= 3n\Delta t/[(2+n)\Delta t]$$
$$= 3n/(2+n)$$

图 B-22 所示模型是现代计算机流水线控制技术的基本模型。该模型所给出的是极其理想的情况,即每个部件的工作时间完全相同,也仅在这样的假设下,所示模型的流水线才不会"断流"。这在实际的系统中是不可能的。

为了解决流水线的断流问题,在现代计算机系统中,在取指令和指令译码部分,都设置有指令和数据缓冲栈,可以实现指令和数据的预取和缓存。指令执行部分设置有独立的定点算术逻辑运算部件、浮点运算部件等。另外,加入了预测、分析、多级指令流水线等多项技术,实现对指令和数据的预取和分析,以尽可能地保证流水线的连续。

B.4.2　微处理器的基本结构及工作原理

由前章知,CPU 是微型计算机的核心芯片,是整个系统的运算和指挥控制中心。不同型号的微型计算机,其性能的差别首先在于 CPU 的性能。无论哪种 CPU,其内部基本组成都大同小异,均包括控制器、运算器和寄存器组三个主要部分。图 B-24 给出了一个微处理器的简化结构。

图中的控制器部分主要负责产生各种控制信号,以及读取指令、读取参加运算的数据及存放指令执行的结果。读取程序指令的地址由程序计数器(Program counter,PC)产生。PC 也称为指令指针,它表示下一条要读取的指令在内存中的存放地址;读取或写入数据的地址则由指令本身确定(即图 B-5 所示指令格式中的操作数部分)。这些地址信号通过地址总线传送。

运算器部分的核心是算术逻辑单元(Arithmetic Logic Unit,ALU),包括算术运算、逻辑运算、移位操作等功能,主要负责指令的执行。运算可能产生的中间结果可以存放在累加器和暂存器中,标志寄存器(FR)中存放的是运算结果的特征,如是否有进位、结果是否为零、结果的符号位状态等。运算需要的操作数、运算的结果及指令码则通过数据总线传送。

在现代计算机中,指令的执行都采用了并行流水线方式。因此,实际的微处理器结构要比图 B-10 所示复杂很多,功能也强很多,不仅包含了这些基本的部件,还包括有专门的存储器

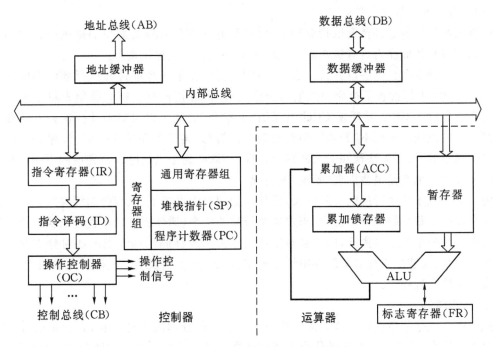

图 B-24　微处理器基本结构示意图

管理、指令和数据缓存、流水线管理和执行部件等。图 B-25 所示为 pentium 4 微处理器的概念结构框图。它主要包含了三个组成部分，一是有序执行的前端流水线（Front End），二是乱序推测执行的内核，以及有序的指令流卸出部件。

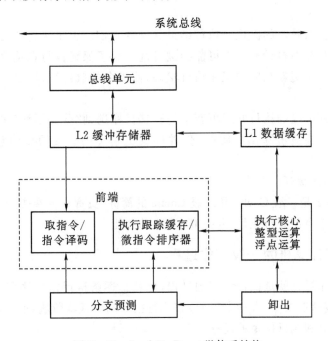

图 B-25　Intel NetBurst 微体系结构

(1)前端流水线控制部件。

前端流水线控制部件负责取指令和指令译码,并把它们分解为简单的微操作。它的作用是按照程序原来的顺序为具有极高运行速度的乱序执行内核提供指令。

为了保证指令执行能够以并行流水方式进行,需要使取指令部件和执行部件能够并行工作。为此,CPU 中都设置了指令和数据的预取功能,即在还没有执行时就预先将未来将要执行的若干指令取入 CPU,从而使 CPU 内部的"取指令"时间可以忽略不计。这种方式在顺序执行情况下可以使流水线不"断流",但在遇到分支转移、转子程序等指令时,程序的执行过程就不再是顺序的,由于无法预知未来的程序走向,预取的指令以及已分析完成的下一条指令就有可能会作废。也就是说会出现"断流"的情况。

为了减少流水线执行速度上的损失,现代微处理器中设置了"执行跟踪缓存",把已译码的指令保存在执行跟踪缓存中。这样,当重复执行某些指令(循环程序)时,就可从执行跟踪缓存中取出译码后的指令直接执行,以节省对这些指令的重复译码;另外,当出现对分支程序的转移预测错误时,能够从执行追踪缓存中快速地重新取得发生错误前已经译码完成的指令,从而加速流水线填充过程。

(2)执行核心。

执行核心也称乱序执行内核。乱序执行能力是并行处理的关键所在,它使得处理器能够重新对指令排序,这样当一个微操作由于等待数据或竞争执行资源而被延迟时,后面的其它微操作也仍然可以绕过它继续执行。处理器拥有若干个缓冲区来平滑微操作流。这意味着当流水线的一个部分产生了延迟,该延迟也能够通过其它并行的操作予以克服,或通过执行已进入缓冲区中排队的微操作来克服。

执行核心包括了整型运算控制部件和浮点运算控制部件等。

(3)指令卸出。

卸出部分接收执行核心的微操作执行结果并处理它们。由于执行核心的乱序执行能力,使原先的程序中的指令在执行顺序上可能会被打乱。为了保证执行在语义上正确,卸出部分根据原始的程序顺序来更新相应的程序执行状态,使指令的执行结果在卸出前按照原始程序的顺序进行提交。

卸出部分还跟踪分支的执行并把更新了的转移目标送到"分支预测"中以更新分支历史。这样,不再需要的轨迹被清除出跟踪缓存,并根据更新过的分支历史信息来取出新的分支路径。

(4)L1 缓存和 L2 缓存。

这里的 L1 和 L2 是一级 Cache 和二级 Cache 的简称,负责数据和指令的预取缓存。设置它们的目的是保证指令的并行执行,并提高 CPU 的性能。

B.4.3 微型计算机的一般工作过程

计算机机的工作过程就是执行程序的过程,也就是逐条执行指令序列的过程。由于每一条指令的执行,都包括取指令(含指令译码)和执行指令两个基本阶段,所以,微机的工作过程,也就是不断地取指令和执行指令的过程。

当我们需要计算机完成某项任务时,最基本的工作是首先要使用某一种计算机语言(有关程序设计语言的介绍请参阅本书的相关章节)编写出相应的程序。编写完成后首先存放在外存储器中(通常以文件的形式存放),在运行时在操作系统控制下由输入设备送入到内存储器。

进入内存后的程序,会按照逻辑上的顺序依次存放在内存各单元中。若假设程序已存放到内存,当计算机要从停机状态进入运行状态时,处理器内部的程序计数器(PC)会指向程序的第一条指令。当 PC 所指向的指令被取出后,处理器将自行修改 PC 的值,使其指向下一条指令。指令的执行结果会暂存在内存中,最后在操作系统控制下存入外存或由输出设备送出。图 B-26 给出了程序在进入内存后,计算机按顺序执行方式执行一条指令的工作过程。

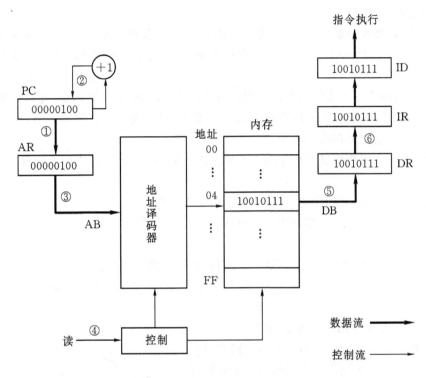

图 B-26 冯·诺依曼计算机工作过程示意图

①控制器将要读取的指令在内存中的地址赋给 PC(图中假设为 04H),并送到地址寄存器 AR;

②PC 自动加 1,AR 的内容不变;

③将地址寄存器 AR 的内容发送到地址总线上,并送到内存储器,经地址译码器译码,选中相应的内存单元;

④CPU 的控制器发出"读"控制信号;

⑤在读命令控制下,所选中的内存 04H 号单元中的内容(即指令码,图中假设为 97H)被读出送到数据总线上,并送入数据寄存器 DR;

⑥DR 将读出的指令码送到指令寄存器 IR,然后送指令译码器 ID,进行指令分析。

至此,就完成了一条指令的读取。读取的指令经译码后,若需要再到内存中读取操作数,则继续下述过程:

⑦发送运算所需操作数的地址;

⑧读取操作数;

⑨使运算器开始执行指令；

⑩发送保存运算结果的地址；

⑪将运算结果暂存在内存中。

一条指令执行结束后，就转入了下一条指令的取指令阶段。如此周而复始地循环，直到程序中遇到暂停指令方才结束。

上述整个工作过程中，控制器将会发出相应的各种控制信号（如"读"信号、"写"信号等），协调和控制各部件的运行。

应当指出，读操作完成后，04H 单元中的内容 97H 仍保持不变，这种特点称为非破坏性读出（Non Destructive Read Out）。这一特点很重要，因为它允许多次从某个存储单元读出同一内容。

处理器向内存中写入执行结果的过程与"读"操作过程类似，不同的是：此时控制器发出的是"写"命令。CPU 将要写入的内容放到数据总线上；然后发出"写"控制信号，在该信号的控制下，数据被写入指定的存储器单元中。

应当注意，写入操作将破坏该存储单元原存的内容，即由新内容代替了原存内容，原存内容将被清除。

以一个简单的加法运算为例，描述计算机的工作过程。

例 B-1　求解 $5+8=?$ 的机器语言程序为：

```
机器码
10110000   00000101      ;第一个操作数(5)送到寄存器
00000100   00001000      ;5 与第 2 个数(8)相加,结果(13)送到寄存器
11110100               ;停机
```

该段程序在内存中的存放形式如图 B-27 所示。由于读取每一条指令都是由一系列相同的操作组成，为简便起见，这里仅给出读取第一条指令的过程描述。

取第一条指令的过程如下（见图 B-28）：

①将指令在内存中的地址（这里为 0000 0000）赋给程序计数器 PC，并送到地址寄存器 AR；

②PC 自动加 1（即由 00000000 变为 0000 0001），AR 的内容不变；

③把地址寄存器 AR 的内容（0000 0000）放在地址总线上，并送至内存储器，经地址译码器译码，选中相应的 0000 0000 单元；

④控制器发出读命令；

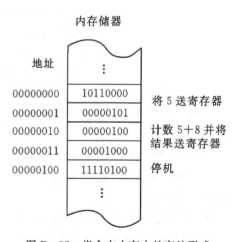

图 B-27　指令在内存中的存放形式

⑤在读命令控制下，把所选中的 0000 0000 单元中的内容即第 1 条指令的操作码 1011 0000 读到数据总线；

⑥把读出的内容 1011 0000 经数据总线送到数据寄存器 DR；

⑦取指阶段的最后一步是指令译码。因为取出的是指令的操作码，故数据寄存器 DR 把它送到指令寄存器 IR，然后再送到指令译码器 ID。

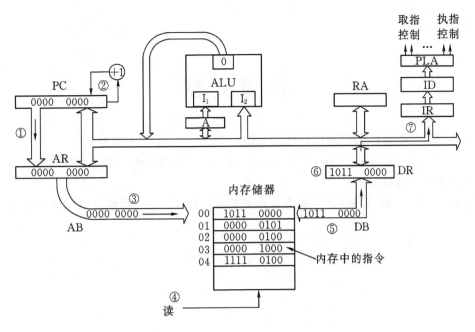

图 B-28　读取第一条指令操作码的过程

　　读取存放在内存中的操作数的过程与取指令类似,仅第⑦步有不同。上例中,因指令要求读取的操作数要送到寄存器,故由数据寄存器 DR 取出的内容就通过内部数据总线送到寄存器中。由于运算的结果存放在处理器内部的寄存器,所以不需要再访问内存。

　　但需要注意的一点是,CPU 内部寄存器只能用于数据(中间运算结果)的暂时存放,最终的结果还是需要存放到存储器中。

参考文献

［1］ 罗建军,等. C＋＋程序设计教程［M］. 2 版. 北京:高等教育出版社,2009.

［2］ Paul Deitel, Harvey Deitel. Visual C♯ 2010 大学教程［M］. 张思宇,等,译. 4 版. 北京:
    电子工业出版社,2011.

［3］ 何钦铭,等. C 语言程序设计经典实验案例集［M］. 北京:高等教育出版社,2012.